全国高等院校土建类应用型规划教材
住房和城乡建设领域关键岗位技术人员培训教材

市政工程施工技术

主　　编：解振坤　杨江妮
副 主 编：林　丽　陈　哲
组编单位：住房和城乡建设部干部学院
北京土木建筑学会

中国林业出版社

图书在版编目（CIP）数据

市政工程施工技术 /《住房和城乡建设领域关键岗位技术人员培训教材》编写委员会编. — 北京 ：中国林业出版社，2017.7（2024.1 重印）

住房和城乡建设领域关键岗位技术人员培训教材

ISBN 978-7-5038-9191-5

Ⅰ. ①市… Ⅱ. ①住… Ⅲ. ①市政工程－工程施工－技术培训－教材 Ⅳ. ①TU99

中国版本图书馆 CIP 数据核字（2017）第 172246 号

本书编写委员会

主　编：解振坤　杨江妮

副主编：林　丽　陈　哲

组编单位：住房和城乡建设部干部学院、北京土木建筑学会

国家林业和草原局生态文明教材及林业高校教材建设项目

策　　划：杨长峰　纪　亮

责任编辑：陈　惠　王思源　吴　卉　樊　菲

出版：中国林业出版社

（100009 北京西城区德内大街刘海胡同 7 号）

网站：http://lycb.forestry.gov.cn/

印刷：河北京平诚乾印刷有限公司

发行：中国林业出版社发行中心

电话：(010)83143610

版次：2017 年 7 月第 1 版

印次：2024 年 1 月第 2 次

开本：1/16

印张：20.25

字数：320 千字

定价：80.00 元

编写指导委员会

组编单位： 住房和城乡建设部干部学院　北京土木建筑学会

名誉主任： 单德启　骆中钊

主　　任： 刘文君

副 主 任： 刘增强

委　　员： 许　科　陈英杰　项国平　吴　静　李双喜　谢　兵
李建华　解振坤　张媛媛　阿布都热依木江·库尔班
陈斯亮　梅剑平　朱　琳　陈英杰　王天琪　刘启泓
柳献忠　饶　鑫　董　君　杨江妮　陈　哲　林　丽
周振辉　孟远远　胡英盛　缪同强　张丹莉　陈　年

参编院校： 清华大学建筑学院
大连理工大学建筑学院
山东工艺美术学院建筑与景观设计学院
大连艺术学院
南京林业大学
西南林业大学
新疆农业大学
合肥工业大学
长安大学建筑学院
北京农学院
西安思源学院建筑工程设计研究院
江苏农林职业技术学院
江西环境工程职业学院
九州职业技术学院
上海市城市科技学校
南京高等职业技术学校
四川建筑职业技术学院
内蒙古职业技术学院
山西建筑职业技术学院
重庆建筑职业技术学院

策　　划： 北京和易空间文化有限公司

前　言

“全国高等院校土建类应用型规划教材”是依据我国现行的规程规范，结合院校学生实际能力和就业特点，根据教学大纲及培养技术应用型人才的总目标来编写。本教材充分总结教学与实践经验，对基本理论的讲授以应用为目的，教学内容以必需、够用为度，突出实训、实例教学，紧跟时代和行业发展步伐，力求体现高职高专、应用型本科教育注重职业能力培养的特点。同时，本套书是结合最新颁布实施的《建筑工程施工质量验收统一标准》（GB 50300—2013）对于建筑工程分部分项划分要求，以及国家、行业现行有效的专业技术标准规定，针对各专业应知识、应会和必须掌握的技术知识内容，按照“技术先进、经济适用、结合实际、系统全面、内容简洁、易学易懂”的原则，组织编制而成。

考虑到工程建设技术人员的分散性、流动性以及施工任务繁忙、学习时间少等实际情况，为适应新形势下工程建设领域的技术发展和教育培训的工作特点，一批长期从事建筑专业教育培训的教授、学者和有着丰富的一线施工经验的专业技术人员、专家，根据建筑施工企业最新的技术发展，结合国家及地方对于建筑施工企业和教学需要编制了这套可读性强，技术内容最新，知识系统、全面，适合不同层次、不同岗位技术人员学习，并与其工作需要相结合的教材。

本教材根据国家、行业及地方最新的标准、规范要求，结合了建筑工程技术人员和高校教学的实际，紧扣建筑施工新技术、新材料、新工艺、新产品、新标准的发展步伐，对涉及建筑施工的专业知识，进行了科学、合理的划分，由浅入深，重点突出。

本教材图文并茂，深入浅出，简繁得当，可作为应用型本科院校、高职高专院校土建类建筑工程、工程造价、建设监理、建筑设计技术等专业教材；也可做为面向建筑与市政工程施工现场关键岗位专业技术人员职业技能培训的教材。

目　录

第一章　道路工程概述

道路工程是供各类无轨车辆和行人等通行的基础设施。道路是一种带状构筑物，它的中心线是一条空间曲线，它具有高差大、曲线多且占地狭长的特点。道路工程施工图的表现方法与其他工程图有所不同。道路工程施工图由平面图、纵断面图、横断面图及构造详图组成（见图 1-1）。

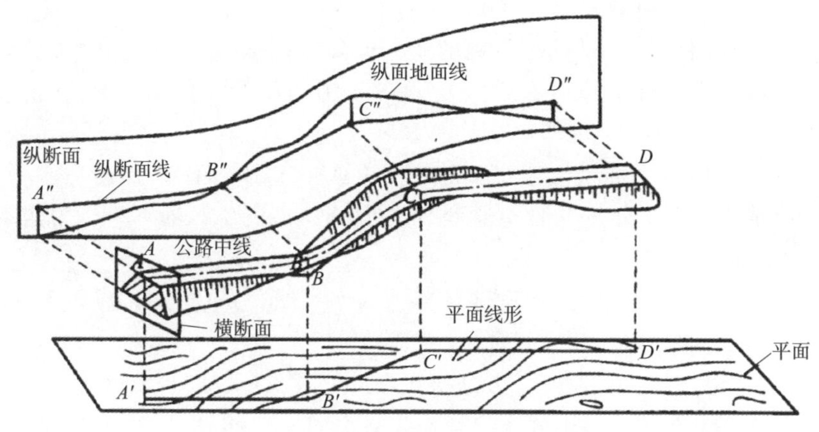

图 1-1　道路平面、纵断面及横断面图

1. 道路的分类

（1）城市道路。城市道路的功能是综合性的，为发挥其不同的功能，保证城市中生产、生活正常进行和交通运输经济合理，按道路在道路网中的地位、交通功能以及对沿线建筑物的服务等，我国 CJJ37－2012《城市道路工程设计规范》将城市道路分为四类：

1）快速路：城市道路中设有中央分隔带，具有四条以上机动车道，全部或部分采用立体交叉与控制出入，供汽车以较高速度行驶的道路，又称汽车专用道。

2）主干路：以交通功能为主，连接城市各分区的主要道路。

3）次干路：主要承担主干路与各分区间的交通集散，兼有服务功能。

4）支路：次干路与街坊路（小区路）的连接线，以服务功能为主。

（2）公路。公路是指在城市以外，连接相邻市县、乡村、港口、厂矿和林区等，主要供汽车行驶，且具备一定技术条件和交通设施的道路。根据其功能和适应的交通量可分为 5 个等级：高速公路、一级公路、二级公路、三级公路和四级公路。

1）高速公路为专供汽车分向、分车道行驶，并应全部控制出入的多车道公路，一般能适应将各种汽车折合成小客车的年平均日交通量 25 000 辆以上（四车道：25 000～55 000 辆；六车道：45 000～80 000 辆；八车道：60 000～100 000 辆）。

2）一级公路为供汽车分向、分车道行驶，并可根据需要部分控制出入及部分立体交叉的多车道公路，一般能适应将各种汽车折合成小客车的年平均日交通量 15 000～55 000 辆（四车道：15 000～30 000 辆；六车道：25 000～55 000 辆）。

3）二级公路为供汽车行驶的双车道公路，一般能适应将各种汽车折合成小客车的年平均日交通量 5 000～10 000 辆。

4）三级公路为主要供汽车行驶的双车道公路，一般能适应将各种汽车折合成小客车的年平均日交通量 2 000～6 000 辆，为沟通县及县以上城市的一般干线公路。

5）四级公路为主要供汽车行驶的双车道或单车道公路，一般能适应将各种汽车折合成小客车的年平均日交通量 2 000 辆（单车道 400 辆）以下，为沟通县、镇、乡的支线公路。

公路按其重要性和使用性质又可分为国家干线公路（国道）、省级干线公路（省道）、县级公路（县道）和乡级公路（乡道）。

（3）农村道路。农村道路一般是指在农村中联系乡、村、居民点的主要道路，其交通性质、特点、技术标准要求等均与公路不同。

（4）专用道路。专用道路包括厂矿道路和林区道路。厂矿道路是指修建在工厂、矿区内部以及厂矿到公路、城市道路、车站、港口衔接处的对外连接段，主要为工厂、矿山运输车辆通行的道路。林区道路是指修建在林区，主要供各种林业运输工具通行的道路。

2. 道路工程的组成

道路工程的基本组成部分包括：路床、路基、路面、桥梁、涵洞、隧道、防护与加固工程、排水设施、山区特殊构造物，城市道路还包括各种管线等，以及为保证汽车行驶的安全、畅通和舒适的各种附属工程，如公路标志、路用房屋、加油站及绿化栽植等。此外，还包括为防止路基填土或山坡土体坍塌而修筑的承受土体侧压力的挡土墙，以及为保持路基稳定和强度而修建的地表和地下路基排水设施，包括边沟、截水沟、排水沟、急流槽、渗沟、渗水井等。

3. 道路工程的结构与材料

不论是沥青路而还是混凝土路面，均包括面层、基层、垫层等结构层。

(1)沥青道路路面的结构

1)面层应具有较高的强度、刚度、耐磨、不透水和高低温稳定性，且表面层应具有良好的平整度和粗糙度。高等级路面的面层可划分为磨耗层、面层上层、面层下层，或称之为上面层、中面层、下(底)面层。

2)基层是路面结构中的承重层，应具有足够的均匀的承载力即强度和刚度，在沥青类面层下应有足够的水稳定性。基层主要材料如表1-1。

表1-1　基层的主要材料

名称	包含内容	特点	适宜层次
整体性材料	无机结合料基层，如石灰粉煤灰砂砾、石灰稳定砂砾、石灰煤渣、水泥稳定碎(砾)石	强度高、整体性好	适用于交通量大、轴载重的道路，其中工业废渣类适用于各种路面的基层
嵌锁型和级配型	级配碎(砾)石	在中湿和潮湿路段时，应掺石灰	天然沙砾可做基层，不符合要求时宜做底基层或垫层
	泥灰结碎(砾)石	骨料粒径直≤40mm	
	水泥结碎石	骨料粒径宜≤70mm	

3)垫层，介于基层与路基之间的层位，用于改善土基的湿度和温度状况。垫层材料应具备良好的水稳定性。垫层材料有粒料和无机结合料稳定土两类。粒料包括天然沙砾、粗砂、炉渣等。

(2)混凝土路面的结构

1)面层一般采用设接缝的普通混凝土。面层板的平面尺寸较大或形状不规则，路面结构下埋有地下设施，在高填方、软土地基、填挖交界段的路基等可能产生不均匀沉降的地方，应采用设置接缝的钢筋混凝土面层。最终水泥混凝土面层应具有足够的强度、耐久性、表面抗滑性、耐磨性和平整性。

2)基层类型宜依照交通等级按表1-2选用，混凝土预制块面层应采用水泥稳定粒料基层。

表1-2　适宜各交通等级的基层类型

交通等级	基　层　类　型
特重交通	贫混凝土、碾压混凝土或沥青混凝土基层
重交通	水泥稳定粒料或沥青稳定碎石基层
中等或轻交通	水泥稳定粒料、石灰粉煤灰稳定粒料或级配粒料基层

湿润和多雨地区，路基为低透水性细粒土的高速公路、一级公路、承受特重或重交通的二级公路，宜采用排水基层。排水基层可选用多孔隙的级配水泥稳定碎石、沥青稳定碎石或碎石，其孔隙率约为20%。

基层下未设垫层，上路床为细粒土、黏土质砂、级配不良砂(承受特重或重交通时)或者为细粒土(承受中等交通时)，应在基层下设置底基层。底基层可采用级配粒料、水泥稳定粒料或石灰粉煤灰稳定粒料。

无论何种基层都应具有足够的抗冲刷能力和一定的刚度。

3)防冻垫层和排水垫层宜采用砂、砂砾等颗粒材料；半刚性垫层可采用低剂量无机结合料稳定粒料或土。

4. 道路工程施工常用机械

(1)土石方机械，主要有：推土机、铲运机、挖掘机、装载机、平地机等

1)推土机。推土机是一种多用途的自行式土方工程建设机械，它能铲挖并移运土壤。例如，在道路建设施工中，推土机可完成：路基基底的处理；路侧取土横向填筑高度不大于2m的路堤；沿道路中心线铲挖移运土壤的路基挖填工程；傍山取土修筑半堤半堑的路基。推土机还可用于平整场地、局部碾压、给铲运机助铲和预松土、堆集松散材料、清除作业地段内障碍物，以及牵引各种拖式土方机械等作业。

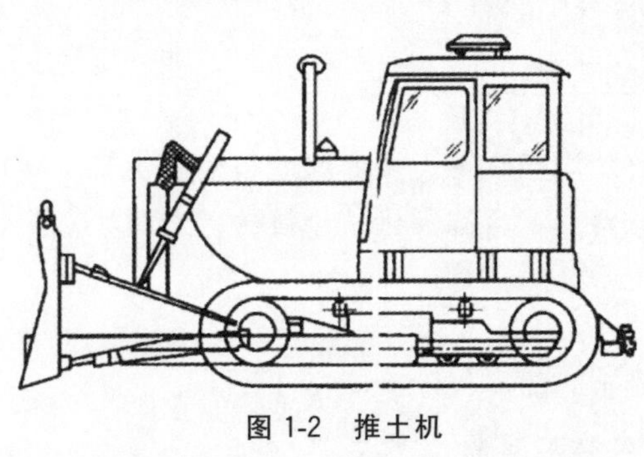

图1-2　推土机

推土机按行走装置不同分为履带式和轮胎式，按工作装置不同分为固定式铲刀(直铲)和回转式铲刀(斜铲)，按操纵方式不同分为钢丝绳机械操纵和液压操纵等类型。对工程量较为集中的土石方工程一般采用液压操纵的履带式推土机(图1-2)。推土机适用的经济运距为50～100m，不宜超过100m。

2)铲运机。铲运机有拖式铲运机和自行式铲运机(图1-3)两种。铲运机的特点是能独立完成铲土、运土、卸土、填筑、压实等工作，对行驶道路要求较低，常用于坡度在20°以内的大面积场地平整，开挖大型基坑、沟槽，以及填筑路基等土方工程。铲运机可在Ⅰ～Ⅲ类土中直接挖土、运土，适宜运距为600～1500m，当运距为200～350m时效率最高。作业方式通常有：一次铲装法、交替铲装法、波浪式铲土法、下坡铲土法。

3)单斗挖掘机。单斗挖掘机是一个刚性或挠性连续铲斗，以间歇重复式循环进行工作，是一种周期作业自行式土方机械，如图1-4所示。当场地起伏高差较大、土方运输距离超过1000m，且工程量大而集中时，可采用单斗挖掘机挖土，配合自卸汽车运土，并在卸土区配备推土机平整土堆。

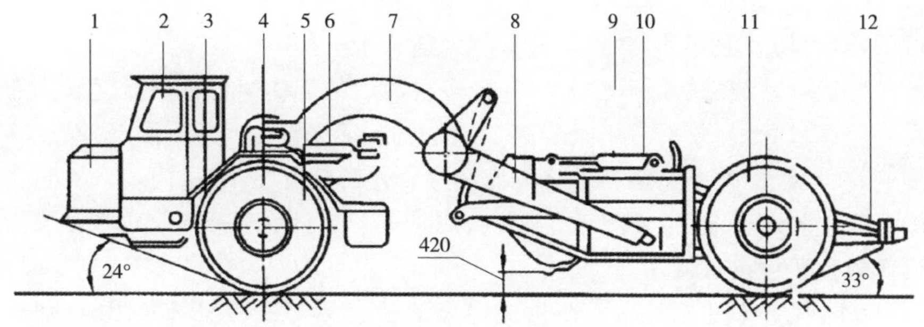

图 1-3 铲运机

1-发动机；2-驾驶室；3-传动装置；4-中央框架；5-前轮；6-转向油缸；7-曲梁；8-Ⅱ型架；9-铲运斗；10-斗门油缸；11-后轮；12-尾架

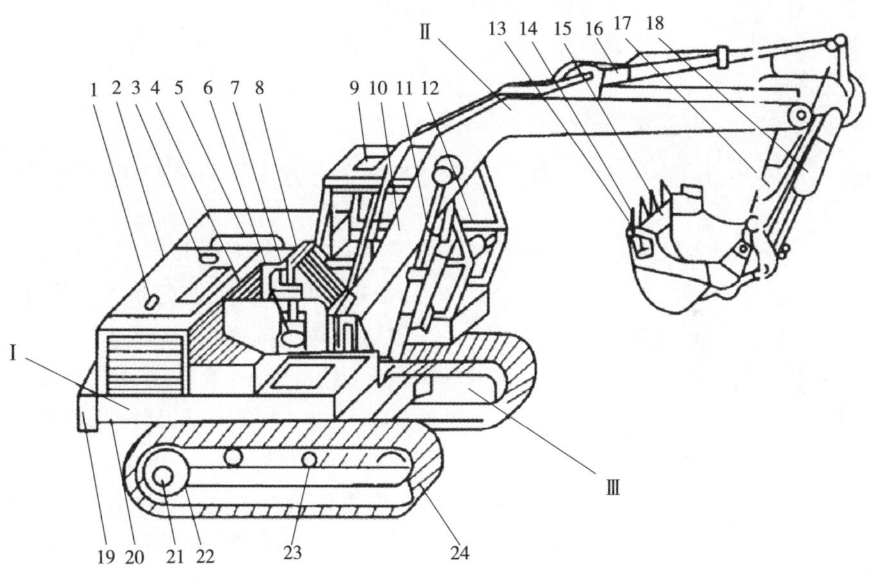

图 1-4 单斗挖掘机

1-柴油机；2-机罩；3-油泵；4-多路阀；5-油箱；6-回转减速器；7-回转马达；8-回转接头；9-驾驶室；10-动臂；11-动臂油缸；12-操纵台；13-边齿；14-斗齿；15-铲斗；16-斗杆油缸；17-斗杆；18-铲斗油缸；19-平衡重；20-转台；21-行走减速器；22-行走马达；23-托链轮；24-履带；Ⅰ-工作装置；Ⅱ-上部转台；Ⅲ-行走机构

单斗挖掘机有内燃驱动、电力驱动、复合驱动的装置，挖斗有正铲挖掘机、反铲挖掘机、拉铲挖掘机、抓铲挖掘机等形式。正铲挖掘机的特点是“前进向上，强制切土”，能开挖停机面以上的Ⅰ～Ⅳ级土，适用在地质较好、无地下水的地区工作。反铲挖掘机的特点是“后退向下，强制切土”，能开挖停机面以下的Ⅰ～Ⅲ级土，适宜开挖深度 4m 以内的基坑，对地下水位较高处也适用。拉铲挖掘机的特点是“后退向下，自重切土”，能开挖停机面以下的Ⅰ～Ⅱ级土，适宜大型基坑及水下挖土。抓铲挖掘机的特点是“直上直下，自重切土”，特别适于水下挖土。

4)装载机。装载机兼有推土机和挖掘机两者的工作能力，适应性强、作业效率高、操纵简便。装载机常用于公路建设中的土石方铲运，以及推土、起重等多种作业，在运距不大或运距和道路坡度经常变化的情况下，如采用装载机与自卸车配合使用装运作业，会使工效下降，费用增高。在这种情况下，可单独采用装载机作为自铲运设备使用。

5)平地机。平地机是用装在机械中央的铲土刮刀进行土壤的切削、刮送和整平连续作业，并配有其他多种辅助作业装置的轮式土方施工机械。配置推土铲、土耙、松土器、除雪犁、压路辊等附属装置和作业机具时，可进一步扩大使用范围，提高工作能力或完成特殊要求的作业。通常的作业方式有：选择铲土直角、选择刮刀回转角、倾斜作业、刮刀移土作业。

平地机主要用于修筑路基路面横断面、路基边坡整理工程的刷坡作业，开挖边沟及路槽，平整场地等；还可用来在路基上拌和路面材料、摊铺材料，修整和养护土路基路面，推土，疏松土壤，清除杂物、石块和积雪等。

(2)压实机械：根据压实的原理不同，可分为冲击式、碾压式和振动压实机械三大类

1)冲击式压实机械。冲击式压实机械主要有蛙式打夯机和内燃式打夯机两类，蛙式打夯机一般以电为动力。这两种打夯机适用于狭小的场地和沟槽作业，也可用于室内地面的夯实及大型机械无法到达的边角的夯实。

2)碾压式压实机械。碾压式压实机械按行走方式分自行式压路机和牵引式压路机两类。自行式压路机常用的有光轮压路机、轮胎压路机；自行式压路机主要用于土方、砾石、碎石的回填压实及沥青混凝土路面的施工。牵引式压路机的行走动力一般采用推土机(或拖拉机)牵引，常用的有光面碾、羊足碾；光面碾用于土方的回填压实，羊足碾适用于黏性土的回填压实，不能用在沙土和面层土的压实。

3)振动压实机械。振动压实机械是利用机械的高频振动，把能量传给被压土，降低土颗粒间的摩擦力，在压实能量的作用下，达到较大的密实度。

振动压实机械按行走方式分为手扶平板式振动压实机和振动压路机两类。手扶平板式振动压实机主要用于小面积的地基夯实。振动压路机按行走方式分为自行式和牵引式两种。振动压路机的生产率高，压实效果好，能压实多种性质的土，主要用在工程量大的大型土石方工程中。

第二章 路基施工技术

第一节 土质路基施工

土质路基施工分为土质路堤施工与土质路堑施工。

一、土质路堤施工

1. 路堤填料的选择

不得采用设计或规范规定的不适用土料作为路堤填料，路堤填料强度(采用单位压力与标准压力之比的百分数——承载比 CBR 来衡量)应符合规范和设计规定。应优先选用级配较好的砂类土、砾类土等粗粒土作为填料，填料最大粒径应小于 150mm。具体规定如下：

(1)路堤填料不得使用淤泥、沼泽土、冻土、有机土、含草皮土、生活垃圾、树根和含有腐朽物质的土，以及有机质含量大于 5%的土。

(2)液限大于 50，塑性指数大于 26 的土，以及含水量超过规定的土，不得直接作为路基填料。需要应用时，必须采取技术措施，使其满足设计要求并经检验合格后方可使用。

(3)当采用细粒土填筑时，路堤填料最小强度和最大粒径应符合表 2-1 的规定。

表 2-1 路基填料最小强度和最大粒径

填料应用部位 路面底标高以下深度/m		填料最小强度(CBR)/%			填料最大料径/mm
		高速公路、一级公路	二级公路	三、四级公路	
路堤	上路床(0～0.30)	8	6	5	100
	下路床(0.30～0.80)	5	4	3	100
	上路堤(0.80～1.50)	4	3	3	150
	下路堤(>1.50)	3	2	2	150

（续）

填料应用部位 路面底标高以下深度/m		填料最小强度(CBR)/%			填料最大料径/mm
		高速公路、一级公路	二级公路	三四级公路	
零填及挖方路基	0～0.30	8	6	5	100
	0.30～0.80	5	4	3	100

注：1. 表中所列强度按《公路土工试验规程》(JTG E40—2007)规定的浸水96h的CBR试验方法测定；

2. 三、四级公路铺筑沥青混凝土和水泥混凝土路面时，应采用二级公路的规定值；

3. 表中上、下路堤填料最大粒径150mm的规定不适用于填石路堤和土石路堤。

2. 填筑取土

路基填方取土，应根据设计要求，结合路基排水和当地土地规划、环境保护要求进行，不得任意挖取。施工取土应不占或少占良田，尽量利用荒坡、荒地，取土深度应结合地下水等因素考虑，利于复耕。原地面耕植土应先集中存放，以利再用。地面横向坡度大于10%时，取土坑应设在路堤上侧。桥头两侧不宜设置取土坑。取土坑与路基之间的距离，应满足路基边坡稳定的要求。取土坑与路基坡脚之间的护坡道应平整、密实，表面设1%～2%向外倾斜的横坡。取土坑兼作排水沟时，其底面宜高出附近水域的常水位或与永久排水系统及桥涵出水口的标高相适应。线外取土坑等与排水沟、鱼塘、水库等蓄水(排洪)设施连接时，应采取防冲刷、防污染的措施。对取土造成的裸露面，应采取整治或防护措施。

3. 土质路堤基底处理

路堤基底是指土石填料与原地面的接触部分。为使两者结合紧密，防止路堤沿基底发生滑动，或路堤填筑后产生过大的沉陷变形，则可根据基底的土质、水文、坡度和植被情况及填土高度采取相应的处理措施。

(1)密实稳定的土质基底。当地面横坡不陡于1∶5，应将原地面草皮等杂物清除。地面横坡为1∶5～1∶2.5时，在清除草皮杂物后，还应将原地面挖成台阶，每级台阶宽度应不小于1m，高度不大于30cm，台阶顶面做成向内倾斜2%～4%的斜坡，如图2-1所示。当横坡陡于1∶2.5时，必须检算路堤整体沿路基底及基底下软弱层滑动的稳定性，抗滑稳定系数不得小于规范规定值，否则应采取措施改善基底条件或设置支挡结构物等作防滑处治。

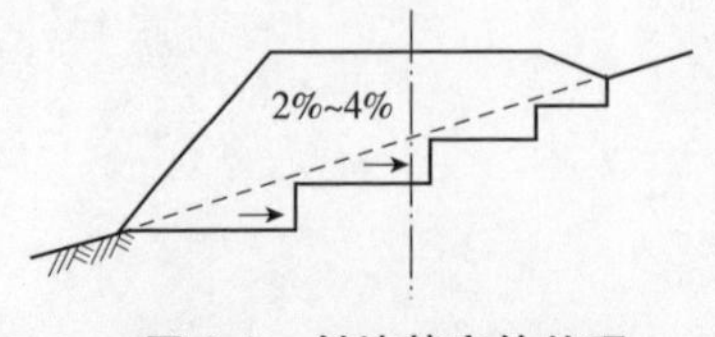

图2-1 斜坡基底的处理

(2)覆盖层不厚的倾斜岩石基底。当地面横坡为1∶5～1∶2.5时，需挖除覆盖层，并将基岩挖成台阶。当地面横坡度陡于1∶2.5时,应进行特殊处理,如设置护脚或护墙。

(3)耕地或松土基底。路堤基底为耕地或松土时,应先清除有机土、种植土,平整压实后再进行填筑。在深耕地段,必要时应将松土翻挖、土块打碎,然后回填、找平、压实。经过水田、池塘或洼地时,应根据具体情况采取排水疏干、挖除淤泥、打砂桩、抛填片石或砂砾石等处理措施,以保持基底的稳固。

(4)路堤基底原状土的强度不符合要求时。应进行换填,其深度应不小于30cm,并予以分层压实,压实度应达到设计要求。

(5)加宽旧路堤时,所用填土宜与旧路相同或选用透水性较好的土,清除地基上的杂草,并沿旧路边坡挖成向内倾斜的台阶,其宽度不小于1m。

(6)做好原地面临时排水设施,并与永久排水设施相结合。当路基稳定受到地下水的影响时,应予拦截或排除,引地下水至路堤基底范围以外。如处理有困难时,则应当在路堤底部填以渗水土或不易风化的岩块,使基底形成水稳性好的厚约30cm的稳定层或采用土工织物设置隔离层的方法处理。

4. 土质路堤填筑施工

性质不同的填料,应水平分层、分段填筑,分层压实。同一水平层路基的全宽应采用同一种填料,不得混合填筑。填筑路床顶最后一层时,压实后的厚度应不小于100mm。对潮湿或冻融敏感性小的填料应填筑在路基上层。强度较小的填料应填筑在下层。在有地下水的路段或临水路基范围内,宜填筑透水性好的填料。路堤施工中,各施工作业层面应设2%～4%的双向排水横坡,层面上不得有积水,并采取相应的防水措施,防止水流冲刷边坡。不得在透水性较好的填料所填筑的路堤边坡上覆盖透水性不好的填料。每种填料的松铺厚度应通过试验确定。每一填筑层压实后的宽度不得小于设计宽度。路堤填筑时,应从最低处起分层填筑,逐层压实。填方分几个作业段施工时,接头部位如不能交替填筑,则先填路段,应按1∶1坡度分层留台阶;如能交替填筑,则应分层相互交替搭接,搭接长度不小于2m。

选择施工机械,应考虑工程特点、土石种类及数量、地形、填挖高度、运距、气候条件、工期等因素,经济合理地确定。填方压实应配备专用碾压机具。土质路基压实度应符合表2-2的规定。

表2-2　土质路基压实度标准

填挖类型		路顶面以下深度/m	压实度/%		
			高速公路、一级公路	二级公路	三、四级公路
路堤	上路床	0～0.30	≥96	≥95	≥94
	下路床	0.30～0.80	≥96	≥95	≥94
	上路堤	0.80～1.50	≥94	≥94	≥93
	下路堤	>1.50	≥93	≥92	≥90

（续）

填挖类型	路床面以下深度/m	压实度/%		
		高速公路、一级公路	二级公路	三、四级公路
零填及挖方路基	0～0.30	≥96	≥95	≥94
	0.30～0.80	≥96	≥95	—

注：1. 表中所列压实度以现行《公路土工试验规程》（JTG E40－2007）重型击实试验法测定为准；

2. 三、四级公路铺筑水泥混凝土路面或沥青混凝土路面时，其压实度应采用二级公路的规定值；

3. 路堤采用特殊填料或处于特殊气候地区时，压实度标准根据试验路在保证路基强度要求的前提下可适当降低；

4. 特别干旱地区的压实度标准可降低 2%～3%。

二、土质路堑施工

路堑是道路通过山区与丘陵地区的一种常见路基形式，由于是开挖建造，结构物的整体稳定是路堑设计和施工的中心问题。

1. 路堑开挖方案

土质路堑开挖，应根据挖方数量大小及施工方法的不同而确定开挖方案。

（1）纵向全宽掘进开挖（横挖法）。纵向全宽掘进开挖是在路线一端或两端，沿路线纵向向前开挖，如图 2-2 所示。单层掘进开挖，其高度即等于路堑设计深度，掘进时逐段成型向前推进，由相反方向运土送出。单层掘进的高度受到人工操作安全及机械操作有效因素的限制，如果施工紧迫，对于较深路堑，可采用双层或多层开挖纵向掘进开挖，上层在前，下层随后，下层施工面上留有上层操作的出土和排水通道，层高视施工方便且能保证安全而定，一般为 1.5～2.0m。

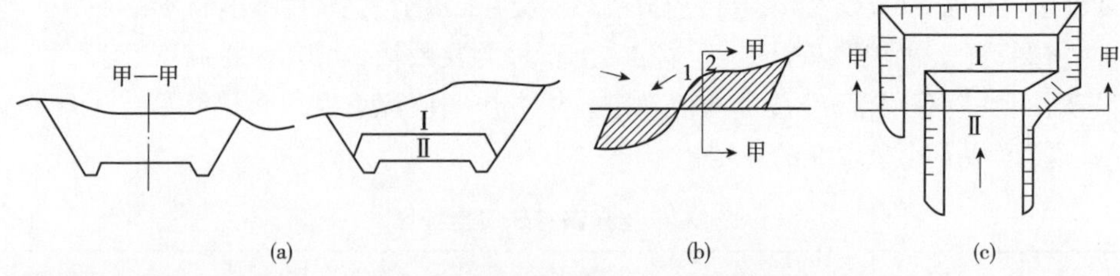

图 2-2　纵向全宽掘进开挖示意图

（a）横剖面；（b）纵剖面；（c）平面

（2）横向通道掘进开挖（纵挖法）。横向通道掘进开挖是先在路堑纵向挖出通道，然后分段同时由横向掘进，如图 2-3 所示。此法工作面多，既可人工施工，亦可机械施工，还可分层纵向开挖，即将路堑分为宽度和深度都合适的纵向层次向前掘进开挖。可采用各式铲运机施工;在短距离及大坡度时,可用推土机施工;如系较长较宽的路堑,可用铲运机并配以运土机具进行施工。

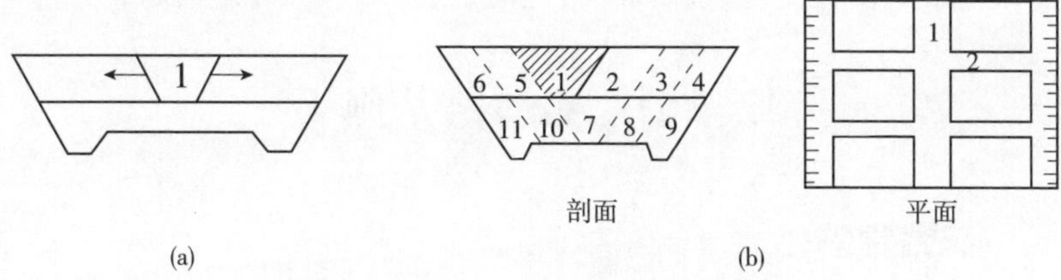

图 2-3 横向和混合掘进开挖示意图

(a)双层混合;(b)双层横向

(3)混合式掘进开挖。混合式掘进开挖是上述二法的综合,即先顺路堑开挖通道,然后沿横向坡面挖掘,以增加开挖坡面,每个开挖坡面应能容纳一个施工组或一台开挖机械作业。在较大的挖土地段,还可沿横向再挖沟,配以传动设备或布置运土车辆。当路线纵向长度和深度都很大时,宜采用混合式开挖法。

2. 开挖要求

土质路基开挖前,应先根据地面坡度、开挖断面、纵向长度及出土方向等因素,结合土方调配,确定安全、经济的开挖方案。施工时要满足以下要求:

(1)土方开挖应自上而下进行,不得乱挖超挖,严禁掏底开挖。

(2)可作为路基回填料的土方,应分类开挖,分类使用。非适用材料作为弃方处理。

(3)开挖过程中,应采取措施保证边坡稳定。开挖至边坡线前,应预留一定宽度,预留的宽度应保证刷坡过程中设计边坡线外的土层不受到扰动。

(4)路基开挖中,基于实际情况,如需修改设计边坡坡度、截水沟和边沟的位置及尺寸,应及时按规定报批。边坡上稳定的孤石应保留。

(5)开挖至零填、路堑路床部分后,应尽快进行路床施工;如不能及时进行,宜在设计路床顶标高以上预留至少 100mm 厚的保护层,防止下层土受到水的扰动。

(6)挖方路基路床顶面终止标高,应考虑因压实而产生的下沉量,其值通过试验确定。

3. 开挖排水

路堑施工中,应采取临时排水措施,及时将地表水排走,确保施工作业面不积水。路堑边沟与截水沟应从下游向上游开挖。截水沟通过地面坑凹处时,应将凹处填平、夯实。边沟及截水沟开挖后,应及时进行防渗处理,不得渗漏、积水和冲刷边坡及路基。

路堑开挖遇到地下水时应采取排导措施，将水引入路基排水系统，不得随意堵塞泉眼。施工中应对地下水情况进行记录并及时反馈。路床土含水量高或为含水层时，应采取设置渗沟、换填、改良土质、土工织物等处理措施。

第二节　石质路基施工

一、填石路堤施工

填石路堤是指用粒径大于 40mm 且含量超过总质量 70%的石料填筑的路堤。

1. 填料要求

膨胀岩石、易溶性岩石不宜直接用于路堤填筑，强风化石料、崩解性岩石和盐化岩石不得直接用于路堤填筑。路堤填料粒径应不大于 500mm，并不宜超过层厚的 2/3，不均匀系数宜为 15～20。路床底面以下 400mm 范围内，填料粒径应小于 150mm。路床填料粒径应小于 100mm。

2. 基底处理

填石路堤基底处理除应满足土质路堤基底处理要求外，其承载力应满足设计要求。在非岩石地基上，应按设计要求设过渡层后，再填筑填石路堤。

3. 填筑要求

(1)施工中应将石块逐层水平填筑。分层厚度不宜大于 0.5m。大面向下摆放平稳，紧密靠拢，所有缝隙填以小石块或石屑。在路床顶面以下 50cm 范围内应铺有适当级配的砂石料，最大粒径不超过 15cm。超粒径石料应进行破碎，使填料颗粒符合要求。

(2)填石路堤应使用重型振动压路机分层洒水压实，压实时继续用小石块或石屑填缝，直到压实层顶面稳定、不再下沉且无轮迹、石块紧密、表面平整为止。

(3)填石路基倾填前，路堤边坡坡脚应用粒径大于 30cm 的硬质石料码砌。当设计无规定时，填石路堤高度小于或等于 6m 时，其码砌厚度不应小于 1m；大于 6m 时，不应小于 2m。

(4)当石块级配较差、粒径较大、填层较厚、石块间的空隙较大时，可于每层表面的空隙里扫入石渣、石屑、中粗砂，再以压力水将砂冲入下部，反复数次，使空隙填满；人工铺填块径 25cm 以下石料时，可直接分层摊铺，分层碾压。

(5)填石路堤的填料如其岩性相差较大，则应将不同岩性的填料分层或分段填筑。如路堑或隧道基岩为不同岩种互层，允许使用挖出的混合石料填筑路堤，但石料强度不应小于 15MPa，最大粒径不宜超过层厚 2/3。

(6)用强风化石料或软质岩石填筑路堤时,应按土质路堤施工规定先检验其CBR值。如CBR值不符合要求则不能使用;符合要求时,则按土质路堤的技术要求施工。

二、石质路堑施工

石方开挖应根据岩石的类别、风化程度、岩层产状、岩体断裂构造、施工环境等因素确定合理的开挖方案。

石方开挖一般采用爆破法施工,爆破法施工简图如图2-4所示。

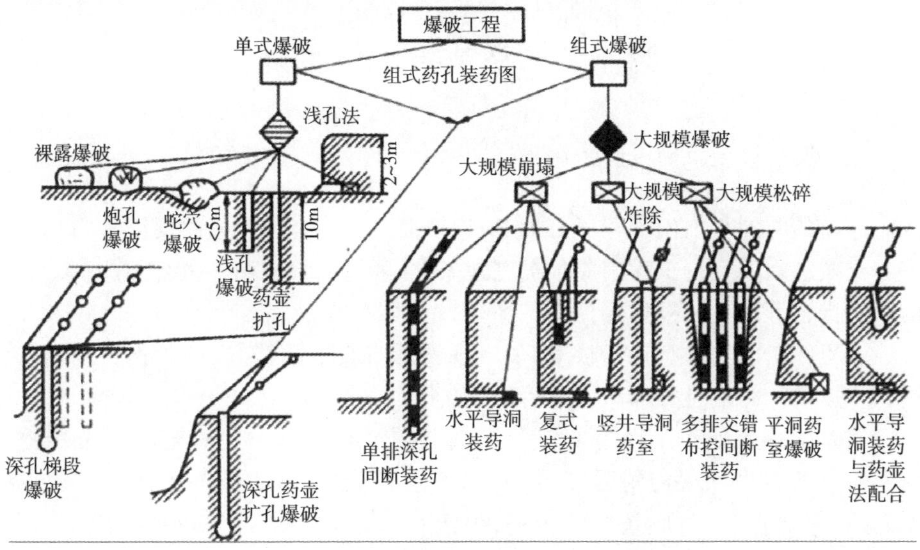

图2-4 爆破法施工简图

爆破法施工应先查明空中缆线和地下管线的位置、开挖边界线外可能受爆破影响的建筑物结构类型、居民居住情况等,然后制订详细的爆破技术安全方案。爆破施工组织设计应进行专家论证后按相关规定进行报批。

爆破施工必须符合现行《爆破安全规程》(GB6722—2014)。施工严禁采用硐室爆破(即采用集中或条形硐室装药,爆破开挖岩土的作业),近边坡部分宜采用光面爆破(即沿开挖边界布置密集炮孔,采取不耦合装药或装填低威力炸药,在主爆区爆破之后起爆,以形成平整的轮廓面的爆破作业)或预裂爆破(即沿开挖边界布置密集炮孔,采取不耦合装药或装填低威力炸药,在主爆区爆破之前起爆,从而在爆区与保留区之间形成预裂缝,以减弱主爆破对保留岩体的破坏并形成平整轮廓面的爆破作业。

爆破施工宜按以下程序进行:爆破影响调查与评估→爆破施工组织设计→专家论证→培训考核、技术交底→主管部门批准→布设安全警戒岗→清理爆破区施工现场的危石等→炮眼钻孔作业→爆破器材检查测试→炮孔检查合格→装炸药及安装引爆器材→布设安全警戒岗→堵塞炮孔→撤离施爆警戒区和飞石、震动影响区的人、畜等→爆破作业信号发布及爆破→安全员检查、清除盲炮→解除警戒→测定、检查爆破效果(包括飞石、地震波及对施爆区内构造物的损伤、损失等边坡整修:挖方边坡应从开挖面往下分段整修,每下挖 2～3m,宜对新开挖边坡刷坡,同时清除危石及松动石块。石质边坡不宜超挖。

路床清理:路床欠挖部分必须凿除。超挖部分应采用无机结合料稳定碎石或级配碎石填平、碾压密实,严禁用细粒土找平。

第三节　路基防护与加固

一、路基防护与加固的原则

路基的防护与加固工程可分为:边坡坡面防护,沿河、滨海路堤防护与加固,路基支挡工程三类。工程中应根据当地条件,因地制宜选用经济合理、耐久适用的防护措施,以改善环境,保护生态平衡。

工程施工前应进行现场核对,如发现设计与实地不符,应及时作补充调查,进行变更设计并报有关部门批准后施工。

路基防护与加固工程施工应严格执行砌筑砌体的有关规定和质量标准,材料必须符合设计规定的强度、规格和其他品质要求;防护工程的砂浆、混凝土,应用机械拌和,并应随拌随用;回填土宜选用砂性土,严格控制含水量,分层填筑,充分压(夯)实;泄水孔、伸缩缝的位置要准确,孔正缝直,尺寸符合设计要求。

在路基土石方施工时或完毕后,应及时进行路基防护施工和养护。各类防护与加固应在稳定的基础或坡体上施工,施工前必须检查验收,严禁对失稳的土体进行防护。

二、坡面防护与加固

坡面防护主要用于防护易受自然因素影响而破坏的土质和石质边坡。常用的坡面防护包括植被防护、骨架植物防护、圬工防护等方法,要根据坡面变形及土石的具体工程情况,选择经济、合理的防护方法。

1. 植物防护

植物防护一般采用铺草、种草或植灌木(树木)等形式,应根据当地气候、土质、含水量等因素,选用易于成活、便于养护和经济的植物类种。

(1)种草防护。适用于边坡稳定、坡面冲刷轻微的路堤与路堑边坡，一般应选用根系发达、茎干低矮、枝叶茂盛、生长力强、多年生长的草种，并尽量用几种草籽混种。草籽应均匀撒布在已清理好的土质坡面或人工铺筑厚 10～15cm 的种植土上。

(2)铺草皮适用于坡度不大于 1∶1 的土质或强风化、全风化的岩石边坡，其最大抵御水流速度为 1.8m/s。草皮应选用根系发达、茎矮叶茂的耐旱草种。当坡面冲刷比较严重(径流速度大于 0.6m/s)，边坡较陡时，应根据具体条件(坡度与流速等)分别采用平铺(平行于坡面)、水平叠置、垂直坡面或与坡面成一半坡角的倾斜叠置的方式种植草皮，如图 2-5 所示。

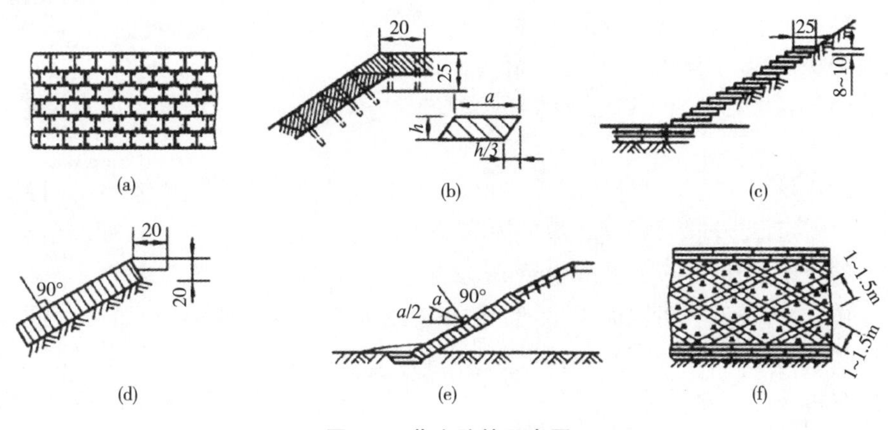

图 2-5　草皮防护示意图

(a)平铺平面；(b)平铺剖面；(c)水平叠铺；(d)垂直叠铺；(e)斜交叠铺；(f)网格式

注：图中 h—草皮厚度，约 5～8cm；a—草皮边长，约 20～25cm。图中数字除注明单位外，其余均为 cm。

(3)灌木(树木)防护适用于土边坡。在坡面上植树与铺草皮相结合，可使坡面形成一个良好的覆盖层，植树品种，以根系发达、枝叶茂盛、生长迅速的低矮灌木为主。

2. 工程防护

工程防护适用于不宜于草木生长的陡坡面，一般采用抹面、捶面、喷浆、勾(灌)缝、坡面护墙等形式。在施工前，应将坡面杂质、浮土、松动石块及表层风化破碎岩体等清除干净；当有潜水露出时，应作引水或截流处理。

(1)抹面、捶面防护。抹面防护主要用于石质路堑边坡，适用于未经严重风化的各种易风化岩石的路堑边坡，但不适用于由煤系岩层及成岩作用很差的红色黏土岩组成的边坡。捶面适用于边坡率缓于 1∶0.5 且易受冲刷的土质边坡或易风化剥落的边坡。二者均不宜用于高速公路路基边坡防护。抹面、捶面不能承受荷载，不能承受土压力，要求边坡必须平整、干燥、稳定。

抹面防护层厚度不宜小于30mm，使用年限为8～10年；捶面防护层厚度不宜小于100mm，使用年限为10～15年。抹面防护不宜在严寒冬季和雨天施工。封面前岩体表面要冲洗干净，土体表面要平整、密实、湿润。封面厚度应符合设计要求，封面应分两层进行施工，底层为全厚的2/3，面层为全厚的1/3。抹面、捶面厚度要均匀，表面要光滑，封面与坡面应密贴稳固。大面积封面宜每隔5～10m设伸缩缝，缝宽10～20mm。封面初凝后应立即进行养生，并按设计要求做好边坡封顶和排水设施。捶面护坡施工应嵌补填平边坡坑凹、裂缝。

(2)喷浆、喷射混凝土防护。喷浆、喷射混凝土(或带锚杆铁丝网)防护可承受土侧压力，防止坡面土侧滑，施工时应符合下列要求：

1)施工前，坡面如有较大裂缝、凹坑时，应先嵌补，使坡面平顺整齐；岩体表面要冲洗干净，土体表面要平整、密实、湿润。

2)打孔至稳定岩(土)层，锚杆孔冲洗干净，然后插入锚杆，并用水泥砂浆固定。

3)铁丝网应与锚杆连接牢固，均不得外露，并与坡面保持设计规定的间隙。

4)喷层厚度应均匀，喷后应养护7～10天，喷层周边与未防护坡面的衔接处应做好封闭处理，并按有关规定留够试件。

(3)锚杆挂网喷射混凝土(砂浆)防护。当坡面岩体风化破碎严重时，为了加强防护的稳定性，则采用锚杆挂网喷浆(混凝土)防护，锚杆锚固深度及铁丝网孔密度视边坡岩石性质及风化程度而定。锚杆宜用1∶3水泥砂浆固定，铁丝网应与锚杆连接牢固。

施工时，锚杆应嵌入稳固基岩内，锚固深度根据设计要求结合岩体性质确定。锚杆孔深应大于锚固长度200mm。铺设钢筋网前宜在岩面喷射一层混凝土，钢筋网与岩面的间隙宜为30mm，然后再喷射混凝土至设计厚度。喷射混凝土的厚度要均匀，钢筋网及锚杆不得外露。做好泄、排水孔和伸缩缝。锚杆挂网喷射混凝土(砂浆)防护施工质量应符合规范要求。

(4)浆砌片石护面墙防护。坡面护墙防护适用于严重风化破碎、容易产生碎落、塌方的岩石路堑边坡或易受冲刷、膨胀性较大的不良土质路堑边坡。坡面护墙是不能承受土侧压力的结构物，因此坡面应平顺密实，边坡必须稳定(不陡于1∶0.5)。护面墙的形式有满实体式、窗孔式和拱式三种，如图2-6～图2-9所示。窗孔内可干砌片石、植草或锤面，使用后两种，更能增加绿化景观和节省材料。

修筑护面墙前，应清除基底风化层至新鲜岩面。对风化迅速的岩层，清挖到新鲜岩面后应立即修筑护面墙。护面墙的基础应设置在稳定的地基上，地基承载能力不够，应采取加固措施，基础埋置深度应根据地质条件确定，冰冻地区应埋置在冰冻深度以下至少250mm，护面墙前趾应低于边沟的底面。护面墙背必

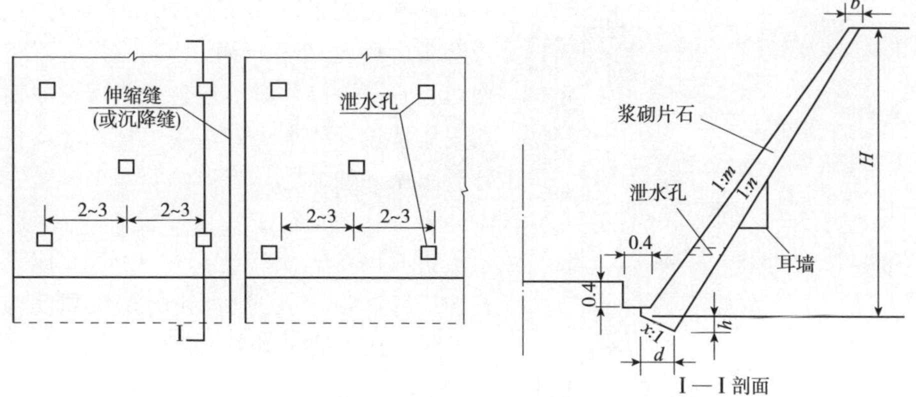

图 2-6　实体式坡面护墙(m)

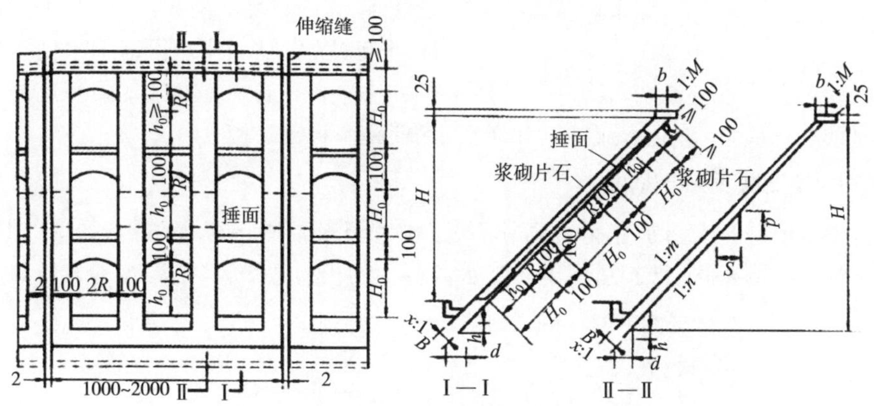

图 2-7　窗孔式坡面护墙(m)

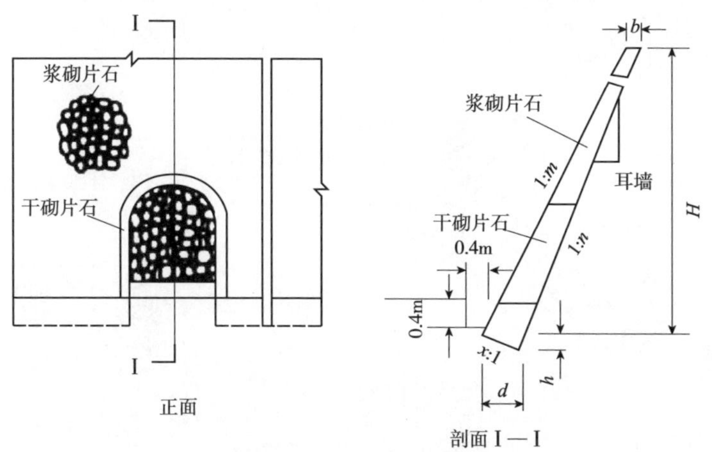

图 2-8　拱孔坡面护墙(m)

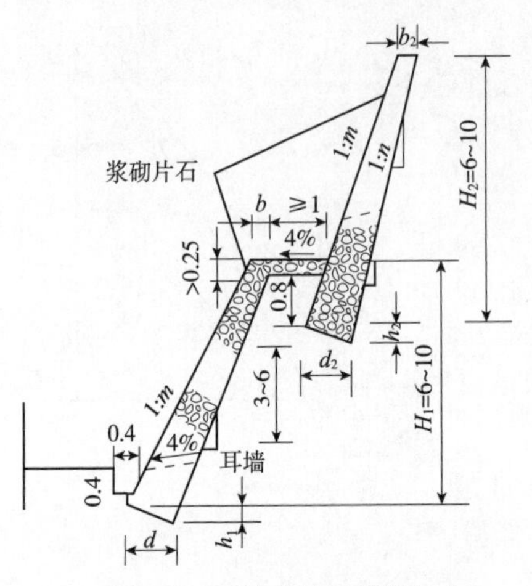

图 2-9 两级式坡面护墙(m)

须与路基坡面密贴,边坡局部凹陷处,应挖成合阶后用与墙身相同的圬工砌补,不得回填土石或干砌片石。坡顶护面墙与坡面之间应按设计要求做好防渗处理。应按设计要求做好伸缩缝。当护面墙基础修筑在不同岩层上时,应在变化处设置沉降缝。单级护面墙的高度不宜超过 10m,并应设置伸缩缝和泄水孔,泄水孔的位置和反滤层的设置应符合设计要求。

三、沿河路基防护

沿河、滨海路堤的防护与加固,可采用抛石、干砌或浆砌块(片)石、铺砌预制混凝土板、石笼、设置导流结构物和其他防护等方法。各种防护都必须加强基础处理和保证圬工质量,防止水流冲刷和淘空,保证路基稳定。

1. 砌石或混凝土防护

砌石或混凝土防护包括干砌片石、浆砌片石及混凝土板等防护,如图 2-10、2-11所示。干砌片石防护适用于易受水流侵蚀的土质边坡,严重剥落的软质岩石

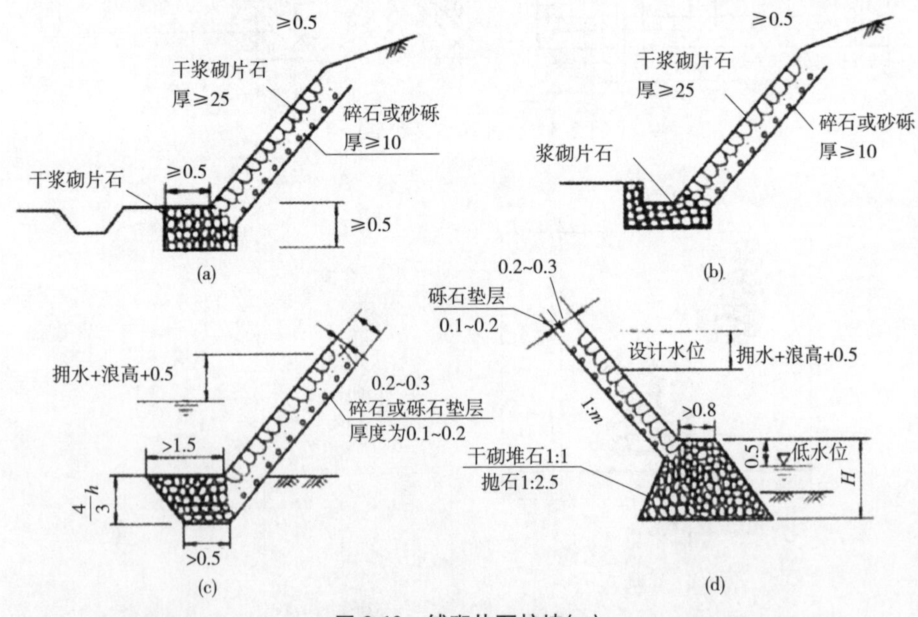

图 2-10 铺砌片石护坡(m)

(a)干砌片石基础;(b)浆砌片石基础;(c)墁石铺砌基础;(d)干砌抛石、堆石垛基础

边坡，周期性浸水及受冲刷轻的且流速为2～4m/s的河岸路基及边坡；浆砌片(卵)石防护适用于经常浸水的、受水流冲刷(流速3～6m/s)或受较强烈的波浪作用，以及可能有流水、漂浮物等冲击作用的河岸路基；混凝土板防护常用于路堤及河岸的边坡，以抵抗渗透水及波浪的破坏，其允许流速为4～8m/s。砌石或混凝土防护施工除应满足一般路基防护施工要求外，石料应选用未风化的坚硬岩石。

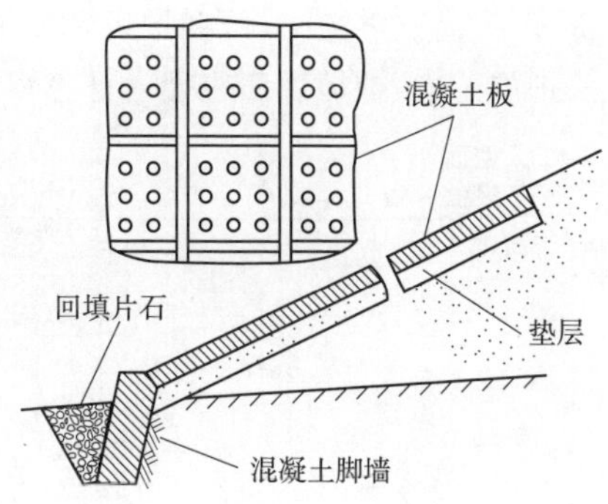

图 2-11　混凝土板护坡

开挖基坑时，应核对地质情况，与设计要求不符时，应进行处理。基础完成后应及时用符合设计要求的材料回填。铺砌层底面的碎石、砂砾石垫层或反滤层，应符合设计要求。坡面密实、平整、稳定后方可铺砌。砌块应交错嵌紧，严禁浮塞。砂浆应饱满、密实，不得有悬浆。每10～15m宜设伸缩缝，基底土质变化处应设沉降缝，并按设计要求施工。采用干砌片石、浆砌片石时，不得大面平铺，石块应彼此交错搭接，不得松动。采用干砌片石、浆砌河卵石时，必须长方向垂直坡面，成横行栽砌牢固。采用铺砌混凝土预制块时，应按设计规格和要求检验合格后方可铺筑。就地浇筑混凝土板时，宜采取措施提高早期强度，混凝土表面应平整、光滑。

2. 抛石防护

抛石防护的应用很广，适用于经常浸水且水较深地段的路基边坡防护，多用于防洪抢险工程。

抛石防护施工时，抛石切忌乱抛。抛石体边坡坡度和石料粒径应根据水深、流速和波浪情况确定，石料粒径应大于300mm，宜用大小不同的石块掺杂抛投。坡度应不大于抛石石料浸水后的天然休止角。抛石厚度宜为粒径的3～4倍；用大粒径时，不得小于2倍。抛石石料应选用质地坚硬、耐冻且不易风化崩解的石块。除特殊情况外，抛石防护宜在枯水季节施工。

3. 护坦防护

护坦是一种辅助性防护措施，常作为闸、坝下游的消力池底板、河床底板，被用来保护水跃范围内的河床免受冲刷。护坦防护形式有护坦式基脚形式、护坦式基脚加设挑坎及阻水堤基脚护坡形式等，如图2-12所示。当沿河路基挡土墙、护坡的局部冲刷深度过大，深基础施工不便时，宜采用护坦防护基础；当已建挡土墙、护坡的基础埋深不够，需要进行加固时，采用护坦式基脚施工方便有利。护坦式基脚可以减少水流与墙面冲击后形成的下降水流对床面的冲刷。护坦基脚可大大减小挡土墙或护坡基础埋深，减少施工难度。为了进一步减少护坦或基脚的局部冲刷深度,提高抗洪能力,可在护坦上加设挑坎和将护坦基脚的垂墙作成仰斜式。护坦防护施工中,护坦顶面应埋入计算河床冲刷深度以下0.5～1.0m。

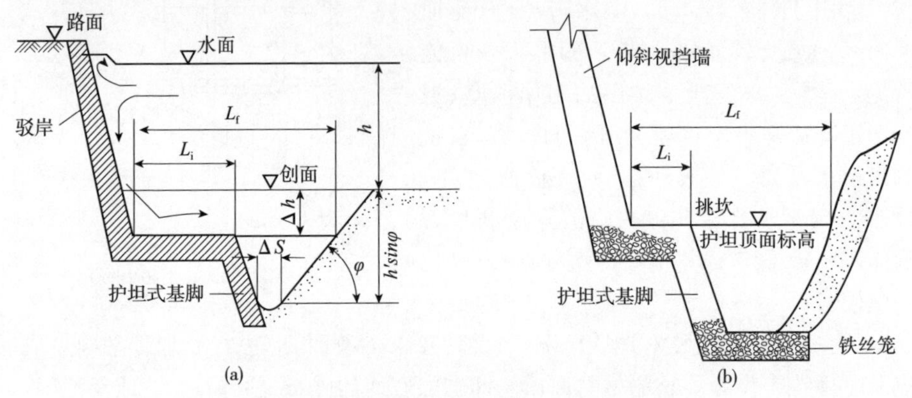

图 2-12　护坦防护基脚形式断面图

(a)护坦式基脚断面形式;(b)护坦式基脚加设挑坎

四、支挡工程

路基的支挡工程主要指各类挡土墙。施工前应做好场地临时排水,土质基坑应保持干燥,墙后填料应适时分层回填压实,浆砌或混凝土墙体待水泥混凝土强度达设计强度的70%以上时方可回填。填料宜优先选用砂砾或砂性土,严禁用有机质土、杂填土、冻土或过湿土,并应土质均匀,含水量适中。墙趾部分的基坑应及时回填压实,填土过程中,应防止水的侵害,回填结束后,顶部应及时封闭。

砌体用的水泥、石灰、砂、石等要求质地均匀,水泥不失效,砂石洁净,石灰充分消解,水中不得含有对水泥、石灰有害的物质;石料强度不得低于设计要求,且不应小于300MPa,无裂缝,不易风化;河卵石无脱层、蜂窝,表面无青苔、泥土,厚度与大小相称;片石最小边长及中间厚度不小于15cm,宽度不超过厚度的2倍;块石形状大致正方,厚度不宜小于20cm,长、宽均不小于厚度,顶面与底面平整。用于镶面时,应打去锋棱凸角,表面凹陷部分不得超过2cm;砂浆强度不低于设计标号,拌和均匀、和易性适中。

混凝土挡土墙包括各种轻型结构和加筋土挡土墙,以及护墙、护肩、护脚等支挡工程,按设计要求及有关的规定施工。

第四节　特殊路基施工

特殊路基,一般是指修建在不良地质情况、特殊地形情况、某些特殊气候因素等不利条件下的道路路基。特殊路基有可能因自然平衡条件被打破(或者边坡过陡，或者地质承载力过低）而出现各种各样的问题，因此，除要按一般路基标准、要求进行设计施工外，还要针对特殊问题进行研究，采取相应的处理措施。

特殊路基根据土质、地质、地形、气候因素可分为以下类型：

①湿黏土路基、软土地区路基、红黏土地区路基、膨胀土地区路基、黄土地区路基、盐渍土地区路基、风积沙及沙漠地区路基；

②季节性冻土地区路基、多年冻土地区路基、涎流冰地区路基、雪害地区路基；

③滑坡地段路基、崩塌与岩堆地段路基、泥石流地区路基；

④岩溶地区路基、采空区路基；

⑤沿河（沿溪）地区路基、水库地区路基、滨海地区路基。

特殊路基施工应根据其特点和具体情况以及必要的基础试验资料，进行经济、技术综合考虑，因地制宜地制订施工方案，编制专项施工组织设计，批准后实施。

特殊地区路基一般要注意以下四个环节：

①对地质资料、土工试验的详细检查，对设计图和实践经验的调查研究。

②室内试验和现场试验，特别是对重要工程。

③精细施工并注意现场的监测和数据的搜集。

④反复分析，验证设计，监测工程安全。

一、软土地区路基处理

软土地区的路基问题主要是路堤填筑荷载引起软土地基滑动破坏稳定的问题和长时间大沉降的问题。软土地基处治前，应复核处治方案的可行性，编制实施性施工组织设计。处治材料的选用及处治方案，宜因地制宜、就地取材。

软基处置方法很多，不同的处置方法具有各自的适用范围和使用效果，但主要目的都是为了增强地基的稳定性和加速地基沉降或减小地基总沉降量。

1. 换填法

换填法一般适用于地表下 0.5～3m 范围的软土处治。根据施工的不同，常用换填法又分开挖换填法、抛石挤淤法、爆破排淤法三种。

（1）开挖换填法，就是将软弱地基层全部或部分挖除，再用砂砾、碎石、钢渣等透水性较好的材料回填的一种软基处治法。该法用于泥沼（泥沼是一种以泥炭沉积为主，并包含着各种水草、淤泥和水的土层）及软土厚度小于 2.0m 的非饱和黏性土的软弱表层，也可添加适量石灰、水泥进行改良处治。一般不用于处治深层软基、沉降控制严格的路基、桥涵构筑物、引道等情况。

开挖换填法施工工艺流程如图 2-13 所示。

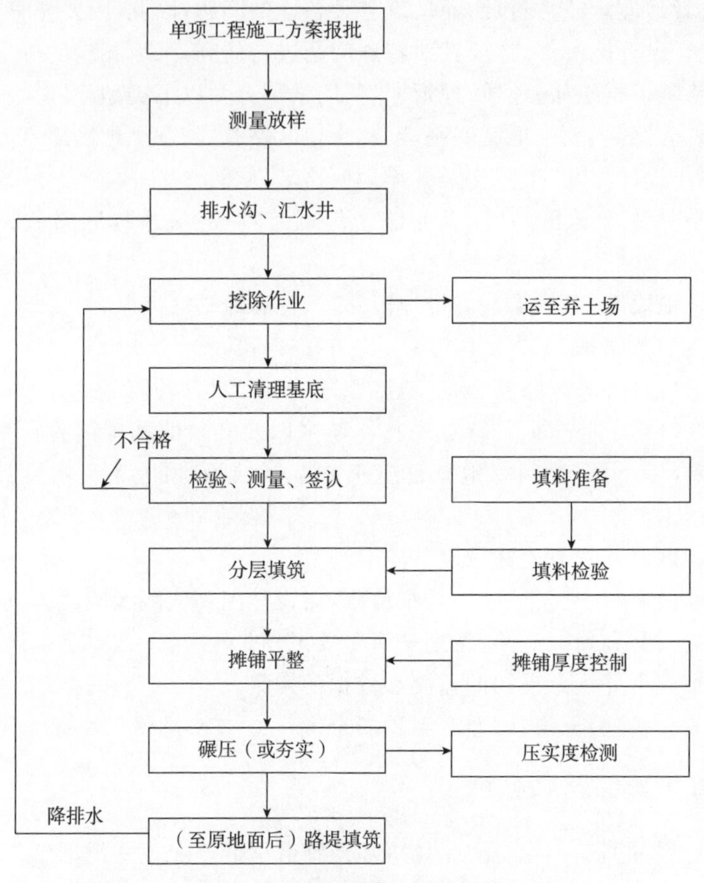

图 2-13　开挖换填法工艺框图

1)开挖。软基开挖要注意渗水及雨水问题,可边挖边填或全部、局部挖除后回填。

开挖深度小于 2m 时,可用推土机、挖掘机或人工直接清除软土至路基范围以外堆放或运至取土坑还填;开挖深度不小于 2m 时,要从两端向中央分层挖除,并修筑临时运输便道,由汽车运出。

路基坡脚宽度范围内的软土应全部清除,边部挖成台阶状;坡脚(含护坡道)范围外,对于小滑塌软土,可挖成 1∶1～1∶2 的坡度;对于高压缩性淤泥质软土,可将护坡道加宽加高至不小于原软土地面。

2)回填及压实。回填料应选用水稳性或透水性好的材料。回填应分层填筑、压实。

用碎石土或粉煤灰等工业废渣回填时,常采用振动压路机和重型静力压路机(12～15t 的三轮压路机)压实。为达到较好压实效果,非土方填料分层填筑厚度不宜过小。在当地条件许可时，可用这些填料填至原地面。

(2)抛石挤淤法，是向路基底部抛投片石，将淤泥挤出基底范围，以提高地基强度的一种软基处置方法。抛石挤淤法一般用于当泥沼及软土厚度小于3.0m，且其软土层位于水下，更换土施工困难或基底直接落在含水量极高的淤泥上，呈流动状态的情况。一般认为，抛石挤淤法是经济、适用的。

在常年积水，排水困难的洼地，泥炭呈流动状态，厚度较薄，表层无硬壳，片石能沉到底部的泥沼，特别软弱的地面上施工机械无法进入，对于这种石料丰富、运距较短的情况，抛石挤淤法较为适用。当淤泥较厚、较稠时须慎重选用本法。

抛石挤淤法施工工艺流程如图2-14所示。

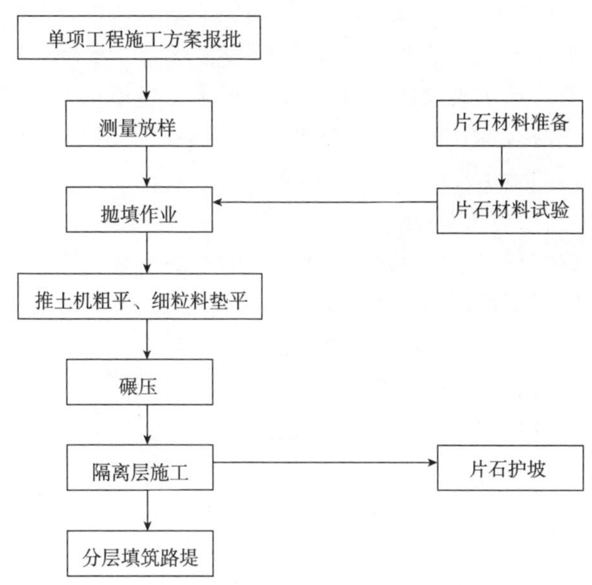

图2-14　抛石挤淤法工艺框图

抛石挤淤法施工要求：

1)应选用不易风化的片石，片石厚度或直径不宜小于300mm。片石大小应根据泥炭或软土稠度而定。

2)软土地层平坦、软土成流动状时，抛投填筑应沿路基中线向前成三角形方式投放片石，再渐次向两侧全宽范围扩展，以使淤泥挤向两侧。当软土地层横坡陡于1∶10时，应自高侧向低侧填筑，并在低侧坡脚外一定宽度内同时抛填形成片石平台。

3)片石抛填出软土面后，宜用重型压路机反复碾压，再用较小石块填塞垫平，并碾压密实。

(3)爆破排淤法，是将炸药放在软土或泥沼中引爆，利用爆炸张力把淤泥或泥沼排除，再回填强度高、渗透性好的砂砾、碎石等填料的一种软基处理方法。它用于淤泥层较厚、稠度较大、路堤较高、工期紧迫、不影响周围其他构筑物的情况。

爆破排淤法根据施工顺序分为两种，一种是先填后爆，即先在原地面上填筑低于极限高度的路堤，再在基底下爆破，适用于稠度较大的软土或泥沼；另一种是先爆后填，适用于稠度较小、回淤较慢的软土。

2. 砂垫层或砂砾垫层法

铺砂(砾)垫层法是在软土层顶面铺砂(砾)垫层，主要起浅层水平排水作用。

铺砂(砾)垫层法适用于路堤高度小于2倍极限高度(在天然软土地基上，基底不作特殊加固处理而用快速施工法填筑路堤的最大高度)的软土层、较薄硬壳层、表面渗透性很低的硬壳或软土层稍厚但具有双面排水条件的地基情况。该法施工简便，不需特殊机具设备，占地较少。但需放慢填筑速度，控制加荷速率，以便地基进行充分排水固结。因此，铺砂(砾)垫层法适用于工期不紧迫、砂(砾)料充足、运距不远的施工环境。

铺砂(砾)垫层法施工要点：

(1)按图纸或监理工程师的要求，在清理的基底上铺筑符合要求的砂或砂砾垫层，分层松铺厚度不得超过200mm，并逐层压实至规定的压实度。压实的方法应根据地基情况而选择振动法(平振、插振、夯实)、水撼法、碾压法等。若采用碾压法施工时，应控制最佳含水量。

(2)填筑砂砾垫层的基面和层面铺有土工布时，在砂砾垫层上下各厚100mm的层次中不得使用轧制的粒料。以免含有裂口的碎砾石损伤土工布。砂砾层顶铺土工布时，土工布应覆盖整个砂垫层，并由砂垫层坡底伸进护坡道填土中。

(3)在铺筑过程中应严防砂或砂砾受尘土或杂质污染，如发现严重污染，应换料重填。

(4)砂或砂砾的规格和质量必须符合设计和规范要求。应具有良好的透水性，不含有机质，黏土块和其他有害物质。砂砾的最大粒径不得大于53mm，含泥量不得大于5%。砂砾垫层应宽出路基边脚0.5～1.0m，且无明显的粗细料分离现象。两侧端以片石护砌，以免砂料流失。砂垫层厚度及其上铺设的反滤层应符合设计要求。

3. 袋装砂井法

袋装砂井法是用透水型土工织物长袋装砂砾石，一般通过导管式振动打设机械将砂袋设置在软土地基中形成排水砂柱，以加速软土排水固结的地基处理方法。砂袋可采用聚丙烯、聚乙烯、聚酯等长链聚合物编织，以专用缝纫机缝制或工厂定制，目前国内普遍采用的是聚丙烯编织，该材料抗老化性能差。施工机械一般为导管式的振动打设机械，只是在进行方式上有差异。我国一般采用的打设机械有轨道门架式、履带臂架式、步履臂架式、吊机导架式。该法用于淤泥固结排水、堆荷预压，使沉降均匀。

袋装砂井法施工要点：

(1)袋装砂井的平面位置、长度、灌砂量应符合图纸要求并如实作出施工记录，报监理工程师审批，未获批准，不得进行下一道工序施工。

(2)袋装砂井深度不应小于设计深度，顶部应伸入砂砾垫层至少 300mm，使其与砂砾垫层贯通，保证排水畅通。

(3)袋装砂井套管插入地基时应严格控制垂直度和桩位，沉入深度应能保证砂袋放至井底标高并不得扭曲砂袋。拔套管时要防止带出和损坏砂袋。

4. 施打塑料排水板法

施打塑料排水板法是用插板机将塑料排水板插入软土地基，在上部预压荷载作用下，软土地基中的空隙水由塑料排水板排到上部铺垫的砂层或水平塑料排水管中，由其他地方排出，加速软基固结。塑料排水板施工设备的作用基本与袋装砂井相同。

施打塑料排水板法施工要点：

(1)塑料排水板的质量应符合图纸和规范的要求，施工之前应将塑料排水板堆放在现场，并加以覆盖，以防暴露在空气中老化。施工时应严格按设计图示的位置、深度和间距设置。塑料排水板留出孔口长度应保证伸入砂垫层不小于500mm(多余部分切断)，使其与砂垫层贯通；并将其保护好，以防机械、车辆进出时受损，影响排水效果。

(2)塑料排水板在插入地基的过程中应保证不扭曲，滤水膜无破损，防止淤泥进入堵塞输水孔，影响塑料板的排水效果。

(3)塑料板与桩尖连接要牢固，避免提管时脱开，将塑料板拔出。桩尖平端与导管靴配合要适当，避免错缝，防止淤泥在打设过程中进入导管，增加对塑料板的阻力，甚至将塑料板拔出。

(4)塑料板需接长时，为减小板与导管阻力，宜采用滤水膜内平搭接的方法连接，为保证输水畅通并有足够的搭接强度，搭接长度不得小于 200mm。

(5)主要施工机械为插板桩机，也可与袋装砂井打桩机械共用，只是将圆形导管改为矩形导管。也可用下端为扁口的圆形导管。国内常用的打设机械，其振动打设工艺、锤击振力大小可根据每次打设根数、导管截面大小、入土长度和地基均匀程度确定。一般对均匀的软土地基振动锤击力参照表 2-3 选用。

表 2-3　振动锤击力参考值表

入土长度(m)	导管直径(mm)	振动锤力振力(KN)	
		单管	双管
<10	130～146	40	80
10～20	130～146	80	120～160
>20		120	160～220

5. 土工合成材料处治法

土工合成材料处治法，即利用土工合成材料(如土工布、土工格栅等)增强软基承载能力的一种软基处置方法。

土工合成材料处治法施工要点：

(1)土工合成材料的质量应符合图纸及规范要求。在采用土工合成材料加筋的路堤填筑正式开工前，应结合工程先修筑试验路段，以指导施工。

(2)铺设土工合成材料应按图纸施工，在平整好的下承面上全断面铺设。铺设时，土工织物应拉直平顺，使其强度高的方向置于垂直路堤轴线，并紧贴下承层。可采用插钉等措施将土工材料固定于下承层表面。宽于路基边缘部分采用自锚形式，即填土辗压后回折反包 1～2m。

(3)为保证土工合成材料的整体性，当采用搭接法连接时，搭接长度宜为 300～900mm；采用缝接法连接时，缝接宽度应不小于 50mm；采用黏结法时，黏结宽度不应小于 50mm，且黏结强度不低于土工合成材料的抗拉强度。

(4)铺设土工合成材料的土层表面平整，严禁表面有碎、块石等坚硬凸出物；在距土工合成材料层 80mm 以内的路堤填料，其最大粒径不得大于 60mm。

(5)土工合成材料摊铺后应及时填筑填料，以避免其受到阳光过长时间的暴晒。一般情况下，间隔时间不应超过 48 小时。填料应分层摊铺，分层碾压。

6. 反压护道法

反压护道法是指为防止软弱地基产生剪切、滑移，保证路基稳定，对积水路段和填土高度超过临界高度的路段，在路堤一侧或两侧填筑起反压作用的，具有一定宽度和厚度的护道土体的一种软基处置方法。其原理是通过护道改善路堤荷载方式来增加抗滑力的方法，使路堤下的软基向两侧隆起的趋势得到平衡，从而保证路堤的稳定性。

反压护道法适用于路堤高度不大于 1.5～2 倍的极限高度，非耕作区和取土不太困难的地区。

采用反压护道法加固地基，不需特殊的机具设备和材料，施工简易方便，但占地多，用土量大，后期沉降大，以后的养护工作量也大。

反压护道施工填料材质应符合设计要求。护道宜与路堤同时填筑，分开填筑时，必须在路堤达临界高度前将反压护道筑好。护道压实度应达到《公路土工试验规程》(JTG E40—2007)重型击实试验法测定的最大密度的90%，或满足设计提出的要求。

7. 碎石桩法

碎石桩是散体桩(由无黏结强度材料制成的桩)的一种，按其制桩工艺可分为振冲(湿法)碎石桩和干法碎石桩两大类。采用振动加水冲的制桩工艺制成的碎石桩称为振冲碎石桩或湿法碎石桩。采用各种无水冲工艺(如干振、振挤、锤击等)制成的碎石桩统称为干法碎石桩。

振冲碎石桩施工要点：

(1)工程桩开始前应在监理工程师批准的地点设置5根试验桩。试验桩施工过程中，应认真仔细地记录桩的贯入时间和深度、冲水量和水压、压入的碎石量和电流的变化等，以确定桩体在密实状态下的各项指标，以此作为设置碎石桩的控制指标。

(2)试验桩设置完毕后，对其中三根桩进行标准贯入试验，对另二根进行荷载试验，以检验施工设备和方法是否符合规范及监理工程师的要求。若一次试验不成功，则应改装或更换设备、改变施工方法，进行两次或多次试桩的设置，直到5根桩全部符合要求。

(3)成孔过程中，可适当加大水压和水量(其水压值：一般软土0.4～0.5MPa，硬土0.6～0.7MPa)，制桩振密时，则减少水压(一般软土为0.1MPa左右)，维持水管有水流出，以避免孔内泥水回进水管而被堵塞。

(4)施工中要保持电压稳定，不断电。为了保护电机，不允许在超过额定电流的情况下工作。因此在较硬层中振冲下沉时，应减慢下沉速度，适当进行扩孔，即把振”冲器上下往复多次。而在较软地基中施工时，则要用“先护壁、后制桩”的方法，即逐层造孔、逐层投料固壁。

(5)施工顺序一般可采用由中部向双侧或由一侧向另一侧进行，以保证后施工桩的挤密效果。当地基强度较低时，为减少对地基的扰动影响，也可采用间隔跳打的方法施工。

(6)认真填写施工记录。地表以下1m范围内的桩体需另作处理。

8. 加固土桩

加固土桩(粉喷桩)主要是以水泥、石灰、粉煤灰等材料作固化剂的主剂，利用深层搅拌机械在原位软土中进行强制搅拌，经过物理化学作用生成一种特殊的具有较高强度、较好变形特性和水稳性的混合桩体。它对提高软土地基承载能力，减少地基的沉降量有明显效果。适用于加固饱和软黏土地基如淤泥、淤泥质土、粉土和含水量较高的黏性土。

粉喷桩施工要点：

(1)粉喷桩施工前应进行成桩试验，确定喷头转速，提升速度、水泥用量等技术参数，使其满足图纸要求。

(2)为保证粉喷桩体的垂直度，要求钻杆的垂直度偏位不得大于1.5%，桩孔位置偏差不得大于50mm。

(3)粉喷桩机必须配置粉料计量装置，并记录水泥的瞬时喷入量和累计喷入量。施工中严格控制喷粉时间、停粉时间和水泥喷入量，确保粉喷桩长度。

(4)施工中，发现喷粉量不足时，应整桩复打，因故中断喷粉时，复打重叠孔段长度应大于1m。

9. 水泥粉煤灰碎石桩

水泥粉煤灰碎石桩(简称CFG桩)是在碎石桩的基础上发展起来的，以一定配合比率的石屑、粉煤灰和少量的水泥加水拌和后制成的一种具有一定胶结强度的桩体。由于桩体中加入了水泥和粉煤灰，形成了高黏结强度的桩，从而改善了碎石桩的刚性，不仅能很好地发挥全桩的侧摩阻作用，同时，也能很好地发挥其端阻作用。CFG桩和桩间土、垫层一起形成复合地基。

CFG桩施工要点：

(1)按照图纸和监理工程师要求完成有关试验和检验工作，包括混合料配合比及试块强度试验；试验桩的成孔试验(一般不少于2孔)，以复核地质资料以及设备，工艺是否适宜，核定选用的技术参数等。

(2)施工顺序主要考虑新打桩对已成桩的不利影响，它与地基土的性质、桩距有关，在保证与已成邻桩间隔不小于7天的前提下，在桩距较大的软土中，可采用间隔跳打；在饱和的松散粉土中，若桩距较小，则可采用从中部向两侧顺序施打。

(3)混合料加水拌和时间不得少于1min，如粉煤灰用量较多，搅拌时间还要适当加长。用水量按坍落度3～5cm控制，成桩后的浮浆厚度以不超过20cm为宜，为使桩体强度均匀，要注意拔管速度不得过快过慢(一般1.2～1.5m/min)，留振时间合理。常规作法是：提升一段距离，停下留振一段时间，非留振时间拔管过快，易导致缩颈断桩；拔管太慢或留振时间过长，将使泥浆上浮，下部桩体水泥含量减少，而且混合料也容易产生离析，造成桩体强度不均匀。

(4)桩尖有预制混凝土桩尖和活瓣式桩靴两种。当采用混凝土桩尖时，应将其埋到地下30cm左右，以免移位。若采用活瓣式桩靴时，要注意防止因活瓣打开幅度不够，致使混合料下落不畅而造成桩底部与土接触不密实或桩端一段桩径较小的缺陷。当出现这种情况时利用套管反插法也是不可取的，因为反插容易使土与桩体材料混合，导致桩身掺土。

二、盐渍土地区路基施工

1. 填料选择

填料选择的主要依据为土的含盐量。

(1)当附近无其他适用的填料,必需用盐渍土时,土中易溶盐容许:总含盐量不得大于5%,其中氯盐含量不得大于5%;硫酸盐含量不得大于2%;碳酸盐含量不得大于0.5%,且应根据当地气候、水文、地质等情况,通过试验确定采用的技术措施。

(2)在施工中必须注意含盐量的均匀性。路床以下每1000m^3填料、路床部分每500m^3填料应至少作一组测试,每组3个土样,填方不足上列数量时,亦应做一组试件。含盐量大的土层一般分布在地表数百毫米的范围内。实际检测时,若发现上、下层含盐量不一样,但总的平均含量未超过规定允许值时,可以通过将上、下两层盐土打碎拌和来保证填料含盐量的均匀性。

(3)当用石膏作填料时,应先破坏其蜂窝状结构,且要严格控制压实度,禁止雨天施工。

2. 基底处理

盐渍土路基基底的处理应视含盐量、含水量及地下水位而定。

(1)盐渍土地区路堤基底和天然护道的表层土大于填料的容许含盐渍土时,应作成自路基中线向两侧2%的横向坡面。

(2)路堤基底为松散的石膏土时应予夯实。

(3)当基底土层的含水量大于液限时,如其厚度小于1m,宜全部清除并换填渗水土壤;大于1m,应按软土路基有关规定予以处理。

(4)软土基底已清除至地下水位以下时,应换填透水性材料,其高度至少超过地下水位以上30cm,方可填土。

(5)盐渍土路基路床顶面至地下水位最小高度若达不到表2-4的规定时,应设置隔离层。防止含盐的毛细水上升。在内陆盆地干旱地区,应在路堤下部设置封闭性防水隔离层。隔离层可采用不透水材料如沥青砂、防渗薄膜、聚丙烯膜编织布等,以断气态水、毛细水上升。

表2-4　盐渍土路基高出长期地下水位最小高度表

路基土名称	最小高度(m)	
	弱盐渍土和中盐渍土	强盐渍土
中砂、细砂	1.0～1.2	1.1～1.3
砂性土	1.3～1.7	1.4～1.8
粘性土	1.8～2.3	2.0～2.5
粉性土	2.1～2.6	2.3～2.8

(6)地表为过盐渍土的细粒土、有盐结皮和松散土层时，应将其铲除，铲除的深度通过试验确定。地表过盐渍土层过厚时，若仅铲除一部分，则应设置封闭隔断层，隔断层宜设置在路床顶以下800mm处；若存在盐胀现象，隔断层应设在产生盐胀的深度以下。

3. 施工排水

施工中应及时、合理设置排水设施，路基及其附近不得积水。取土坑底面应高出地下水位至少150mm，底面向路堤外侧应有2%～3%排水横坡。在排水困难地段或取土坑有可能被水淹没时，应在取土坑外采取适当处治措施。在地下水位较高地段，应加深两侧边沟或排水沟，以降低路基下的地下水位。盐渍土地区的地下排水管与地面排水沟渠，必须采取防渗措施。盐渍土地区不宜采用渗沟。

4. 路基边坡与路肩的处理

对强盐渍土，无论其路基结构如何边坡与路肩都必须进行加固。对强盐渍土及过盐渍土应较标准路基宽度增加0.5～1.0m。盐渍土路基的坡面防护，应配合挖、填施工及时进行，防止边坡表面松胀、剥蚀。

5. 盐渍土路堤施工

盐渍土路堤应分层填筑、分层压实，每层松铺厚度不宜大于200mm，砂类土松铺厚度不宜大于300mm。碾压时应严格控制含水量，碾压含水量不宜大于最佳含水量1个百分点。雨天不得施工。盐渍土路堤的施工，应从基底处理开始，连续施工。在设置隔断层的地段，宜一次做到隔断层的顶部。地下水位高的黏性盐渍土地区，宜在夏季施工；砂性盐渍土地区，宜在春季和夏初施工；强盐渍土地区，宜在表层含盐量较低的春季施工。

三、膨胀土地区路基施工

1. 一般要求

膨胀土地区路基施工，应避开雨季作业，加强现场排水，基底和已填筑的路基不得被水浸泡。

膨胀土地区路基应分段施工，各道工序应紧密衔接，连续完成。路基边坡按设计要求修整，并应及时进行防护施工。膨胀土路基填筑松铺厚度不得大于300mm；土块粒径应小于37.5mm。填筑膨胀土路堤时，应及时对路堤边坡及顶面进行防护。路基完成后，当年不能铺筑路面时，应按设计要求做封层，其厚度应不小于200mm，横坡不小于2%。

2. 基底处理

高度不足1m的路堤，应按设计要求采取换填或改性处理等措施处治；表层为过湿土时，应按设计要求采取换填或进行固化处理等措施处治；填土高度小于路面和路床的总厚度，基底为膨胀土时，宜挖除地表0.30～0.60m的膨胀土，并将路床换填为非膨胀土或掺灰处理；若为强膨胀土，挖除深度应达到大气影响深度。

3. 路堑施工

路堑施工前，先施工截、排水设施，将水引至路幅以外。边坡施工过程中，必要时，宜采取临时防水封闭措施保持土体原状含水量。边坡不得一次挖到设计线，应预留厚度300～500mm，待路堑完成时，再分段削去边坡预留部分，并立即进行加固和封闭处理。路床底标高以下应按照设计要求进行处理。宜用支挡结构对强膨胀土边坡进行防护。支挡结构基坑应采取措施防止曝晒或浸水，基础埋深应在大气风化作用影响深度以下。

第五节　路基排水设施施工

一、地面排水设施

常用的路基地面排水设施，主要包括边沟、截水沟、排水沟、跌水、急流槽、渡槽、倒虹吸管等。它们分别按排水的需要，单独或综合设置于路基的不同部位。

1. 边沟施工

边沟是指设置在挖方路基的路肩外侧，或低路堤的坡脚外侧，为汇集和排除路面、路肩及边坡的流水，在路基两侧设置的纵向水沟。常用边沟横断面布置如图2-15所示。

边沟施工要点：

(1)挖方地段和填方地段均应按图纸规定设置边沟。路堤靠山一侧应设置不渗水的边沟。

(2)为了防止边沟水流漫溢或冲刷，在平原区和丘陵地区，边沟应分段设置出水口，多雨地区梯形边沟每段长度不宜超过300m，三角形边沟不宜超过200m。

(3)当边沟水流流向桥涵进水口时，为避免边沟流水冲刷，应在涵洞进口处设置窨井，见图2-16。也可根据地形需要，在进口前(或出口后)设置急流槽或跌水等构造物。

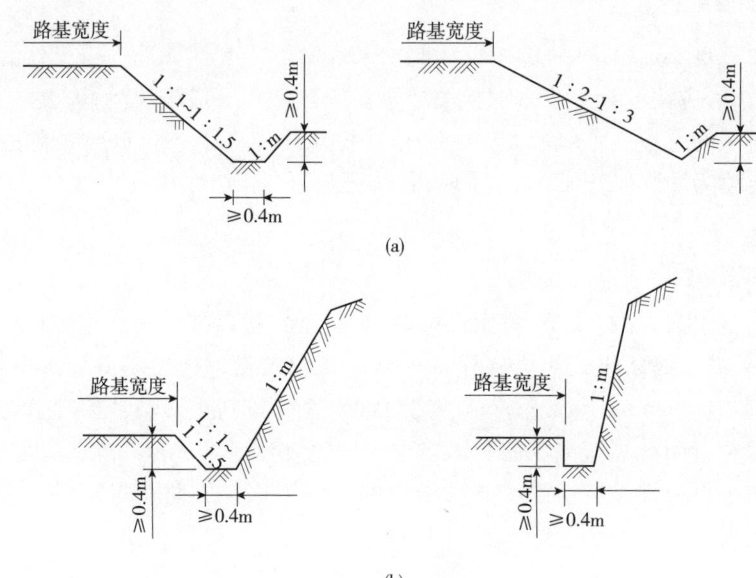

图 2-15 边沟横断面图

(a)填方;(b)挖方

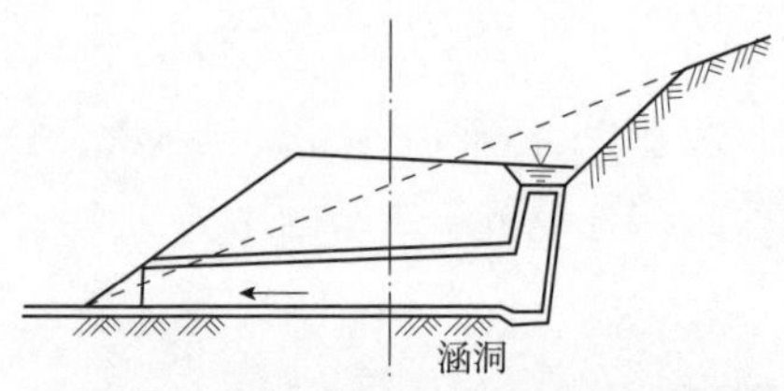

图 2-16 涵洞进口处窨井示意图

(4)平曲线处边沟施工时,沟底纵坡应与曲线前后沟底纵坡平顺衔接,不允许曲线内侧有积水或外溢现象发生。曲线外侧边沟应适当加深,其增加值等于超高值,但曲线在坡顶时可不加深边沟。

(5)边沟的具体加固地段和尺寸应按图纸规定,如图纸无明确规定时,应按监理工程师的指示办理。对于土质地段,当沟底纵坡大于3%时,边沟必须采取加固措施。采用干砌片石对边沟进行铺砌时,应选用有平整面的片石,各砌缝要用小石子嵌紧;采用浆砌片石铺砌时,砌缝砂浆应饱满,沟身不漏水;若沟底采用抹面时,抹面应平整压光。

2. 截水沟

截水沟设置在挖方路基边坡坡顶以外,或山坡路堤上方的适当处,用以截引路基上方流向路基的地面径流,防止冲刷与浸蚀挖方边坡和路堤坡脚,并减轻边沟的泄水负担。岩石裸露和坡面不怕水冲刷的路段,可不设置截水沟(天沟)。截水沟断面形式见图 2-17。

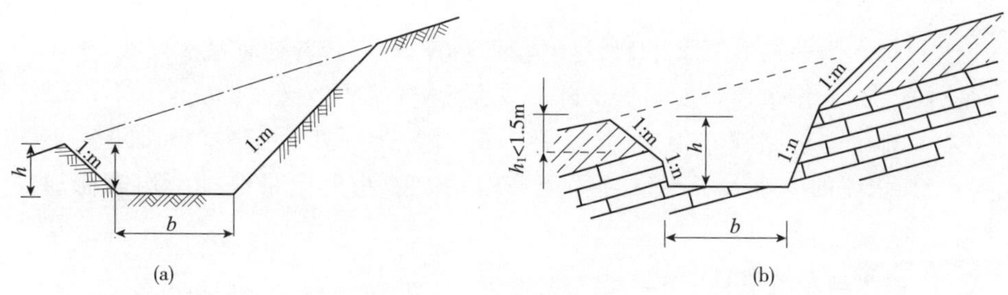

图 2-17　截水沟断面图

截水沟施工要点：

(1)截水沟设置时主要考虑位置。在无弃土堆的情况下，截水沟的边缘离开挖方路基坡顶的距离视土质而定，以不影响边坡稳定为原则，如系一般土质至少应离开 5m，对黄土地区不应小于 10m，并应进行防渗加固。截水沟挖出的土，可在路堑与截水沟之间修成土台并进行夯实，台顶应筑成 2％倾向截水沟的横坡，见图 2-18。

路基上方有弃土堆时，截水沟应离开弃土堆脚 1～5m，弃土堆坡脚离开路基挖方坡顶不应小于 10m，弃土堆顶部应设 2％倾向截水沟的横坡，见图 2-19。

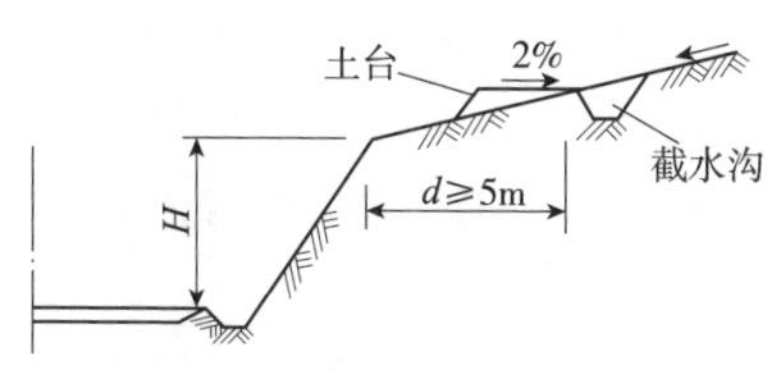

图 2-18　挖方路段上的截水沟

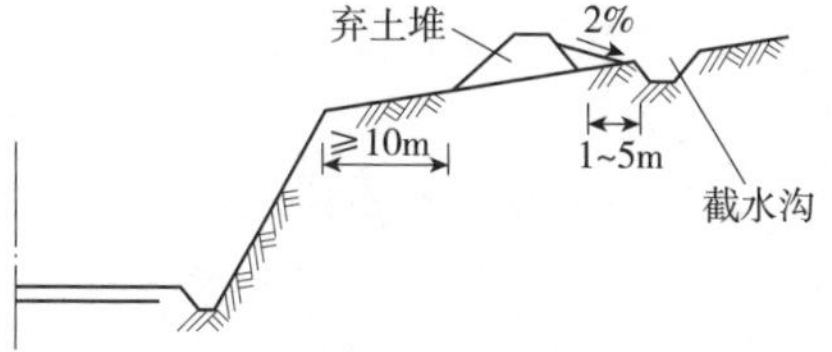

图 2-19　有弃土堆时的截水沟

山坡上路堤的截水沟离开路堤坡脚至少 2.0m，并用挖截水沟的土填在路堤与截水沟之间，修筑向沟倾斜坡度为 2％的护坡道或土台，使路堤内侧地面水流入截水沟排出。

(2)截水沟长度超过 500m 时应选择适当的地点设出水口，将水引至山坡侧的自然沟中或桥涵进水口，截水沟必须有牢靠的出水口，必要时须设置排水沟、跌水或急流槽。截水沟的出水口必须与其他排水设施平顺衔接。

(3)为防止水流下渗和冲刷，截水沟应进行严密的防渗和加固，地质不良地段和土质松软、透水性较大或裂隙较多伪岩石路段，对沟底纵坡较大的土质截水沟及截水沟的出水口，均应采用加固措施防止渗漏和冲刷及沟壁。

3. 排水沟

(1)排水沟的线形要求平顺,尽可能采用直线形,转弯处宜做成弧线,其半径不宜小于 10m,排水沟长度根据实际需要而定,通常不宜超过 500m。

(2)排水沟沿路线布设时,应离路基尽可能远一些,距路基坡脚不宜小于 3～4m。水流的流速大于容许冲刷流速时,沟底、沟壁应采取排水沟表面加固措施。

4. 跌水与急流槽

跌水是指在陡坡或深沟地段设置的沟底为阶梯形,水流呈瀑布跌落式通过的沟槽。跌水有单级式和多级式两种,其作用是降低流速,消减水的能量。

急流槽是指在陡坡或深沟地段设置的坡度较陡的沟槽。其作用是在很短的距离内、水面落差很大的情况下进行排水。多用于涵洞的进出水口、高路堤路段排泄路面汇水、道路超高段横向排水。

跌水与急流槽的施工要点:

(1)跌水与急流槽必须用浆砌圬工结构,跌水的台阶高度可根据地形、地质等条件决定,多级台阶的各级高度可以不同,其高度与长度之比应与原地面坡度相适应。

(2)急流槽的纵坡不宜超过 1∶1.5,同时应与天然地面坡度相配合。当急流槽较长时,槽底可用几个纵坡,一般是上段较陡,向下逐渐放缓。

(3)当急流槽很长时,就分段砌筑,每段不宜超过 10m,接头用防水材料填塞,密实无空隙。

(4)急流槽的砌筑应使自然水流与涵洞进、出口之间形成一个过渡段,基础应嵌入地面以下,基底要求砌筑抗滑平台并设置端护墙。

(5)在高路堤道路纵坡不大地段,急流槽进水口在路肩上可做成簸箕形,导引水流流入急流槽。在纵坡较大地段,急流槽进水口于路肩上增设拦水带,拦截上游来水使之进入急流槽。跌水、急流槽构造见图 2-20、图 2-21。

5. 雨水井与检查井

在道路宽、车道多、雨量大的地段,可采用雨水井与检查井排除超高路段积水。处理分隔带旁积水的雨水井,可设置于分隔带旁的路缘带内,如无路缘带,则可直接设于路面的边缘。雨水井与检查井的设置距离应根据当地降雨量决定,弯道处约每隔 40m 设一口。

雨水井断面尺寸,垂直于分隔带方向一般净宽为 38～41.5cm,平行于分隔带方向,单箆式净宽为 60cm(如为双箆式,上口净宽加倍),上加铁箆盖板,边墙用砖砌。

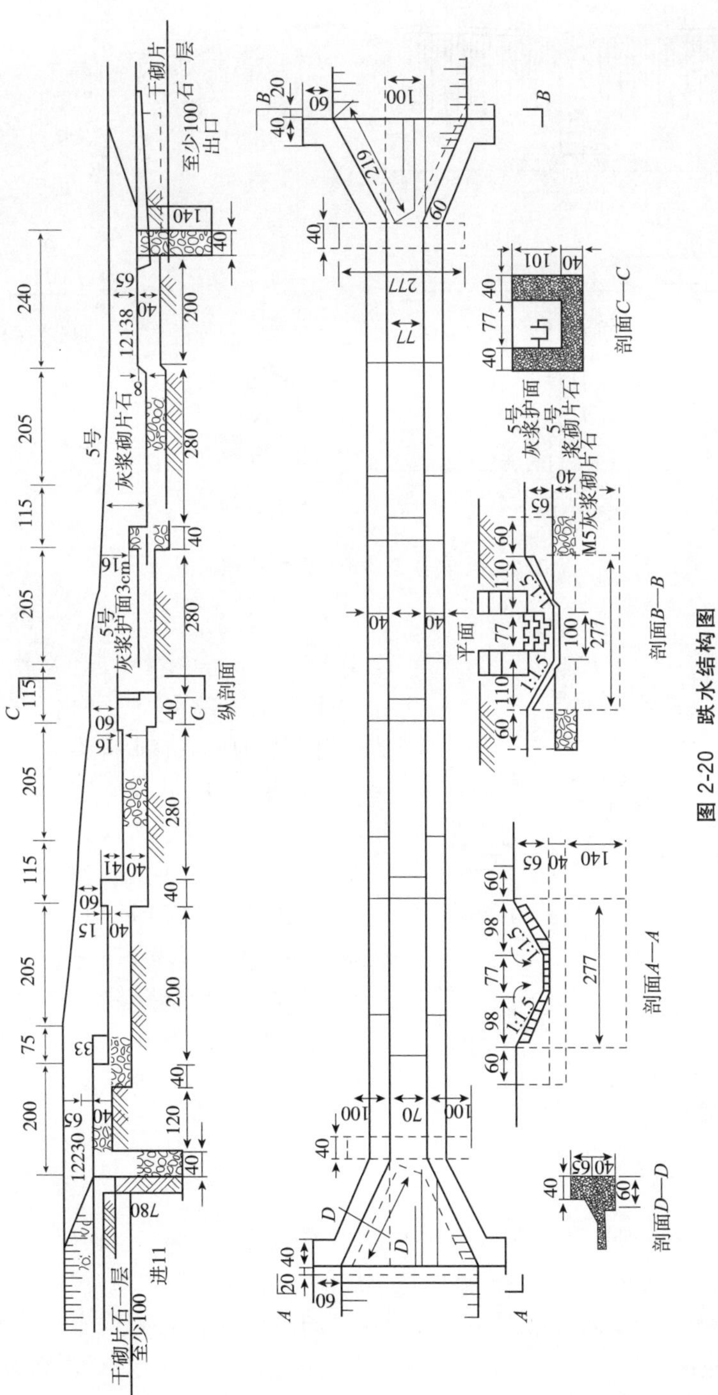
干砌片石一层至少100
出口
5号灰浆砌片石
5号灰浆护面3cm
纵剖面
平面
5号灰浆护面
5号浆砌片石
M5灰浆砌片石
剖面A—A
剖面B—B
剖面C—C
剖面D—D

图 2-20　跌水结构图

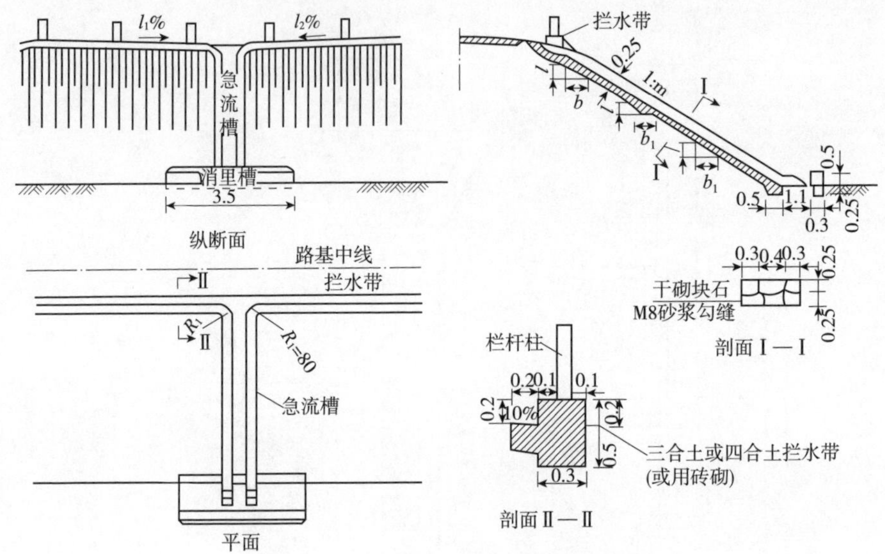

图 2-21　高速公路地段急流槽结构图

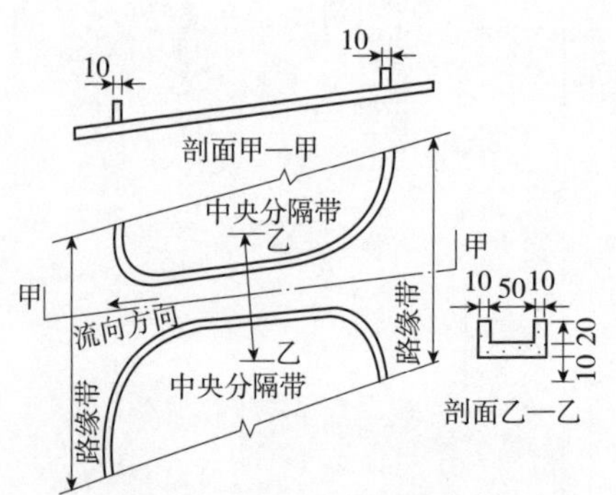

图 2-22　分隔带上过水明槽布置图

雨水井深约 60cm，用 ϕ20～30cm 水泥混凝土管与检查井衔接，使雨水通过检查井，将泥砂等杂物在检查井内淤积清除，水流由雨水井的另一管道排除至路基之外。

雨水井可以一口设一座检查井，亦可几口设一座检查井，具体应根据当地雨量与经济比较决定。在几口雨水井设一座检查井时，雨水井与雨水井之间可用直径 ϕ20～30cm 水泥混凝土管连接。

分隔带上过水明槽和雨水井的构造，如图 2-22、图 2-23 所示。

二、地下排水设施

1. 暗沟

暗沟为设在地面以下用以引导水流的沟渠，无渗水和汇水作用。

暗沟的构造比较简单。在路基填土之前，或挖出泉眼之后，按照泉眼范围的大小，剥除泉眼上层浮土，挖出泉井，砌筑井壁与沟壁，上盖混凝土(或石)盖板。井深应保证盖板顶面的填土厚度不小于 50cm，井宽按泉眼大小决定。暗沟高约为 20cm，宽 20～30cm。过水暗沟(如两雨水井之间的水道连接)，亦可采用混凝土水管。

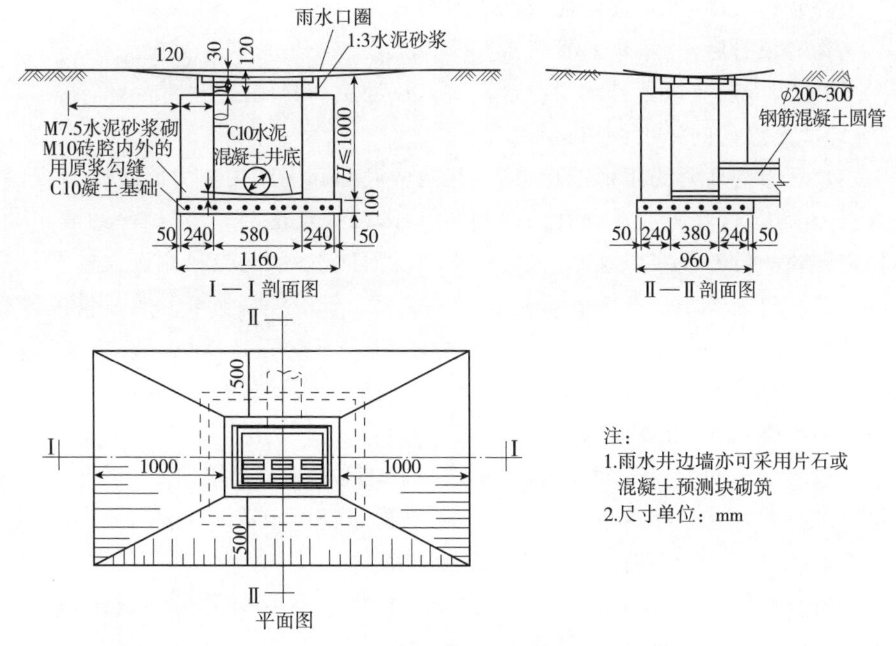

图 2-23　雨水井结构图

暗沟施工要点：

(1)沟底必须埋入不透水层内，沟壁最低一排渗水孔应高出沟底至少 200mm。

(2)暗沟设在路基旁侧时，宜沿路线方向布置；设在低洼地带或天然沟谷处时，宜顺山坡的沟谷走向布置。沟底纵坡应大于 0.5%，出水口处应加大纵坡，并高出地表排水沟常水位 200mm 以上。

(3)寒冷地区的暗沟应按照设计要求做好防冻保温处理，出口处也应进行防冻保温处理，坡度宜大于 5%。

(4)暗沟采用混凝土或浆砌片石砌筑时，在沟壁与含水层接触面以上高度，应设置一排或多排向沟中倾斜的渗水孔，沟壁外侧应填筑粗粒透水性材料或土工合成材料形成反滤层。沿沟槽底每隔 10～15m 或在软硬岩层分界处应设置沉降缝和伸缩缝。

(5)暗沟顶面必须设置混凝土盖板或石料盖板，板顶上填土厚度应大于 500mm。

2. 渗沟

渗沟是在地面以下汇集流向路基的地下水，并将其排除到路基范围之外。当路线所经地段遇有潜水、层间水、路堑顶部出现地下水或地下水位较高，影响路基或路堑边坡稳定时,需修建渗沟将水排除。

渗沟有填石渗沟(盲沟)、管式渗沟和洞式渗沟三种形式。其施工要点如下:

(1)渗沟周围应设置排水层(或管、洞)、反滤层和封闭层。

(2)填石渗沟的施工要求:

1)填石渗沟通常为矩形或梯形,在渗沟的底部和中间用较大碎石或卵石(粒径 3~5cm)填筑,在碎石或卵石的两侧和上部,按一定比例分层(层厚约 15cm),填较细颗粒的粒料(中砂、粗砂、砾石),作成反滤层,逐层的粒径比例大致按4∶1递减。砂石料颗粒小于 0.15mm 的含量不应大于 5%。用土工合成材料包裹有孔的硬塑管时,管四周填以大于塑管孔径的等粒径碎、砾石,组成渗沟。顶部作封闭层,用双层反铺草皮或其他材料(如土工合成的防渗材料)铺成,并在其上夯填厚度不小于 0.5m 的黏土防水层。

2)填石渗沟的埋置深度,应满足渗水材料的顶部(封闭层以下)不得低于原有地下水位的要求。当排除层间水时,渗沟底部应埋于最下面的不透水层上。在冰冻地区,渗沟埋深不得小于当地最小冻结深度。

3)填石渗沟只宜用于渗流不长的地段,且纵坡不能小于 1%,宜采用 5%。出水口底面标高,应高出沟外最高水位 0.2m。

(3)管式渗沟适用于地下水引水较长、流量较大的地区。

当管式渗沟长度 100~300m 时,其末端宜设横向泄水管分段排除地下水。

管式渗沟的泄水管可用陶瓷管、混凝土、石棉、水泥或塑料等材料制成,管壁应设泄水孔,交错布置,间距不宜大于 20cm。渗沟的高度应使填料的顶面高于原地下水位。沟底垫枕材料一般采用干砌片石;如沟底深入到不透水层时宜采用浆砌片石、混凝土或土工合成的防水材料。

(4)洞式渗沟适用于地下水流量较大的地段,洞壁宜采用浆砌片石砌筑,洞顶应用盖板覆盖,盖板之间应留有空隙,使地下水流入洞内,洞式渗沟的高度要求同管式渗沟。

(5)渗沟的平面布置,除路基边沟下(或边沟旁)的渗沟应按路线方向布置外,用于截断地下水的渗沟的轴线均宜布置成与渗流方向垂直。用作引水的渗沟应布置成条形或树枝形。

(6)渗沟沟内用作排水和渗水的填充料常用的有碎石、卵石和粗砂等,使用前须经筛选和清洗。

(7)渗沟的出水口宜设置端墙,端墙下部留出与渗沟排水通道大小一致的排水沟,端墙排水孔底面跟排水沟沟底的高度不宜小于 0.2m,在寒冷地区不宜小于 0.5m。端墙出口的排水沟应进行加固,防止冲刷。

(8)渗沟顶部应设置封闭层,封闭层通常采用浆砌片石、干砌片石水泥砂浆勾缝，用黏土夯实，厚约 50cm，下面铺双层反铺草皮或铺土工布。寒冷地区沟顶填土高小于冰冻深度时，应设置保温层，并加大出水口附近纵坡。保温层可采用炉渣、砂砾、碎石或草皮铺筑。

(9)渗沟排水层(或管、洞)与沟壁之间应设置反滤层。反滤层应选用颗粒大小均匀的砂、石材料分层埋填，相邻两层的颗粒直径比例不宜小于 1∶4。

(10)渗沟基底应埋入不透水层，渗沟沟壁的一侧应设反滤层汇集水流，另一例用黏土夯实或浆砌片石拦截水流。如含水层很厚，沟底不能深入不透水层时，两侧沟壁均应设置反滤层。

(11)渗沟的开挖宜自下游向上游进行，并应随挖随即支撑和迅速回填，不可暴露太久，以免造成坍塌。支撑渗沟应间隔开挖。

(12)当渗沟开挖深度超过 6m 时，须选用框架式支撑，在开挖时自上而下随挖随加支撑，施工回填时应自下而上逐步拆除支撑。

(13)为检查维修渗沟，每隔 30～50m 或在平面转折和坡度由陡变缓处宜设置检查井。检查井一般采用圆形，内径不小于 1m，在井壁处的渗沟底应高出井底 0.3～0.4m，井底铺一层厚 0.1～0.2m 的混凝土。井基如遇不良土质，应采取换填、夯实等措施。兼起渗井作用的检查井的井壁，应在含水层范围设置渗水孔和反滤层。深度大于 20m 的检查井，除设置检查梯外，还应设置安全设备。井口顶部应高出附近地面约 0.3～0.5m，并设井盖。

渗沟的布置及构造，如图 2-24～图 2-27 所示。

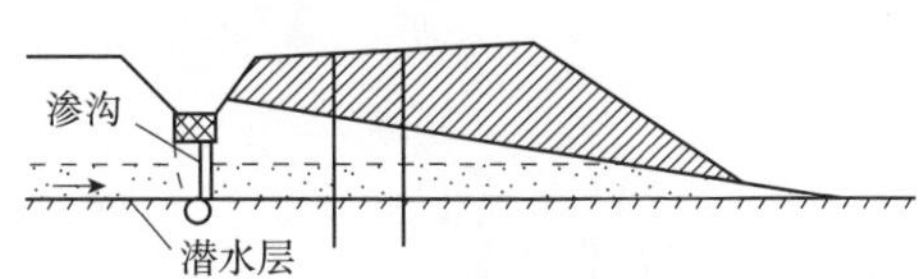

图 2-24　拦截潜水流向路堤的渗沟

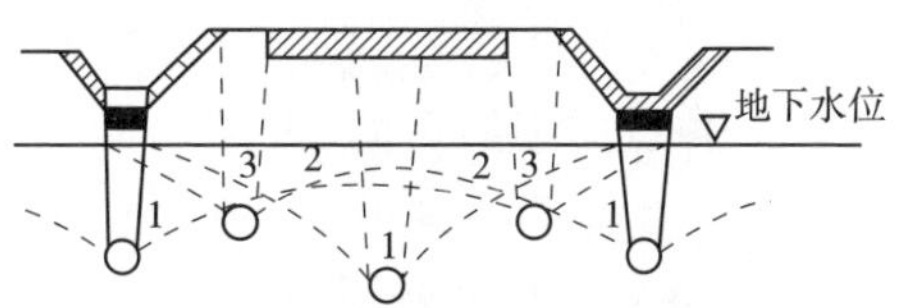

图 2-25　降低地下水的渗沟

(图中数字为降低后的地下水位线)

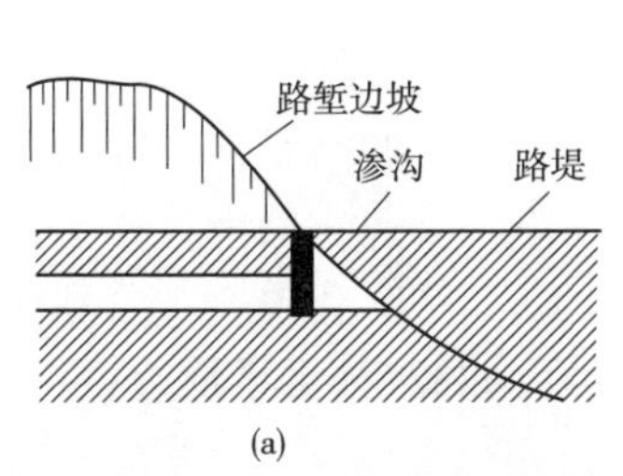

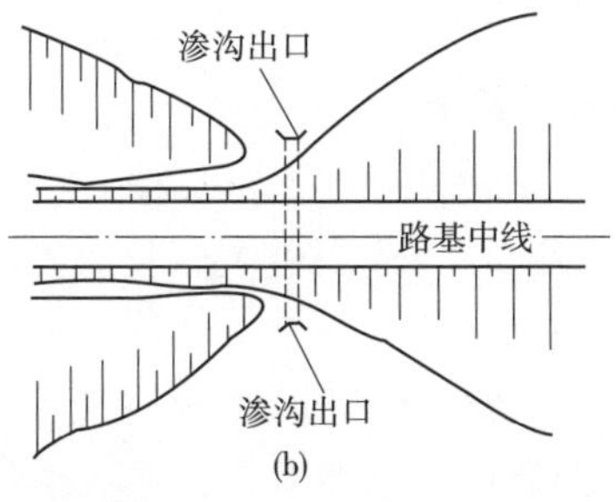

图 2-26　截断路堑层间水的渗沟

(a)剖面图；(b)平面图

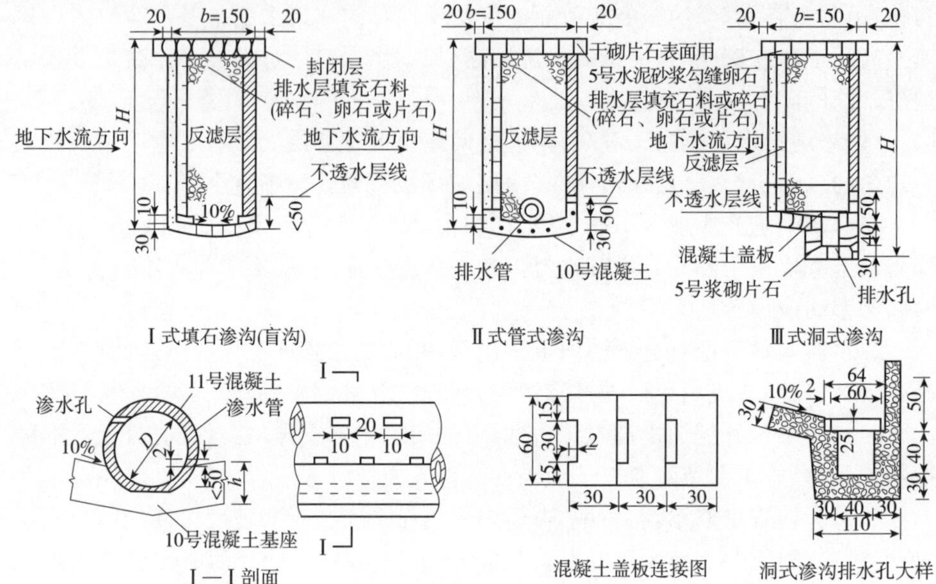

图 2-27　渗沟构造图

第六节　路基整修、检查验收及维修

一、路基整修

1. 路基整修的目的、内容

路基整修是在路基施工基本完成后，对其外观质量和局部缺陷进行整修或处理，是路基工程顺利通过交工验收的重要保证。因此，在路基交工验收前，应严格按规范要求再次检查路基施工质量，并进行适当的整修。交工验收是依据施工技术标准和设计文件，对路基工程最终的施工质量作出评定，以评价工程是否可以移交下一阶段施工或是否满足通车要求。

2. 路基整修要点

(1)路基工程基本完工后，必须进行全线的竣工测量，包括中线测量、横断面测量及高程测量，以作为竣工验收的依据。

(2)当路基土石方工程基本完工时，应由施工单位会同施工监理人员，按设计文件要求检查路基中线、高程、宽度、边坡坡度和截、排水系统。根据检查结果编制整修计划，进行路基及排水系统整修。

(3)土质路基表面的整修，可用机械配合人工切土或补土，并配合压路机械碾压。深路堑边坡整修应按设计要求坡度，自上而上进行削坡整修，不得在边坡上以土贴补。

石质路基边坡，应做到设计要求的边坡比。坡面上的松石、危石应及时清除。

(4)边坡需要加固地段，应预留加固位置和厚度，使完工后的坡面与设计边坡一致。

当路堑边坡受雨水冲刷形成小冲沟时，应将原边坡挖成台阶，分层填补，仔细夯实。如填补的厚度很小(12～20cm)，而又非边坡加固地段时，可用种草整修的方法，以种植土来填补，但应顺适、美观、牢靠。

填方边坡受雨水冲刷形成冲沟或坍缺口时，应自下而上，分层挖台阶加宽填补夯实，再按设计坡面削坡，弯道内侧路肩边缘，应修建路肩拦水带。

(5)填土经压实后，不得有松散、软弹、翻浆及表面不平整现象，如不合格，必须重新处理。

(6)土质路基表面做到设计标高后宜用平地机刮平、石质路基表面应用石屑嵌缝紧密，平整，不得有坑槽和松石。

(7)边沟的整修应挂线进行。对各种水沟的纵坡(包括取土坑纵坑)应仔细检查，应使沟底平整，排水畅通，凡不符合设计及规定要求的，应按规定整修。

截水沟、排水沟及边沟的断面、边坡坡度，应按设计要求办理。沟的表面应整齐、光滑。填补的凹坑应拍捶密实。

(8)整修路堤边坡表面时，应将其两侧超填的宽度切除。

二、路基质量验收

1. 土质路基

(1)基本要求

1)在路基用地和取土坑范围内，应清除植被、杂物、积水、淤泥和表土，处理坑塘，并按规范和设计要求对基底进行压实。

2)路基填料应符合规范和设计的规定，经认真调查、试验后合理选用填方路基须分层填筑压实，每层表面平整，路拱合适，排水良好。

3)施工临时排水系统应与设计排水系统结合，避免冲刷边坡，勿使路基附近积水。

4)在设定取土区内合理取土，不得滥开滥挖。完工后应按要求对取土坑和弃土场进行休整，保持合理的集合外形。

(2)土质路基允许偏差见表 2-5

表 2-5　土质路基允许偏差

项次	检查项目			规定值或允许偏差			检查方法和频率
				高速公路 一级公路	其他公路		
					二级公路	三、四级公路	
1	压实度（%）	零填及挖方（m）	0～0.30			94	每 200m 每压实层测 4 处
			0～0.80	≥96	≥95		
		填方（m）	0～0.80	≥96	≥95	≥94	
			0.80～1.50	≥94	≥94	≥93	
			＞1.50	≥93	≥92	≥90	
2	弯沉（mm）			不大于设计要求值			
3	纵断高程（mm）			＋10，－15	＋10，－20		水准仪：每 200m 测 4 断面
4	中线偏位（mm）			50	100		经纬仪：每 200m 测 4 点，弯道加 HY、YH 两点
5	宽度（mm）			符合设计要求			米尺：每 200m 测 4 处
6	平整度（mm）			15	20		3m 直尺：每 200m 测 2 处×10 尺
7	横坡（%）			±0.3	±0.5		水准仪：每 200m 测 4 个断面
8	边坡			符合设计要求			尺量：每 200m 测 4 处

2. 石质路基

（1）基本要求

1）石方路堑的开挖宜采用光面爆破法。爆破后应及时清理险石、松石，确保边坡安全稳定。

2）修筑填石路基时，应进行地表清理，逐层水平填筑石块，摆放平稳，码砌边部。采用振动压路机分层碾压，压至填筑层顶面石块稳定，20t 以上压路机振压两遍无明显标高差异。

（2）石质路基允许偏差见表 2-6

表 2-6　石质路基允许偏差表

序号	项目		允许偏差/mm	检验频数		检验方法
				范围/m	点数	
1	路中线标高※		＋50 －200	20	3	用水准仪沿横断面测量左、中、右各一位
2	路基宽	路堑挖深≤3m	＋100 0	20	2	用尺量（沿横断面由路中心向两边各量点）
		路堑挖深＞3m	＋200 －50	20	2	
		填方	不小于设计规定			
3	边坡		不陡于设计规定	20	2	用坡度尺时，每侧量一点

注：在项目栏列有※者的合格率必须达到100％，以下同。

3. 边坡和边沟

（1）土质边坡必须平整、坚实、稳定，严禁贴坡。

（2）边沟上口线应整齐直顺，沟底平整，排水畅通。

（3）边沟、边坡允许偏差应符合表 2-7 的规定。

表 2-7　边坡、边沟允许偏差表

序号	项目	允许偏差/mm	检验频数		检验方法
			范围/m	点数	
1	边坡坡度	不陡于设计规定	20	2	用坡度尺量，每侧边坡各一点
2	沟底标高	0 －30	20	2	用水准仪测量，每侧边沟各一点
3	沟底宽	不小于设计规定	20	2	用尺量，每侧边沟各一点

4. 附属结构物

（1）砌体的砂浆必须配比准确，填筑饱满密实。

（2）灰缝整齐均匀，缝宽符合要求，勾缝不得空鼓脱落。

（3）应分层砌筑，层间咬合紧密，必须错缝。

（4）沉降缝必须直顺，上下贯通。

（5）预埋构件、泄水孔、反滤层、防水设施等必须符合设计要求。

（6）干砌石块不得松动、叠砌和浮塞。

（7）护坡、护脚、护面墙、挡土墙允许偏差应符合表 2-8 的规定。

表 2-8　护坡、护脚、护面墙、挡土墙允许偏差表

序号	项目	允许偏差/mm				检验频数		检验方法
		浆砌料石、砖、砌块、挡土墙	浆砌片(块石)		干砌片(块)石、护底护坡	范围/m	点数	
			挡土墙	护底护坡				
1	※砂浆强度等级	平均值不低于设计强度等级						见注
2	断面尺寸	+10 0	不小于设计规定			20	2	用尺量,宽度上、下各一点
3	顶面高程	±10	±15			20	2	用水准仪测量
4	轴线位移	10	15			20	2	用经纬仪测量,纵横向各一点
5	墙面垂直度	0.5%H 且≤20	0.5%H 且≤30			20	2	用垂线检验
6	※平整度	料石	20	30		20	2	用 2m 直尺靠量
		砖、砌块	10	30				
7	水平缝平直度	10				20	2	拉 20m 小线检验
8	墙面坡度	不陡于设计规定				20	1	用坡度尺检验
9	基底高程	土方	±30	±30		20	2	用水准仪测量
		石方	±100	±100				

注:1. 表中 H 为构筑物高度,单位 mm;

2. 浆砌卵石的规格可参照浆砌块石的规定;

3. 各个构筑物或每 50m^3 砌体制作一组(6 块)砂浆试块,配合比变更时,也应制作试块;

4. 砂浆强度:砂浆试块的平均强度不低于设计规定,任意一组试块的强度最低值不低于设计规定的 85%;

5. 表中项目栏列有※者的合格率必须达到 100%。

三、路基维修

(1)路基工程完工后路面未施工前及公路工程初验后至终验前,路基如有损毁,施工单位应负责维修,并保证路基排水设施完好,及时清除排水设施中淤积物、杂草等。

对较长时间中途停工和暂时不做路面的路基,也应做好排水设施,复工前应对路基各分项工程予以修整。

(2)整修路基表面,应使其无坑槽,并保持规定的路拱,在路堤经雨水冲刷或其他原因发生裂缝沉陷时,应即修、加固或采取其他措施处理,并查明原因作出记录。遇路堑边坡坍方时,应及时清除。

(3)在未经加固的高路堤和路堑边坡上,或在潮湿地区,对路基有害的积雪应及时清除。

(4)当构造物有变形时,应详细查明原因予以修复,并采取相应的稳定措施。

(5)路基工程完成后,每当大雨、连日暴雨或积雪融化后,应控制施工机械和车辆在土质路基通行。若不可避免时,应将碾压的坑槽中的积水及时排干,整平坑槽,对修复部分重新压实。

第三章　路面施工技术

第一节　路面基层(底基层)施工

路面基层分为无机结合料稳定基层和碎、砾石基层,起稳定路面的作用。路面基层,是在路基(或垫层)表面上用单一材料按照一定的技术措施分层铺筑而成的层状结构,其材料与质量的好坏直接影响路面的质量和使用性能。

一、级配碎(砾)石类基层(底基层)施工

级配碎(砾)石类基层是由各种粗细集料(碎石和石屑或砾石和砂)按最佳级配原理修筑而成。级配碎(砾)石基层是用大小不同的材料按一定比例配合,逐级填充空隙,并借黏土黏结、经过压实后能形成密实的结构。级配碎(砾)石基层的强度是由摩阻力和黏结力构成,具有一定的水稳性和力学强度。

级配碎石可用做道路的基层和底基层及较薄沥青面层与半刚性基层之间的中间层;而级配砾石适用于轻交通道路的基层以及各种道路的底基层,天然沙砾如符合规定的级配要求,且塑性指数在 6 或 9 以下时,可以直接用做基层。

1. 材料要求

(1)砾石为天然材料,碎石可用各种岩石(软质岩石除外)、漂石或矿渣轧制。漂石轧制碎石时,其粒径应是碎石最大粒径的 3 倍以上,矿渣应是已崩解稳定的,其干密度不小于 960kg/m^3,且干密度和质量比较均匀。碎(砾)石中针片状颗粒的总含量应不超过 20%,且不含黏土块、植物等有害物质。用做基层时,碎(砾)石的最大粒径不应超过 37.5mm;用做底基层时,不应超过 53mm。

(2)石肩及其他细集料可以使用一般碎石场的细筛余料或专门轧制的细碎石集料,亦可用天然沙砾或粗砂代替,但其颗粒尺寸应合适,且天然沙砾或粗砂应有较好的级配。

(3)压碎值要求。级配碎石或级配碎(砾)石所用石料的压碎值应满足表 3-1 的规定。

表 3-1　级配碎石或级配碎(砾)石压碎值要求表

道路类型	快速路及主干路	次干路	支路
基层	不大于 26%	不大于 30%	不大于 35%
底基层	大不于 30%	不大于 35%	不大于 40%

(4)级配碎石或级配碎(砾)石的颗粒组成范围见表 3-2～表 3-4。

表 3-2　级配碎(砾)石的颗粒组成范围表

项目 \ 通过质量百分率/% \ 编号		1	2	3
筛孔尺寸/mm	53	100		
	37.5	90～100	100	
	31.5	81～94	90～100	100
	19.0	63～81	73～88	85～100
	1.5	45～66	46～69	52～74
	4.75	27～51	29～54	29～54
	2.36	16～35	17～37	17～37
	0.6	8～20	8～20	8～20
	0.075	0～7②	0～7②	0～7②
液限/%		＜28	＜28	＜28
塑性指数		＜6(或 9①)	＜6(或 9①)	＜6(或 9①)

注:1. 潮湿多雨地区塑性指数宜小于 6,其他地区塑性指数宜小于 9。下表同;

2. 对于无塑性的混合料,小于 0.075mm 的颗料含量应接近高限。

表 3-3　未筛分碎石底基层颗粒组成范围表

项目 \ 通过质量百分率/% \ 编号		1	2
筛孔尺寸/mm	53	100	
	37.5	85～100	100
	31.5	69～88	83～100
	19.0	40.65	54～84
	9.5	19～43	29～59

（续）

项目		1	2
筛孔尺寸/mm	4.75	10～30	17～45
	2.36	8～25	11～35
	0.6	6～18	6～21
	0.075	0～10	0～10
液限/%		＜28	＜28
塑性指数		＜6(或 9[①])	＜6(或 9[①])

表 3-4 砂砾底基层的级配范围表

筛孔尺寸/mm	53	37.5	9.5	4.75	0.6	0.075
通过质量百分率/%	100	80～100	40～100	25～85	8～45	0～15

(5)材料的应用要求：

1)级配碎(砾)石用作次干路及支路的基层时，其颗粒组成和塑性指数应满足表 3-2 中 2 号级配要求，同时级配曲线宜为圆滑曲线。

2)当塑性指数偏大时，塑性指数与 0.5mm 以下细土含量的乘积应符合下述规定：在年降雨量小于 600mm 的地区，地下水位对土基没有影响时，乘积不应大于 120；在潮湿多雨地区，乘积不应大于 100。

3)级配碎石用作快速路及主干路的基层或中间层时，其颗粒组成和塑性指数应满足表 3-2 中 3 号级配要求。级配砾石用作底基层的颗粒组成和塑性指数应满足表 3-2 中 1 号级配要求，同时级配曲线宜为圆滑曲线。

4)未筛分碎石用作次干路及支路的底基层时，其颗粒组成和塑性指数应符合表 3-3 中 1 号级配的规定。用作快速路及主干路的底基层时，其颗粒组成和塑性指数应符合表 3-3 中 2 号级配的要求。

5)用做底基层的砂砾、砂砾土或其他粒状材料的级配，应位于表 3-4 的范围内。液限应小于 28%，塑性指数应小于 9。

2. 级配碎(砾)石基层(底基层)施工

级配碎(砾)石可采用路拌法和中心站集中厂拌法进行施工。其路拌法施工工艺流程如图 3-1 所示。

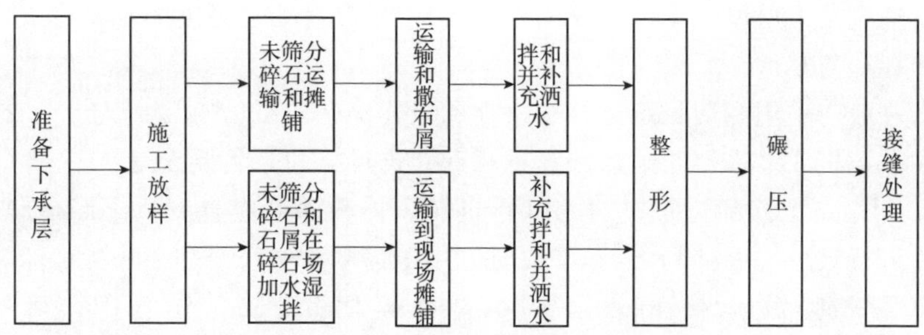

图 3-1　级配碎石路拌法施工工艺流程图

(1)路拌法施工

1)备料：

①计算材料用量。根据各路段基层或底基层的宽度、厚度和规定的压实干密度，以及按确定的配合比分别计算各段需要的未筛分碎石和石屑的数量或不同粒级碎石和石屑的数量，并计算每车料的堆放距离。

②未筛分碎石的含水量较最佳含水量宜大 1%左右。

③未筛分碎石和石屑可按预定比例在料场混合，同时洒水加湿，使混合料的含水量超过最佳含水量约 1%，以减轻施工现场的拌和工作量以及运输过程中的离析现象(级配碎石的最佳含水量为 5%)。

2)施工放样：

①在下承层上恢复中线，直线段每 15～20m 设一桩，平曲线段每 10～15m 设一桩，并在两侧路肩边缘外 3～15m 设指示桩。

②在两侧指示桩上用明显标记标出基层或底基层的边缘的设计高程。

3)运输和摊铺集料。

①运输：集料装车时，应控制每车料的数量基本相等。

在同一料场供料的路段内，宜由远到近卸置集料。卸料距离应严格掌握，避免料不够或过多，料堆每隔一定距离应留一缺口，以便施工。当采用两种集料时，应先将主要集料运到路上，待主要集料摊铺后，再将另一种集料运到路上。未筛分碎石和石屑分别运送时，应先运送碎石。集料在下承层上的堆置时间不应过长。运送集料较摊铺集料工序只宜提前 1～2 天。

②摊铺。摊铺前，应事先通过试验确定集料的松铺系数并确定松铺厚度。人工摊铺混合料时，其松铺系数为 1.40～1.50；平地机摊铺混合料时，其松铺系数为1.25～1.35。用平地机或其他合适的机具将料均匀地摊铺，表面应力求平整，并具有规定的路拱。应同时摊铺路肩用料。

检查松铺材料层的厚度，看其是否符合预计要求。必要时，应进行减料或补料工作。级配碎(砾)石基层设计厚度一般为 8～16cm。当厚度大于 16cm 时，应分层铺筑。下层厚度为总厚度的 0.6 倍，上层厚度为总厚度的 0.4 倍。

4)拌和与整形：

①一般应采用专用稳定土拌和机拌和级配碎(砾)石，若无稳定土拌和机时，可采用平地机或多铧犁与缺口圆盘耙相配合进行拌和。其要点是：

a. 用稳定土拌和机时，应拌和两遍以上，拌和深度应直到级配碎(砾)石层底。在进行最后一遍拌和之前，必要时先用多铧犁紧贴底面翻拌一遍。

b. 用平地机进行拌和时，宜翻拌 5～6 遍，使石屑均匀分布于碎(砾)石料中。平地机拌和的作业长度，每段宜为 300～500m。平地机刀片的安装角度宜符合表 3-5。

表 3-5　平地机拌和级配碎石、砾石基层时的刀片安装角度与位置

拌和条件及刀片安装示意图		平面角 α	倾角 β	切角 γ
拌和条件	干拌	30°～50°	45°	3°
	湿拌	35°～40°	45°	2°
刀片安装示意图		行驶方向 刀片 α	刀片 β 倾角	刀片 γ 倾角

c. 用缺口圆盘耙与多铧犁相配合拌和时，用多铧犁在前翻拌，圆盘耙紧跟后面拌和，即采用边翻边耙的方法，每一作业段长度宜为 100～150m，共 4～6 遍，应注意随时检查调整翻耙的深度。并特别注意用多铧犁翻拌时，第一遍由路中心开始，将混合料向中间翻，且机械应慢速前进；第二遍从两边开始，将混合料向外翻。

②使用在料场已拌和均匀的级配碎(砾)石混合料时，摊铺后如有离析现象，应用平地机进行补充拌和。

③用平地机将拌和均匀的混合料按规定的路拱进行整平和整形，并注意消除粗细集料的离析现象。

④用拖拉机、平地机或轮胎压路机在已初平的路段上快速碾压一遍，以暴露潜在的不平整之处，再用平地机进行整平和整形。

5)碾压。整形后，当混合料的含水量等于或略大于最佳含水量时，立即用 8t 以上三轮压路机(每层压实厚度不应超过 15～18cm)或轮胎压路机(每层压实厚度可达 20cm)进行碾压。直线和不设超高的平曲线段，由两侧路肩开始向路中心碾压；在设超高的平曲线段，由内侧路肩向外侧路肩进行碾压。

碾压时，后轮应重叠1/2轮宽，后轮必须超过两段的接缝处。后轮压完路面全宽时，即为一遍。碾压一直进行到要求的密实度为止。一般需碾压6～8遍，应使表面无明显轮迹。为保证压实质量，压路机的碾压速度必须恒定。

级配碎石、砾石基层在碾压中还应注意以下几点：

①路面的两侧应多压2～3遍。

②凡含土的级配碎石层都应进行滚浆碾压，一直压到碎石层中无多余细土泛到表面为止。

③碾压全过程均应根据情况随时洒水，使其保持最佳含水率。

④开始时，应用轻型的压路机初压，初压两遍后，及时检测、找补，同时，若发现沙窝或梅花现象应将多余的砂或砾石挖出，分别掺入适量的碎石、砾石或砂，彻底翻拌均匀，并补充碾压，不能采用粗砂或砾石覆盖处理。

⑤碾压中局部有“软弹”、“翻浆”现象，应立即停止碾压，待翻松晒干后换含水率合适的材料后再碾压。

⑥严禁压路机在已完成的或正在碾压的路段上调头或急刹车。

6)横缝的处理：两作业段的衔接处，应搭接拌和。第一段拌和后，留5～8m不进行碾压；第二段施工时，前段留下未压部分与第二段一起拌和整平后，再进行碾压。

7)纵缝的处理：首先应避免纵向接缝。在必须分两幅铺筑时，纵缝应搭接拌和。前一幅全宽碾压密实后，在后一幅拌和时，应将相邻的前幅边部约30cm搭接拌和，整平后一起碾压密实。

(2)中心站集中拌和(厂拌)法施工

1)中心站采用强制式拌和机、卧式双转轴桨叶式拌和机、普通水泥混凝土拌和机等多种机械进行集中拌和。在正式拌和前，必须先调试所用厂拌设备。

2)对于快速路及主干路的基层和中间层，宜采用不同粒级的单一尺寸碎石和石屑，按预定配合比在拌和机内拌制混合料。不同粒级的碎石和石屑等细集料应隔离分别堆放，细集料应有覆盖，防止雨淋。

3)在采用未筛分碎石和石屑时，如未筛分碎石或石屑的颗粒组成发生明显变化，应重新调试设备。

4)将级配碎石用于快速路及主干路时，应用沥青混凝土摊铺机或其他碎石摊铺机摊铺混合料，摊铺机后面应设专人消除粗细集料离析现象。

5)采用振动压路机或三轮压路机进行碾压，其碾压方法同“路拌法”。

6)对于次干路及支路，如没有摊铺机，也可用自动平地机(或摊铺箱)摊铺混合料。但应注意：根据摊铺层的厚度和要求达到的压实干密度，计算每车混合料的摊铺面积；将混合料均匀地卸在路幅中央，路幅宽时，亦可卸成两行；用平地机将混合料按松铺厚度摊铺均匀。

7)用平地机摊铺混合料后的整形和碾压与路拌法施工要点相同。

8)接缝处理。

①横向接缝。用摊铺机摊铺混合料时,对于摊铺机当天未压实的混合料,可与第二天摊铺的混合料一起碾压,但应注意此部分混合料的含水量。必要时,应人工补充洒水,使其含水量达到规定的要求。用平地机摊铺混合料时,每天工作缝的处理与路拌法相同。

②纵向接缝。应避免纵向接缝。当摊铺机的摊铺宽度不够,必须分两幅摊铺时,宜采用两台摊铺机一前一后,相隔约 5～8m 同步向前摊铺混合料。在仅有一台摊铺机的情况下,可先在一条摊铺带上摊铺一定长度后,再开到另一条摊铺带上摊铺,然后一起进行碾压。

在不能避免纵向接缝的情况下,纵缝必须垂直相接,不应斜接,并按下述方法处理:在摊铺前一幅时,在靠后一幅的一侧应用方木或钢模板做支撑,方木或钢模板的高度与级配碎石层的压实厚度相同;在摊铺后一幅之前,将方木或钢模板除去;若在摊铺前一幅时未用方木或钢模板支撑,靠边缘的 30cm 左右难以压实,而且形成一个斜坡,在摊铺后一幅时,应先将未完全压实部分和不符合路拱要求部分挖松并补充洒水,待后一幅混合料摊铺后一起进行整平和碾压。

二、石灰稳定土基层施工

石灰稳定土是指在粉碎的或原来松散的土(包括各种粗、中、细粒土)中,掺入足量的石灰和水,经拌和、压实及养生后得到的混合料,当其抗压强度符合规定要求时,称为石灰稳定土。

用石灰稳定细粒土(颗粒最大粒径小于 10mm,且其中小于 2mm 的颗粒含量不小于 90%)得到的强度符合要求的混合料,称为石灰土。用石灰稳定中粒土(颗粒最大粒径小于 30mm,且其中小于 20mm 的颗粒含量不小于 85%)和粗粒土(颗粒最大粒径小于 50mm,且其中小于 20mm 的颗粒含量不小于 85%)得到的强度符合要求的混合料,视所用原材料而定,原材料为天然砂砾土或级配砂砾时,称为石灰砂砾土;原材料为碎石土或级配碎石时,称为石灰碎石土。

用石灰稳定土铺筑的路面基层和底基层,分别为石灰稳定土基层和石灰稳定土底基层,或分别简称石灰稳定基层和石灰稳定底基层,也可在基层或底基层前标以具体简名,如石灰土碎石基层、石灰土底基层等。

石灰稳定土具有良好的力学性能,并有较好的水稳性和一定的抗冻性,它的初期强度和水稳性较低,后期强度较高,但由于干缩、冷缩易产生裂缝。石灰稳定土适用于各类路面的基层和底基层,但不宜用作高级路面的基层,而只能用作底基层。在冰冻地区的潮湿路段，以及其他地区的过分潮湿路段，不宜采用石灰土做基层。当只能采用石灰土时，应采取措施防止水分浸入石灰土层。

在石灰稳定土基层施工中，为避免该层受弯拉而断裂，并使在施工碾压时能压稳而不起皮，其层厚不宜小于 100mm。为便于拌和均匀和碾压密实，用 12～15t 压路机碾压时，压实厚度不宜大于 150mm；用 15～20t 压路机碾压时，压实厚度不应大于 200mm，且采用先轻后重进行碾压（分层铺筑时，下层宜稍厚碾压后的压实度要求见表 3-6。石灰稳定土基层施工在最低气温 0℃之前完成，并尽量避免在雨季施工。

表 3-6　石灰土基层（底基层）压实度要求

层　次		高速公路和一级公路/%	其他公路/%
基层	石灰稳定中、粗粒土		≥97
	石灰稳定细粒土		≥93
底基层	石灰稳定中、粗粒土	≥96	≥95
	石灰稳定细粒土	≥95	≥93

1. 路拌法施工

路拌法施工流程为：准备下承层→施工放样→备料、摊铺土→洒水闷料→整平和轻压→卸置和摊铺石灰→拌和与洒水→整形→碾压→接缝和掉头处的处理→养生。

（1）准备下承层

按规范规定对拟施工的路段进行验收，凡验收不合格的路段必须采取措施，使其达到标准后，方能在上铺筑石灰稳定土层。

（2）测量

在底基层或土基上恢复中校，直线段每 15～20m 设一桩，平曲线段每 10～15m 设一桩，并在对应断面的路肩外侧设指示桩。在两侧指示桩上用红漆标出石灰稳定土层边缘的设计高程。

（3）备料

1）集料。采备集料前，应先将树木、草皮和杂土清除干净，并在预定采料深度范围内自上而下采集集料，不宜分层采集，不应将不合格材料采集在一起。若分层采集集料，则应将集料分层堆放在一场地上，然后从前到后（上下层一起装入汽车），将料运到施工现场。料中的超尺寸颗粒应予筛除。

2）石灰。石灰堆放在拌和场时，宜搭设防雨棚。石灰应在使用前 7～10 天充分消解。每吨石灰消解需用水量一般为 500～800kg。消解后的石灰应保持一定的湿度，以免过于飞扬，但也不能过湿成团，应尽快使用。

3)材料用量。根据各石灰稳定土层的宽度、厚度及预定的压实度(换算为压实密度)计算各路段需要的干集料量。根据料场集料的含水量和运料车辆的吨位,计算每车料的堆放距离。根据石灰稳定土层的厚度和预定的干容重及石灰剂量,计算每平方米石灰稳定土需用的石灰数量,并计算每车石灰的摊铺面积,若使用袋装生石灰粉,则计算每袋石灰的摊铺面积。

(4)卸置和摊铺

1)运料。预定堆料的下层在堆料前应先洒水,使其湿润,但不应过分潮湿而造成泥泞。集料装车时,应控制每车料的数量基本相等。在同一料场供料的路段,由远到近将料按计算的距离(间距)卸置于下承层中间或上侧。卸料距离应严格掌握,避免料不够或过多;料堆每隔一定距离应留一缺口;集料在下承层上的堆置时间不应过长。运送集料较摊铺集料工序宜提前1～2天。

2)摊铺集料。通过试验确定集料的松铺系数,也可参考表3-7。在摊铺集料前,应先在下承层上洒水使其湿润,但不应过分潮湿而造成泥泞。摊铺集料应在摊铺石灰的前一天进行。摊料长度应与施工日进度相同,以够次日摊铺石灰、拌和、碾压成型为准。

表3-7　混合料松铺系数参考值

材料名称	松铺系数	说　明
石灰土	1.53～1.58	现场人工摊铺土和石灰,机械拌和,人工整平
石灰土	1.65～1.70	路外集中拌和,运到现场人工摊铺
石灰土、砂砾	1.52～1.56	路外集中拌和,运到现场人工摊铺

用平地机将集料均匀摊铺在预定的宽度上,表面应保证平整,并有规定的路拱。摊铺过程中,应注意将土块、超尺寸颗粒及其他杂物去除。

3)摊铺石灰。摊铺石灰时,如黏性土过干,应事先洒水闷料,使土的含水量略小于最佳值。细粒土宜闷料一夜;中粒土和粗粒土,视细土含量的多少,可闷1～2h。在人工摊铺的集料层上,用6～8t两轮压路机碾压1～2遍,使其表面平整,并有一定密实度。然后,按计算的每车石灰的纵横间距,将卸置的石灰均匀摊开。石灰摊铺完后,表面应没有空白位置。测量石灰的松铺厚度,根据石灰的含水量和松密度,校核石灰用量是否合适。

(5)拌和与洒水

1)使用生石灰粉时,宜先用平地机或多铧犁将石灰翻到土层中间,但不能翻到底部。

2)在没有专用拌和机械的情况下,可用农用旋转耕作机与多铧犁或平地机相配合拌和三遍。先用耕作机拌和两遍、后用多铧犁或平地机将底部素土翻起,再用耕作机翻拌两遍，并随时检查调整翻犁的深度，使稳定土层全部翻透。

3)如为石灰稳定级配碎石或砾石时，应先将石灰和需添加的黏性土拌和均匀，再均匀地摊铺在级配碎石或砂砾层上，一起进行拌和。

4)用石灰稳定塑性指数大的黏土时，应采用两次拌和。第一次加70%～100%预定剂量的石灰进行拌和，闷放1～2天后，再补足需用石灰，进行第二次拌和。

(6)整形与碾压

1)整形。混合料拌和均匀后，先用平地机初步整平和整形。在直线段，平地机由两侧路肩向路中心进行刮平；在平曲线段，平地机由内侧向外侧进行刮平。需要时，再返回刮一遍。用平地或轮胎压路机快速碾压1～2遍，然后根据测量结果整平，最后用平地机进行精平。每次整形都要按照规定的坡度和路拱进行，特别要注意接缝处的整平，接缝必须顺直、平整。

2)碾压。整形后，当混合料含水量处于最佳含水量1%左右范围时(若表面水分不足，应适当洒水)，立即用12t以上压路机、重型轮胎压路机或振动压路机在路基全宽内进行碾压。直线段由两侧路肩向路中心碾压；平曲线段，由内侧路肩向外侧路肩进行碾压。碾压一直进行到要求的密实度为止。在碾压过程中，石灰稳定土的表面应始终保持湿润。若表面水蒸发得快，应及时补洒少量的水。若有松散、起皮等现象，应及时翻开重新拌和，或用其他方法处理，使其达到质量要求。

(7)养生

石灰稳定土养生期不宜少于7天。养生期间，应使灰土层保持一定的湿度，不应过湿或忽干忽湿，且每次洒水后，应用两轮压路机将表层压实。石灰稳定土基层碾压:结束后1～2天，当其表面较干燥(如灰土的含水量不大于10%，石灰粒料土的含水量为5%～6%)时，可以立即喷洒透层沥青，然后做下封层或铺筑面层。

养生期结束后，应立即喷撒透层沥青，并在5～10天内铺筑沥青面层。

(8)接缝和“调头”处的处理

同日施工的两工作段的衔接处，应采用搭接形式。前一段拌和整形后，留5～8 m不进行碾压，后一段施工时，应与前段留下未压部分一起再进行拌和。拌和机械及其他机械不宜在已压成的石灰稳定土层上“调头”。若必须“调头”，应采取措施保护“调头”部分，使石灰稳定土表层不受破坏。

石灰稳定土层的施工应该避免纵向接缝，在必须分两幅施工时，纵缝必须垂直相接，不应斜接。一般情况下，纵缝应按下述方法处理:在施工前一幅时，在靠中央一侧用方木或钢模板做支撑，方木或钢模板的高度与稳定土层的压实厚度相同。混合料拌和结束后，靠近支撑木(或板)的一部分，应人工进行补充拌和，然后整形和碾压。养生结束后，在铺筑另一幅之前，拆除支撑木(或板)第二幅混合料拌和结束后，在靠近第一幅的部分，应人工进行补充拌和，然后进行整形和碾压。

2. 中心站集中厂拌法施工

(1)备料

石灰稳定土可以在中心站用厂拌设备进行集中拌和(见图 3-2)。集中拌和时需满足:土块应粉碎,最大尺寸不得大于 15cm,级配符合要求,配料准确,拌和均匀;含水量宜略大于最佳值,使拌合料运到现场摊铺后碾压时的含水量不小于最佳值;不同粒级的碎石或砾石以及细集料(如石肩和砂)应隔离,分别堆放。

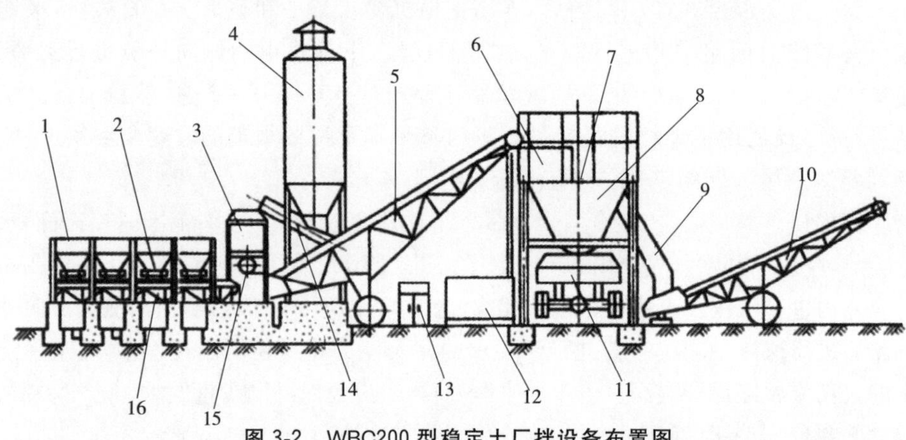

图 3-2 WBC200 型稳定土厂拌设备布置图

1-配料料斗;2-皮带给料机;3-小粉料仓;4-粉料筒仓;5-斜置集料皮带输送机;6-搅拌机;7-平台;8-混合料储仓;9-溢料管;10-堆料皮带输送机;11-自卸汽车;12-供水系统;13-控制柜;14-螺旋输送机;15-叶轮给料机;16-水平集料皮带输送机

(2)拌制

在正式拌制稳定土混合料之前,必须先调试所用的厂拌设备,使混合料的颗粒组成和含水量都达到规定的要求。当集料的颗粒组成发生变化时,应重新调试设备。应根据集料和混合料的含水量,及时调整向拌和室中添加的水量,拌和要均匀。

(3)运输

已拌和的混合料应尽快运送到铺筑现场。若运距远、气温高,则车上的混合料应加以覆盖,以防水分过多蒸发。

(4)摊铺及碾压

1)摊铺。应采用沥青混凝土摊铺机或稳定土摊铺机摊铺混合料,如下承层是稳定细粒土,应先将下承层顶面拉毛,再摊铺混合料。

拌和机与摊铺机的生产能力应互相匹配。摊铺机宜连续摊铺,拌和机的产量宜大于 400t/h。如拌和机的生产能力较小,在用摊铺机摊铺混合料时,应采用最低速度摊铺,减少摊铺机停机待料的情况。

在摊铺机后面应设专人消除粗细集料离析现象,特别应该铲除局部粗集料“窝”,并用新拌混合料填补。

2)碾压。先用轻型两轮压路机跟在摊铺机后及时进行碾压,后用重型振动压路机、三轮压路机或轮胎压路机继续碾压密实。

3)没有摊铺机时,可采用摊铺箱摊铺或自动平地机摊铺混合料:

①根据铺筑层的厚度和要求达到的压实干密度,计算每车混合料的摊铺面积;

②将混合料均匀地卸在路幅中央,路幅宽时,也可将混合料卸成两行;

③用平地机将混合料按松铺厚度摊铺均匀;

④设一个 3～5 人的小组,携带一辆装有新拌混合料的小车,跟在平地机后面,及时铲除粗集料“窝”和粗集料“带”,补以新拌的均匀混合料或细混合料,并与粗集料拌和均匀。

用平地机摊铺混合料后的整形和碾压均与“路拌法施工”相同。

(5)横向接缝处理

用摊铺机摊铺混合料时,不宜中断,如因故中断时间超过 2h,应设置横向接缝,摊铺机应驶离混合料末端;人工将末端含水量合适的混合料修整整齐,紧靠混合料放两根方木,方木的高度应与混合料的压实厚度相同,整平紧靠方木的混合料;方木的另一侧用砂砾或碎石回填约 3m 长,其高度应高出方木几厘米;将混合料碾压密实;在重新开始摊铺混合料之前,将砂砾或碎石和方木除去,并将下承层顶面清扫干净;摊铺机返回到已压实层的末端,重新开始摊铺混合料。

(6)纵向接缝处理

应避免纵向接缝,如果摊铺机的摊铺宽度不够,必须分两幅摊铺时,宜采用两台摊铺机一前一后,相隔 8～10m 同步向前摊铺混合料,一起进行碾压。在仅有一台摊铺机的情况下,可先在一条摊铺带上摊铺一定长度后,再开到另一条摊铺带上摊铺,然后一起进行碾压,在不能避免纵向接缝的情况下,纵缝必须垂直相接,严禁斜接。

三、水泥稳定土基层施工

在粉碎或原来松散的土(包括各种粗、中、细粒土)中,掺入足量水泥和水,经拌和得到的混合料,在压实及养生后,其抗压强度符合规定的要求时,称为水泥稳定土。用水泥稳定土铺筑的路面基层和底基层,分别称为水泥稳定(土)基层和水泥稳定(土)底基层。也可以在基层或底基层前标以具体名称,如水泥碎石基层、水泥土底基层等。

水泥稳定土具有良好的力学性能和板体性,它的水稳性和抗冻性都较石灰稳定土好。稳定土的初期强度高并且强度随龄期增长而增加,它的力学强度还可视需要进行调整。它适用于各种交通类别道路的基层和底基层。

水泥稳定土施工时,必须采用流水作业法,使各工序紧密衔接。特别是要尽量缩短从拌和到完成碾压之间的延迟时间。所以,在施工时应做延迟时间对强度影响的试验以确定合适的延迟时间。

水泥稳定土基层的施工方法主要有路拌法和中心站集中拌和(厂拌)法两种,厂拌法较为普遍使用。水泥稳定土基层施工与石灰稳定土基层的施工相似,在此不再赘述。但应注意的是,如摊铺中断后,未按上述方法处理横向接缝,而中断时间已超过2h,则应将摊铺机附近及其下面未经压实的混合料铲除,并将已碾压密实且高程的平整度符合要求的末端挖成与路中心线垂直的断面,然后再摊铺新的混合料。

水泥稳定土每一段碾压完成并经压实度检查合格后,应立即开始养生。养生的方法有:

(1)采用湿砂养生,且不得采用湿黏性土覆盖。砂层厚为7～10cm,砂铺匀后,应立即洒水,并在整个养生期间保持砂的潮湿状态。养生结束后,必须将覆盖物清除干净。

(2)对于基层,也可用沥青乳液进行养生。沥青乳液的用量按0.8～1.0kg/m^2(指沥青用量)选用,应分两次喷洒。第一次喷洒沥青含量约35%的慢裂沥青乳液,使其能稍透入基层表层。第二次喷洒浓度较大的沥青乳液,如不能避免施工车辆在养生层上通行,应在乳液喷洒后撒布3～8mm的小碎(砾)石,作为下封层。

(3)无条件时,也可用洒水车经常洒水进行养生。每天洒水的次数应视气候而定。整个养生期间应始终保持稳定土层表面潮湿,必要时,还需用两轮压路机压实。

在养生期间未采用覆盖措施的水泥稳定土层上,除洒水车外,应封闭交通。在采用了覆盖措施的水泥稳定土层上,应限制重车通行,且车速不得超过30km/h。

养生期结束后,如其上为沥青面层,应先清扫基层,并立即喷洒透层沥青。在喷洒透层或黏层沥青后,宜再均匀撒布5～10mm的小碎(砾)石,用量约为全铺一层用量的60%～70%。如喷洒的透层沥青能透入基层,且运料车和面层混合料摊铺机在上行驶不会破坏沥青膜时,也可以不撒小碎(砾)石。

在清扫干净的基层上,先做下封层,可防止基层干缩开裂,同时保护基层免遭施工车辆破坏。沥青面层的底面层宜在铺设下封层后的10～30天内开始铺筑,对于水泥混凝土面层,也不宜让基层长期暴晒,以免开裂。

如水泥稳定土层上为薄沥青面层,面层每边应展宽20cm以上。在基层全宽上喷洒透层、黏层沥青或设下封层,沥青面层边缘向外侧做成三角形。如设置路缘石,必须注意防止路缘石阻滞路面上表面水和结构层中水的排除。

四、石灰工业废渣基层施工

石灰工业废渣稳定土是指将一定数量的石灰和粉煤灰或石灰和煤渣与其他集料相配合,加入适量的水(通常为最佳含水量)经拌和、压实及养生后得到的混合料,当其抗压强度符合规定要求时,称为石灰工业废渣稳定土(简称为石灰工业废渣)。

二灰、二灰土、二灰砂是指将一定数量的石灰和粉煤灰或一定数量的石灰、粉煤灰和土相配合以及一定数量的石灰、粉煤灰和砂相配合，加入适量的水（通常为最佳含水量），经拌和、压实及养生后得到的混合料，当其抗压强度符合规定的要求时，分别简称为二灰、二灰土、二灰砂。

二灰级配碎石、二灰级配砾石（称二灰级配集料）是指用石灰和粉煤灰稳定级配碎石或级配砾石得到的混合料，当其强度符合要求时，分别称为石灰、粉煤灰级配碎石或石灰、粉煤灰级配砾石。

石灰煤渣土和石灰煤渣集料是指用石灰、煤渣和土或石灰、煤渣和集料得到的强度符合要求的混合料，分别称为石灰煤渣土和石灰煤渣集料。

石灰工业废渣稳定土可用做各级道路的基层和底基层，但二灰、二灰土和二灰砂仅可用做高级路面的底基层，而不得用做基层。

石灰工业废渣混合料采用质量配合比计算，即以石灰∶粉煤土∶集料（或土）的质量比表示。

1. 材料要求

（1）石灰工业废渣稳定土所用石灰质量应符合规定的III级消石灰或III级生石灰的技术指标，应尽量缩短石灰的存放时间。如存放时间较长，应采取覆盖封存措施，妥善保管。

有效钙含量在20%以上的等外石灰、贝壳石灰、珊瑚石灰、电石渣等，当其混合料的强度通过试验符合标准时，可以应用。

（2）粉煤灰中 SiO_2、Al_2O_3 和 Fe_2O_3 的总含量应大于70%，粉煤灰的烧失量不应超过20%；粉煤灰的比表面积宜大于 $2500cm^2/g$（或90%通过0.3mm筛孔，70%通过0.075mm筛孔）。干粉煤灰和湿粉煤灰都可以应用，但湿粉煤灰的含水量不宜超过35%。

（3）煤渣的最大粒径不应大于30mm，颗粒组成宜有一定级配，且不宜含杂质。

（4）宜采用塑性指数12～20的黏性土（亚黏土），土块的最大粒径不应大于15mm，有机质含量超过10%的土不宜选用。

（5）二灰稳定的中粒土和粗粒土不宜含有塑性类（指数的）土。

（6）用于一般道路的二灰稳定土应符合：二灰稳定土用做底基层时，石料颗粒的最大粒径不应超过53mm；二灰稳定土用做基层时，石粒颗粒的最大粒径不应超过37.5mm；碎石、砾石或其他粒状材料的质量宜占80%以上，并符合规定的级配范围。

（7）用于高等级道路的二灰稳定土应符合：各种细粒土、中粒土和粗粒土都可用二灰稳定后用做底基层，但土中碎石、砾石颗粒的最大粒径不应超过37.5mm；二灰稳定土用做基层时，二灰的质量应占15%，最多不超过20%，石料颗粒的最大粒径不应超过31.5mm，其颗粒组成宜符合规定的级配范围，粒径小于0.075mm的颗粒含量宜接近0。

对所用的砾石或碎石，应预先筛分成3～4个不同粒级，然后再配合成颗粒组成符合表(表3-8、表3-9)所列级配范围的混合料。

表3-8　二灰级配砂砾中集料的颗粒组成范围

筛孔尺寸/mm \ 通过质量百分率/% \ 编号	1	2	筛孔尺寸/mm \ 通过质量百分率/% \ 编号	1	2
37.5	100		2.36	25～45	27～47
31.5	85～100	100	1.18	17～35	17～35
19.0	65～85	85～100	0.60	10～27	10～25
9.50	50～70	55～75	0.075	0～15	0～10
4.75	35～55	39～59			

表3-9　二灰级配碎石中集料的颗粒组成范围

筛孔尺寸/mm \ 通过质量百分率/% \ 编号	1	2	筛孔尺寸/mm \ 通过质量百分率/% \ 编号	1	2
37.5	100		2.36	18～38	18～38
31.5	90～100	100	1.18	10～27	10～27
19.0	72～90	81～98	0.60	6～20	6～20
9.50	48～68	52～70	0.075	0～7	0～7
4.75	30～50	30～50			

2. 施工要点

(1)准备下承层：当石灰工业废渣用作基层时，要准备底基层；当石灰工业废渣用作底基层时，要准备土基。对下承层总的要求是平整、坚实，具有规定的路拱，没有任何松散的材料和软弱地点。因此，对底基层或土基，必须按规范规定进行验收，达到标准后方能在其上铺筑石灰工业废渣层。

(2)测量：测量的主要内容是在底基层或土基上恢复中线。直线段每15～20m设一桩；平曲线段每10m设一桩，并在两侧边缘外0.3～0.5m设指示桩，然后进行水平测量；在两侧指示桩上用红漆标出石灰工业废渣边缘的设计高程。

(3)备料：

1)粉煤灰应含有足够的水分，防止扬尘。对堆放过程中出现结块，使用时应将其打碎。集料和石灰的备料与石灰稳定土中的要求相同。

2)计算材料用量。根据各路段石灰工业废渣稳定土层的宽度、厚度及预定的干密度，计算各路段需要的干混合料质量；根据混合料的配合比，材料的含水量以及所用运料车辆的吨位，计算各种材料每车料的堆放距离。

3)培路肩。如路肩用料与稳定土层用料不同，应采取培肩措施，先将两侧路肩培好。路肩料层的压实厚度应与稳定土层的压实厚度相同。在路肩上每隔5～10m应交错开挖临时泄水沟。

4)在预定堆料的下承层上，在堆料前应先洒水，使其表面湿润。

(4)运输与摊铺：材料装车时，应控制每车装料量基本相等。采用二灰时，应先将粉煤灰运到现场；采用二灰稳定土时，应先将土运到现场。在同一料场供料的路段内，由远到近按计算的距离卸置材料于下承层上，并且料堆每隔一定距离留一缺口。材料堆置时间不应过长。

通过试验确定各种材料及混合料的松铺系数。二灰土的松铺系数约为1.5～1.7；二灰集料的松铺系数约为1.3～1.5；人工铺筑石灰煤渣土的松铺系数约为1.6～1.8；石灰煤渣集料的松铺系数约为1.4。用机械拌和及机械整型时，集料松铺系数约为1.2～1.3。

采用机械路拌时，应采用层铺法。每种材料摊铺均匀后，宜先用两轮压路机碾压1～2遍，然后再运送并摊铺下一种材料。摊铺时，应力求平整，并具有规定的路拱。集料应较湿润，必要时先洒少量水。

(5)拌和及洒水：对二灰级配集料，应先将石灰和粉煤灰拌和均匀，然后均匀摊铺在集料层上，再一起进行拌和。其余“拌和及洒水”施工要点与水泥稳定土及石灰稳定土相同。

(6)整形与碾压：人工整形及平地机整型，碾压、接缝和掉头处的处理、路缘处理施工要点与水泥稳定土及石灰稳定土相同。

五、基层施工质量检验标准

基层的质量检验内容包括原材料要求、施工过程中厚度、平整度、宽度、横坡、中线高程、压实度等，具体标准(允许偏差)见表3-10～表3-13。

表3-10　砂石基层允许偏差表

序号	项目	允许偏差	检验频数				检验方法
			范围	点数			
1	厚度	＋20mm －10％	$1000m^2$	1			用尺量
2	平整度	≤15mm	20m	路宽/m	＜9	1	用3m直尺量取最大值
					9～15	2	
					＞15	3	

（续）

序号	项目	允许偏差	检验频数				检验方法
			范围	点数			
3	宽度	不小于设计规定	40m	1			用尺量
4	横坡	±20mm 且横坡差不大于±0.3%	20m	路宽/m	<9	2	用水准仪测量
					9～15	4	
					>15	6	
5	中线高程	±20mm	20m	1			用水准仪测量
6	△压实密度	≥2.3t/m³	1000m²	1			灌砂法

注：各类基层在 12t 以上压路机碾压下，轮迹深度均不得大于 5mm；

△为重点检查项目，合格率要达到 100%，下同。

表 3-11　碎石基层允许偏差表

序号	项目	允许偏差	检验频数				检验方法
			范围	点数			
1	厚度	+10mm	1000m²	1			用尺量
2	平整度	≤15mm	20m	路宽/m	<9	1	用 3m 直尺量取最大值
					9～15	2	
					>15	3	
3	宽度	不小于设计规定	40m	1			用尺量
4	横坡	±20mm 且横坡差不大于±0.3%	20m	路宽/m	<9	2	用水准仪测量
					9～15	4	
					>15	6	
5	中线高程	±20mm	20m	1			用水准仪测量
6	△压实密度	嵌缝　≥2.1t/m³ 不嵌缝　≥2.0t/m³	1000m²	1			灌砂法

注：本表也适用于用工业废渣铺底的基层。

表 3-12　石灰土类基层允许偏差表

序号	项目	允许偏差	检验频数		检验方法
			范围	点数	
1	厚度	+20mm −10%	1000m²	1	用尺量

（续）

序号	项目	允许偏差	检验频数		检验方法
			范围	点数	
2	平整度	≤10mm	20m	1	用3m直尺量取最大值
3	宽度	不小于设计规定	40m	1	用尺量
4	横坡	±20mm且横坡差不大于±0.3%	20m	路宽/m：＜9　2 9～15　4 ＞15　6	用水准仪测量
5	中线高程	±15(20)mm	20m	1	用水准仪测量
6	△压实度	轻型击实98% 重型击实95%	1000m²	1	灌砂法

注：本表包括掺入一定比例的碎(砾)石、天然砂砾或工业废渣等材料铺筑的基层。

表3-13　水泥、石灰、粉煤灰类混合料基层允许偏差表

序号	项目	允许偏差	检验频数		检验方法
			范围	点数	
1	厚度	±10mm	50m	1	用尺量
2	平整度	≤10mm	20m	1	用3m直尺量取最大值
3	宽度	不小于设计规定	40m	1	用尺量
4	横坡	±20且横坡差不大于±0.3%	20m	1	用水准仪测量
5	中线高程	±15(20)mm	20m	1	用水准仪测量
6	△压实度	轻型击实98% 重型击实95%	1000m²	1	用环刀法测定

第二节　沥青路面面层施工

一、沥青路面的特点及分类

1. 沥青路面的特点

沥青路面是指沥青混合料经过摊铺、碾压等一系列工艺而形成的路面面层结构，而沥青混合料是由沥青和矿质集料在高温条件下拌和而成的，沥青混合料的力学性质受温度、荷载大小和荷载作用时间长短的影响很大。沥青混合料的力学性质决定着沥青路面的使用性能。

沥青路面使用了黏结力较强、有一定弹性和塑性变形能力的沥青材料，使其与水泥混凝土路面相比具有足够的强度、表面平整无接缝、振动小、行车舒适、抗滑性能好、耐久性好、施工期短、养护维修方便等优点，因此在我国的城市道路和公路中被广泛采用，成为我国高等级公路和城市道路的主要路面形式。但它也存在表面易受硬物损坏、且容易磨光降低抗滑性等缺点，同时它对基层和路基的强度有很高要求。

2. 沥青路面的分类

应用于各种道路上的沥青面层归纳起来主要有四种基本类型，即热拌沥青混合料、沥青表面处治与封层、沥青贯入式、冷拌沥青混合料。其中热拌及冷拌沥青混合料又可根据混合料的级配类型分为沥青混凝土(AC)、沥青稳定碎石(ATB)、沥青玛蹄脂碎石(SMA)、排水式沥青磨耗层(OGFC)、排水式沥青碎石基层(ATPB)和沥青碎石(AM)。

(1)热拌沥青混合料：用不同粒级的碎石、天然砂或机制砂、矿粉及沥青按一定设计配合比在拌和机中热拌所得的不同空隙率的混合料称热拌沥青混合料。热拌沥青混合料的级配类型有三种：密级配、开级配和半开级配，密级配又分为连续级配和间断级配。沥青混凝土就是其中的一种连续密级配。

热拌沥青混合料适用于各种等级道路的沥青面层。高速公路、一级公路的沥青上面层、中面层及下面层应采用沥青混凝土混合料铺筑，沥青碎石混合料仅适用于过渡层及整平层。其他等级道路的上面层宜采用沥青混凝土混合料铺筑。

(2)沥青表面处治与封层：沥青表面处治是我国早期沥青路面的主要类型，广泛使用于砂石路面以提高路面等级、解决晴雨通车所做的简易式沥青路面。现在除了三级公路以下的地方性公路上继续使用外，已逐渐为更高等级的沥青路面类型所代替。传统的表面处治使用喷洒法或称层铺法施工。喷撒法表面处治除在轻交通道路上用作沥青表面层外，还可在旧沥青面层或水泥混凝土路面上用作封层以封闭旧面层的裂缝和改善旧面层的抗滑性能。

封层是指为封闭表面空隙、防止水分浸入而在沥青面层或基层上铺筑的有一定厚度的沥青混合料薄层。铺筑在沥青面层表面的称为上封层，铺筑在沥青面层下面，基层表面的称为下封层。其实封层是属于表面处治的一种，近年来封层的用途越来越广泛，出现了石屑封层、微表处、超薄磨耗层等类型。

沥青表面处治与封层主要用来解决沥青路面的表面功能，对增加沥青路面的构造深度，提高表面抗滑、减少行车噪音起着决定作用。

在市政工程中，沥青表面处治适用于城市道路的支路和街坊路及在沥青面层或水泥混凝土面层上加铺的罩面或磨耗层。

(3)沥青贯入式：沥青贯入式路面是指在初步压实的碎石(或破碎砾石)上分层浇洒沥青、撒布嵌缝料或再在上部铺筑热拌沥青混合料封层，经压实而成的沥青面层。沥青贯入式是一种多孔隙结构，尤其是下部粗碎石之间的孔隙最大，作为面层，沥青贯入式必须有封面料，以密闭其表面，减少表面水透入路面结构层，并提高贯入式面层本身的耐用性。沥青贯入式是靠矿料颗粒间的嵌锁作用以及沥青的黏结作用获得所需的强度和稳定性。

沥青贯入式路面在市政工程中适用于城市道路的次干路和支路。

(4)冷拌沥青混合料：以乳化沥青或稀释沥青为结合料与矿料在常温或加热温度很低的条件下拌和，所得的混合料为冷拌沥青混合料。冷拌沥青混合料适用于城市道路支线的沥青面层和各级道路沥青路面的联结层或整平层及低等级城市道路的路面补坑。

二、沥青路面材料

沥青路面常用作道路的面层。与水泥混凝土路面相比，沥青路面具有表面平整、无接缝、行车舒适、噪声低、施工期短等优点，因此广泛应用于各级公路。沥青与矿料的性质对沥青路面的强度、稳定性及其他路用性能的影响很大，可以说，高质量的原材料是铺筑高质量沥青路面的根本保证。因此，沥青路面使用的各种材料，必须符合规定的质量要求。

1. 沥青

路用沥青材料包括道路石油沥青、乳化沥青、液体石油沥青、煤沥青、改性沥青、改性乳化沥青等。沥青种类及沥青标号的选择应根据路面类型、交通量、矿料性质、气候条件、施工方法及材料来源等条件选用。

(1)道路石油沥青

适用于各级、各类沥青路面。各个沥青等级的适用范围应符合表 3-14 的规定。

表 3-14 道路石油沥青的适用范围

沥青等级	适用范围
A 级沥青	各个等级的公路，适用于任何场合和层次
B 级沥青	①高速公路、一级公路沥青路面下面层及以下的层次，二级及二级以下的各个层次； ②用于改性沥青、乳化沥青、改性乳化沥青、稀释沥青的基质沥青
C 级沥青	三级及三级以下公路的各个层次

沥青路面采用的沥青标号，宜按照公路等级、气候条件、交通条件、路面类型及在结构层中的层位及受力特点、施工方法等，结合当地的使用经验，经技术论证后确定。

对高速公路、一级公路，夏季温度高、高温持续时间长，重载交通、山区及丘陵区上坡路段、服务区、停车场等行车速度慢的路段，尤其是汽车荷载剪应力大的层次，宜采用稠度大、60℃黏度大的沥青，也可提高高温地区气候分区的温度水平选用沥青等级；对冬季寒冷的地区或交通量小的公路、旅游公路宜选用稠度小、低温延度大的沥青；对温度日温差、年温差大的地区宜注意选用针入度指数大的沥青。当高温要求与低温要求发生矛盾时应优先考虑满足高温性能的要求。当缺乏所需标号的沥青时，可采用不同标号参配的调和沥青，其掺配比例由试验室确定。

沥青必须按品种、标号分开存放。除长时间不使用的沥青可放在自然温度下存储外，沥青在储罐中贮存的温度不宜低于 130℃，并不得高于 170℃。桶装沥青应直立堆放，并加盖苫布。

道路石油沥青在贮运、使用及存放过程中应有良好的防水措施，避免雨水或加热管道蒸气进入沥青中。

(2)乳化沥青

适用于沥青表面处治路面、沥青贯入式路面、冷拌沥青混合料路面，修补裂缝，喷撒透层、黏层与封层等。乳化沥青的品种及适用范围宜符合表 3-15 的规定。乳化沥青的质量应符合规范的规定。在高温条件下宜采用黏度较大的乳化沥青，寒冷条件下宜使用黏度较小的乳化沥青。

表 3-15 乳化沥青品种及适用范围

分　类	品种及代号	适用范围
阳离子乳化沥青	PC－1	表面处治、贯入式路面及下封层用
	PC－2	透层油及基层养生用
	PC－3	黏层油用
	BC－1	稀浆封层或冷拌沥青混合料用
阴离子乳化沥青	PA－1	表面处治、贯入式路面及下封层用
	PA－2	透层油及基层养生用
	PA－3	黏层油用
	BA－1	稀浆封层或冷拌沥青混合料用
非离子乳化沥青	PN－2	透层油用
	BN－1	与水泥稳定集料同时使用

乳化沥青使用时不需要加热，对减轻污染、保护环境很有利，常用于沥青路面的养护与维修。

阳离子乳化沥青适用各种集料和施工温度较低的环境。阴离子乳化沥青适用于碱性、干燥的石料，可与水泥、石灰或粉煤灰共同使用。乳化沥青的破乳速度、黏度宜根据用途与施工方法选择。用胶体磨或匀油机制备乳化沥青时，乳化剂用量(按有效含量计)宜为沥青质量的0.3%～0.8%。制备温度通过试验确定，一般情况下，乳化剂水溶液的温度为40～70℃，石油沥青加热至120～160℃。制成后的乳化沥青应及时使用。乳化沥青宜存放在立式罐中，并保持适当搅拌；存放期以不离析、不冻结、不破乳为度。若存放时间较长，使用前应抽样检查，质量不合格的不得使用。

(3)液体石油沥青

适用于透层、黏层及拌制冷拌沥青混合料。根据使用目的与场所，可选用快凝、中凝、慢凝的液体石油沥青，其质量应符合规范中的规定。

液体石油沥青宜采用针入度较大的石油沥青，使用前按先加热沥青后加稀释剂的顺序，掺配煤油或轻柴油，经适当的搅拌、稀释制成。参配比例根据使用要求由试验室确定。

液体石油沥青在制作、贮存、使用的全过程中必须通风良好，并有专人负责，确保安全。基质沥青的加热温度严禁超过140℃，液体沥青的贮存温度不得高于50℃。

(4)煤沥青

道路用煤沥青的标号根据气候条件、施工温度、使用目的选用，其质量应符合规范的规定。道路用煤沥青适用于各种等级公路的各种基层上的透层，宜采用T－1或T－2级，其他等级不合喷撒要求时可适当稀释使用；三级及三级以下的公路铺筑表面处治或贯入式沥青路面宜采用T－5、T－6或T－7级；与道路石油沥青、乳化沥青混合使用，以改善渗透性。

道路用煤沥青严禁用于热拌热铺的沥青混合料，作其他用途时的贮存温度宜为70～90℃，且不得长期贮存。若存放时间较长，使用前应抽样检验，质量不符合要求的不得使用。

(5)改性沥青

是指掺加橡胶、树脂、高分子聚合物、天然沥青、磨细的橡胶粉，或者其他材料等外加掺剂(改性剂)制成，从而使沥青或沥青混合料的性能得以改善。

改性沥青可单独或复合采用高分子聚合物、天然沥青及其他改性材料制作。各类聚合物改性沥青的质量应符合规范规定要求，当使用规范以外的聚合物及复合改性沥青时，可通过研究制定相应的技术要求。

制造改性沥青的基质沥青应与改性剂有良好的配合性，其质量宜符合八级或8级道路石油沥青的技术要求。供应商在提供改性沥青的质量报告时应提供基质沥青的质量检验报告或沥青样品。用作改性沥青的38只胶乳中的固体物质含量不宜少于45%,使用中严禁长时间曝晒或遭冰冻。改性沥青的剂量宜在固定式工厂或在现场设厂集中制作,也可在拌和厂现场边制作边使用,改性沥青的加工温度不宜超过180℃。胶乳类改性剂和制成颗粒的改性剂中可直接投入拌和缸中生产改性沥青混合料。

现场制作的改性沥青宜随配随用,需作短时间保存,或运送到附近的工地时,使用前必须搅拌均匀,在不发生离析的状态下使用。改性沥青制作设备必须设有随机采集样品的取样口,采集的试样宜立即在现场灌模。

工厂制作的成品改性沥青到达施工现场后存储在改性沥青罐中,改性沥青罐中必须设置搅拌设备并进行搅拌,使用前,改性沥青必须搅拌均匀。在施工过程中应定期取样检验产品质量,发现离析等不符合要求的改性沥青不得使用。

(6)改性乳化沥青,是指在制作乳化沥青的过程中同时加入聚合物乳胶,或将聚合物乳胶与乳化沥青成品混合,或对聚合物改性沥青进行乳化加工得到的乳化沥青产品。改性乳化沥青按表3-16选用。

表3-16 改性乳化沥青的品种和适用范围

品　种	代　号	适用范围
喷撒型改性乳化沥青	PCR	黏层、封层、桥面防水黏结层用
拌和用乳化沥青	BCR	改性稀浆封层和微表处用

2. 矿料

沥青混合料的矿料包括粗集料、细集料及填料。粗、细集料形成沥青混合料的矿质骨架,填料与沥青组成的沥青胶浆填充于骨料间的空隙中并将矿料颗粒黏结在一起,使沥青混合料具有抵抗行车荷载和环境因素作用的能力。

(1)粗集料。粗集料形成沥青混合料的主骨架,应洁净、干燥、无风化、无杂质,具有足够的强度和耐磨耗能力,与沥青有良好的黏附性能,颗粒形状以近于立方体为佳。碎石、破碎砾石、筛选砾石、钢渣、矿渣等均可作为沥青混合料的粗集料。筛选砾石仅适用于三级及三级以下公路的沥青表面处治。各种粗集料的最大粒径和规格应满足规范要求,质量应符合规范规定的技术要求。粗集料必须由具有生产许可证的采石场生产或施工单位自行加工。

(2)细集料。沥青路面的细集料包括天然砂、机制砂、石屑。细集料必须由具有生产许可证的采石场、采砂场生产。

细集料应洁净、干燥、无风化、无杂质,并有适当的颗粒级配,其质量应符合表3-17的规定。细集料的洁净程度,天然砂以小于0.075mm含量的百分数表示,石屑和机制砂以砂当量(适用于0～4.75mm)或亚甲蓝值(适用于0～2.36mm或0～0.15mm)表示。

表 3-17 沥青混合料用细集料质量要求

项 目	单位	高速公路一级公路	其他等级公路	试验方法
表观相对密度，不小于	—	2.50	2.45	T0328
坚固性（>0.3mm 部分），不小于	%	12	—	T0340
含泥量（小于 0.075mm 的含量），不大于	%	3	5	T0333
砂当量，不小于	%	60	50	T0334
亚甲蓝值，不大于	g/kg	25	—	T0349
棱角型（流动时间），不小于	s	30	—	T0345

天然砂可采用河砂或海砂，通常宜采用粗、中砂，其规格应符合规范中的规定。砂的含泥量超过规定时应水洗后使用，海砂中的贝壳类材料必须筛除。开采天然砂必须取得当地政府主管部门的许可，并符合水利及环境保护的要求。热拌密级配沥青混合料中天然砂的用量通常不宜超过集料总量的 20%，沥青玛蹄脂碎石和排水式沥青磨耗层混合料不宜使用天然砂。

石屑是采石场破碎石料时通过 4.75mm 或 2.36mm 的筛下部分，其规格应符合表 3-18 的要求。采石场在生产石屑的过程中应具备抽吸设备，高速公路和一级公路的沥青混合料，宜将 S14 与 S16 组合使用，S15 可在沥青稳定碎石基层或其他等级公路中使用。

表 3-18 沥青混合料用机制砂或石屑规格

规格	公称料径/mm	水洗法通过各筛孔的质量百分率/%							
		9.5	4.75	2.36	1.18	0.6	0.3	0.15	0.075
S15	0～5	100	90～100	60～90	40～75	20～55	7～40	2～20	0～10
S16	0～3		80～100	0～80	25～60	8～45	0～25	0～15	

注：当生产石屑采用喷水抑制扬尘工艺时，应特别注意含粉量不得超过表中要求。

（3）填料。通常采用强基性的石灰岩或岩浆岩等憎水性石料经磨细而得到的矿粉作填料。经试验确认为碱性、与沥青黏结良好的粉煤灰可作为填料的一部分，但应具有与矿粉同样的质量。填料的粒径很小，比表面积很大，使混合料中的结构沥青增加，从而提高沥青混合料的黏结力，因此填料是构成沥青混合料强度的重要组成部分。矿粉应干燥、洁净、无团粒，其质量应符合规范要求。

粉煤灰作为填料使用时，用量不得超过填料总量的 50%，粉煤灰的烧失量应小于 12%，与矿粉混合后的塑性指数小于其余质量要求与矿粉相同。高速公路、一级公路的沥青面层不宜采用粉煤灰作填料。

(4)纤维稳定剂。稳定剂目前普遍使用于SMA混合料，在一般沥青混合料中也可以使用，常用的有木质素纤维、矿物纤维等。纤维应在250℃的干拌温度下不变质、不发脆，使用纤维必须符合环保的要求，不危害身体健康。纤维必须在混合料拌和过程中能分散均匀。

三、透层、黏层施工

1. 透层施工

(1)沥青路面各类基层都必须喷洒透层油，沥青层必须在透层油完全渗透入基层后方可铺筑。基层上设置下封层时，透层油不宜省略。气温低于10℃或大风、即将降雨时不得喷洒透层油。

(2)根据基层类型选择渗透性好的液体沥青、乳化沥青、煤沥青作透层油，喷洒后通过钻孔或挖掘确认透层油渗透入基层的深度宜不小于5mm(无机结合料稳定集料基层)～10mm(无结合料基层)，并能与基层联结成为一体。透层油的质量应符合规范要求。

(3)透层油的黏度通过调节稀释剂的用量或乳化沥青的浓度来获得，基质沥青的针入度通常宜不小于100。透层用乳化沥青的蒸发残留物含量允许根据渗透情况适当调整，当使用成品乳化沥青时可通过稀释得到要求的黏度。透层用液体沥青的黏度通过调节煤油或轻柴油等稀释剂的品种和掺量经试验确定。

(4)透层油的用量通过试洒确定，不超出表3-19要求的范围。

表3-19　沥青路面透层材料的规格和用量表

用途	液体沥青		乳化沥青		煤沥青	
	规格	用量/L/m²	规格	用量/L/m²	规格	用量/L/m²
无结合料粒料基层	AL(M)－1、2或3 AL(S)－1、2或3	1.0～2.3	PC－2 PA－2	1.0～2.0	T－1 T－2	1.0～1.5
半刚性基层	AL(M)－1或2 AL(S)－1或2	0.6～1.5	PC－2 PA－2	0.75～1.5	T－1 T－2	0.7～1.0

注：表中用量是指包括稀释剂和水分等在内的液体沥青、乳化沥青的总量。乳化沥青中的残留物含量以50%为基准。下同。

(5)用于半刚性基层的透层油宜紧接在基层碾压成型后表面稍变干燥，但尚未硬化的情况下喷洒。

(6)在无结合料粒料基层上撒布透层油时，宜在铺筑沥青层前1～2天撒布。

(7)透层油宜采用沥青撒布车一次喷洒均匀，使用的喷嘴宜根据透层油的种类和黏度选择并保证均匀喷洒，沥青撒布车喷洒不均匀时宜改用手工沥青撒布机喷洒。撒布应符合规范的要求。

(8)喷洒透层油前应清扫路面，遮挡防护路缘石及人工构造物避免污染，透层油必须撒布均匀，有花白遗漏应人工补洒，喷洒过量的立即撒布石屑或砂吸油，必要时作适当碾压。透层油撒布后不得在表面形成能被运料车和摊铺机粘起的油皮，透层油达不到渗透深度要求时，应更换透层油稠度或品种。

(9)透层油撒布后的养生时间随透层油的品种和气候条件由试验确定，确保液体沥青中的稀释剂全部挥发，乳化沥青渗透且水分蒸发，然后尽早铺筑沥青面层，防止工程车辆损坏透层。

为了保护透层油不被运输车辆破坏，是在上面撒一层石屑或粗砂，喷洒透层油后一破乳立即撒布用量为 $2m^3/1000m^2$ 的石屑保护。

2. 黏层施工

(1)黏层的作用在于使上下沥青层或沥青层与构造物完全粘结成一整体。沥青路面的结构设计以弹性层状体系理论为基础，结构层之间完全连续是一个整体，只有这样才能符合完全连续的界面条件。如果几层沥青层没有黏结好，在使用过程中进入水分，则沥青层与沥青层之间的界面条件将变成不完全连续，甚至完全不连续，就如三合板在使用过程中逐渐脱胶一样，导致沥青路面的受力状态发生质的变化。沥青层施工不衔接，不洒黏层油时，虽然钻孔试件是连在一起的，但并不是一个整体，两层之间是大量的点点接触，因此黏层油是必须喷洒的。

(2)黏层油宜采用快裂或中裂乳化沥青、改性乳化沥青，也可采用快、中凝液体石油沥青，其规格和质量应符合规范的要求，所使用的基质沥青标号宜与主层沥青混合料相同。

(3)黏层油品种和用量应根据下卧层的类型通过试洒确定，并符合表 3-20 的要求。当黏层油上铺筑薄层大空隙排水路面时，黏层油的用量宜增加到 $0.6\sim1.0L/m^2$。在沥青层之间兼作封层而喷洒的黏层油宜采用改性沥青或改性乳化沥青，其用量宜不少于 $1.0L/m^2$。

表 3-20　沥青路面黏层材料的规格和用量表

下卧层类型	液体沥青		乳化沥青	
	规格	用量/L/m^2	规格	用量/L/m^2
新建沥青层 旧沥青路面	AL(R)－3～AL(R)－6 AL(M)－3～AL(M)－6	0.3～0.5	PC－3 PC－3	0.3～0.6
水泥混凝土	AL(M)－3～AL(M)－6 AL(S)－3～AL(S)－6	0.2～0.4	PC－3 PC－3	0.3～0.5

(4)黏层油宜采用沥青撒布车喷洒,并选择适宜的喷嘴,撒布速度和喷洒量保持稳定。当采用机动或手摇的手工沥青撒布机喷洒时,必须由熟练的技术工人操作,均匀撒布。气温低于10℃时不得喷洒黏层油,寒冷季节施工不得不喷洒时可以分成两次喷洒。路面潮湿时不得喷洒黏层油,用水洗刷后需待表面干燥后喷洒。

(5)喷洒的黏层油必须成均匀雾状,在路面全宽度内均匀分布成一薄层,不得有洒花漏空或成条状,也不得有堆积。喷洒不足的要补洒,喷洒过量处应予刮除。喷洒黏层油后,严禁运料车外的其他车辆和行人通过。

(6)黏层油宜在当天撒布,待乳化沥青破乳、水分蒸发完成,或稀释沥青中的稀释剂基本挥发完成后,紧跟着铺筑沥青层,确保黏层不受污染。

四、热拌沥青混合料路面施工

1. 施工准备

(1)材料准备

1)热拌沥青混合料种类。热拌沥青混合料(HMA)适用于各种等级的城市道路和公路的沥青路面。其种类按集料公称最大粒径、矿料级配、空隙率划分,分类见表3-21。

表3-21 热拌沥青混合料种类

混合料类型	密级配			开级配		半开级配	公称最大料径/mm	最大料径/mm
	连续级配		间断级配	间断级配				
	沥青混凝土	沥青稳定碎石	沥青玛蹄脂碎石	排水式沥青磨耗层	排水式沥青碎石基层	沥青碎石		
特粗式	—	ATB—40	—	—	ATPB—40	—	37.5	53.0
粗料式	—	ATB—30	—	—	ATPB—30	—	31.5	37.5
	AC—25	ATB—25	—	—	ATPB—25	—	26.5	31.5
中料式	AC—20	—	SMA—20	—	—	AM—20	19.0	26.5
	AC—16	—	SMA—16	OGFC—16	—	AM—16	16.0	19.0
细料式	AC—13	—	SMA—13	OGFC—13	—	AM—13	13.2	16.2
	AC—10	—	SMA—10	OGFC—10	—	AM—10	9.5	13.2
砂料式	AC—5	—	—	—	—	—	4.75	9.5
设计空隙率/%	3~5	3~6	3~4	>18	>18	6~12		

注:设计空隙率可按配合比要求适当调整。

各层沥青混合料应满足所在层位的功能要求，便于施工不容易离析。各层应连续施工并连接成为一个整体。当发现混合料结构组合及级配类型的设计不合理时，应进行修改、调整，以确保沥青路面的使用性能。

沥青面层集料的最大粒径宜从上至下逐渐增大，并应与压实层厚度相匹配，对热拌热铺密级配沥青混合料，沥青层一层的压实厚度不宜小于集料公称最大粒径的2.5～3倍，对SMA和OGFC等嵌挤型混合料不宜小于公称最大粒径的2～2.5倍，以减少离析便于压实。

2)沥青。沥青的标号和性能指标符合要求，如沥青的针入度、延度、软化点、蜡含量和密度等要通过试验进行确定。

3)矿料。矿料的质量应符合技术要求，如石料的等级、保水抗压度、磨耗率、压碎值、磨光值以及与沥青的黏结力等技术指标是否符合要求。砂、石屑和矿粉应满足规定的质量要求。

(2)施工机械选择

根据工程量大小、工期要求、工程质量要求、施工现场条件，确定合理的机械类型、数量及组合方式，使施工能连续、均衡、高效地进行。

沥青混合料摊铺是以摊铺机、拌和机为主导机械，并与自卸汽车、碾压设备配套作业进行的。

在沥青拌和设备与摊铺机配套时，不能发生停机待料现象。通过多年的实践和理论分析得出，在一般情况下，摊铺机组的整体理论摊铺能力要大于拌和设备的理论拌和能力的较为合理。这是由于摊铺机在摊铺过程中遇到的情况较复杂：有自身的原因，如人员操作技术不够熟练，使得不能及时调整到位，或设备运转不稳定，如发动机、液压系统、工作装置等故障问题；也有外部原因，如弯道摊铺、运输出现问题、天气等原因都会使摊铺机的实际摊铺速度下降。这都会使实际摊铺机摊铺混合料用量小于其理论摊铺能力用量。运输车辆的数量应根据装料、卸料和返回等各工作环节所需时间来确定。这里应注意根据运输路况和运输距离的变化及时进行调度，确保摊铺用料量的需要。压实机械的配套，应先根据碾压温度和摊铺速度确定合理的碾压长度，然后配备碾压设备。

(3)基层准备

铺筑沥青面层前，应检查基层或下卧沥青层的质量，不符合要求的不得铺筑沥青面层。旧沥青路面或下卧层已被污染时，必须清洗或经铣刨处理后方可铺筑沥青混合料。

(4)铺筑试验路段

铺筑试验路段的目的在于验证施工方案的可行性，通过铺筑试验路段来修改、充实、完善施工方案，以利指导生产。

热拌热铺沥青混合料路面试验段铺筑分试拌及试铺两个阶段，应包括下列试验内容：

1)根据沥青路面各种施工机械相匹配的原则，确定合理的施工机械、机械数量及组合方式。

2)通过试拌确定拌和机的上料速度、拌和数量与时间、拌和温度等操作工艺。

3)通过试铺确定以下各项：透层沥青的标号与用量、喷撒方式、喷撒温度；摊铺机的摊铺速度、摊铺宽度、自动找平方式等操作工艺；压路机的压实顺序、碾压温度、碾压速度及碾压遍数等压实工艺；

确定松铺系数、接缝方法等。

4)验证沥青混合料配合比设计结果，提出生产用的矿料配合比和沥青用量。

5)建立用钻孔法及核子密度仪法测定密实度的对比关系，确定粗粒式沥青混凝土或沥青碎石面层的压实标准密度。

6)确定施工产量及作业段的长度，制订施工进度计划。

7)全面检查材料及施工质量。

8)确定施工组织及管理体系、人员、通信联络及指挥方式。

在试验段的铺筑过程中，施工单位应认真做好记录，监理工程师或工程质量监督部门应监督、检查试验段的施工质量，及时与施工单位商定有关结果。铺筑结束后，施工单位应就各项试验内容提出试验总结报告，并取得主管部门的批复，作为施工依据。

(5)沥青混合料的拌制

1)沥青混合料的拌制要求。高等级公路沥青混合料的拌制必须在拌和厂用专用拌和机拌制。严格控制混合料配比、各种材料的质量，严格按照拌和工艺流程、拌和温度、拌和时间、拌和机的充盈率等要求进行拌制，以保证混合料的拌和质量。

在拌制过程中，每班要抽样做沥青混合料性能、矿料级配组成和沥青用量检验。每班拌和结束时，应清洁拌和设备，放空管道中的沥青。做好各项检查记录，不符合技术要求的沥青混合料禁止出厂。

拌和的沥青混合料应色泽均匀一致、无花白料、无结团成块或严重粗细料离析现象，不符合要求的混合料应废弃并对拌和工艺进行调整。拌和的沥青混合料不立即使用时，可存入成品储料仓，存放时间以混合料温度符合摊铺要求为准。

2)拌和质量检查。检查内容包括拌和温度的测试和抽样进行马歇尔试验并做好检查记录。控制拌和温度是确保沥青混合料拌和质量的关键，通常在混合料装车时用温度计或红外测温仪测试，抽取拌和的沥青混合料进行马歇尔试验，测试稳定度、流值、空隙率。用沥青抽提试验确定沥青用量，并检查抽提后矿料的级配组成，以各项测试数据作为判定拌和质量的依据。

(6)沥青混合料的运输

1)热拌沥青混合料宜采用较大吨位的运料车运输,但不得超载运输,或急制动、急弯掉头使透层、封层造成损伤。运料车的运力应稍有富余,施工过程中摊铺机前方应有运料车等候。对高速公路、一级公路,宜待等候的运料车多于5辆后开始摊铺。

2)运料车每次使用前后必须清扫干净,在车厢板上涂一薄层防止沥青黏结的隔离剂或防黏剂,但不得有余液积聚在车厢底部。从拌和机向运料车上装料时,应多次挪动汽车位置,平衡装料,以减少混合料离析。运料车运输混合料宜用苫布覆盖保温、防雨、防污染。

3)运料车进入摊铺现场时,轮胎上不得沾有泥土等可能污染路面的脏物,否则宜设水池洗净轮胎后进入工程现场。沥青混合料在摊铺地点凭运料单接收,若混合料不符合施工温度要求,或已经结成团块、已遭雨淋的,不得铺筑。

4)摊铺过程中,运料车应在摊铺机前100~300mm处停住,空挡等候,由摊铺机推动前进开始缓缓卸料,避免撞击摊铺机。在有条件时,运料车可将混合料卸入转运车经二次拌和后向摊铺机连续均匀地供料。运料车每次卸料必须倒净,尤其是对改性沥青或SMA混合料,如有剩余,应及时清除,防止硬结。

2. 施工要点

(1)施工放样。包括高程测定与平面控制两项内容。高程测定的目的是确定下承层表面高程与原设计高程相差的准确数值,以便在挂线时纠正到设计值或保证施工层厚度。根据高程值设置挂线标准桩,用以控制摊铺厚度和高程。

高程放样应考虑下承层高程差值(设计值与实际高程差值)厚度和本层应铺厚度,综合考虑后定出挂线桩顶的高程,再打桩挂线。当下承层厚度不够时,应在本层加入厚度差并兼顾设计高程。如果下承层厚度够而高程低,应根据设计高程放样;如果下承层的厚度与高程都超过设计值,应按本层厚度放样;若厚度和高程都不够,应按差值大的为标准放样。总之,不但要保证沥青路面总厚度,而且要保证高程不超出容许范围。当两者矛盾时,应以满足厚度为主考虑放样,放样时计入实测的松铺系数。

(2)沥青混合料的摊铺

1)调整、确定摊铺机的参数。热拌沥青混合料应采用沥青摊铺机摊铺,在喷洒有黏层油的路面上铺筑改性沥青混合料或SMA时,宜使用履带式摊铺机。摊铺机的受料斗应涂刷薄层隔离剂或防黏结剂。

铺筑高速公路、一级公路沥青混合料时,一台摊铺机的铺筑宽度不宜超过6m(双车道)~7.5m(3车道以上),通常宜采用两台或更多台数的摊铺机前后错开10~20m,呈梯队方式同步摊铺,两幅之间应有30~60mm宽度的搭接,并躲开车道轮迹带,上、下层的搭接位置宜错开200mm以上。

摊铺机的运行参数为摊铺机作业速度，合理确定作业速度是提高摊铺机生产效率和摊铺质量的有效途径。若摊铺速度过快，将造成摊铺层松散、混合料供应困难，停机待料时，会在摊铺层表面形成台阶，影响混合料的平整度和压实性；若摊铺时慢、时快、时开、时停，会降低混合料的平整度和密实度。因此，应在综合考虑沥青混合料拌和设备的生产能力、车辆运输能力及其他施工条件的基础上，以稳定的供料能力保证摊铺机以某一速度连续作业。

2）摊铺作业。摊铺机开工前应提前0.5～1h预热熨平板不低于100℃。铺筑过程中应选择熨平板的振捣或夯锤压实装置具有适宜的振动频率和振幅，以提高路面的初始压实度。熨平板加宽连接应仔细调节至摊铺的混合料没有明显的离析痕迹。

摊铺机必须缓慢、均匀、连续不间断地摊铺，不得随意变换速度或中途停顿，以提高平整度，减少混合料的离析。摊铺速度宜控制在2～6m/min的范围内，对改性沥青混合料及SMA混合料宜放慢至1～3m/min。当发现混合料出现明显的离析、波浪、裂缝、拖痕时，应分析原因，予以消除。摊铺机应采用自动找平方式，下面层或基层宜采用钢丝绳引导的高程控制方式，上面层宜采用平衡梁或雪橇式摊铺厚度控制方式，中面层根据情况选用找平方式。直接接触式平衡梁的轮子不得黏附沥青。铺筑改性沥青或SMA路面时宜采用非接触式平衡梁。

沥青路面施工的最低气温应符合规定的要求，寒冷季节遇大风降温，不能保证迅速压实时不得铺筑沥青混合料。热拌沥青混合料的最低摊铺温度根据铺筑层厚度、气温、风速及下卧层表面温度按规定的要求执行，且不得低于表3-22的要求。每天施工开始阶段宜采用较高温度的混合料。

表3-22　沥青混合料的最低摊铺温度

下卧层的表面温度/℃	相应于下列不同摊铺层厚度的最低摊铺温度/℃					
	普通沥青混合料			改性沥青混合料或SMA沥青混合料		
	<50mm	(50～80)mm	>80mm	<50mm	(50～80)mm	>80mm
>5	不允许	不允许	140	不允许	不允许	不允许
5～10	不允许	140	135	不允许	不允许	不允许
10～15	145	138	132	165	155	150
15～20	140	135	130	158	150	145
20～25	138	132	128	153	147	143
25～30	132	130	126	147	145	141
>30	130	125	124	145	140	139

沥青混合料的松铺系数应根据混合料类型由试铺试压确定。摊铺过程中应随时检查摊铺层厚度及路拱、横坡，并按规范规定的方法由使用的混合料总量与面积校验平均厚度。

摊铺机的螺旋布料器应相应于摊铺速度调整到保持一个稳定的速度均衡地转动，两侧应保持有不少于送料器 2/3 高度的混合料，以减少在摊铺过程中混合料的离析。用机械摊铺的混合料，不宜用人工反复修整。当不得不由人工作局部找补或更换混合料时，需仔细进行，特别严重的缺陷应整层铲除。

在路面狭窄部分、平曲线半径过小的匝道或加宽部分，以及小规模工程不能采用摊铺机铺筑时可用人工摊铺混合料。人工摊铺沥青混合料应符合下列要求：半幅施工时，路中一侧宜事先设置挡板；沥青混合料宜卸在铁板上，摊铺时应扣锹布料，不得扬锹远甩，铁锹等工具宜粘防黏结剂或加热使用；边摊铺边用刮板整平，刮平时应轻重一致，控制次数，严防集料离析；摊铺不得中途停顿，并加快碾压，当因故不能及时碾压时，应立即停止摊铺，并对已卸下的沥青混合料覆盖苫布保温；低温施工时，每次卸下的混合料应覆盖苫布保温。

摊铺过程是自动倾卸汽车将混合料卸到摊铺机料斗后，经链式传送器将混合料往后传到螺旋摊铺器，随着摊铺机向前行驶，螺旋摊铺器即在摊铺带宽度上均匀地摊铺混合料。随后由振捣板捣实，并由摊平板整平。沥青混合料摊铺工艺流程见图 3-3。

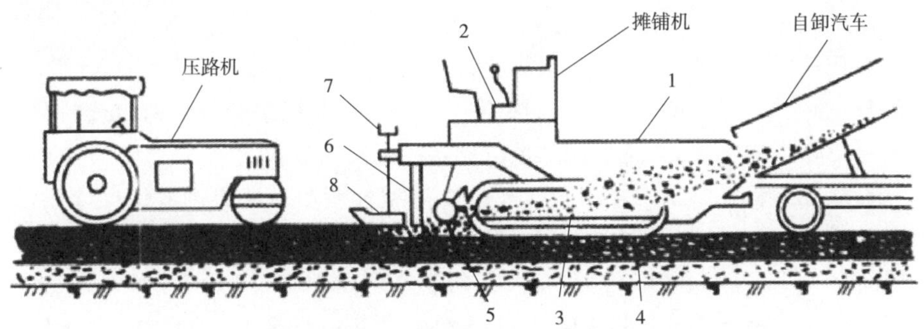

图 3-3　沥青混合料摊铺工艺流程示意图

1-料斗；2-驾驶台；3-送料器；4-履带；5-螺旋摊铺器；6-振捣器；7-厚度调节杆；8-摊平板

(3)沥青混合料的压实。压实是提高沥青混合料的密实度，从而提高沥青路面的强度、高温抗车辙能力及抗疲劳特性等路用性能，是形成高质量沥青混凝土路面的又一关键工序。碾压工作包括碾压机械的选型与组合，碾压温度、碾压速度的控制，碾压遍数、碾压方式及压实质量检查等。

1)碾压机械的选型与组合：沥青路面压实机械分静载光轮压路机、轮胎压路机和振动压路机。静载光轮压路机分双轮式和三轮式，常用的有 6～8t 双轮钢筒压路机、8～12t 或 12～15t 三轮钢筒压路机等。静载光轮压路机的工作质量较小，常用于预压、消除碾压轮迹。轮胎压路机安装的光面橡胶碾压轮具有改变压力的性能，工作质量5～25t，主要用于接缝和坡道的预压、消除裂纹、压实薄沥青层。振动压路机多为自行式,前面为钢质振动轮,后面有两个橡胶驱动轮,工作质量随振动频率和振幅的增大而增大,可作为主要的压实机械。

为了达到最佳压实效果,通常采用静载光轮压路机与轮胎压路机或静载光轮压路机与振动压路机组合的方式进行碾压。

2)碾压作业:沥青混合料路面的压实分初压、复压、终压三个阶段进行。

①初压。初压的目的是整平、稳定混合料,为复压创造条件。

初压应紧跟在摊铺机后碾压,并保持较短的初压区长度,以尽快使表面压实,减少热量散失。对摊铺后初始压实度较大,经实践证明采用振动压路机或轮胎压路机直接碾压无严重推移而有良好效果时,可免去初压,直接进入复压工序。

通常宜采用钢轮压路机静压 1～2 遍。碾压时应将压路机的驱动轮面向摊铺机,从外侧向中心碾压,在超高路段则由低向高碾压,在坡道上应将驱动轮从低处向高处碾压。邻碾压轮迹重叠 1/3～1/2 轮宽,最后碾压中心部分,压完全幅为一遍。

初压后应检查平整度、路拱,有严重缺陷时进行修整乃至返工。

②复压。复压的目的是使混合料密实、稳定、成型,是使混合料的密实度达到要求的关键。

复压应紧跟在初压后开始,且不得随意停顿。压路机碾压段的总长度应尽量缩短,通常不超过 60～80m。采用不同型号的压路机组合碾压时宜安排每一台压路机作全幅碾压,防止不同部位的压实度不均匀。

密级配沥青混凝土的复压宜优先采用重型的轮胎压路机进行搓揉碾压,以增加密水性,其总质量不宜小于 25t,吨位不足时宜附加重物,使每一个轮胎的压力不小于 15kN。冷态时的轮胎充气压力不小于 0.55MPa,轮胎发热后不小于 0.6MPa,且各个轮胎的气压大体相同,相邻碾压带应重叠 1/3～1/2 的碾压轮宽度,碾压至要求的压实度为止。

对粗集料为主的较大粒径的混合料,尤其是大粒径沥青稳定碎石基层,宜优先采用振动压路机复压。厚度小于 30mm 的薄沥青层不宜采用振动压路机碾压。振动压路机的振动频率宜为 35～50Hz,振幅宜为 0.3～0.8mm。层厚较大时选用高频率大振幅,以产生较大的激振力,厚度较薄时采用高频率低振幅,以防止集料破碎。相邻碾压带重叠宽度为 100～200mm。振动压路机折返时应先停止振动。

当采用三轮钢筒式压路机时,总质量不宜小于 12t,相邻碾压带宜重叠后轮的 1/2 宽度,并不应少于 200mm。

对路面边缘、加宽及港湾式停车带等大型压路机难于碾压的部位,宜采用小型振动压路机或振动夯板作补充碾压。

③终压。终压的目的是消除碾压轮产生的轮迹,最后形成平整的路面。终

压应紧接在复压后用振动压路机(关闭振动装置)进行,碾压不宜少于2遍,直至无明显轮迹为止。

碾压轮在碾压过程中应保持清洁,有混合料沾轮应立即清除。对钢轮可涂刷隔离剂或防黏结剂,但严禁刷柴油。当采用向碾压轮喷水(可添加少量表面活性剂)的方式时,必须严格控制喷水量且成雾状,不得漫流,以防混合料降温过快。轮胎压路机在开始碾压阶段,可适当烘烤、涂刷少量隔离剂或防黏结剂,也可少量喷水,并先到高温区碾压使轮胎尽快升温,之后停止洒水。轮胎压路机的轮胎外围宜加设围裙保温。

压路机不得在未碾压成型路段上转向、调头、加水或停留。在当天成型的路面上,不得停放各种机械设备或车辆,不得撒落矿料、油料等杂物。

3)影响沥青混合料压实质量的因素:

①碾压温度。混合料的温度较高时,可用较少的碾压遍数,获得较高的密实度和较好的压实效果;而混合料的温度较低时,碾压工作变得比较困难,且易产生很难消除的轮迹,造成路面不平整。因此,在实际工作中,摊铺完毕应及时进行碾压,碾压温度应控制在合适的范围,以混合料支撑路面而不产生推移为佳。

②碾压速度。压路机应以慢而均匀的速度碾压,压路机的碾压速度应符合表3-23的规定。压路机的碾压路线及碾压方向不应突然改变而导致混合料推移。碾压区的长度应大体稳定,两端的折返位置应随摊铺机前进而推进,横向不得在相同的断面上。

表3-23　压路机碾压速度(km/h)

压路机类型	初压		复压		终压	
	适宜	最大	适宜	最大	适宜	最大
钢筒式压路机	2～3	4	3～5	6	3～6	6
轮胎压路机	2～3	4	3～5	6	4～6	8
振动压路机	2～3 静压或振动	3 静压或振动	3～4.5 振动	5 振动	3～6 静压	6 静压

③碾压遍数。初压通常宜采用钢轮压路机静压1～2遍,复压采用振动压实4～6遍,然后用胶轮压路机压实2～4遍。

4)接缝处理。通常情况下城市道路的施工横向接缝比公路发生的频率高,尤其是改建或扩建的城市道路,其横向接缝更多。要更好地处理横向接缝,使其符合规范要求的平整度,主要应注意以下几点:

①沥青路面的施工必须接缝紧密、连接平顺,不得产生明显的接缝离析。上下层的纵缝应错开150mm(热接缝)或300～400mm(冷接缝),相邻两幅及上下层的横向

接缝均应错位 1m 以上。接缝施工应用 3m 直尺检查,确保平整度符合要求。

②纵向接缝部位的施工应符合下列要求:摊铺时采用梯队作业的纵缝应采用热接缝,将已铺部分留下 100～200mm 的宽度暂不碾压,作为后续部分的基准面,然后作跨缝碾压以消除缝迹。当半幅施工或因特殊原因而产生纵向冷接缝时,宜加设挡板或加设切刀切齐,也可在混合料尚未完全冷却前用镐刨除边缘留下毛茬的方式,但不宜在冷却后采用切割机作纵向切缝。加铺另半幅前应涂撒少量沥青,重叠在已铺层上 50～100mm,再铲走铺在前半幅上面的混合料,碾压时由边向中碾压留下 100～150mm,再跨缝挤紧压实。

③目前在工程中使用较多的表面层横向接缝为垂直的平接缝,以下各层可采用自然碾压的斜接缝,沥青层较厚时也可作阶梯形接缝,如图 3-4 所示。

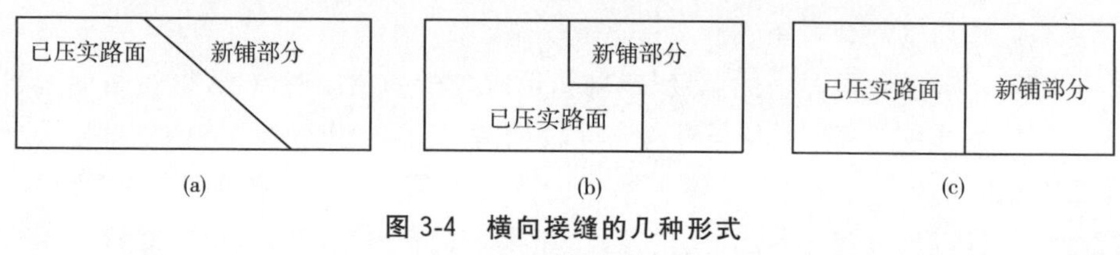

图 3-4 横向接缝的几种形式

(a)斜接缝;(b)阶梯形接缝;(c)平接缝

④斜接缝的搭接长度与层厚有关,宜为 0.4～0.8m。搭接处应撒少量沥青,混合料中的粗集料颗粒应予剔除,并补上细料,搭接平整,充分压实。阶梯形接缝的台阶经铣刨而成,并撒黏层沥青,搭接长度不宜小于 3m。

⑤平接缝宜趁尚未冷透时用凿岩机或人工刨除端部层厚不足的部分,使工作缝成直角连接。当采用切割机制作平接缝时,宜在铺设当天混合料冷却但尚未结硬时进行。刨除或切割不得损伤下层路面。切割时留下的泥水必须冲洗干净,待干燥后涂刷黏层油。铺筑新混合料接头应使接茬软化,压路机先进行横向碾压,再纵向碾压成为一体,充分压实,连接平顺。

五、沥青表面处治与封层施工

沥青表面处治是指用沥青和集料按拌和法和层铺法施工,厚度一般不超过 30mm 的一种薄层沥青面层。封层是为封闭表面空隙、防止水分侵入而在沥青面层或基层上铺筑的有一定厚度的沥青混合料薄层,有上封层和下封层两种。各种封层适用于加铺薄层罩面、磨耗层、水泥混凝土路面上的应力缓冲层、各种防水和密水层、预防性养护罩面层。

沥青表面处治与封层宜选择在干燥和较热的季节施工,并在最高温度低于 15℃时期到来之前半个月及雨季前结束。

1. 沥青表面处治

(1)材料要求

沥青表面处治面层可采用道路石油沥青、煤沥青或乳化沥青作结合料。沥青用量根据气温、沥青标号、基层等情况按表3-22确定。在寒冷地区，当施工气温较低、沥青针入度较小、基层空隙较大时，沥青用量宜采用高限；在旧沥青路面清扫干净的碎（砾）石路面、水泥混凝土路面、块石路面上铺沥青表面处治层时，第一层沥青用量可增加10～20％，不再另撒透层油或黏层油。

沥青表面处治路面所用集料的最大粒径与处治层厚度相等，其规格和用量按表3-24确定。当采用乳化沥青时，为减少乳液流失，可在主层集料中掺加20％以上的细粒料。应在路侧另备S12(5～10mm)碎石或S14(3～5mm)石屑、粗砂或小砾石(2～3)$m^3/1000m^2$作为初期养护用料。

(2)沥青表面处治施工流程

沥青表面处治通常采用层铺法施工，按照撒布沥青和撒铺矿料的层次多少，沥青表面处治可分为单层式、双层式和三层式3种。三层式为撒布三次沥青，撒铺三次矿料，厚度为2.5～3.0mm，双层式厚度为2.0～2.5mm，单层式厚度为1.0～1.5mm。

层铺法沥青表面处治施工，一般采用“先油后料”法，即先撒布一层沥青，后撒铺一层矿料，其施工流程如下：

清扫基层→浇洒沥青→撒布集料→碾压→控制交通→初期养护→开放交通。

(3)沥青表面处治施工要点

1)清扫基层，撒布第一层沥青。沥青的撒布温度根据气温及沥青标号选择，石油沥青宜为130～170℃，煤沥青宜为80～120℃，乳化沥青在常温下撒布，加温撒布的乳液温度不得超过60℃。前后两车喷洒的接茬处用铁板或建筑纸铺1～1.5m，使搭接良好。分几幅浇洒时，纵向搭接宽度宜为100～150mm。撒布第二、三层沥青的搭接缝应错开。

2)撒布主层沥青后应立即用集料撒布机或人工撒布第一层主集料。撒布集料后应及时扫匀，达到全面覆盖、厚度一致、集料不重叠、不露出沥青的要求。局部有缺料时适当找补，集料过多的将多余集料扫出。两幅搭接处，第一幅撒布沥青应暂留100～150mm宽度不撒布石料，待第二幅一起撒布。

3)撒布主集料后，不必等全段撒布完，立即用6～8t钢筒双轮压路机从路边向路中心碾压3～4遍，每次轮迹重叠约300mm。碾压速度开始不宜超过2km/h，以后可适当增加。

4)第二、三层的施工方法和要求与第一层相同，但可以采用8t以上的压路机碾压。第三层碾压完毕即可开放交通。但乳化沥青表面处治应待水分蒸发并基本成型后方可开放交通。在开放交通的初期，宜采取交通管制措施使路面整体成型。

表 3-24　沥青表面处治材料规格和用量

沥青种类	类型	厚度/mm	集料/(m^3/1000m^2)						沥青或乳液用量/(kg/m^2)			
			第一层		第二层		第三层		第一次	第二次	第三次	合计用量
			规格	用量	规格	用量	规格	用量				
石油沥青	单层	1.0	S12	7～9					1.0～1.2			1.0～1.2
		1.5	S10	12～14					1.4～1.6			1.4～1.6
	双层	1.5	S10	12～14	S12	7～8			1.4～1.6	1.0～1.2		2.4～2.8
		2.0	S9	16～18	S12	7～8			1.6～1.8	1.0～1.2		2.6～3.0
		2.5	S8	18～20	S12	7～8			1.8～2.0	1.0～1.2		2.8～3.2
	三层	2.5	S8	18～20	S12	12～14	S12	7～8	1.6～1.8	1.2～1.4	1.0～1.2	3.8～4.4
		3.0	S6	20～22	S12	12～14	S12	7～8	1.8～2.0	1.2～1.4	1.0～1.2	4.0～4.6
乳化沥青	单层	0.5	S14	7～9					0.9～1.0			0.9～1.0
	双层	1.0	S12	9～11	S14	4～6			1.8～2.0	1.0～1.2		2.8～3.2
	三层	3.0	S6	20～22	S10	9～11	S12 S14	4～6 3.5～4.5	2.0～2.2	1.8～2.0	1.0～1.2	4.8～5.4

注：1. 煤沥青表面处治的沥青用量可比石油沥青用量增加 15%～20%；

2. 表中的乳液用量按乳化沥青的蒸发残留物含量 60%计算，若沥青含量不同应予折算；

3. 在高寒地区及干旱风沙大的地区，可超出高限 5%～10%。

2. 封层施工

(1)上封层。在下列情况下，应在沥青面层上铺筑上封层：沥青面层空隙较大、渗水严重的路面；有裂缝或已修补的旧沥青路面；需要铺抗滑磨耗层或保护层的旧沥青路面。

上封层根据情况可选择乳化沥青稀浆封层、微表处、改性沥青集料封层、薄层磨耗层或其他适宜的材料。

铺设上封层的下卧层必须彻底清扫干净，对车辙、坑槽、裂缝进行处理或挖补。

上封层的类型根据使用目的、路面的破损程度选用：

1)裂缝较细、较密的可采用涂洒类密封剂、软化再生剂等涂刷罩面。

2)对于一级公路及其以下等级的公路的旧沥青路面可以采用普通的乳化沥青稀浆封层，也可在喷洒道路石油沥青并撒布石屑(砂)后碾压作封层。

3)对于高速公路有轻微损坏的宜铺筑微表处。

4)对用于改善抗滑性能的上封层可采用稀浆封层、微表处或改性沥青集料封层。

(2)下封层。在下列情况下，应在沥青面层下铺筑下封层：位于多雨地区且沥青面层空隙较大、渗水严重的路面；基层铺筑后不能及时铺沥青面层而又需开放交通的路面。

下封层宜采用层铺法表面处治或稀浆封层法施工。稀浆封层可采用乳化沥青或改性乳化沥青作结合料。下封层的厚度不宜小于6mm，且做到完全密水。

六、沥青贯入式路面施工

沥青贯入式路面是指在初步压实的主层碎石料上分层浇洒沥青、撒布嵌缝料，或再在上部铺筑热拌沥青混合料封层经压实而成的沥青面层。适用于城市道路的次干路和支路，也可作为沥青路面的连接层或基层，厚度宜为40～80mm，但乳化沥青的厚度不宜超过50mm。当贯入层上部加铺拌和的沥青混合料面层成为上拌下贯式路面时，拌和层的厚度不宜小于15cm。沥青贯入式路面的最上层应撒布封层料或加铺拌和层。沥青贯入层作为联结层使用时，可不撒表面封层料。沥青贯入式路面宜选择在干燥和较热的季节施工，并宜在日最高温度降低至15℃以前半个月结束，使贯入式结构层通过开放交通碾压成型。

1. 材料规格和用量

沥青贯入式路面可选用黏稠石油沥青、煤沥青或乳化沥青作结合料。沥青的品种、标号应符合规范规定。沥青贯入式路面、表面加铺拌和型沥青混合料时的材料规格和用量应按规范选用。

沥青贯入式路面的集料应选择有棱角、嵌挤性好的坚硬石料，主层集料中大于粒径范围中值的数量不宜少于50%。表面不加铺拌和层的贯入式路面在施工结束后每1000m^{2}宜另备2～3m^{3}与最后一层嵌缝料规格相同的细集料等供初期养护使用。沥青贯入层的主层集料最大粒径宜与贯入层厚度相当。当采用乳化沥青时，主层集料最大粒径可采用厚度的0.8～0.85倍，数量宜按压实系数1.25～1.30计算。

2. 施工要点

沥青贯入式路面施工前，基层必须清扫干净。当需要安装路缘石时，应在路缘石安装完成后施工。路缘石应予遮盖。

乳化沥青贯入式路面必须浇洒透层或黏层沥青。沥青贯入式路面厚度小于或等于5cm时，也应浇洒透层或黏层沥青。

沥青贯入式路面的施工应按下列步骤进行：

(1)采用碎石摊铺机、平地机或人工摊铺主层集料。铺筑后严禁车辆通行。

(2)碾压主层集料。撒布后应采用6～8t的轻型钢筒式压路机自将两侧向路中心碾压，碾压速度宜为2km/h，每次轮迹重叠约300m，碾压一遍后检验路拱和纵向坡度，当不符合要求时，应调整找平后再压。然后用重型的钢轮压路机碾压，每次轮迹重叠1/2左右，宜碾压4～6遍，直至主层集料嵌挤稳定，无显著轮迹为止。

(3)浇撒第一层沥青。浇撒方法应按规范规定进行。采用乳化沥青贯入时，为防止乳液下漏过多，可在主层集料碾压稳定后，先撒布一部分上一层嵌缝料，再浇撒主层沥青。

(4)采用集料撒布机或人工撒布第一层嵌缝料。撒布后尽量扫匀，不足处应找补。当使用乳化沥青时，石料撒布必须在乳液破乳前完成。

(5)立即用8～12t钢筒式压路机碾压嵌缝料，轮迹重叠轮宽的1/2左右，宜碾压4～6遍，直至稳定为止。碾压时随压随扫，使嵌缝料均匀嵌入。因气温较高使碾压过程中发生较大推移现象时，应立即停止碾压，待气温稍低时再继续碾压。

(6)按上述方法浇撒第二层沥青，撒布第二层嵌缝料，然后碾压，再浇撒第三层沥青。

(7)按撒布嵌缝料方法撒布封层料。

(8)采用6～8t压路机作最后碾压，宜碾压2～4遍，然后开放交通。

铺筑上拌下贯式路面时，贯入层不撒布封层料，拌和层应紧跟贯入层施工，使上下成为一整体。贯入部分采用乳化沥青时应待其破乳、水分蒸发且成型稳定后方可铺筑拌和层，当拌和层与贯入部分不能连续施工，且要在短期内通行施工车辆时，贯入层部分的第二遍嵌缝料应增加用量2～3m^3/1000m^2。在摊铺拌和层沥青混合料前，应作补充碾压，并浇撒黏层沥青。

第三节　水泥混凝土路面面层施工

水泥混凝土路面具有较高的抗弯压和抗磨耗能力、稳定性好、耐久性好及养护维修费用少，适用于重载道路以及天气炎热、严重冰冻、缺乏优质集料等地区。我国沥青产量较少，采用水泥混凝土路面能够合理利用当地价格相对低廉的水泥产品，从而带动地区经济的发展。近年来我国水泥混凝土路面的施工质量和技术水平有了很大提高，交通量的持续增长对路面承载力提出了更高的要求，因此，在我国发展水泥混凝土路面具有重要意义。

水泥混凝土路面是以水泥混凝土(配筋或不配筋)做面层的路面，亦称刚性路面。它主要包括普通混凝土路面、钢筋混凝土路面、连续配筋混凝土路面、钢纤维混凝土路面、预应力混凝土路面、碾压混凝土路面和混凝土砌块路面等。目前采用最广泛的是普通混凝土(素混凝土)路面，它是指除接缝区和局部范围外面层内均不配筋的水泥混凝土路面。

水泥混凝土路面的施工是根据合同及设计文件、施工现场的气候、水文、地形等环境条件，经过必要的施工准备，选择满足质量要求的原材料，确定配合比、设备种类和施工工艺，建立完备的质量控制体系来进行的。

一、材料要求和配合比设计

1. 材料要求

水泥混凝土路面的组成材料主要有水泥、粗集料、细集料和水以及为改善工艺性能和力学性能而加入的外加剂和矿物掺合料。

(1)水泥。特重、重交通路面宜采用旋窑道路硅酸盐水泥，也可采用旋窑硅酸盐水泥或普通硅酸盐水泥；中、轻交通的路面可采用矿渣硅酸盐水泥；低温天气施工或有快通要求的路段可采用R型水泥，此外应采用普通型水泥。各交通等级路面水泥抗折强度、抗压强度应满足《公路水泥混凝土路面施工技术细则》(JTG/T F30－2014)的规定。

各交通等级路面所使用水泥的化学成分、物理性能等路用品质要求应符合有关规定。当采用机械化铺筑路面时，宜选用散装水泥。

(2)粗集料。集料通常占混凝土体积的70%～80%，因此选料非常重要。粗集料是指粒径大于5mm的碎石、碎卵石和卵石，粗集料应质地坚硬、耐久、洁净，并有良好的级配，应符合一定的技术要求。《建筑用卵石、碎石》(GB/T 14685—2011)将粗集料分为Ⅰ、Ⅱ、Ⅲ三级。高速公路、一级公路、二级公路及有抗冻(盐)要求的三、四级公路混凝土路面使用的粗集料级别应不低于Ⅱ级，无抗(盐)冻要求的三、四级公路混凝土路面,碾压混凝土及贫混凝土基层可使用III级粗集料。有抗(盐)冻要求时,I级集料吸水率应不大于1.0%,II级集料吸水率应不大于2.0%。

粗集料的级配优劣直接影响着混凝土的抗压强度、和易性、耐久性等性能。选配路面和桥面混凝土的粗集料,应按最大公称粒径的不同采用2~4个粒级的集料进行掺配,合成级配要满足《公路水泥混凝土路面施工技术细则》(JTG/T F30—2014)的要求。卵石最大公称粒径不宜大于19.0mm;碎卵石最大公称粒径不宜大于26.5mm;碎石最大公称粒径不应大于31.5mm。

(3)细集料。细集料应采用质地坚硬、耐久、洁净的天然砂、机制砂或混合砂,要求颗粒坚硬耐磨,具有良好的级配,表面粗糙有棱角,有害杂质含量少。

高速公路、一级公路、二级公路及有抗(盐)冻要求的三、四级公路混凝土路面使用的砂级别应不低于II级,无抗(盐)冻要求的三、四级公路混凝土路面可使用III级砂。特重交通、重交通混凝土路面宜采用河砂,砂的硅含量不应低于25%。

路面混凝土用天然砂宜为中砂,也可使用细度模数2.0~3.5的砂。同一配合比用砂的细度模数变化范围不应超过0.3,否则,应分别堆放,并调整配合比中的砂率后使用。

路面混凝土用机制砂还应检验砂浆磨光值,其值宜大于35%,不宜使用抗磨性较差的泥岩、页岩、板岩等水成岩类母岩品种生产机制砂。配制机制砂混凝土应同时掺高效引气减水剂。

细集料的技术指标与级配范围要求应满足《公路水泥混凝土路面施工技术细则》(JTG/T F30-2014)的规定。

(4)水。用于清洗集料、搅拌和养生混凝土用的水,不应含有影响混凝土正常凝结和硬化的油、酸、碱、盐类及有机物等有害杂质,以饮用水为宜。非饮用水经检验后满足下列要求的也可以使用:硫酸盐含量小于0.0027mg/mm^3;含盐量不超过0.005mg/mm^3,pH值不小于4。

(5)外加剂。为提早开放交通,路面混凝土宜选用减水率大、坍落度损失小、可调控凝结时间的复合型减水剂。高温施工宜使用引气缓凝(保塑)(高效)减水剂;低温施工宜使用引气早强(高效)减水剂。

为了提高混凝土的和易性和抗冻性,可选用表面张力降低值大、水泥稀浆中起泡容量多而细密、泡沫稳定时间长、不溶渣少的产品。有抗(盐)冻要求的地区,各交通等级路面混凝土必须使用引气剂;无抗(盐)冻要求地区,二级及二级以上公路路面混凝土应使用引气剂。

在混凝土制备时掺加外加剂时,各外加剂产品的技术性能指标应满足《公路水泥混凝土路面施工技术细则》(JTG/T F30—2014)的规定。

(6)矿物掺合料。路面混凝土中可用的掺合料主要有粉煤灰、硅灰和磨细矿渣。混凝土路面在掺用粉煤灰时,应掺用质量指标符合规定的电收尘Ⅰ、Ⅱ级干排或磨细粉煤灰,不得使用Ⅲ级粉煤灰。进货时应有等级检验报告,宜采用散装灰。硅灰和磨细矿渣在使用前应经过试配检验,以确保路面和桥面混凝土抗弯拉强度、抗磨性、抗冻性等技术指标合格。

2. 混凝土配合比设计

普通混凝土路面的配合比设计在兼顾经济性的同时应满足弯拉强度、工作性和耐久性这三项技术要求。

混合料配合比设计应根据工程的设计要求、当地材料品质、施工方法、操作水平及工地环境等方面,通过选择、计算和试验来确定水泥、水、砂、碎石(砾石)、外加剂几种材料相互之间的比例关系。在确定混合料中水、水泥、细集料、粗集料四种基本成分的用量时,关键是选择好水灰比、用水量和砂率这三个参数。

混凝土配合比的试配、调整和确定的具体步骤为:

(1)初步配合比的计算:

1)按设计要求强度等级计算混凝土的配制强度;

2)按配制强度计算相应的水灰比,并校核是否满足最大水灰比规定;

3)选定砂率;

4)选定混凝土单位用水量;

5)计算单位水泥用量,并校核是否满足最小水泥用量规定;

6)计算粗集料和细集料的用量;

7)最后得出混凝土的初步配合比。

(2)试拌调整,提出基准配合比。先按初步配合比进行混凝土拌合物的试拌,检查拌合物的和易性。不能满足所选坍落度的要求时,应在保持水灰比不变的条件下相应调整单位用水量或砂率,反复试验,直到符合要求为止。由此提出供混凝土强度试验用的基准配合比。

(3)强度测定,确定试验配合比。按基准配合比拌制试件,测定其实际密度,并进行强度检验。通过上述步骤得到和易性和强度均满足要求的配合比后,还应按混凝土的实测密度再进行必要的校正,而后得到校正后的混凝土设计配合比。

(4)施工配合比。室内配合比确定后,实际路面铺筑前,还应进行大型搅拌楼配合比试验检验,检验通过后,其配合比方可用于摊铺。另外,根据施工的具体情况,还应对施工配合比进行微调与控制,其内容包括微调外加剂掺量和微调加水量。

二、水泥混凝土面层施工

目前,水泥混凝土面层常用的施工方法主要有滑模机摊铺施工、三辊轴机组施工以及小型机具施工等,其施工程序一般为模板安装、传力杆设置、混凝土的搅拌和运输、混凝土的摊铺与振捣、接缝制作、抹面和拆模、混凝土的养生与填缝。其中三辊轴机组和小型机具两种是固定模板施工水泥路面，而滑模摊铺机施工取消侧模，两侧设置有随机移动的固定滑模施工水泥路面。

混凝土面层是由一定厚度的混凝土板组成，它具有热胀冷缩的性质。由于一年四季气温的变化，混凝土板会产生不同程度的膨胀和收缩。而在一昼夜中，白天气温升高，混凝土板顶面温度较底面为高，这种温度坡差会形成板的中部隆起的趋势。夜间气温降低，板顶面温度较底面为低，会使板的周边和角隅发生翘起的趋势。由于翘曲而引起裂缝，在裂缝发生后被分割的两块板体尚不致完全分离，倘若板体温度均匀下降引起收缩，则将使两块板体被拉开，从而失去荷载传递作用。为避免这些缺陷，混凝土路面不得不在纵横两个方向设置许多接缝，把整个路面分割成许多板块(图 3-5)。

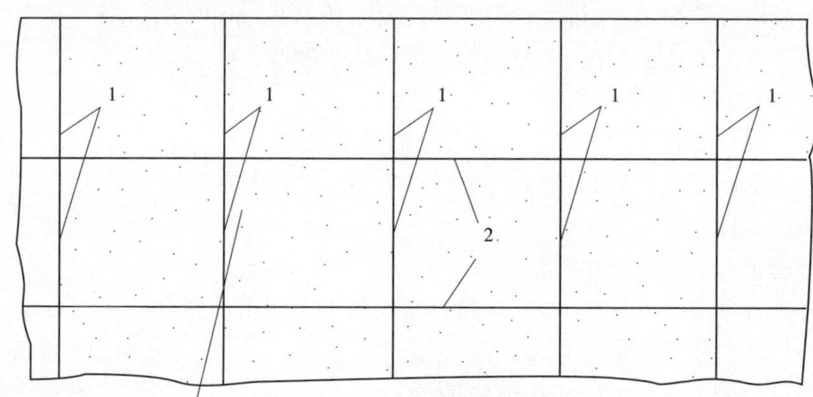

图 3-5　路面接缝设置

1-横缝；2-纵缝

为了满足混凝土路面的行车要求，要求面层有一定的构造深度，所以水泥混凝土路面要进行抗滑构造的制作。同时使混凝土达到要求的设计强度，必须对混凝土进行养生。

1. 轨道摊铺机铺筑施工

在高等级公路上修建水泥混凝土路面，路面技术标准要求高，工程数量大，要保证施工进度和工程质量，宜采用机械化施工。近年来，随着我国水泥混凝土路面的迅速发展，除了小型混凝土路面施工机具得到逐步配套和完善外，高等级公路主要依靠引进的混凝土摊铺机修建。轨道式摊铺机施工，就是机械化施工中最普通的一种方法。

轨道式摊铺机施工是由支撑在平底型轨道上的摊铺机将混凝土拌合物摊铺在基层上。摊铺机的轨道与模板是连在一起的，安装时同步进行。轨道式摊铺机施工混凝土路面包括施工准备、拌和与运输混凝土、摊铺与振捣、表面整修及养护等工作。它不仅工作可靠，结构简单，操作方便，而且还具有平整度好、路拱横坡偏差小、熨平板偏差小和厚度标准一致等优点。

(1)施工准备

混凝土路面施工前的准备工作包括材料准备及质量检验、混合料配合比检验与调整、基层的检验与整修、施工放样及机械准备等。

根据混凝土路面施工进度计划，施工前应分批备好所需的各种材料，并在使用前进行核对、调整，各种材料应符合规定的质量要求，新出厂的水泥应至少存放一周后方可使用。路面在浇筑前必须对混凝土拌合物的工作性能进行检验并作必要的调整。

混凝土路面施工前，应对混凝土路面板下的基层进行强度、密实度及几何尺寸等方面的质量检验，基层质量检查项目及其标准应符合基层施工规范要求。基层宽度应比混凝土路面板宽 30～35cm 或与路基同宽。

施工放样是用轨道式摊铺机施工混凝土路面的重要准备工作。首先，根据设计图纸恢复路中心线和混凝土路面边线，在中心线上每隔 20m 设一中桩，同时布设曲线主点桩及纵坡变坡点、路面板胀缝等施工控制点，并在路边设置相应的边桩，重要的中心桩要进行拴桩。每隔 100m 左右应设置一临时水准点，以便复核路面标高。混凝土路面一旦浇筑成功就很难拆除，因此测量放样必须经常复核，在浇捣过程中也要进行复核，做到勤测、勤核、勤纠偏，确保混凝土路面的平面位置和高程符合设计要求。

(2)混凝土拌制及运输

1)混凝土拌制。确保混凝土拌和质量的关键是选用质量符合规定的原材料、拌和机技术性能满足要求、拌和时配合比计量准确。采用轨道式摊铺机施工时，拌和设备应附有可自动准确计量的供料系统；无此条件时，可采用集料箱加地磅的方法进行计量。各种组成材料的计量精度应不超过表 3-25 所列范围。

表 3-25　混凝土拌和计量允许偏差

材料名称	水泥	掺和料	钢纤维	砂	粗集料	水	外加剂
高速公路、一级公路每盘	±1	±1	±2	±2	±2	±1	±1
高速公路、一级公路累计每车	±1	±1	±1	±2	±2	±1	±1
其他公路	±2	±2	±2	±3	±3	±2	±2

最佳拌和时间应根据拌和物的黏聚性、均质性及强度稳定性试拌确定。一般情况下，单立轴式搅拌机总拌和时间宜为 80～120s，全部原材料到齐后的最短纯拌和时间不宜短于 40s；行星立轴和双卧轴式搅拌机总拌和时间为 60～90s，最短纯拌和时间不宜短于 35s；连续双卧轴搅拌楼的最短拌和时间不宜短于 40s，最长总拌和时间不应超过高限值的 2 倍。

2)混凝土运输。通常采用自卸汽车运输混凝土拌和物,拌和物坍落度大于5cm时应采用搅拌车运输。从开始拌和到浇筑的时间应满足下列要求:用自卸汽车运输时,不得超过1h,用搅拌车运输时,不得超过1.5h,若运输时间超过上述时间限制或在夏季浇筑时,拌和过程中应加入适量的缓凝剂。运输时间过长,混凝土拌合物的水分蒸发和离析现象会增加,因此应尽量缩短混凝土拌合物的运输时间,并采取措施防止水分损失和混合料离析。拌合物运到摊铺现场后倾卸于摊铺机的卸料机内,摊铺机卸料机械有侧向和纵向两种。侧向卸料机在路面摊铺范围外操作,自卸汽车不进入路面摊铺范围卸料,没有供卸料机和汽车行驶的通道;纵向卸料机在摊铺范围内操作,自卸汽车后退供料,施工时不能像侧向卸料机那样在基层上预先安设传力杆。

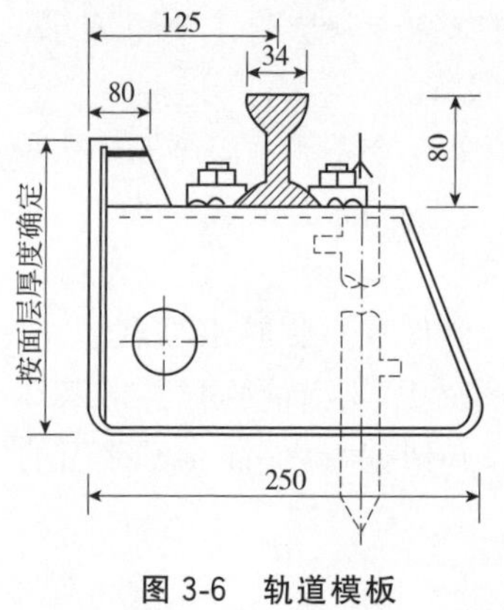

图 3-6 轨道模板

(3)摊铺与振捣

1)轨模安装。轨道式摊铺机的整套机械在轨模上前后移动,并以轨模为基准控制路面的高程。摊铺机的轨道与模板同时进行安装,轨道固定在模板上,然后统一调整定位。形成的轨模既是路面边模又是悬摊铺机的行走轨道,如图3-6所示。轨道和模板的质量应符合表3-26规定的技术要求。模板应能承受机组的质量,横向要有足够的刚度,轨模数量应根据施工进度配备并能满足周转要求,连续施工时至少需配备3个全工作量的轨模。

表 3-26 轨道与模板质量标准

纵向变形、顺直度	顶面高程	顶面平整度	相邻轨、板高差	相对模板间距误差	垂直度
≤5mm	≤3mm	≤2mm	≤1mm	≤3mm	≤2mm

轨模安装时必须精确控制高程,做到轨模平直、接头平顺,否则将影响路面的外观质量和摊铺机的行驶性能。轨模的安装质量和精度应符合表3-27的要求。

表 3-27 轨道与模板平整质量要求

项目	纵向变形/mm	局部变形/mm	最大平整度(3m直尺)	高度
轨道	≤5	≤3	顶面≤1	按机械要求
模板	≤3	≤2	顶面≤2	与路面厚度相同

2)摊铺。轨道式摊铺机有刮板式、箱式或螺旋式三种类型,摊铺时将卸在基层上或摊铺箱内的混凝土拌合物按摊铺厚度均匀地充满轨模范围内。

刮板式摊铺机本身能在轨道上前后自由移动，刮板旋转时将卸在基层上的混凝土拌合物向任意方向摊铺，如图 3-7 所示。这种摊铺机质量轻，容易操作，易于掌握，使用较普遍，但摊铺能力较小。

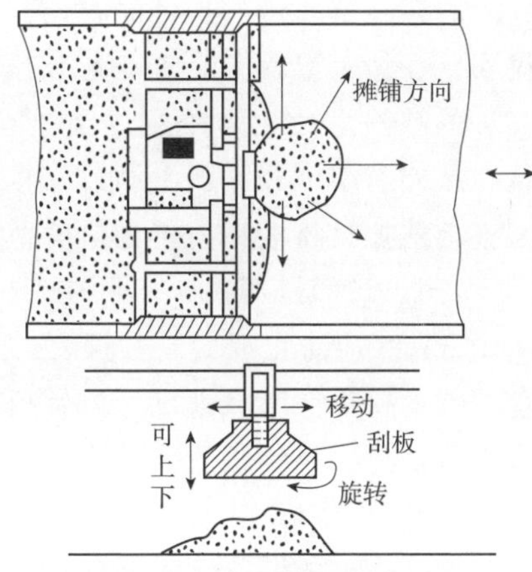

图 3-7　刮板式摊铺机作业

箱式摊铺机摊铺时，先将混凝土拌合物通过卸料机一次卸在钢制料箱内，摊铺机向前行驶时料箱内的混合料摊铺于基层上，通过料箱横向移动按松铺厚度准确、均匀地刮平拌合物，如图 3-8 所示。混凝土一次全部放在箱内，所以质量大，但能摊铺均匀而且很准确，其摊铺能力大，故障较少。

螺旋式摊铺机由可以正向和反向旋转的螺旋布料器将拌合物摊平，螺旋布料器的刮板能准确调整高度，如图 3-9 所示。螺旋式摊铺机的摊铺质量优于前述两种摊铺机，摊铺能力较大。摊铺过程中应严格控制混凝土拌合物的松铺厚度，确保混凝土路面的厚度和高程符合设计要求。一般应通过试铺来确定拌合物的松铺厚度，松铺系数与坍落度的关系参见表 3-28。

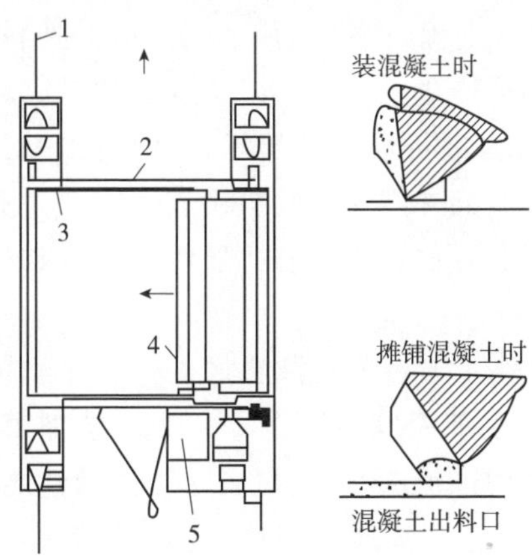

图 3-8　箱式摊铺机作业

1-轨道(模板)；2-链条；3-箱子行走轨道；4-箱子；5-驱动系统

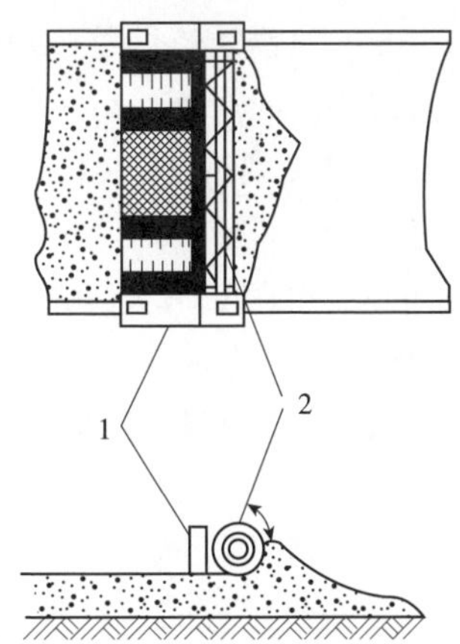

图 3-9　螺旋式摊铺机作业

1-刮板；2-螺旋杆

表 3-28　松铺系数与坍落度对应关系

坍落度/cm	1	2	3	4	5
松铺系数	1.25	1.22	1.19	1.17	1.15

3)振实。摊铺机摊铺时,振捣机跟在摊铺机后对拌合物作进一步的整平和捣实。在振捣梁前方设置一道长度与铺筑宽度相同的复平梁,用于纠正摊铺机初平的缺陷,并使松铺的拌合物在全宽范围内达到正确的高度,复平梁的工作质量对振捣密实度和路面平整度影响很大。复平梁后面是一道弧面振动梁,以表面平板式振动将振动力传到全宽范围内。

正常摊铺时,振捣频率可在 6 000～11 000r/min 之间调整,宜采用 9 000r/min 左右。应防止混凝土过振、欠振或漏振。应根据混凝土的稠度大小,随时调整摊铺的振捣频率或速度。摊铺机起步时,应先开启振捣棒振捣 2～3min,再缓慢平稳推进。摊铺机脱离混凝土后,应立即关闭振捣棒组。

(4)表面整修

振捣密实的混凝土表面应进行整平、精光及纹理制作等工序的作业,使竣工后的混凝土路面具有良好的路用性能。

1)表面整平。振捣密实的混凝土表面用能纵向移动或斜向移动的表面整修机整平。纵向表面整修机工作时,整平梁在混凝土表面纵向往返移动,通过机身的移动将混凝土表面整平。对于斜向表面,整修机通过一对与机械行走轴线成 10°左右的整平梁做相对运动来完成整平作业,其中一根整平梁为振动梁。机械整平的速度决定于混凝土的易整修性和机械特性。机械行走的轨模顶面应保持平顺,以便整修机械能顺畅通行。整平时应使整平机械前保持高度为 10～15cm 的拥料,并使拥料向较高的一侧移动,以保证路面板的平整,防止出现麻面及空洞等缺陷。

2)精光及纹理制作。精光是对混凝土路面进行最后的精平,使混凝土表面更加致密、平整和美观,此工序是提高混凝土路面外观质量的关键工序之一。混凝土路面整修机配置有完善的精光机械,只要在施工过程中加强质量检查和校核,便可保证精光质量。

在混凝土表面制作纹理,是提高路面抗滑性能的有效措施之一。制作纹理时用纹理制作机在路面上拉毛、压槽或刻纹,纹理深度控制在 1～2mm 范围内,在不影响平整度的前提下提高混凝土路面的构造深度,可提高表面的抗滑性能。纹理应与路面前进方向垂直,相邻板的纹理应相互沟通以利排水。纹理制作从混凝土表面无波纹水迹开始,过早或过晚均会影响纹理质量。

(5)接缝与灌缝施工

1)纵缝施工。当一次铺筑宽度小于路面和硬路肩总宽度时,应设纵向施工缝,位置应避开轮迹,并重合或靠近车道线,构造可采用平缝加拉杆型。当所摊铺的面板厚度大于等于 260mm 时,也可采用插拉杆的企口型纵向施工缝。采用滑模施工时,纵向施工缝的拉杆可用摊铺机的侧向拉杆装置插入。采用固定模板施工方式时,应在振实过程中,从侧模预留孔中手工插入拉杆。

当一次摊铺宽度大于 4.5m 时，应采用假缝拉杆型纵缝，即锯切纵向缩缝，纵缝位置应按车道宽度设置，并在摊铺过程中用专用的拉杆插入装置插入拉杆。

钢筋混凝土路面、桥面和搭板的纵缝拉杆可由横向钢筋延伸穿过接缝代替。钢纤维混凝土路面切开的假纵缝可不设拉杆，纵向施工缝应设拉杆。插入的侧向拉杆应牢固，不得松动、碰撞或棱出。若发现拉杆松脱或漏插，应在横向相邻路面摊铺前，钻孔重新植入。当发现拉杆可能被拔出时，宜进行拉杆拔出力（握裹力）检验，混凝土与拉杆握裹力试验方法可见《公路水泥混凝土路面施工技术细则》（JTG/T F30－2014）。

2）横向缩缝施工。普通混凝土路面横向缩缝宜等间距布置，不宜采用斜缝。不得不调整板长时，最大板长不宜大于 6.0m；最小板长不宜小于板宽。

在中、轻交通的混凝土路面上，横向缩缝可采用不设传力杆假缝型，如图 3-10(a)所示。

在特重和重交通公路、收费广场、邻近胀缝或路面自由端的 3 条缩缝应采用假缝加传力杆型。缩缝传力杆的施工方法可采用前金钢筋支架法或传力杆插入装置(DBI)法，支架法的构造如图 3-10(b)所示。钢筋支架应具有足够的刚度，传力杆应准确定位，摊铺之前应在基层表面放样，并用钢钎锚固，宜使用手持振捣棒振实传力杆高度以下的混凝土，然后机械摊铺。传力杆无防黏涂层一侧应焊接，有涂料一侧应绑扎。用 DBI 法置入传力杆时，应在路侧缩缝切割位置作标记，保证切缝位于传力杆中部。

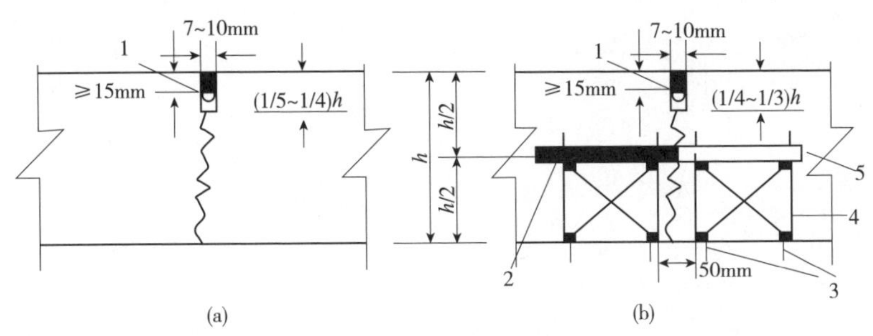

图 3-10 横向缩缝构造

(a)假缝型；(b)假缝加传力杆型

1-灌填缝料背衬垫条；2-涂沥青；3-锚固钉；4-U 形钢筋；5-传力杆

3）胀缝设置与施工。普通混凝土路面、钢筋混凝土路面和钢纤维混凝土路面的胀缝间距视集料的温度膨胀性大小、当地年温差和施工季节综合确定：高温施工，可不设胀缝；常温施工，集料温缩系数和年温差较小时，可不设胀缝；集料温缩系数或年温差较大，路面两端构造物间距大于等于 500m 时，宜设一道中间胀缝；低温施工，路面两端构造物间距大于等于 350m 时，宜设一道胀缝。邻近构造物、平曲线或与其他道路相交处的胀缝应按《公路水泥混凝土路面设计规范》(JTG D40—2011)的规定设置。

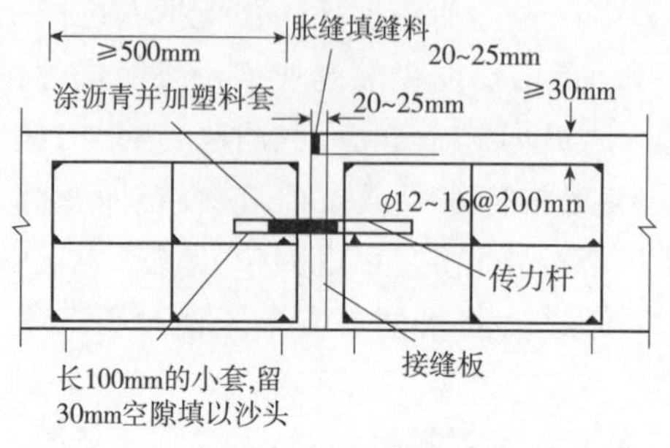

图 3-11 胀缝构造

普通混凝土路面的胀缝应设置胀缝补强钢筋支架、胀缝板和传力杆,胀缝构造如图 3-11。钢筋混凝土和钢纤维混凝土路面可不设钢筋支架。胀缝宽 20～25mm,使用沥青或塑料薄膜滑动封闭层时,胀缝板及填缝宽度宜加宽到 25～30mm。传力杆一半以上长度的表面应涂防黏涂层,端部应戴活动套帽。胀缝板应与路中心线垂直,缝壁垂直;缝隙宽度一致;缝中完全不连浆。

胀缝应采用前置钢筋支架法施工,也可采用预留一块面板,高温时再铺封。前置法施工,应预先加工、安装和固定胀缝钢筋支架,并在使用手持振捣棒振实胀缝板两侧的混凝土后再摊铺。宜在混凝土未硬化时,剔除胀缝板上部的混凝土,嵌入(20～25)mm×20mm 的木条,整平表面。胀缝应连续贯通整个路面板宽度。

4)拉杆、胀缝板、传力杆及其套帽、滑移端设置精确度应符合表 3-29 的要求。

表 3-29 拉杆、胀缝板、传力杆及其套帽、滑移端设置精确度

项　　目	允许偏差/mm	测量位置
传力杆端上下左右偏斜偏差	10	在传力杆两端测量
传力杆在板中心上下左右偏差	20	以面板为基准测量
传力杆	30	以缝中心线为准
拉杆深度偏差及上下左右偏斜偏差	10	以板厚和杆端为基准测量
拉杆端及在板中上下左右偏差	20	杆两端和板面测量
拉杆沿路面纵向前后偏位	30	纵向测量
胀缝传力杆套帽长度不小于 100mm	10	以封堵帽端起测
缩缝传力杆滑移端长度大于 1/2 杆长	20	以传力杆长度中间起测
胀缝板倾斜偏差	20	以板底为准
胀缝板的弯曲和位移偏差	10	以缝中心线为准

注:胀缝板不允许混凝土连浆,必须完全隔断。

5)灌缝施工。混凝土板养生期满后,应及时灌缝。灌缝要求先采用切缝机清除接缝中夹杂的砂石、凝结的泥浆等,再使用压力大于等于 0.5MPa 的压力水和压缩空气彻底清除接缝中的尘土及其他污染物,确保缝壁及内部清洁、干燥。

缝壁检验以擦不出灰尘为灌缝标准。使用常温聚氨酯和硅树脂等填缝料时，应按规定比例将两组分材料按 1h 灌缝量混拌均匀后使用。使用加热填缝料时应将填缝料加热至规定温度。加热过程中应将填缝料熔化，搅拌均匀，并保温使用。灌缝的形状系数宜控制在 2 左右，灌缝深度宜为 15～20mm，最浅不得小于 15mm，如图 3-12 所示。先热压嵌入直径 9～12mm 多孔泡沫塑料背衬条，再灌缝。热天时，灌缝顶面应与板面齐平；冷天时，应填为凹液面，中心低于板面 1～2mm。填缝必须饱满、均匀、厚度一致并连续贯通，填缝料不得缺失、开裂和渗水。常温施工式填缝料的养生期，低温天宜为 24h，高温天宜为 12h。加热施工式填缝料的养生期，低温天宜为 2h，高温天宜为 6h。在灌缝料养生期间应封闭交通。

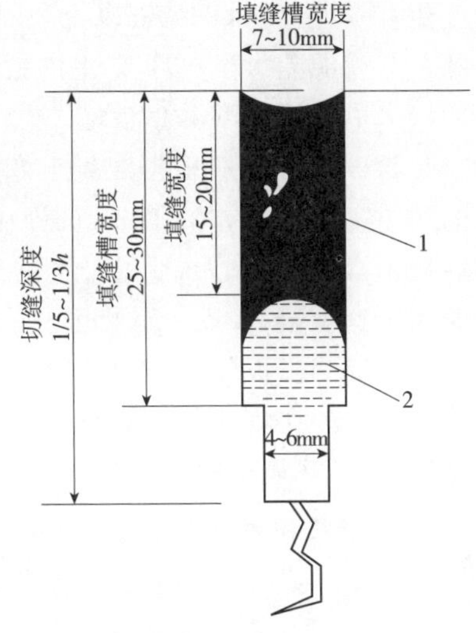

图 3-12　缩缝切缝、填缝(槽)、垫条细部尺寸

1-填缝料；2-背衬垫

路面胀缝和桥台隔离缝等应在填缝前凿去接缝板顶部嵌入的木条，涂黏结剂后，嵌入胀缝专用多孔橡胶条或灌进适宜的填缝料。当胀缝的宽度不一致或有啃边、掉角等现象时，必须灌缝。

(6)养生

1)混凝土路面铺筑完成或软作抗滑构造完毕后应立即开始养生。机械摊铺的各种混凝土路面、桥面及搭板宜采用喷洒养生剂同时保湿覆盖的方式养生。在雨天或养生用水充足的情况下，也可采用覆盖保湿膜、土工毡、土工布、麻袋、草袋、草帘等洒水湿养生方式，不宜使用围水养生方式。

2)混凝土路面采用喷洒养生剂养生时，喷洒应均匀、成膜厚度应足以形成完全密闭水分的薄膜，喷洒后的表面不得有颜色差异。喷洒时间宜在表面混凝土泌水完毕后进行。喷洒高度宜控制在 0.5～1m。使用一级品养生剂时，最小喷洒剂量不得少于 0.30kg/m^2；合格品的最小喷洒剂量不得少于 0.35kg/m^2。不得使用易被雨水冲刷掉的和对混凝土强度、表面耐磨性有影响的养生剂。当喷洒一种养生剂达不到 90%以上有效保水率要求时，可采用两种养生剂各喷洒一层或喷一层养生剂再加覆盖的方法。

3)覆盖塑料薄膜养生的初始时间，以不压坏细观抗滑构造为准。薄膜厚度(韧度)应合适，宽度应大于覆盖面 600mm。两条薄膜对接时，搭接宽度不应小于 400mm，养生期间应始终保持薄膜完整盖满。

4)覆盖养生宜使用保湿膜、土工毡、土工布、麻袋、草袋、草帘等覆盖物保湿养生并及时洒水,保持混凝土表面始终处于潮湿状态,并由此确定每天的洒水遍数。昼夜温差大于10℃以上的地区或日平均温度小于等于5℃施工的混凝土路面应采取保温保湿养生措施。

5)养生时间应根据混凝土弯拉强度增长情况而定,不宜小于设计弯拉强度的80%,应特别注重前1天的保湿(温)养生。一般养生天数宜为14~21天,高温天不宜少于14天,低温天不宜少于21天。掺粉煤灰的混凝土路面,最短养生时间不宜少于28天,低温天应适当延长。

6)混凝土板养生初期,严禁人、畜、车辆通行,在达到设计强度40%后,行人方可通行。在路面养生期间,平交道口应搭建临时便桥。面板达到设计弯拉强度后,方可开放交通。

2. 滑模机械铺筑施工

滑模式摊铺机安装在履带式底盘上,在板边外侧移动,支撑侧边的滑动模壳沿机器长度安装在机器内。机器的方向和水平由固定在路面两侧桩上拉紧的导向钢丝来控制,摊铺厚度通过摊铺机上下移动来调整。滑模式摊铺机施工混凝土路面不需要轨模,不受模板限制,可以实现连续铺筑,一次通过即可完成摊铺、振捣、整平等多道工序,它与沥青混凝土摊铺机的功能调控和操作类似。

滑模式摊铺机铺筑混凝土路面具有密实度好(可达96%以上)、铺筑均匀、表面平整度好、摊铺厚度大、路面质量好等优点。但是,由于滑模的移动,混凝土在硬化期间没有侧模的保护,有坍落的危险,且操作技术难度大。滑模式摊铺机作业过程如图3-13所示。铺筑混凝土时,首先由螺旋式布料器将堆积在基层上的混凝土拌合物横向铺开,用刮平器进行初步刮平,然后用振捣器进行捣实,随后用刮平板进行振捣后的整平,形成密实而平整的表面,再使用搓动式振捣板对拌合物进行振实和整平,最后用光面带进行光面。整面作业与轨道式摊铺机施工基本相同,但滑模摊铺机的整面装置均由电子液压系统控制,精度较高。

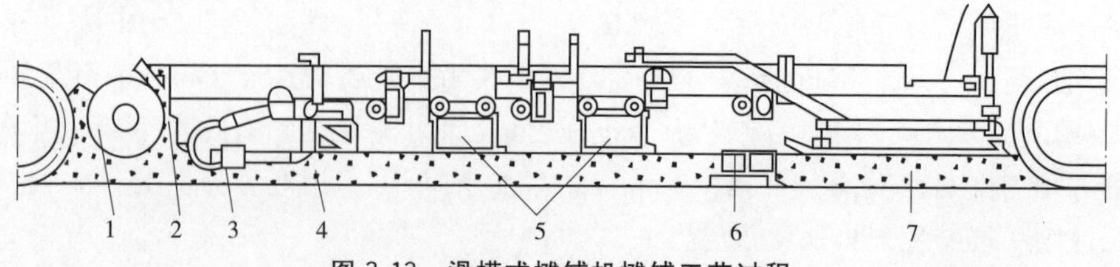

图3-13 滑模式摊铺机摊铺工艺过程

1-螺旋摊铺器;2-刮平器;3-振捣器;4-刮平板;5-振动平板;6-光面带;7-混凝土面层

滑模式摊铺机比轨道式摊铺机更高度集成化,整机性能好,操纵方便,生产效率高,但对原材料混凝土拌合物的要求更严格,设备费用较高。

(1)布料。滑模摊铺机前的正常料位高度应在螺旋布料器叶片最高点以下,亦不得缺料。卸料、布料应与摊铺速度相协调。当坍落度在10～50mm时,布料松铺系数宜控制在1.08～1.15。布料机与滑模摊铺机之间施工距离宜控制在5～10m。摊铺钢筋混凝土路面、桥面或搭板时,严禁任何机械开上钢筋网。

(2)摊铺。滑模摊铺机应缓慢、匀速、连续不间断地作业。严禁料多追赶,然后随意停机等待,间歇摊铺。摊铺速度应根据拌合物稠度、供料多少和设备性能控制在0.5～3.0m/min,一般宜控制在1m/min左右。拌合物稠度发生变化时,应先调振捣频率,然后改变摊铺速度。

应随时调整松方高度板控制进料位置,开始时宜略设高些,以保证进料。正常摊铺时应保持振捣仓内料位高于振捣棒100mm左右,料位高低上下波动宜控制在±30mm之内。

正常摊铺时,振捣频率可在6000～11000r/min之间调整,宜控制在9000r/min左右。应防止混凝土过振、欠振或漏振。应根据混凝土的稠度大小,随时调整摊铺的振捣频率或速度。摊铺机起步时,应先开启振捣棒振捣2～3min,再缓慢平稳推进。摊铺机脱离混凝土后,应立即关闭振捣棒组。

滑模摊铺机满负荷时可铺筑的路面最大纵坡为:上坡5%,下坡6%。上坡时,挤压底板前仰角宜适当调小,并适当调小抹平板压力;下坡时,前仰角宜适当调大,并适当调大抹平板压力。当板底不小于3/4长度接触路表面时,抹平板压力适宜。

滑模摊铺机施工的最小弯道半径应不小于50m;最大超高横坡宜不大于7%。

单车道摊铺时,应视路面设计要求配置一侧或双侧打纵缝拉杆的机械装置。2个以上车道摊铺时,除侧向打拉杆的装置外,还应在假纵缝位置配置拉杆自动插入装置。

软拉抗滑构造时表面砂浆层厚度宜控制在4mm左右,硬刻槽路面的砂浆表层厚度宜控制在2～3mm。

养护5～7天后,方允许摊铺相邻车道。

(3)问题处置:

1)摊铺中应经常检查振捣棒的工作情况和位置。路面出现麻面或拉裂现象时,必须停机检查或更换振捣棒。摊铺后,路面上出现发亮的砂浆条带时,必须调高振捣棒位置,使其底缘在挤压底板的后缘高度以上。

2)摊铺宽度大于7.5m时,若左右两侧拌和稠度不一致,摊铺速度应按偏干一侧设置,并应将偏稀一侧的振捣棒频率迅速调小。

3)应通过调整拌和物稠度、停机待料时间、挤压底板前仰角、起步及摊铺速度等措施控制和消除横向拉裂现象。

4)摊铺中的滑模摊铺机等料最长时间超过当时气温下混凝土初凝时间的4/5时,应将滑模摊铺机迅速开出摊铺工作面,并做施工缝。

(4)滑模摊铺机路面修整。滑模摊铺过程中应采用自动抹平板装置进行抹面。对少量局部麻面和明显缺料部位,应在挤压板后或搓平梁前补充适量拌合物,由搓平梁或抹平板机械修整。滑模摊铺的混凝土面板在下列情况下,可用人工进行局部修整:

1)用人工操作抹面抄平器,精整摊铺后表面的小缺陷,但不得在整个表面加薄层修补路面标高。

2)对纵缝边缘出现的倒边、塌边、漏肩现象,应顶侧模或在上部支方铝管进行边缘补料修整。

3)对起步和纵向施工接头处,应采用水准仪抄平并采用大于3m的靠尺边测边修整。

4)滑模摊铺结束后,必须及时清洗滑模摊铺机,进行当日保养等,并宜在第二天硬切横向施工缝,也可当天软作施工横缝。应丢弃端部的混凝土和摊铺机振动仓内遗留下的纯砂浆,两侧模板应向内收进20～40mm,收口长度宜比滑模摊铺机侧模板略长。施工缝部位应设置传力杆,并应满足路面平整度、高程、横坡和板长要求。

3. 三辊轴机组施工

(1)布料。应有专人指挥车辆均匀卸料。布料应与摊铺速度相适应,不适应时应配备适当的布料机械。坍落度为10～40mm的拌和物,松铺系数为1.12～1.25。坍落度大时取低值,坍落度小时取高值。超高路段,横坡高侧取高值,横坡底侧取低值。

(2)密排振实。混凝土拌和物布料长度大于10m时,可开始振捣作业。密排振捣棒组间歇插入振实时,每次移动距离不宜超过振捣棒有效作用半径的1.5倍,并不得大于500mm,振捣时间宜为15～30s。

排式振捣机连续拖行振实时,作业速度宜控制在4m/min以内。排式振捣机应匀速缓慢、连续不断地振捣行进。其作业速度以拌合物表面不露粗集料,液化表面不再冒气泡并泛出水泥浆为准。

(3)安装纵缝拉杆。面板振实后,应随即安装纵缝拉杆。单车道摊铺的混凝土路面,在侧模预留孔中应按设计要求插入拉杆;一次摊铺双车道路面时,除应在侧模孔中插入拉杆外,还应在中间纵缝部位,使用拉杆插入机在1/2板厚处插入拉杆,插入机每次移动的距离应与拉杆间距相同。

(4)三辊轴整平机作业:

1)作业长度。三辊轴整平机按作业单元分段整平,作业单元长度宜为20～

30m，振捣机振实与三辊轴整平两道工序之间的时间间隔不宜超过15min。

2)料位高差的控制。三辊轴滚压振实料位高差宜高于模板顶面5～20mm，过高时应铲除，过低时应及时补料。三辊轴整平机在一个作业单元长度内，应采用前进振动、后退静滚方式作业，宜分别1～3遍。最佳滚压遍数应经过试铺确定。在三辊轴整平机作业时，应有专人处理轴前料位的高低情况，过高时，应辅以人工铲除，轴下有间隙时，应使用混凝土找补。

3)整平。滚压完成后，将振动辊轴抬离模板，用整平轴前后静滚整平，直到平整度符合要求，表面砂浆厚度均匀为止。表面砂浆厚度宜控制在(4±1)mm，三辊轴整平机前方表面过厚、过稀的砂浆必须刮除丢弃。应采用3～5m刮尺，在纵、横两个方向进行精平饰面，每个方向不少于两遍。也可采用旋转抹面机密实精平饰面两遍。

4. 小型机具铺筑施工

(1)摊铺。混凝土拌和物摊铺前，应对模板的位置及支撑稳固情况，传力杆、拉杆的安设等进行全面检查。修复受损基层，并洒水润湿。用厚度标尺板全面检测板厚与设计值相符，方可开始摊铺。

专人指挥自卸车，尽量准确卸料。人工布料应用铁锹反扣，严禁抛掷和耧耙。人工摊铺混凝土拌和物的坍落度应控制在5～20mm，拌和物松铺系数宜控制在K=1.10～1.25，料偏干，取较高值；反之，取较低值。

因故造成1h以上停工或达到2/3初凝时间，致使拌和物无法振实时，应在已铺筑好的面板端头设置施工缝，废弃不能被振实的拌和物。

(2)振实：

1)插入式振捣棒振实。在待振横断面上，每车道路面应使用2根振捣棒，组成横向振捣棒组，沿横断面连续振捣密实，并应注意路面板底、内部和边角处不得欠振或漏振。振捣棒在每一处的持续时间，应以拌和物全面振动液化，表面不再冒气泡和泛水泥浆为限，不宜过振，也不宜少于30s。振捣棒的移动间距不宜大于500mm；至模板边缘的距离不宜大于200mm。应避免碰撞模板、钢筋、传力杆和拉杆。振捣棒插入深度宜离基层30～50mm，振捣棒应轻插慢提，不得猛插快拔，严禁在拌和物中推行和拖拉振捣棒振捣。振捣时，应辅以人工补料，应随时检查振实效果、模板、拉杆、传力杆和钢筋网的移位、变形、松动、漏浆等情况，并及时纠正。

2)振动板振实。在振捣棒已完成振实的部位，可开始振动板纵横交错两遍全面提浆振实，每车道路面应配备1块振动板。振动板移位时，应重叠100～200mm，振动板在一个位置的持续振捣时间不应少于15s。振动板须由两人提拉振捣和移位，不得自由放置或长时间持续振动。移位控制以振动板底部和边缘泛浆厚度(3±1)mm为限。

3)振动梁振实。每车道路面宜使用 1 根振动梁。振动梁应具有足够的刚度和质量,底部应焊接或安装深度 4mm 左右的粗集料压实齿,保证(4±1)mm 的表面砂浆厚度。振动梁应垂直路面中线沿纵向拖行,往返 2～3 遍,使表面泛浆均匀平整。在振动梁拖振整平过程中,缺料处应使用混凝土拌和物填补,不得用纯砂浆填补。料多的部位应铲除。

(3)整平饰面。每车道路面应配备 1 根滚杠(双车道 2 根)。振动梁振实后,应拖动滚杠往返 2～3 遍提浆整平。第一遍应短距离缓慢推滚或拖滚,以后应较长距离匀速拖滚,并将水泥浆始终赶在滚杠前方。多余水泥浆应铲除。

拖滚后的表面宜采用 3m 刮尺,纵横各 1 遍整平饰面,或采用叶片式或圆盘式抹面机往返 2～3 遍压实整平饰面。每车道路面配备的抹面机不宜少于 1 台。

在抹面机完成作业后,应进行清边整缝,清除黏浆,修补缺边、掉角。应使用抹刀将抹面机留下的痕迹抹平,当烈日暴晒或风大时,应加快表面的修整速度,或在防雨棚遮阴下进行。精平饰面后的面板表面应无抹面印痕,致密均匀,无露骨,平整度应达到规定要求。

(4)真空脱水工艺。小型机具施工三、四级公路混凝土路面,应优先采用在拌和物中掺外加剂,无掺外加剂条件时,应使用真空脱水工艺,该工艺适用于面板厚度不大于 240mm 混凝土面板施工。

使用真空脱水工艺时,混凝土拌和物的最大单位用水量可比不采用外加剂时增大 3～12kg/m^3;拌和物适宜坍落度:高温天 30～50mm;低温天 20～30mm。

脱水前,应检查真空泵空载真空度不小于 0.08 并检查吸管、吸垫连接后的密封性,同时应检查随机工具和修补材料是否齐备。

吸垫铺放应采取卷放,避免皱折;边缘应重叠已脱水的面板 50～100mm。

开机脱水,真空度应逐渐升高,最大真空度不宜超过 0.085。脱水量应经脱水试验确定。

最短脱水时间不宜少于表 3-30 的规定。当脱水达到规定时间和脱水量要求后,应先将吸垫四周微微掀起 10～20mm,继续抽吸 15s,以便吸尽作业表面和吸管中的余水。

表 3-30　最短脱水时间(min)

面板厚度 h/mm	昼夜平均气温 T/℃					
	3～5	6～10	11～15	16～19	20～25	>25
18	26	24	22	20	18	17
22	30	28	26	24	22	21
25	35	32	30	27	25	24

真空脱水后，应采用振动梁、滚杠或叶片、圆盘式抹面机重新压实精平1～2遍。整平后的路面，应采用硬刻槽方式制作抗滑构造。真空脱水混凝土路面切缝时间可比规定时间适当提前。

三、水泥混凝土路面特殊季节施工

水泥混凝土路面施工受自然环境因素影响较大，在路面铺筑期间，要有专人记录月、旬、日天气预报资料，在雨季、刮风天、高温和低温施工时，应根据气候特点采取必要的措施，制订特殊气候的施工方案，以确保施工质量。

1. 雨季施工

雨季来临前要做好防雨准备。要在地势低洼的搅拌场、砂石料堆场、水泥仓等地方修建必要的排水沟或预备抽排水设施，还要备足防雨棚、帆布和塑料布或薄膜，以便在雨水来临时对刚铺筑的路面、运输车辆等加以覆盖。

摊铺中遭遇阵雨时，应立即停止铺筑混凝土路面，并紧急使用防雨篷、塑料布或塑料薄膜等覆盖尚未硬化的混凝土路面。被阵雨轻微冲刷过的路面，视平整度和抗滑构造破坏情况，采用硬刻槽或先磨平再刻槽的方式处理。对被暴雨冲刷后，路面平整度严重劣化或损坏的部位，应尽早铲除重铺。

降雨后开工前，应及时排除车辆内、搅拌场及砂石料堆场内的积水或淤泥。运输便道应排除积水，并进行必要的修整。摊铺前应扫除基层上的积水。

2. 风天施工

风天应采用风速计在现场定量测风速或观测自然现象，确定风级，并按表3-31的规定采取防止塑性收缩开裂的措施。

表3-31 刮风天混凝土路面防止塑性收缩开裂措施

风力	相应自然现象	风速/m/s	防止路面塑性收缩开裂措施
1级软风	烟能表示风向，水面有鱼鳞波	≤1.5	正常施工，喷洒一遍养生剂，原液剂量0.30kg/m^2
2级轻风	人面有感，树叶沙沙响，风标转动，水波显著	1.6～3.3	应加厚喷洒一遍养生剂，剂量0.45kg/m^2
3级微风	树叶和细枝摇晃，旗帜飘动，水面波峰破碎，产生飞沫	3.4～5.6	路面摊铺完成后，立即喷洒第一遍养生剂，拉毛后，再喷洒第二遍养生剂。两遍剂量共0.60kg/m^2
4级和风	吹起尘土和纸片，小树技摇动，水波出白浪	5.7～7.9	除拉毛前后喷两遍养生剂外（两遍剂量共0.60kg/m^2），还需覆盖塑料薄膜

（续）

风力	相应自然现象	风速/m/s	防止路面塑性收缩开裂措施
5级 轻劲风	有叶小树开始摇动，大浪明显，波峰起白沫	0.8～10.7	使用抹面机械抹面，加厚喷一遍剂量0.45kg/m^2的养生剂并覆盖塑料薄膜或麻袋草袋，使用钢刷做细观抗滑构造。无机械抹面措施时，应停止施工
6级 强风	大树枝摇动，电线呼呼响，出现长浪，波峰吹成条纹	10.8～13.8	必须停止施工

3. 高温季节施工

施工现场的气温高于30℃，拌和物摊铺温度为30～35℃，同时，空气相对湿度小于80%时，混凝土路面和桥面的施工应按高温季节施工的规定进行。

夏季高温时，混凝土拌和物水分蒸发快，水泥水化作用加速，容易使混凝土板表面出现裂缝。高温季节施工应考虑温度和湿度条件，采取有效的工艺措施，确保混凝土路面质量。高温施工时，混凝土搅拌站、砂石料应搭设遮阳棚，取用料堆内部温度相对较低的材料，洒水降低粗集料、模板和基层的温度，尽量用温度较低的水拌和。为延缓初凝时间可掺加缓凝剂，尽可能在气温较低的早晨和夜间施工。施工中应随时监测气温和水泥、拌和用水、拌和物及路面的温度和混凝土水化热，以确保拌和物的温度不超过35℃。

4. 低温季节施工

(1)当摊铺现场连续5昼夜平均气温高于5℃，夜间最低气温－3～5℃，混凝土路面和桥面的施工应按下述低温季节施工规定的措施进行：

1)拌和物中应优选和掺加早强剂或促凝剂。

2)应选用水化总热量大的R型水泥或单位水泥用量较多的32.5级水泥，不宜掺粉煤灰。

3)搅拌机出料温度不得低于10℃，摊铺混凝土温度不得低于5℃。在养生期间，应始终保持混凝土板最低温度不低于5℃。否则，应采用热水或加热砂石料拌和混凝土，热水温度不得高于80℃，砂石料温度不宜高于50℃。

4)应加强保温保湿覆盖养生，可选用塑料薄膜保湿隔离覆盖或喷洒养生剂，再采用草帘、泡沫塑料垫等保温覆盖初凝后的混凝土路面。遇雨雪必须再加盖油布、塑料薄膜等。应随时监测气温、水泥、拌和水、拌和物及路面混凝土的温度，每工班至少测定3次。

(2)混凝土路面或桥面弯拉强度未达到 1.0MPa 或抗压强度未达到 5.0MPa 时,应严防路面受冻。

(3)低温天施工,路面或桥面覆盖保温保湿养生天数不得少于 28 天,拆模时间应符合表 3-32 的规定。

表 3-32　混凝土路面板的允许最早拆模时间

昼夜平均气温/℃	-5	0	5	10	15	20	25	≥30
硅酸盐水泥、R 型水泥	240	120	60	36	34	28	24	18
道路、普通硅酸盐水泥	360	168	72	48	36	30	24	18
矿渣硅酸盐水泥	—	—	120	60	50	45	36	24

第四章 桥梁基础施工

桥梁工程中通常采用的基础形式见图 4-1。

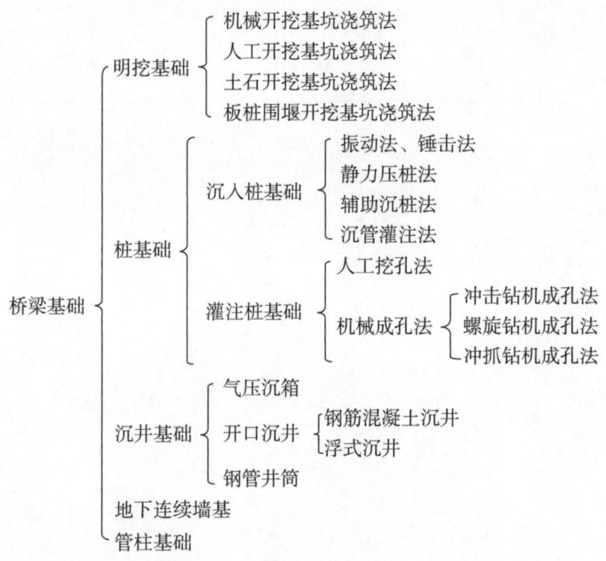

图 4-1 桥梁基础分类及施工方法

第一节 明挖基础施工

明挖基础是将基础底板设在直接承载地基上，来自上部结构的荷载通过基础底板直接传递给承载地基。其施工方法通常是采用明挖的方式进行的，是一种直接敞坑开挖就地灌注的浅基础形式。由于施工简便、造价低，只要在地质和水文条件许可的情况下，这种施工方法都应优先选用。

明挖基础适用于无水、少水或浅水河流的基础工程，可采用人工开挖或机械开挖。明挖基础施工重点需解决的问题是敞坑边坡稳定及开挖过程中的排水。

明挖基础适用于基础埋置深度较浅，且水流冲刷不严重的浅水地区，施工中坑壁的稳定性是必须特别注意的问题。明挖基础的构造简单，埋深浅，施工容易，加上可以就地取材，故造价低廉，广泛用于中小桥涵及旱桥。

1. **定位放线**

在基坑开挖前，先进行基础的定位放线工作，以便正确地将设计图上的基础位置准确地设置到桥址上。放线工作是根据桥梁中心线与墩台的纵横轴线，推出基础边线的定位点，再放线画出基坑的开挖范围。基坑各定位点的高程及开挖过程中高程检查，一般用水准测量的方法进行。

2. **基坑开挖**

基坑开挖的主要工作有：挖掘、出土、支护、排水、防水、清底以及回填等。施工时，应根据地质条件、水文条件、基坑开挖深度、开挖所采用的方法和机具等，采用不同的开挖工艺。

基坑在开挖前通常需完成下列准备工作：施工场地的清理，地面水的排除，临时道路的修筑，供电与供水管线的敷设，临时设施的搭建，基坑的放线等工作。

场地清理包括拆除房屋、古墓，拆迁或改建通信设备、电力设备、上下水道以及其他建筑物，迁移树木等工作。

场地内低洼地区的积水必须排除，同时应注意雨水的排除，使场地保持干燥，以便基坑开挖。地面水的排除一般采用排水沟、截水沟、挡水土坝等措施。应尽量利用自然地形来设置排水沟，使水直接排至基坑外，或流向低洼处，再用水泵抽走。主排水沟最好设置在施工区域的边缘或道路的两旁，其横断面和纵向坡度应根据最大流量确定。一般情况下，排水沟的横断面不小于 0.5m×0.5m，纵向坡度一般不小于 3/1000。平坦地区，若出水困难，其纵向坡度不应小于 2/1000，沼泽地区可降至 1/1000。在基坑开挖过程中，要注意保持排水沟畅通，必要时应设置涵洞。

(1)土方边坡

土方边坡的坡度以挖方深度(或填方深度)h 与底宽 b 之比表示(图 4-2)，即：

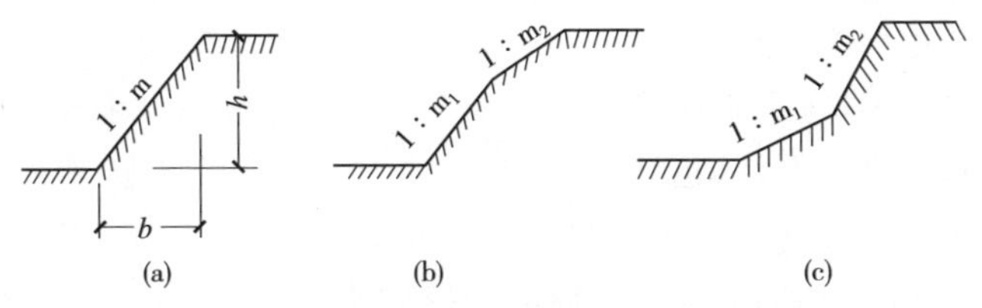

图 4-2　土方边坡

(a)直线边坡；(b)不同土层折线边坡；(c)相同土层折线边坡

$$土方边坡坡度=h/b=1/(b/h)=1:m \tag{4-1}$$

式中 $m=b/h$ 称为边坡系数。

土方边坡可做成直线形、折线形或踏步形三种，如图 4-2 所示。

土方边坡的大小主要与土质、开挖深度、开挖方法、边坡留置时间的长短、边坡附近的各种荷载状况及排水情况有关。当地质条件良好，土质均匀且地下水位低于基坑(槽)或管沟底面标高时，挖方边坡可做成直立壁不加支撑，但深度不宜超过下列规定：

密实、中密的砂土和碎石类土(充填物为砂土)1.0m；

硬塑、可塑的粉土及粉质黏土1.25m；

硬塑、可塑的黏土和碎石类土(充填物为黏性土)1.5m；

坚硬的黏土2m。

当地质条件良好，土质均匀且地下水位低于基坑(槽)或管沟底面标高时，挖方深度在5m以内且不加支撑的边坡的最陡坡度应符合表4-1的规定。

表4-1　深度在5m内的基坑(槽)、管沟边坡的最陡坡度

土的类别	边坡坡度(高：宽)		
	坡顶无荷载	坡顶有静载	坡顶有动载
中密的砂土	1∶1.00	1∶1.25	1∶1.50
中密的碎石类土(充填物为砂土)	1∶0.75	1∶1.00	1∶1.25
硬塑的粉土	1∶0.67	1∶0.75	1∶1.00
中密的碎石类土(充填物为黏性土)	1∶0.50	1∶0.67	1∶0.75
硬塑的粉质黏土、黏土	1∶0.33	1∶0.50	1∶0.67
老黄土	1∶0.10	1∶0.25	1∶0.33
软土(经井点降水后)	1∶1.00		

注：1. 静载是指堆土或材料等，动载是指机械挖土或汽车运输作业等。静载或动载距挖方边沿的距离应保证边坡或直立壁的稳定，堆土或材料应距挖方边沿0.8m以外，高度不超过1.5m；

2. 当有成熟施工经验时，可不受本表限制。

(2)基坑开挖的方式

1)陆地开挖。基坑大小应满足基础施工要求，对有渗水土质的基坑坑底开挖尺寸，需按基坑排水设计(包括排水沟、集水井、排水管网等)和基础模板设计而定，一般基底尺寸应比设计平面尺寸各边增宽0.5～1.0m。基坑可采用垂直开挖、放坡开挖、支撑加固或其他加固的开挖方法，具体应根据地质条件、基坑深度、施工期限与经验，以及有关地表水或地下水等现场因素来确定。

①坑壁不加支撑的基坑。对于在干涸无水河滩、河沟中，或有水经改河或筑堤能排除地表水的河沟中；在地下水位低于基底0.5m，或渗透量少，不影响坑壁稳定；以及基础埋置不深(一般在5m以内)施工期较短，挖基坑时不影响邻近建筑安全的施工场所，土质稳定时可考虑选用坑壁不加支撑的基坑。

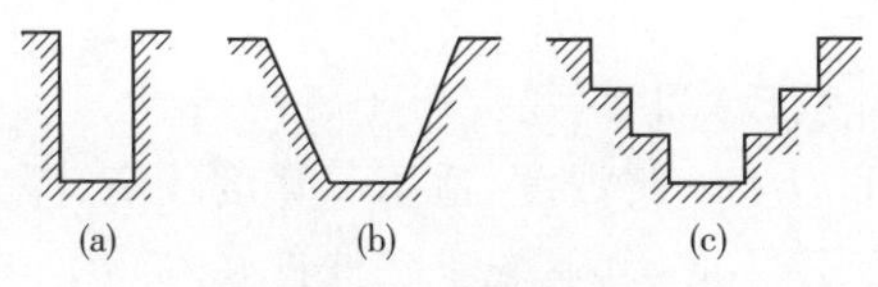

图 4-3　基坑形式
(a)直坡式;(b)斜坡式;(c)踏步式

不加支护的基坑开挖时,坑壁依靠土体本身的抗剪强度,或采取适量放坡的方式来解决边坡的稳定问题。

基坑开挖时,坑壁的形式有直坡式、斜坡式和踏步式等,如图 4-3 所示。

在无水土质基坑底面,基坑平面尺寸每边放宽 0.5～1.0m 或模板施工及工作宽度要求的宽度。对有水基坑底面,应预留四周开挖排水沟或汇水井的位置,每边放宽 0.8～1.2m。但如果采用坑壁为土模灌注混凝土时,基底尺寸为基础轮廓。

坑顶边缘应留有护道,避免在此范围内加载,以保持顶边稳定。静载距坑缘不小于 0.5m,动载距坑缘不小于 1.0m。在垂直坑壁坑缘顶面的护道还应适当增宽,荷载距坑缘距离应满足不使土体坍塌为限。

基坑应尽量安排在枯水或少雨季节施工。基坑开挖不宜间断,应连续施工并进行基础混凝土的灌注施工。基坑宜用原土及时回填,对桥台及有河床铺砌的桥墩基坑,均应分层夯实。

②坑壁有支撑的基坑。在施工中应根据土质、地下水情况、沟槽或基坑深度、开挖方法、地面荷载等因素确定是否支设支撑。

支撑的形式分为水平支撑、垂直支撑和板桩支撑,开挖较大基坑时还采用锚碇式支撑。

水平和垂直支撑由撑板、横梁或纵梁、横撑组成。

水平支撑的撑板水平设置,根据撑板之间有无间距又分为断续式水平支撑、连续式水平支撑和井字水平支撑三种。

垂直支撑的撑板垂直设置,各撑板间密接铺设。撑板可在开槽过程中边开槽边支撑,回填时边回填边拔出。

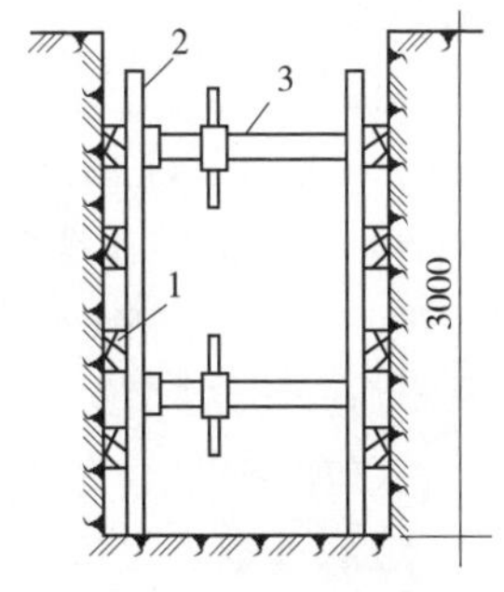

图 4-4　断续式水平支撑
1-撑板;2-纵梁;3-横撑

a. 断续式水平支撑(图 4-4):适用于土质较好、地下水含量较小的黏性土及挖土深度小于 3.0m 的沟槽或基坑。

b. 连续式水平支撑:适用于土质较差及挖土深度在 3～5m 的沟槽或基坑。

c. 井字支撑:它是断续式水平支撑的特例。一般适用于沟槽的局部加固,如地面上有建筑或有其他管线距沟槽较近时。

d. 垂直支撑(图 4-5):适用于土质较差、有地下水,且挖土深度较大的情况。

这种方法在支撑和拆撑操作时较为安全。

e. 板桩撑(图 4-6):板桩撑分为钢板撑、木板撑和钢筋混凝土桩等数种。板桩撑是在沟槽土方开挖前就将板桩打入槽底以下一定深度,适用于宽度较窄、深度较浅的沟槽。其优点是土方开挖及后续工序不受影响,施工条件良好。

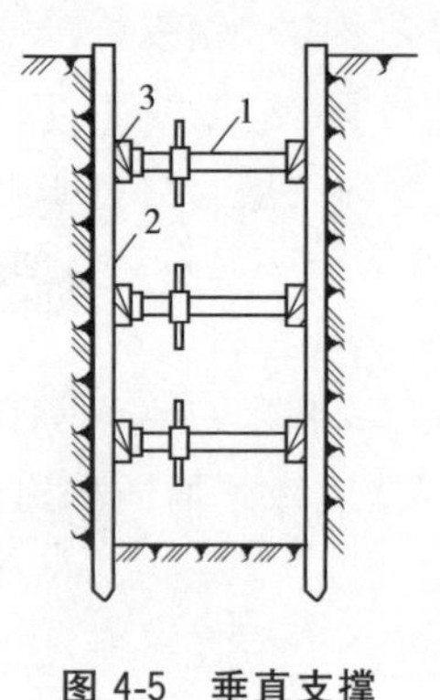

图 4-5 垂直支撑

1-工具式横撑;2-撑板;3-横梁

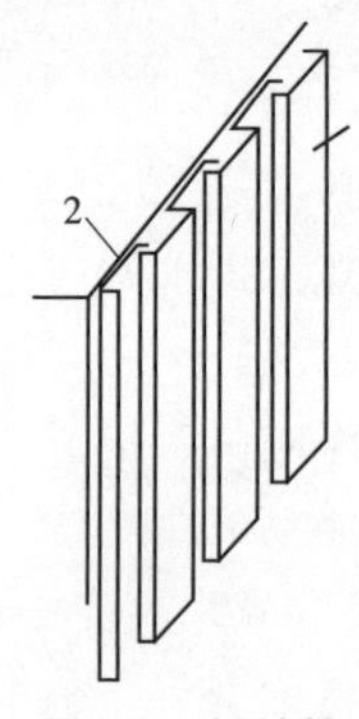

图 4-6 板桩撑

2)水中基础的基坑开挖。桥梁墩台基础大多位于地表水位以下,有时水流还比较大,施工时都应在无水或静止水条件下进行。桥梁水中基础最常用的施工方法是围堰法。围堰的作用主要是防水和挡水,有时还起着支撑施工平台和基坑坑壁的作用。公路桥梁常用的围堰类型有:土石围堰、木笼围堰或竹笼围堰、钢板桩围堰、套箱围堰。

围堰应符合以下要求:堰顶应高出施工期间可能出现的最高水位 0.5~0.7m;围堰的外形应与基础的轮廓线及水流状况相适应;围堰要坚固、稳定,防水严密,较少渗漏。

围堰施工一般应安排在枯水期间进行。

①土围堰,适用于水深小于 1.5m,流速低于 0.5m/s 的渗透性较小的河床上。一般采用松散的黏性土作填料。如果当地无黏性土,也可采用河滩细砂和中砂填筑,这时最好设黏土心墙,以减少渗水现象。筑堰前,应将河底杂物淤泥等清除,先从上游开始,并填筑出水面,逐步填至下游合拢。水面以上的填土应分层夯实。

②土袋围堰,适用于水深 3.0m 以下,流速小于 1.5m/s 的透水性较小的河床,堰底处理及填筑方向与土围堰相同。土袋内应装袋容量 1/3~1/2 松散的黏土或亚黏土。土袋可采用草包、麻袋或尼龙编织袋。叠砌土袋时,要求上下、内外相互错缝,堆码整齐(如图 4-7 所示)。

③钢板桩围堰,适用于水流较深、流速较大的河床。

插打钢板桩时必须备有可靠的导向设备,以保证钢板桩的垂直沉入。一般先将全部钢板桩逐根或逐组插打到稳定深度,然后依次打入至设计深度。插打

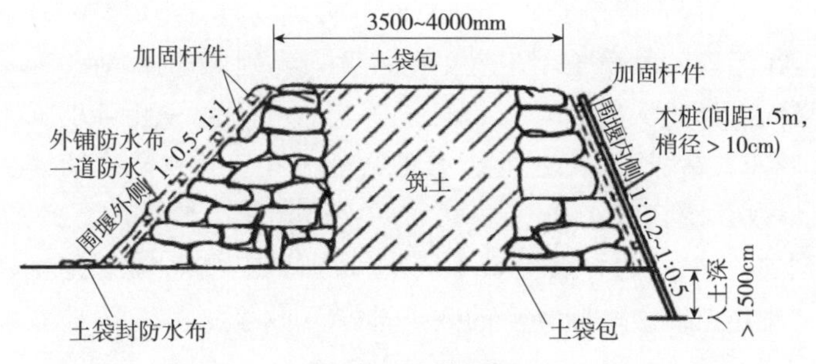

图 4-7　土袋围堰

的顺序按施工组织设计进行，一般自上游分两头插向下游合拢。插打前在锁口内涂以黄油、锯末等混合物，组拼桩时，用油灰和棉花捻缝，以防漏水。钢板桩顶达到设计高程时的平面位置偏差，在水上打桩时不得大于 20cm，在陆地打桩时不得大于 10cm。在插打过程中，应随时检查其平面位置是否正确、桩身是否垂直，发现倾斜时应立即纠正或拔起重插。

当水深较大时，常用围囹（以钢或钢木构成的框架）作为钢板桩的定位和支撑。即先在岸上或驳船上拼装围囹，运至墩位定位后，在围囹内插打定位桩，把围囹固定在定位桩上，然后在围囹四周的导框内插打钢板桩。

3. 基坑降水

基坑坑底一般多位于地下水位以下，地下水会经常渗进坑内，因此必须设法把坑内的水排除，以便于施工。要排除坑内渗水，首先要估算涌水量，方能选用相当的排水设备。桥梁基础施工中常用的基坑排水方法有：

（1）集水井降水法，是一种设备简单、应用普遍的人工降低地下水位的方法。多是在基坑的两侧或四周设置排水明沟，在基坑四角或每隔 30～40m 设置集水井，使基坑渗出的地下水通过排水明沟汇集于集水井内，然后用水泵将其排出基坑外(图 4-8)。

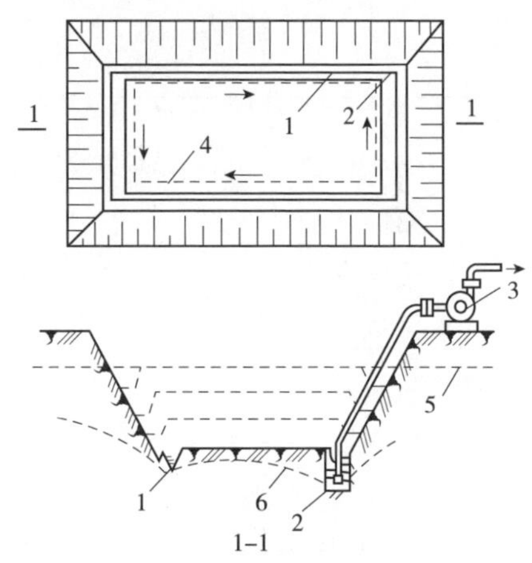

图 4-8　明沟、集水井降水法

1-排水明沟；2-集水井；3-离心式水泵；4-设备基础或建筑物基础边线；5-原地下水位线；6-降低后地下水位线

集水井的直径或宽度，一般为 0.6～0.8m。其深度随着挖土深度的加深而加深，要经常保持低于挖土面 0.7～1m。当基坑挖至设计标高后，集水井底应低于基坑底 1～2m，并铺设碎石滤层，以免抽水时将泥浆抽走，并防止井底土被扰动。

(2)井点降水法,宜用于粉砂、细砂、地下水位较高、挖基较深、坑壁不易稳定的土质基坑,在无砂的黏质土中不宜采用。井点类别的选择,宜按照土层的渗透系数、要求降低水位的深度以及工程特点确定。井管的成孔可根据土质分别采用射水成孔后冲击钻机、旋转钻机及水压钻机成孔。井点降水曲线顶部应低于基底设计高程或开挖高程0.5m。

井点降水按所采用的井点类型不同可分为轻型井点、喷射井点、电渗井点、管井井点、深井井点等。不同类型的井点选择可参考表4-2。

表4-2 井点类型及适用条件

井点类型	渗透系数/m/天	降水深度/m	最大井距/m	主要原理
单级轻型井点	0.1～20	3～6	1.6～2	地上真空泵或喷射嘴真空吸水
多级轻型井点		6～20		
喷射井点	0.1～20	8～20	2～3	地下喷射嘴真空吸水
电渗井点	＜0.1	5～6	极距1	钢筋阳极加速渗流
管井井点	20～200	3～5	20～50	单井真空泵、离心泵
深管井井点	10～250	25～30	30～50	单井潜水泵排水
水平辐射井点	大面积降水		平管引水至大口井排出	
引渗井点	不透水层下有渗存水层		打穿不透水层,引至下一存水层	

应做好沉降及边位移监测,保水位降低区域内建筑物、构筑物的安全,必要时应采取防护措施。

1)轻型井点降水。即沿基坑四周每隔一定间距布设井点管,井点管底部设置滤水管插入透水层,上部接软管与集水总管进行连接,周身设置与井点管间距相同的吸水管口,然后通过真空吸水泵将集水管内水抽出,从而达到降低基坑四周地下水位的效果,保证了基底的干燥无水。轻型井点有设备简单、使用灵活、装拆方便、降水效果好、可提高边坡的稳定、防止流砂现象的发生、降水费用较低等优点,因此在工程中广泛使用。

①轻型井点降水设备由管路系统和抽水设备组成。管路系统包括滤管、井点管、弯联管及总管等。

滤管是井点设备的一个重要部分,其构造是否合理,对抽水效果影响较大。滤管一般为管径在38～55mm,壁厚3.0mm的无缝钢管或镀锌管,长2.0m左右,一端用厚4.0mm的钢板焊死,在此端1.4m长范围内,在管壁上钻直径13～18mm的梅花孔,孔距为25mm,滤孔面积为滤管表面积的20%～25%。外包两层滤网,内层细滤网采用每厘米30～40眼的铜丝布或尼龙丝布,外层粗滤网采用每厘米 5～10 眼的塑料纱布，每隔 50～60mm 用 10 号铅丝绑扎一道，滤管另一端与井点管进行联结。(图 4-9)

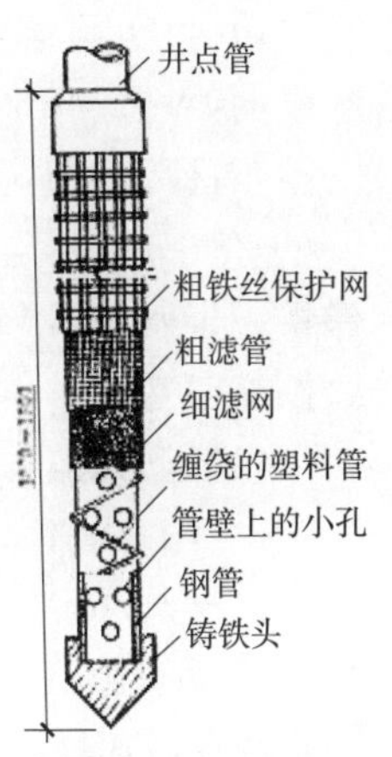

图 4-9　滤管构造

井点管宜采用直径为 38～50mm，壁厚为 3.0mm 的钢管，其长度为 5～7m，可整根或分节组成。井点管的上端用弯联管与总管相连。弯联管宜用透明塑料管(能随时看到井点管的工作情况)或用橡胶软管。

总管宜采用直径为 100～127mm 的钢管，每节长度为 4m，其上每隔 0.8m 或 1.2m 设计有一个与井点管连接的短接头。

抽水设备是由真空泵、离心泵和水气分离器等组成，其工作原理如图 4-10 所示。抽水时先开动真空泵 13，使土中的水分和空气受真空吸力产生水气化(水气混合液)，经管路系统向上跳流到水气分离器 6 中，然后开动离心泵 14。在水气分离器内水和空气向两个方向流去：水经离心泵由出水管 16 排出；空气则集中在水气分离器上部由真空泵排出。如水多，来不及排出时，水气分离器内浮筒 7 浮上，由阀门 9 将通向真空泵的通路关住，保护真空泵不使水进入缸体。副水气分离器 12 的作用是滤清从空气中带来的少量水分使其落入该器下层放出，以保证水不致吸入真空泵内。压力箱 15 除调节出水量外，并阻止空气由水泵部分窜入水气分离器，影响真空度。过滤箱 4 是用以防止由水流带来的部分细砂磨损机械。此外，在水气分离器上还装有真空调节阀 21，当抽水设备所负担的管路较短，管路漏

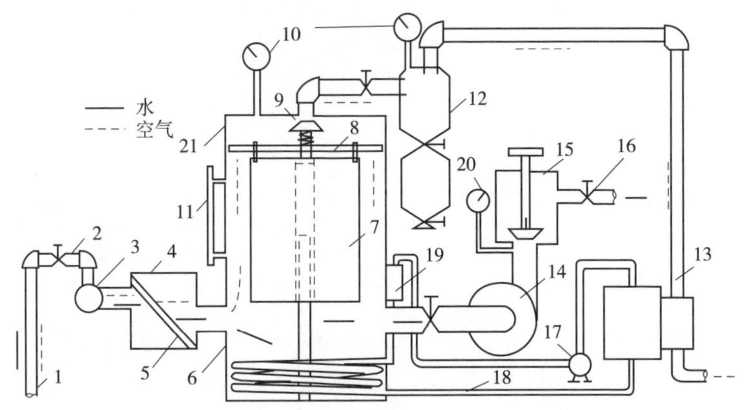

图 4-10　轻型井点抽水设备工作简图

1-井点管；2-弯联管；3-总管；4-过滤箱；5-过滤网；6-水气分离器；7-浮筒；8-挡水布；9-阀门；10-真空表；11-水位计；12-副水气分离器；13-真空泵；14-离心泵；15-压力箱；16-出水管；17-冷却泵；18-冷却水管；19-冷却水箱；20-压力表；21-真空调节阀

气轻微时，可将调节阀门打开，让少量空气进入水气分离器内，使真空度能适应水泵的要求。当水位降低较深需要较高的真空度时，则可将调节阀关闭。为对真空泵进行冷却，设有一个冷却循环水泵17。

水气分离器与总管连接的管口，应高于其底部0.3～0.5m，使水气分离器内保持一定水位，不致被水泵抽空，并使真空泵停止工作时，水气分离器内的水不致倒流回基坑。

②轻型井点的布置。

a. 平面布置。当基坑或沟槽宽度小于6m，水位降低值不大于5m时，可用单排线状井点，布置在地下水流的上游一侧，两端延伸长一般不小于沟槽宽度(图4-11)。如沟槽宽度大于6m，或土质不良，宜用双排线状井点(图4-12)。面积较大的基坑宜用环状井点(图4-13)。有时也可布置为U形，以利挖土机械和运输车辆出入基坑，环状井点四角部分应适当加密，井点管距离基坑一般为0.7～1.0m，以防漏气。井点管间距一般为0.8～1.5m，或由计算和经验确定。

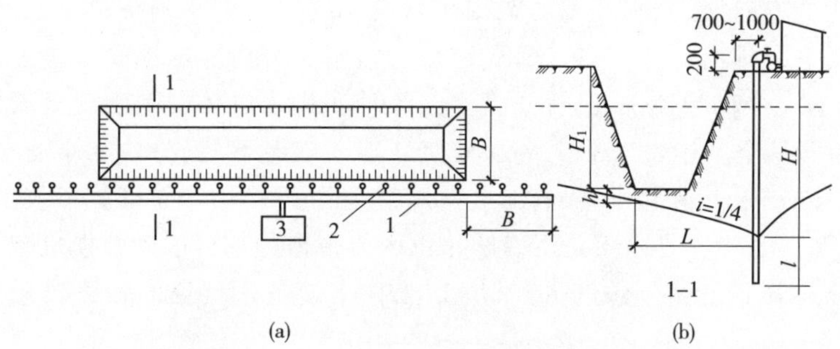

图4-11 单排线状井点布置图(mm)

(a)平面布置；(b)高程布置

1-总管；2-井点管；3-抽水设备

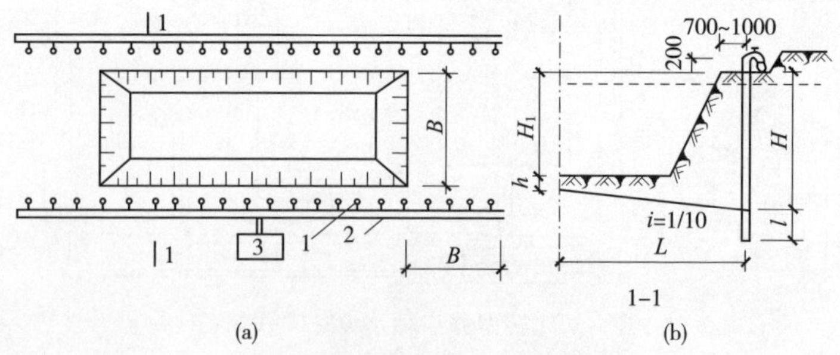

图4-12 双排线状井点布置图(mm)

(a)平面布置；(b)高程布置

1-井点管；2-总管；3-抽水设备

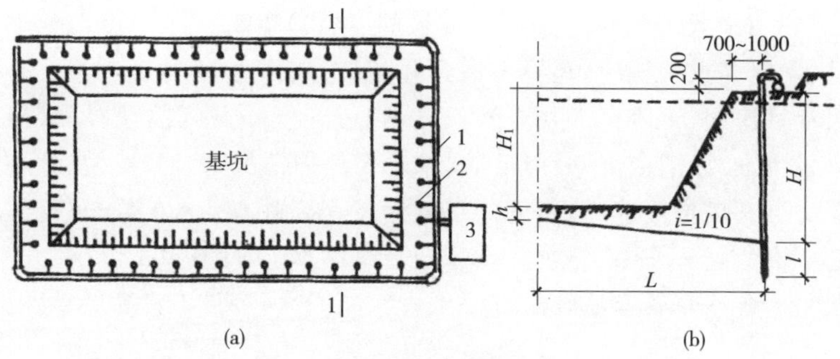

图 4-13　环状井点布置简图(mm)

(a)平面布置;(b)高程布置

1-总管;2-井点管;3-抽水设备

采用多套抽水设备时,井点系统应分段,各段长度应大致相等。分段地点宜选择在基坑转弯处,以减少总管弯头数量,提高水泵抽吸能力。水泵宜设置在各段总管中部,使泵两边水流平衡。分段处应设阀门或将总管断开,以免管内水流紊乱,影响抽水效果。

b. 高程布置。在考虑到抽水设备的水头损失以后,井点降水深度一般不超过 6m。井点管的埋设深度H(不包括滤管)按下式计算,如图 4-14 所示。

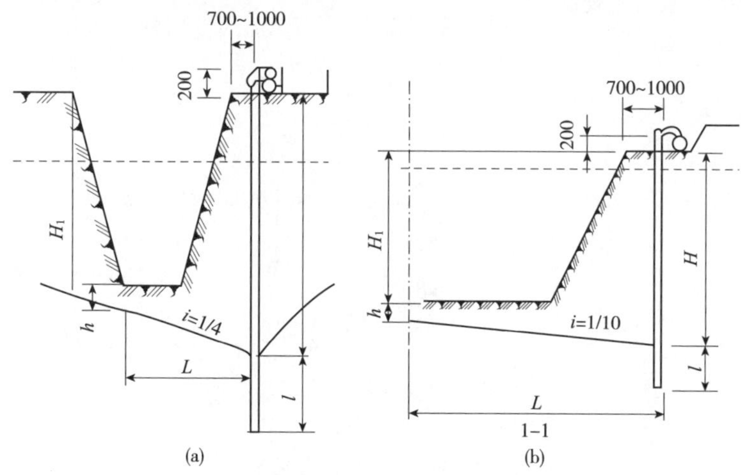

图 4-14　轻型井点高程布置(mm)

(a)单排线状井点;(b)环状井点

$$H=H_1+h+iL \tag{4-2}$$

式中:H_1——埋设面至坑底距离;

h——降水后水位线至坑底最小距离(一般可取 0.5～1m);

i——地下水降落坡度,环状 1/10,线状 1/5;

L——井管至基坑中心(环状)或另侧(线状)距离。

此外,确定井点埋深时,还要考虑到井点管一般要露出地面0.2m左右。

如果计算出的H值大于井点管长度,则应降低井点管的埋置面(但以不低于地下水位为准)以适应降水深度的要求。在任何情况下,滤管必须埋在透水层内。为了充分利用抽吸能力,总管的布置标高宜接近地下水位线(可事先挖槽),水泵轴心标高宜与总管平行或略低于总管。总管应具有0.25%~0.5%坡度(坡向泵房)。各段总管与滤管最好分别设在同一水平面,不宜高低悬殊。

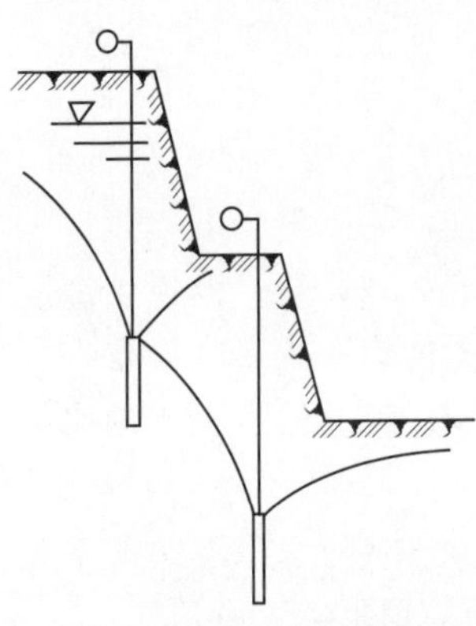

图4-15 二级井点降水

当一级井点系统达不到降水深度要求,可视其具体情况采用其他方法降水。如上层土的土质较好时,先用集水井排水法挖去一层土再布置井点系统;也可采用二级井点,即先挖去第一级井点所疏干的土,然后再在其底部装设第二级井点(图4-15)。

③轻型井点的计算内容。包括涌水量计算,井点管数量与井距确定,抽水设备的选用。

井点系统涌水量计算是按水井理论进行的。水井根据井底是否达到不透水层,分为完整井与不完整井。凡井底到达含水层下面的不透水层顶面的井称为完整井,否则称为不完整井。根据地下水有无压力,又分为无压力井与承压井,如图4-16所示。各类井的涌水量计算方法不同,其中以无压完整井的理论较为完善。

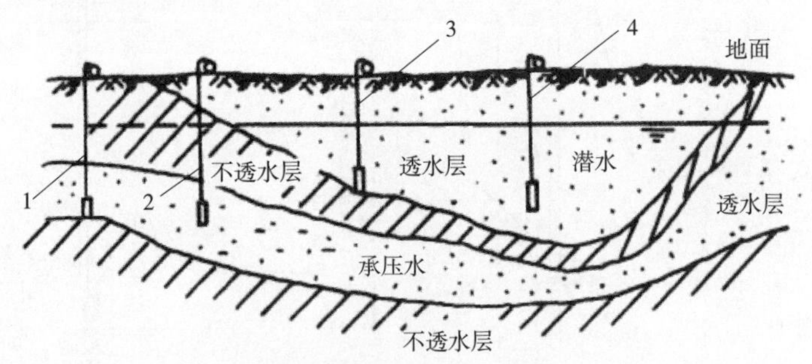

图4-16 水井的分类

1-承压完整井;2-承压非完整井;3-无压完整井;4-无压非完整井

a. 无压完整井环形井点系统(见图4-17a)总涌水量的计算式如下:

$$Q=1.336K\frac{(2H-s)s}{\lg R-\lg x_0} \tag{4-3}$$

式中:Q——井点系统的涌水量(m^3/d);

K——土的渗透系数(m/d),可以由实验室或现场抽水试验确定;

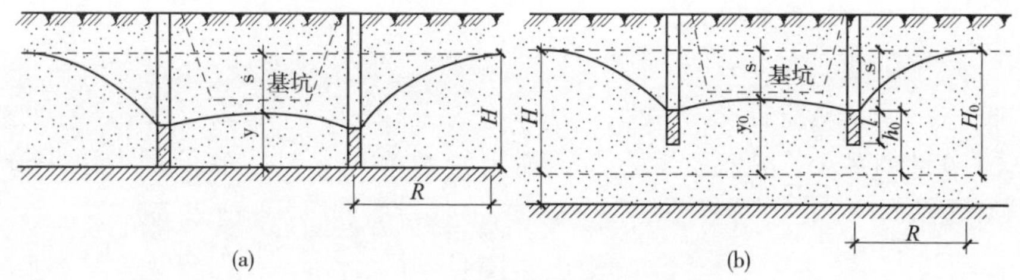

图 4-17　环状井点涌水量计算简图

(a)无压完整井;(b)无压非完整井

H——含水层厚度(m);

s——水位降低值(m);

R——抽水影响半径(m),常用下式计算:

$$R=1.95S\sqrt{HK}\quad(\mathrm{m})\tag{4-4}$$

x_0——环状井点系统的假想半径(m),对于矩形基坑,其长度与宽度之比不大于5时,可按式(1-3)计算:

$$x_0=\sqrt{\frac{F}{\pi}}\quad(\mathrm{m})\tag{4-5}$$

式中:F——环状井点系统所包围的面积(m^2)。

由于无压非完整井点系统(见图 4-17b)的地下水不仅从井的侧面流入,也从井的底部渗入,涌水量比无压完整井大。为了简化计算,可以采用 1-4 式计算,但是,式中的 H 应换成有效抽水影响深度 H_0,H_0 的取值详见表 4-3,当计算所得的 H_0 大于实际含水量 H 时,仍取 H 值。

表 4-3　有效抽水影响深度 H_0 值

$s'/(s'+l)$	0.2	0.3	0.5	0.8
H_o	$1.3(s'+l)$	$1.5(s'+l)$	$1.7(s'+l)$	$1.85(s'+l)$

注:s'为井点管中水位降落值,l 为滤管长度。

b. 承压完整井环形井点涌水量计算式如下。

$$Q=2.73K\frac{Ms}{\lg R-\lg x_0}\tag{4-6}$$

式中:Ms——承压含水层厚度(m);K、R、表示与式 1-3 中意义相同。

c. 井点管数量与井距的确定。确定井点管数量需先确定单根井点管的抽水能力,单根井点管的最大出水量 q,取决于滤管的构造、尺寸和土的渗透系数,按下式计算:

$$q=65\pi dlK^{1/3}\quad(\mathrm{m^3/d})\tag{4-7}$$

式中：d——滤管内径（m）；

l——滤管长度（m）；

K——土的渗透系数（m/d）。

井点管的最少根数根据井点系统涌水量 Q 和单根井点管的最大出水量 q，按下式确定：

$$n=1.1\frac{Q}{q} \tag{4-8}$$

式中：1.1——备用系数（考虑井点管堵塞等因素）。

井点管的平均间距 D 为：

$$D=\frac{L}{n}\quad (\mathrm{m}) \tag{4-9}$$

式中：L——总管长度（m）；

n——井点管根数。

井点管间距经计算确定后，布置时还需注意：

井点管间距不能过小，否则彼此干扰大，出水量会显著减少，一般可取滤管周长的5～10倍；在基坑周围四角和靠近地下水流方向一边的井点管应适当加密；当采用多级井点排水时，下一级井点管间距应较上一级的小；实际采用的井距，还应与集水总管上短接头的间距相适应（可按0.8、1.2、1.6、2.0m四种间距选用）。

④抽水设备的选择。真空泵按总管长度选用；水泵按涌水量选用，要求水泵的抽水能力大于井点系统的涌水量。

⑤井点管的安装使用。轻型井点的安装程序是按设计布置方案，先排放总管，再埋设井点管，然后用弯联管把井点管与总管连接，最后安装抽水设备。

井点管的埋设可以利用冲水管冲孔，或钻孔后将井点管沉入，也可以用带套管的水冲法及振动水冲法下沉埋设。

认真做好井点管的埋设和池壁与进点管之间砂滤层的填灌，是保证井点系统顺利抽水、降低地下水位的关键，为此应注意：冲孔过程中，孔洞必须保持垂直，孔径一般为300mm，孔径上下要一致，冲孔深度要比滤管深0.5m左右，以保证井点管周围及滤管底部有足够的滤层。砂滤层宜选用粗砂，以免堵塞管的网眼。砂滤层灌好后，距地面下0.5～1m的深度内，应用黏土封口捣实，防止漏气。

井点管埋设完毕后，即可接通总管和抽水设备进行试抽水，检查有无漏水、漏气现象，出水是否正常。

轻型井点使用时，应保证连续不断抽水，若时抽时停，滤网易于堵塞；中途停抽，地下水回升，也会引起边坡塌方等事故。正常的出水规律是“先大后小，先浑后清”。

真空泵的真空度是判断井点系统运转是否良好的尺度，必须经常观测，造成真空度不够的原因较多，但通常是由于管路系统漏气的原因，应及时检查，采取措施。

井点管淤塞，一般可从听管内水流声响；手扶管壁有振动感；夏、冬季手摸管子有夏冷、冬暖感等简便方法检查。如发现淤塞井点管太多，严重影响降水效果时，应逐根用高压水进行反冲洗，或拔出重埋。

井点降水工作结束后所留的井孔，必须用砂砾或者黏土填实。

井点降水时，尚应对附近的建筑物进行沉降观测，如发现沉陷过大，应及时采取防护措施。

2)喷射井点。当基坑开挖较深，采用多级轻型井点不经济时，宜采用喷射井点。其优点是设备较简单，排水深度大，可达到8～20m，比多层轻型井点降水设备少，基坑土方开挖量少，施工快，费用低。适合于基坑开挖较深、降水度大于6m、土渗透系数0.1～20.0m/d的填土、粉土、黏性土、砂土中使用。

喷射井点设备由喷射井管、高压水泵及进水、排水管路组成(图4-18)。喷射井管由内管和外管组成，在内管下端装有喷射扬水器与滤管相连，当高压水经内外管之间的环形空间由喷嘴喷出时，地下水即被吸入而压出地面。

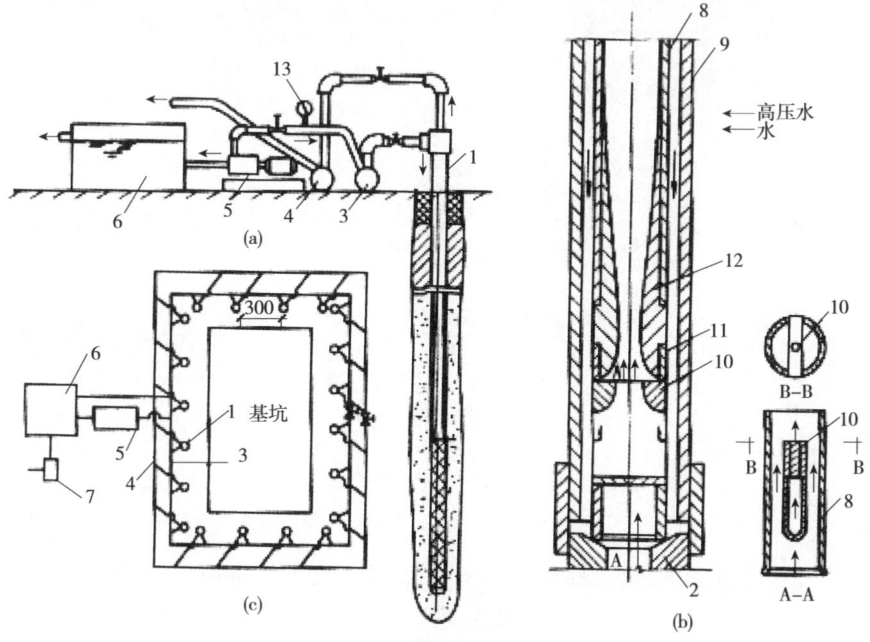

图4-18　喷射井点降水

(a)喷射井点设备简图；(b)喷射扬水器详图；(c)喷射井点平面布置

1-喷射井管；2-滤管；3-进水总管；4-排水总管；5-高压水泵；6-集水池；7-低压水泵；8-内管；9-外管；10-喷嘴；11-混合室；12-扩散管；13-压力表

3)管井井点(图 4-19)。即是沿基坑每隔 20～50m 距离设置一个管井,每个管井单独用一台水泵不断抽水来降低地下水位。此法适用土壤的渗透系数大(20～200m/d),地下水量大的土层中。管井设备较为简单,排水量大,降水较深,水泵设在地面,易于维护。

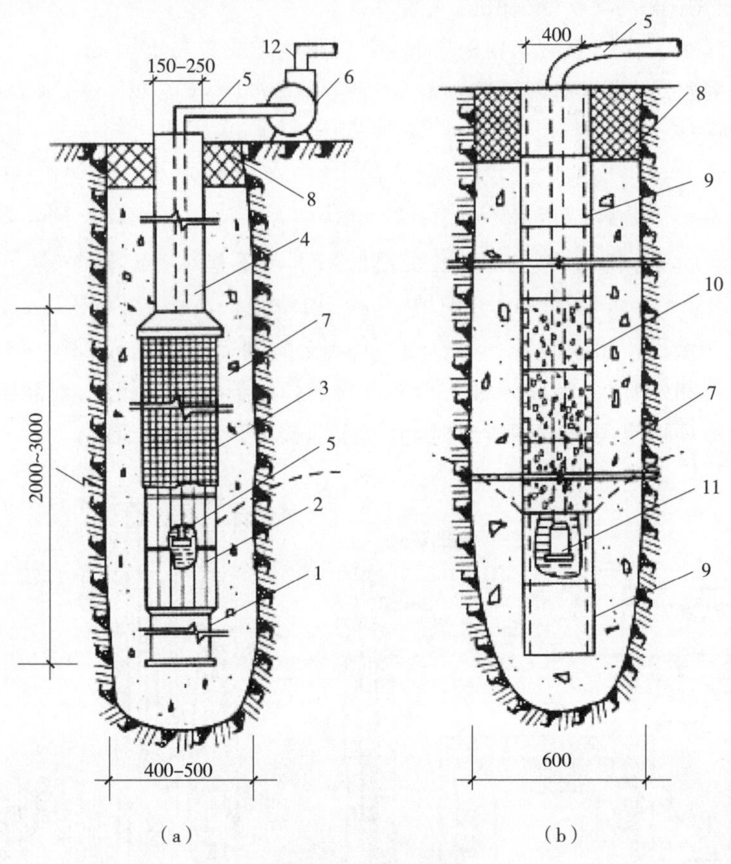

图 4-19　管井井点

(a)钢管管井;(b)混凝土管井

1-沉砂管;2-钢筋焊接骨架;3-滤网;4-管身;5-吸水管;6-离心泵;7-小砾石过滤层;8-黏土封口;9-混凝土实壁管;10-混凝土过滤管;11-潜水泵;12-出水管

如要求降水深度较大,在管井井点内采用一般离心泵或潜水泵不能满足要求时,可采用特制的深井泵,其降水深度大于 15m,故又称深井泵法。

4)电渗井点。适用于土壤渗透系数小地 0.1m/d,用一般井点不可能降低地下水位的含水层中,尤其宜用于淤泥排水。

电渗井点排水的原理如图 4-20 所示,以井点管作负极,以打入的钢筋或钢管作正极,当通以直流电后,土颗粒即自负极向正极移动,水则自正极向负极移动而被集中排出。土颗粒的移动称电泳现象，水的移动称电渗现象，故名电渗井点。

(3)帷幕防渗法，施工时应进行施工设计。帷幕防渗层的厚度应满足基坑防渗的要求，截水帷幕的渗透系数宜小于 10×10^{-6} mm/s，采用防水土工膜在围堰外侧铺底防渗时，应将河床面杂物清除干净并整平。土工膜应从围堰外侧的水位以上铺起，并超过堰脚不小于 3m；土工布之间的接头应搭接严密。铺底土工膜上应满压不小于 300mm 厚的砂土袋。

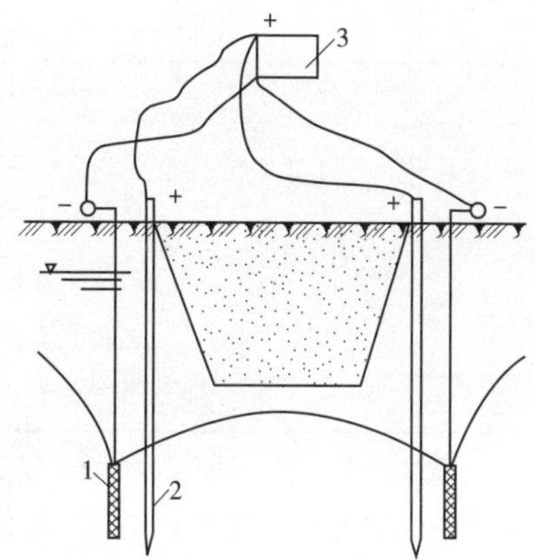

图 4-20　电渗井点

1-井点管；2-电极；3-小于 60V 的直流电源

4. 地基处理

天然地基是直接靠基底土壤来承担荷载的，故基底土壤状态的好坏，对基础及墩台、上部结构的影响极大，不能仅检查土壤名称与容许承载力大小，还应为土壤更有效地承担荷载创造条件，即要进行基底处理工作。

地基处理的目的是：改善土的力学性能、提高抗剪强度、降低软弱土的压缩性、减少基础的沉降、消除或减少湿陷性黄土的湿陷性和膨胀土的胀缩性。

常见的地基处理方法有以下四类：

(1)换土垫层。这是一种直接置换地基持力层软弱土的处理方法。施工时将基底下一定深度的软弱土层挖除，分层回填砂、石、灰土等材料，并加以夯实振密。换土垫层是一种较简易的浅层地基处理方法，在管道施工中应用广泛。

根据换填材料的不同，可将换土分为砂石(砂砾、碎卵石)垫层、土垫层(素土、灰土)、粉煤灰垫层、矿渣垫层等，其适用范围见表 4-4。

表 4-4　换填法的适用范围

换土种类		适用范围
砂石(砂砾、碎卵石)垫层		适用于一般饱和、非饱和的软弱土和水下黄土地基处理；不宜用于湿陷性黄土地基，也不适宜用于大面积堆载、密集基础和动力基础的软土地基处理；可有条件地用于膨胀土地基；砂垫层不宜用于有地下水且流速快、流量大的地基处理；不宜采用粉细砂作垫层
土垫层	素土垫层	适用于中小型工程及大面积回填、湿陷性黄土地基的处理
	灰土垫层	适用于中小型工程，尤其适用于湿陷性黄土地基的处理，也可用于膨胀土地基处理

（续）

换土种类	适 用 范 围
粉煤灰垫层	用于厂房、机场、港区陆域和堆场等大、中、小型工程的大面积填筑，粉煤灰垫层在地下水位以下时，其强度降低幅度在30%左右
矿渣垫层	用于中小型建筑工程，尤其适用于地坪、堆场等工程大面积的地基处理和场地平整，铁路、道路地基等；但不得用于受酸性或碱性废水影响的地基处理

砂和砂石垫层所需材料，宜采用颗粒级配良好，质地坚硬的中砂、粗砂、砾石、卵石和碎石，材料的含泥量不应超过5%。若采用细砂，宜掺入按设计规定数量的卵石或碎石，最大粒径不宜大于50mm。

灰土垫层材料宜采用就地挖出的黏性土料或塑性指数大于4的粉土，土内有机杂物的含量不宜大于5%。土料使用前应过筛，其粒径不得大于15mm。土料施工时的含水量应控制在最佳含水量（由室内击实试验确定）的±2%范围内。

素土垫层的土料，不得使用淤泥、耕土、冻土、垃圾、膨胀土以及有机物含量大于8%的土作为填料。

(2)碾压与夯实。碾压法是采用压路机、推土机、羊足碾或其他压实机械来压实松散土，常用于大面积填土的压实和杂填土地基的处理，也可用于沟槽地基的处理。碾压的效果主要取决于压实机械的压实能量和被压实土的含水量。应根据碾压机械的压实能量和碾压土的含水量，确定合适的虚铺厚度和碾压遍数。

夯实法是利用起重机械将夯锤提到一定高度，然后使锤自由下落，重复夯击以加固地基。重锤采用钢筋混凝土块、铸铁块或铸钢块，锤重一般为14.7～29.4kN，锤底直径一般为1.13～1.15m。重锤夯实施工前，应进行试夯，确定夯实制度，其内容包括锤重、夯锤底面直径、落点形式、落距及夯击遍数。

(3)挤密桩。即通过振动或锤击沉管等方式在沟槽底成孔、在孔内灌注砂、石灰、灰土或其他材料，并加以振实加密等过程而形成的，一般有挤密砂石桩和生石灰桩。

挤密砂石桩用于处理松散砂土、填土以及塑性指数不高的黏性土。对于饱和黏土由于其透水性低，挤密效果不明显。此外，还可起到消除可液化土层（饱和砂土、粉土）的振动液化作用。

生石灰桩适用于处理地下水位以下的饱和黏性土、粉土、松散粉细砂、杂填土以及饱和黄土等地基。

(4)注浆加固。注浆加固地基是指利用化学溶液或胶结剂，通过压力灌注或搅拌混合等措施，而将土粒胶结起来的地基处理方法。本法具有设备工艺简单、加固效果好、可提高地基强度、消除土的湿陷性、降低压缩性等特点。注浆地基适用于湿陷性黄土地基，对于黏性土、素填土、地下水位以下的黄土地基，经试验有效时也可应用，但长期受酸性污水侵蚀的地基不宜采用。化学加固能否获得预期的效果，主要决定于能否根据具体的土质条件，选择适当的化学浆液（溶液和胶结剂）和采用有效的施工工艺。

5. **地基检验**

基坑已挖至基底设计高程，或已按设计要求加固、处理完毕后，须经过基底检验，方可进行基础结构施工。

基坑施工是否符合设计要求，在基础浇筑前应按规定进行检验。其目的在于：确定地基的容许承载力的大小、基坑位置与高程是否与设计文件相符，以确保基础的强度和稳定性，不致发生滑移等危害。基底检验的主要内容包括：检查基底平面位置、尺寸大小、基底标高；检查基底处理和承载力是否与设计资料相符；检查基底处理和排水情况；检查施工记录及有关试验资料等。

为使基底检验及时，以免因等候检验、基底暴露时间过久而风化变质，施工负责人应提前通知检验人员，安排检验。

按桥涵大小、地基土质复杂（如溶洞、断层、软弱夹层、易溶岩等）情况及结构对地基有无特殊要求，可采用以下检查方法：

（1）小桥涵的地基检验：可采用直观或触探方法，必要时可进行土质试验。

（2）大、中桥和地基土质复杂、结构对地基有特殊要求的地基检验，一般采用触探和钻探（钻深至少 4m）取样做土工试验，或按设计的特殊要求进行荷载试验。

（3）特大桥按设计要求处理。

6. **基础浇（砌）筑**

基础浇（砌）筑施工可分为无水砌筑、排水浇筑及水下灌注三种情况。

排水浇（砌）筑的施工要点是：确保在无水状态下砌筑施工；禁止带水作业及用混凝土将水赶出模板外的灌注方法；基础边缘部分应严密隔水；水下部分圬工必须待水泥砂浆或混凝土终凝后才允许浸水。

水下灌注混凝土一般只有在排水困难时采用。目前，在桥梁基础施工中广泛采用的是垂直移动导管法。如图 4-21 所示，混凝土经导管输送至坑底，并迅速将导管下端埋没，随后混凝土不断输送到被埋没的导管下端，从而迫使先前输送的但尚未凝结的混凝土向上和四周推移。随着基底混凝土的上升，导管亦缓慢向上提升，直至达到要求的封底厚度时，停止灌注混凝土，并拔出导管。当封底面积较大时，易用多根导管同时或逐根灌注，按先低处后高处、先周围后中部的次序，并保持大致相同的高度进行，以保证混凝土充满基底全部范围。导管的根数及在平面上的布置，可根据封底面积、障碍物情况、导管作用半径等因素确定。导管的有效作用半径则因混凝土的坍落度大小和导管下口超压力大小而异。

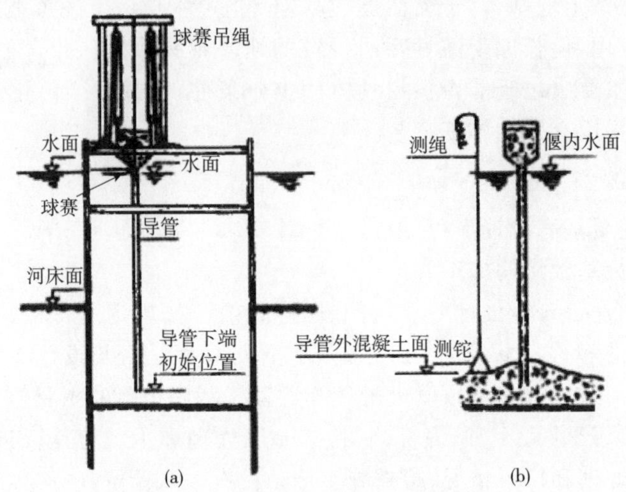

图 4-21 垂直导管法灌注水下混凝土

7. 基坑回填

基坑回填时,其结构的混凝土强度应不低于设计强度的 70%;在覆土线以下的结构必须通过隐蔽工程验收;填土前抽除基坑内积水,清除淤泥及杂物等;凡淤泥、腐殖土、有机物质超过 5%的垃圾土、冻土或大石块不得回填,应采用含水量适中的同类亚黏土或砂质黏土;填土应水平分层回填夯实,每层松铺厚度一般为 30cm,在其含水量接近最佳含水量时压实;填土经碾压、夯实后不得有翻浆、"弹簧"现象;填土施工中,应随时检查土的含水量和密实度。

第二节 桩基础施工

桩基础是一种常用的深基础形式,当地基浅层土质不良,采用浅基础无法满足结构物地基强度、变形及稳定性方面的要求,且又不适宜采取地基处理措施时,往往需要考虑桩基础。

一、钻孔灌注桩

灌注桩是应用比较广泛的一种桩型,由于它噪声小,能够适应城市中对环境影响的要求,直径最大可达 3~6m,承载力远大于打入桩。钻孔灌注桩施工是采用不同的钻孔方法,在土中形成一定直径的井孔,达到设计标高后,再将钢筋骨架吊入井孔中,灌注混凝土形成桥梁桩基础。

钻孔灌注桩施工流程图见图 4-22。

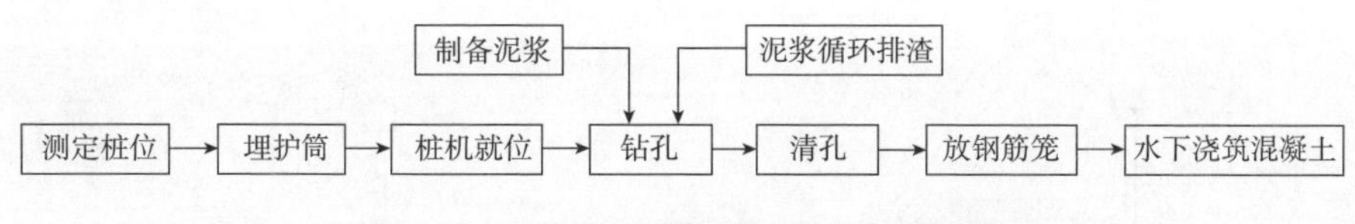

图 4-22　泥浆护壁成孔灌注桩施工流程图

1. 埋设护筒

护筒采用钢板制成，高出地面 0.4～0.6m，内径应比钻头直径大 100～200mm，上部开 12 个溢浆孔。护筒中心要求与桩中心偏差不大于 50mm，其埋深在黏土中不小于 1m，在砂土中不小于 1.5m。直径大于 1m 的护筒如果刚度不够时，可在顶端焊加强圆环，在筒身外壁焊竖向加肋筋；埋设可用加压、振动、锤击等方法。

护筒的作用有：控制桩位，导正钻具；保护孔口，隔离地表水渗漏，孔口及孔壁土坍塌；保持或提高孔内的水头高度，增加对孔壁的静水压力，以防止孔壁坍塌；护筒顶面可作为钻孔深度、钢筋笼下放深度、混凝土面位置及导管埋深的测量基准；护筒顶面可设置桩位中心的标记，以此可调整钢筋笼位置，使其中心与桩中心一致；固定钢筋笼。

2. 泥浆制备

泥浆是由高塑性黏土或膨润土和水拌和的混合物，根据需要，还可掺入其他物质，如纯碱、CMC(羧甲基纤维)等，以改善泥浆的品质。在钻孔灌注桩成孔过程中，为防止孔壁坍塌，在孔中注入泥浆，将孔内不同土层的孔隙渗填密实。由于泥浆的密度大于水的密度，且具有触变性，即静止时有一定的静切力，从而能平衡地下水压力，并对孔壁有一定的侧压力。同时，泥浆中胶质颗粒的分子，在泥浆的压力下渗入孔壁表层的孔隙中，形成一层泥皮，促使孔壁胶结，从而起到防止坍孔，保护孔壁的作用。

护壁泥浆一般可在现场制备，有些黏性土在钻进过程中可形成适合护壁的浆液，则可利用其作为护壁泥浆，这种方法也称自造泥浆。

泥浆的性能指标如相对密度、黏度、含砂量、pH、稳定性等要符合相关规定的要求。

3. 成孔

(1)回转钻成孔。回转钻机是由动力装置带动钻机的回转装置转动，并带动带有钻头的钻杆转动，由钻头切削土壤。切削形成的土渣，通过泥浆循环排出桩孔。根据泥浆循环方式的不同，分为正循环(图 4-23)和反循环(图 4-24)。根据桩型、钻孔深度、土层情况、泥浆排放条件、允许沉渣厚度等进行选择，但对孔深大于 30m 的端承型桩，宜采用反循环。

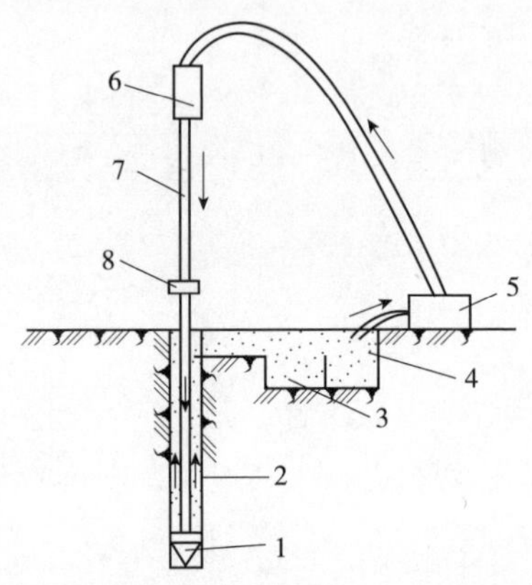

图 4-23　正循环回转钻机成孔工艺原理图

1-钻头；2-泥浆循环方向；3-沉淀池；4-泥浆池；5-泥浆泵；6-水龙头；7-钻杆；8-钻机回转装置

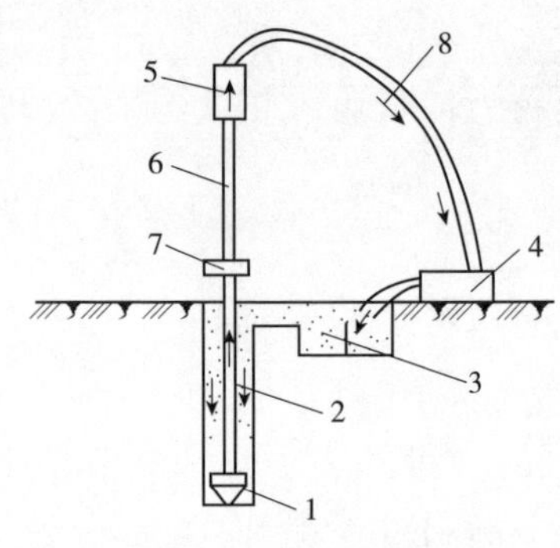

图 4-24　反循环回转钻机成孔工艺原理图

1-钻头；2-新泥浆流向；3-沉淀池；4-砂石泵；5-水龙头；6-钻杆；7-钻机同转装置；8-混合液流向

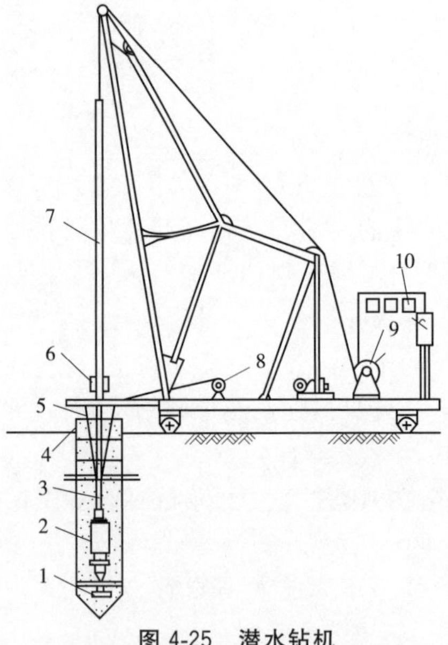

图 4-25　潜水钻机

1-钻头；2-潜水钻机；3-电缆；4-护筒；5-水管；6-滚轮支点；7-钻杆；8-电缆盘；9-卷扬机；10-控制箱

在陆地上杂填土或松软土层中钻孔时，应在桩位孔口处设护筒，以起定位、保护孔口、维持水头等作用。护筒用钢板制作，内径应比钻头直径大 10cm，埋入土中深度通常不宜小于 1.0～1.5m，特殊情况下埋深需要更大。在护筒顶部应开设 1～2 个溢浆口。在钻孔过程中，应保持护筒内泥浆液面高于地下水位。

(2)潜水钻机成孔。潜水钻机是一种旋转式钻孔机械，其动力、变速机构和钻头连在一起，加以密封，因而可以下放至孔中地下水位以下进行切削土壤成孔(图 4-25)。用正循环工艺输入泥浆，进行护壁和将钻下的土渣排出孔外。

(3)冲击成孔。冲击成孔灌注桩利用冲击钻机或卷扬机带动一定重量的冲击外头，在一定的高度内使钻头提升，然后突放使钻头自由降落，利用冲击动能冲挤土层或破碎岩层形成桩孔，再用掏渣筒或其他方法将钻渣岩屑排出。每次冲击之后，冲击钻头在钢丝绳转向装置带动下转动一定的角度，从而使桩孔得到规则的圆形断面。它适用于填土层、黏土层、粉土层、淤泥层、砂土层和碎石土层；也

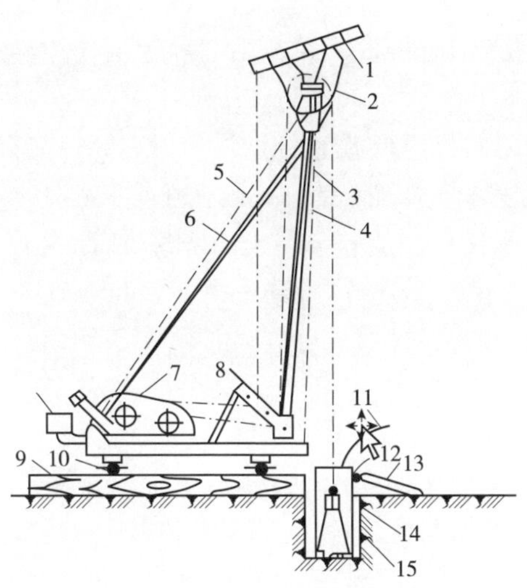

图 4-26　简易冲击钻孔机示意图

1-副滑轮；2-主滑轮；3-主杆；4-前拉索；5-后拉索；6-斜撑；7-双滚筒卷扬机；8-导向轮；9-垫木；10-钢管；11-供浆管；12-溢流口；13-泥浆渡槽；14-护筒回填土；15-钻头

适用于砾卵石层、岩溶发育岩层和裂隙发育的地层施工。

冲击钻机主要由钻机或桩架(包括卷扬机)、冲击钻头、掏渣筒、转向装置和打捞装置等组成，见图 4-26。

4. 清孔

当钻孔达到设计深度后应进行验孔和清孔。清孔的目的是清除孔底的沉渣和淤泥，以减少桩基的沉降量，从而提高承载能力。

对于原土造浆的钻孔，使转机空转，同时注入清水，当排出泥浆比重降至 1.1 左右时合格。对于制备泥浆的钻孔，采用换浆法，当排出泥浆比重降至 1.15～1.25 时合格。

5. 吊放钢筋笼

桩孔清孔符合要求后，应立即吊放钢筋骨架。

钢筋笼制作应分段进行，接头宜采用焊接，主筋一般不设弯钩，加劲箍筋设在主筋外侧。钢筋笼的外形尺寸，应严格控制在比孔径小 110～120mm。

6. 水下浇筑混凝土

水下浇筑混凝土应根据水深确定施工方法。较浅时，可用倾倒法施工，水深较深时，可用导管法浇注。一般配合比同陆上混凝土相同，但因为受水的影响，一般会比同条件下的陆上混凝土低一个强度等级，所以应提高一个强度等级，水下混凝土标号不低于 C25。

水下混凝土浇筑最常用的是导管法，如图 4-27 所示。

导管法浇筑水下混凝土，适用于水深不超过 15～25m 的情况。导管

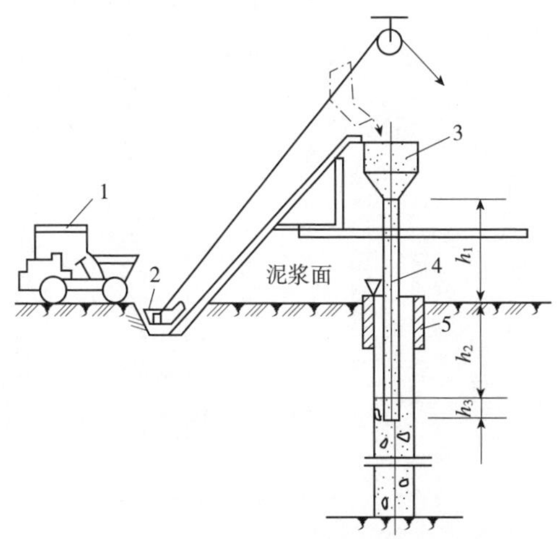

图 4-27　导管法浇筑混凝土示意图

1-翻斗车；2-斜斗；3-储料漏斗；4-导管；5-护筒

的直径为 25～30cm，每节长 1～2m，用橡皮衬垫的法兰盘连接，底部应装设自动开关阀门，顶部装设漏斗。导管的数量与位置，应根据浇筑范围和导管的作用半径来确定。一般作用半径不应大于 3m。

在浇筑过程中，导管只允许上下升降，不得左右移动。开始浇筑时，导管底部应接近地基约 5～10cm，而且导管内应经常充满混凝土，管下口必须恒埋于混凝土表面下约 1.0m，使只有表面一层混凝土与水接触。随着混凝土的浇筑，徐徐提升漏斗和导管。每提到一个管节高度后，即拆除一个管节，直到混凝土浇出水面为止。与水接触的表层约 10cm 厚的混凝土，因质量较差，最后应全部予以清除。

二、打入桩基础

打入桩施工靠桩锤的冲击能量将预制的钢筋混凝土桩、预应力混凝土桩或钢管桩打入土中。以下主要介绍钢筋混凝土预制桩的施工。

1. 桩的制作

管桩及长度在 10m 以内的方桩在预制厂制作，较长的方桩在打桩现场制作。

现场预制钢筋混凝土桩工艺流程：现场制作场地压实、整平→场地地坪浇筑→支模→扎钢筋→浇混凝土→养护至 30％强度拆模→支间隔端头模板、刷隔离剂、绑钢筋→浇间隔桩混凝土→制作第二层桩→养护至 70％强度起吊→达 100％强度后运输、堆放。

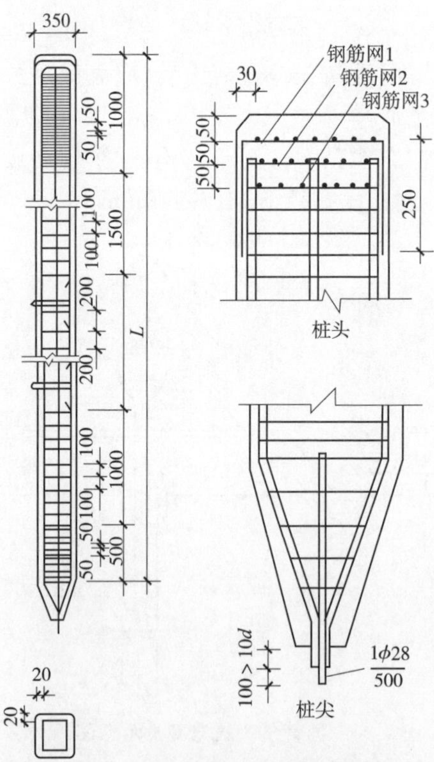

图 4-28　钢筋混凝土预制桩

钢筋混凝土实心桩所用混凝土的强度等级不宜低于 C30（30N/mm²）。预应力混凝土桩的混凝土的强度等级不宜低于 C40，主筋根据桩断面大小及吊装验算确定，一般为 4～8 根，直径 12～25mm，不宜小于 Φ14，箍筋直径为 6～8mm，间距不大于 200mm，打入桩桩顶 2～3d 长度范围内箍筋应加密，并设置钢筋网片。桩尖处可将主筋合拢焊在桩尖辅助钢筋上，在密实砂和碎石类土中，可在桩尖处包以钢板桩靴，加强桩尖（图 4-28）。

浇筑混凝土时应注意浇筑应由桩顶向桩尖连续进行，严禁中断。

桩中的钢筋应严格保证位置的正确，桩尖应对准纵轴线，钢筋骨架主筋连接宜采用对焊或电弧焊，主筋接头配置在同一截面内的数量不得超过 50%，相邻两根主筋接头截面的距离应不大于 35d（为主筋直径），且不小于 500mm。桩顶 1m 范围内不应有接头。

2. 桩的起吊、运输和堆放

打桩前，桩从制作处运到现场，并应根据打桩顺序随打随运。桩的运输方式，在运距不大时，可用起重机吊运；当运距较大时，可采用轻便轨道小平台车运输。严禁在场地上直接推拉桩体。

钢筋混凝土预制桩应在混凝土达到设计强度的 70%方可起吊；达到设计强度的 100%才能运输和打桩。

桩在起吊和搬运时，吊点应符合设计规定。吊点位置的选择随桩长而异，节长小于等于 20m 时宜采用两点捆绑法，大于 20m 时采用四吊点法，按图1-29所示的位置捆绑。钢丝绳与桩之间应加衬垫，以免损坏棱角。起吊时应平稳提升，吊点同时离地。经过搬运的桩，还应进行质量检验。

桩在施工现场的堆放场地必须平整、坚实。堆放时应设垫木，垫木的位置与吊点位置相同，各层垫木应上、下对齐，堆放层数不宜超过 4 层打桩前的准备工作。清除障碍，包括高空、地上、地下的障碍物；整平场地，在建筑物基线以外 4～6m范围内的整个区域，或桩机进出场地及移动路线上打桩试验，了解桩的沉入时间、最终沉入度、持力层的强度、桩的承载力等抄平放线，在打桩现场设置水准点（至少 2 个），用作抄平场地标高和检查桩的入土深度按设计图纸要求定出桩基础轴线和每个桩位检查桩的质量，不合格的桩不能运至打桩现场检查打桩机设备及起重工具；铺设水电管网，进行设备架立组装和试打桩；准备好桩基工程沉桩记录和隐蔽工程验收记录表格，并安排好记录和监理人员等。

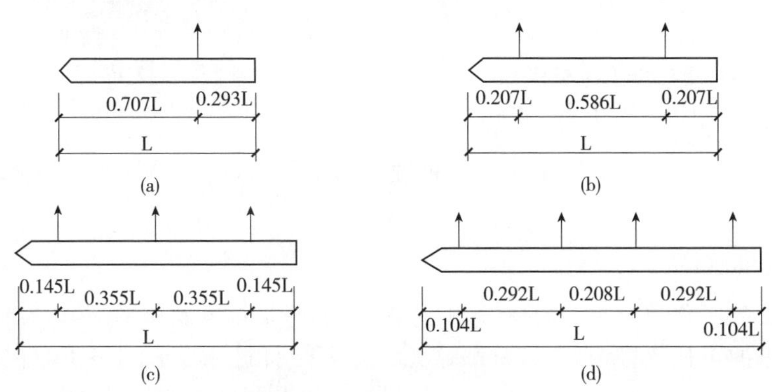

图 4-29　吊点的合理位置

(a)1 个吊点；(b)2 个吊点；(c)3 个吊点；(d)4 个吊点

3. 打桩设备

打桩设备主要有桩锤、桩架和动力装置三部分。

桩锤是对桩施加冲击，将桩打入土中的主要机具。桩锤主要有落锤、蒸汽锤、柴油锤和液压锤，目前应用最多的是柴油锤。桩锤应根据地质条件、桩的类型、桩的长度、桩身结构强度、桩群密集程度以及施工条件等因素来确定，其中尤以地质条件影响最大。当桩锤重大于桩重的 1.5～2 倍时，沉桩效果较好。

桩架的作用是使吊装就位、悬吊桩锤和支撑桩身，并在打桩过程中引导桩锤和桩的方向。桩架的选择应考虑桩锤的类型、桩的长度和施工条件等因素。常用的桩架形式有滚筒式桩架、多功能桩架(图 4-30)、履带式桩架(图 4-31)三种。

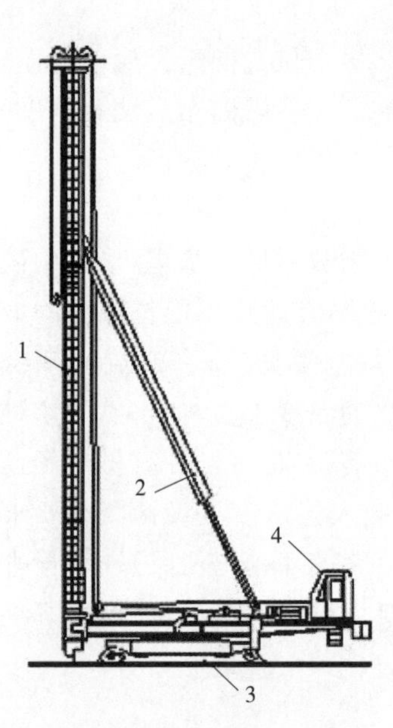

图 4-30　多功能桩架

1-桩锤；2-桩帽；3-桩；4-立柱；2-斜撑；4-车体

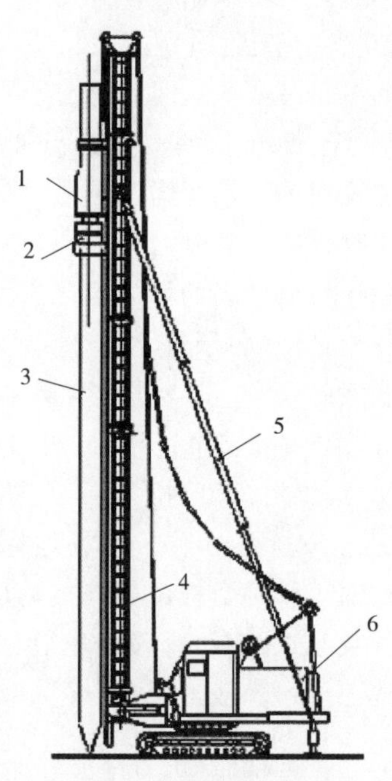

图 4-31　履带式桩架

1-桩锤；2-桩帽；3-桩；4-立柱；5-斜撑；6-车体

动力装置的配置取决于所选的桩锤。当选用蒸汽锤时，则需配备蒸汽锅炉和卷扬机。

4. 打桩顺序

打桩顺序合理与否，会直接影响打桩速度、打桩质量及周围环境。当桩距小于 4 倍桩的边长或桩径时，打桩顺序尤为重要。打桩顺序影响挤土方向。打桩向哪个方向推进，则向哪个方向挤土。根据桩群的密集程度，可选用下述打桩顺序：由一侧向单一方向进行(图 4-32a)；自中间向两个方向对称进行(图 4-32b)；

自中间向四周进行(图 4-32c)。第一种打桩顺序,打桩推进方向宜逐排改变,以免土朝一个方向挤压而导致土壤挤压不均匀,对于同一排桩,必要时还可采用间隔跳打的方式。对于密集桩群,应采用自中间向两个方向或向四周对称施打的顺序;当一侧毗邻建筑物或有其他须保护的地下、地面构筑物、管线等时,应由毗邻建筑物处向另一方向施打。

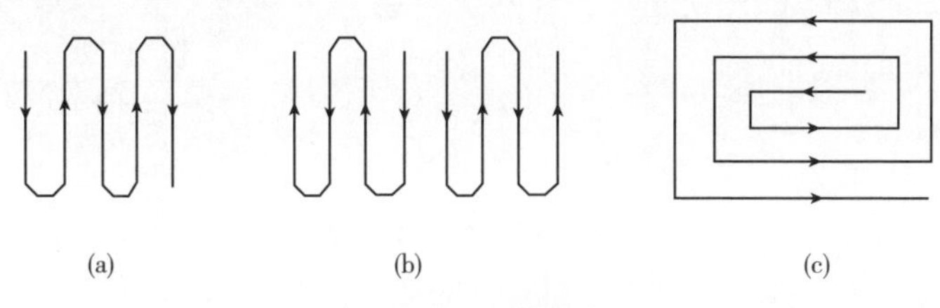

图 4-32 打桩顺序

(a)由一侧向单一方向进行;(b)由中间向两个方向进行;(c)由中间向四周进行

此外,根据桩及基础的设计标高,打桩宜先深后浅;根据桩的规格,则宜先大后小,先长后短。这样可避免后施工的桩对先施工的桩产生挤压而发生桩位偏斜。

5. 打桩方法

打桩机就位后,将桩锤和桩帽吊起,然后吊桩并送至导杆内,垂直对准桩位缓缓送下插入土中,桩插入时的垂直度偏差不得超过 0.5%。桩插入土后即可固定桩帽和桩锤,使桩、桩帽、桩锤在同一铅垂线上,确保桩能垂直下沉。在桩锤和桩帽之间应加弹性衬垫,如硬木、麻袋、草垫等;桩帽和桩顶周围四周应有 5～10mm 的间隙,以防损伤桩顶。

打桩开始时,锤的落距应较小,待桩入土至一定深度且稳定后,再按要求的落距锤击。用落锤或单动汽锤打桩时,最大落距不宜大于 1m,用柴油锤时,应使锤跳动正常。在打桩过程中,遇有贯入度剧变、桩身突然发生倾斜、移位或有严重回弹、桩顶或桩身出现严重裂缝或破碎等异常情况时,应暂停打桩,及时研究处理。如桩顶标高低于自然土面,则需用送桩管将桩送入土中时,桩与送桩管的纵轴线应在同一直线上,拔出送桩管后,桩孔应及时回填或加盖。

6. 接桩方法

混凝土预制桩的接桩方法有焊接、法兰接及硫磺胶泥锚接三种(图 4-33),前两种可用于各类土层;硫磺胶泥锚接适用于软土层,且对一级建筑桩基、承受拔力以及抗震设防地区的桩宜慎重选用。目前焊接接桩应用最多。焊接接桩的钢板宜用低碳钢,焊条宜用 E43。接桩时预埋铁件表面应清洁,上、下节桩之间如有间隙应用铁片填实焊牢,焊接时焊缝应连续饱满,并采取措施减少焊接变形。接桩时,上、下节桩的中心线偏差不得大于 10mm,节点弯曲矢高不得大于 1 桩长。焊接时,应先将四角点焊固定,然后对称焊接,并确保焊缝质量和设计尺寸。在焊接后应使焊缝在自然条件下冷却10min后方可继续沉桩。

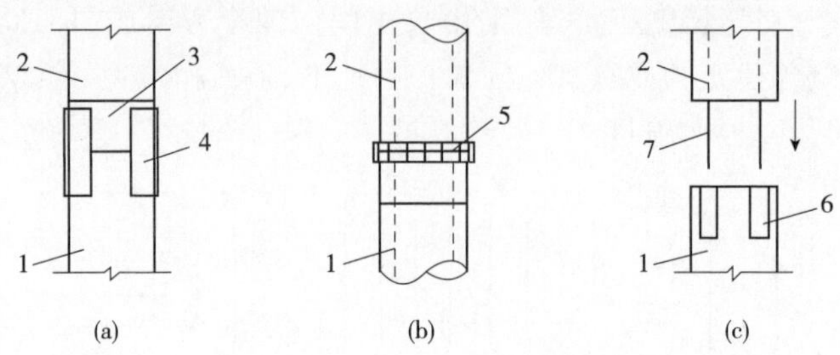

图4-33　混凝土预制桩的接桩

(a)焊接;(b)法兰接;(c)硫磺胶泥锚接

1-下节桩;2-上节桩;3-桩帽;4-连接角钢;5-连接法兰;6-预留锚筋孔;7-预埋锚接钢筋

7. 停打原则

桩端(指桩的全断面)位于一般土层时(摩擦型桩),以控制桩端设计标高为主,贯入度可作参考;桩端达到坚硬、硬塑的黏性土、中密以上粉土、砂土、碎石类土、风化岩时(端承型桩),以贯入度控制为主,桩端标高可作参考。测量最后贯入度应在下列正常条件下进行:桩顶没有破坏;锤击没有偏心;锤的落距符合规定;桩帽和弹性垫层正常;汽锤的蒸汽压力符合规定。

8. 打桩施工常见问题

在沉桩施工过程中会遇见各种各样的问题,例如桩顶破碎,桩身断裂,桩身位移、扭转、倾斜,桩锤跳跃,桩身严重回弹等。

发生这些问题的原因有钢筋混凝土预制桩制作质量、沉桩操作工艺和复杂土层三个方面的原因。

工程及施工验收规范规定,打桩过程中如遇到上述问题,都应立即暂停打桩,施工单位应与勘察、设计单位共同研究,查明原因,提出明确的处理意见,采取相应的技术措施后,方可继续施工。

第三节　沉井基础施工

在修建负荷较大的建筑结构物时,其基础应该坐落在坚固、有足够承载力的土层上,当这类土层距地表较深、采用天然基础和桩基础受水文地质条件限制时,可采用一种上、下开口就位后封闭的结构物来承受上部结构的荷载,这种结构物被称为沉井。沉井是基础组成部分之一,其形状大小根据工程地质状况由设计而定,通常用钢筋混凝土制成。它一般由井壁、刃脚、隔墙、井孔、预埋冲刷管、封底混凝土、顶盖板组成。

沉井平面形状可以是矩形或圆形，井孔为单孔或多孔，井壁为钢筋混凝土，甚至由刚壳中填充混凝土等建成。若为陆地基础，由取土井排土以减少刃脚土的阻力，一般借自重下沉；若为水中基础，可用筑岛法或浮运法建造。在下沉过程中，若侧摩阻力过大，可采用高压射水法、泥浆套法或井壁后压气法等加速下沉。沉井基础是常见的深基础类型，它的刚性大、稳定性好，与桩基相比，在荷载作用下变位小，具有较好的抗震性能，尤其适用于对基础承载力要求较高、对基础变位敏感的桥梁，如大跨度悬索桥、拱桥、连续梁桥等。在施工沉井时要注意均衡挖土、平稳下沉，若有倾斜及时纠偏。

一、沉井的构造

沉井主要由井壁、刃脚、隔墙、封底及盖板等组成，如图 4-34 所示。

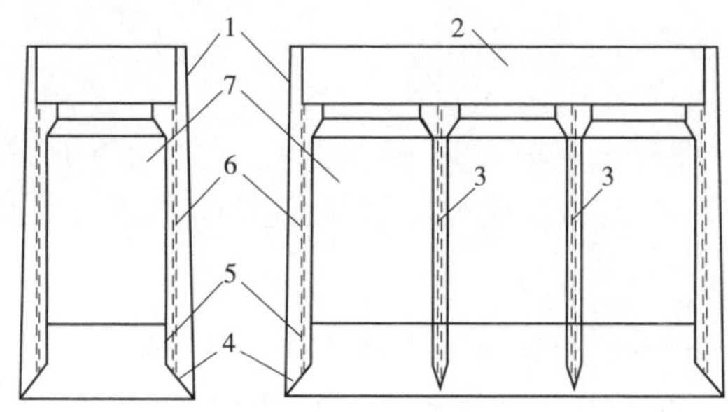

图 4-34　沉井构造

1-井壁；2-顶盖和封底；3-隔墙；4-刃脚；5-凹槽；6-射水管；7-井孔

1. 井壁

井壁是沉井的主体部分。它在沉井下沉过程中起挡土、挡水及利用自重克服井壁摩擦力的作用，并将上部荷载传到地基上去。因此，井壁必须具有足够的强度和一定的厚度。井壁一般采用钢筋混凝土制作。

2. 刃脚

井壁下端形如楔状的部分称为刃脚。其作用是在沉井自重作用下易于切土下沉。刃脚底面宽度一般为 100～200mm。

3. 隔墙

沉井长宽尺寸较大，则应在沉井内设置隔墙，以加强沉井的整体刚度。

4. 封底和盖板

沉井下沉至设计标高进行清基后，便进行浇筑封底混凝土。如井孔中不填料则应在沉井顶面浇筑钢筋混凝土盖板。

二、沉井制作

沉井的制作应根据沉井施工方法而确定，在沉井施工前，应对沉井入土地层及其基底岩石地质资料详细掌握，并依次制订沉井下沉方案；对洪汛、凌汛、河床冲刷、通航及漂浮物等做好调查研究，并制定必要的安全、技术措施，以确保沉井下沉。避免沉井周围土体破坏范围过大，但内侧阶梯会影响取土机具的工作，一般较少采用。

1. 平整场地筑岛

在岸上制作底节沉井之前应先平整场地，使其具有一定的承载能力。若场地土质松软，应铺设一层 30～50cm 厚的砂或砂砾层并夯实，以免沉井在浇筑过程中和拆除承垫木时，由于发生不均匀的下沉而产生裂缝。

沉井可在基坑中浇筑，但应防止基坑被水淹没，坑底应高出地下水面 0.5～1.0m，宜在枯水期施工。

若沉井下沉位置在水中，需水中筑岛，再在岛上制作沉井。筑岛材料应选用透水性好、易于压实的砂土或碎石填土，应分层夯实，每层厚度不应大于 0.3m。在沉井周围设置不小于 2m 宽的护道，临水面边坡不应大于 1∶2。

2. 刃脚支设

沉井制作下部刃脚的支设，可视沉井重量、施工荷载和地基承载力等情况，采用垫架法、半垫架法、砖垫座或土底模。较大较重的沉井，在较软弱地基上制作，常采用垫架或半垫架法。垫架的作用是：

(1)使地基均匀承受沉井重量，使其在混凝土浇筑过程中不会产生突然下沉，而使刃脚裂缝破坏其结构。

(2)保持沉井位置不致倾斜，便于调整。

(3)便于支撑和拆除模板。

采用支垫架法施工，应计算一次浇筑高度，使其不超过地基地耐力。直径(或边长)在 8m 以内的较轻沉井，当土质较好时，可采用砖垫座，沿周长分成 6～8 段，中间留 20mm 空隙，以便拆除；砖砌刃脚垫座砌筑应保证刃脚设计要求的刃脚踏面宽度，砖刃脚强度及底面宽度应能抵抗刃脚斜面混凝土的水平推力作用而保持稳定；砖模内壁应用 1∶3 水泥砂浆抹平。重量较轻的小型沉井，土质好时，可采用砂垫层、灰土垫层或在地基中挖槽作成土模，其内壁用 1∶3 水泥砂浆抹平。

采用垫架(或半垫架)法，先在刃脚处铺设砂垫层，再在其上铺承垫木和垫架，垫木常用 16cm×22cm 枕木(图 4-35)，垫架数量根据第一节沉井的重量和地基(或砂垫层)的容许承载力计算确定，间距一般为 0.5～1.0m。垫架铺设应对称，一般先设 8 组定位垫架，每组由 2～3 个垫架组成，矩形沉井常设 4 组定位垫架，其位置在长边两端 0.15L（L 为长边边长），在其中间支设一般垫架，垫架应垂直井壁铺设。圆形沉井刃脚圆弧部分对准圆心铺设。在垫木上支设刃脚、井壁模板。铺设垫木应使顶面保持在同一平面上，用水准仪找平，使高差在 10mm 以内，并在垫木间用砂填实，垫木中心线应与刃脚中心线重合；垫木埋深为其厚度的一半，在垫架内设排水沟。

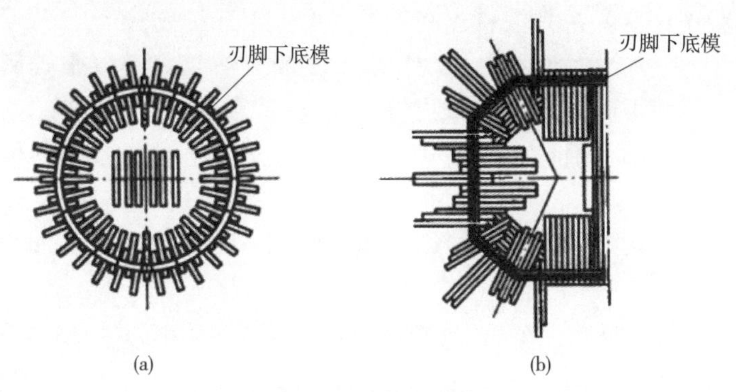

图 4-35　沉井垫木

（a）圆形沉井垫木；（b）懒散沉井垫木

当地基承载力较低、经计算垫架需用量较多、铺设过密时，应在垫木下设砂垫层加固，以减少垫架数量，将沉井的重量扩散到更大面积上，避免制作中发生不均匀沉降，使易于找平，便于铺设垫木和抽除。

3. 井壁制作

（1）模板支设。井壁模板采用钢组合式定型模板或木定型模板组装而成。采用木模时，外模靠混凝土一面刨光，涂脱模剂两度。沉井支模可先支井体内模，一次支到比施工缝略高 100mm 处，竖缝处用 90mm×90mm 方木支撑在内部脚手架上，外模亦一次支到施工缝略高 100mm 处，竖缝处亦用木方或脚手钢管杆以 ϕ16mm 拉紧螺栓紧固，间距 600mm，有防渗要求的，在螺栓中间设止水板。圆形沉井，每隔 1.8m 设一道 ϕ20mm 钢丝绳箍紧，同时再设适当斜支撑支顶于基坑壁及外部脚手架上，在外模每隔 1.5m 水平方向设一 300mm×600mm 浇筑口，沿高度方向在距刃脚底部 1.5m 处亦应设置一道。在上下节水平缝处设企口缝或钢板止水带。模板间缝隙刮腻子，模板与已浇筑混凝土接触处垫 50mm 宽泡沫塑料带，防止漏浆。第一节沉井筒壁应按设计尺寸周边加大 10～15mm，第二节相应缩小一些，以减少下沉摩阻力。当沉井内有隔墙与井壁同时浇筑时，隔墙比刃脚高，施工时需在隔墙下立排架或用砂堤支设底模。对高度 15m 以上的大型沉井，亦可采用滑模方法制作。

（2）钢筋绑扎。沉井钢筋可用吊车垂直吊装就位，用人工绑扎，或在沉井近旁预先绑扎钢筋骨架或网片，用吊车进行大块安装。竖筋可一次绑好，水平筋分段绑扎，与前一节井壁连接处伸出的插筋采用焊接连接方法，接头错开 1/4，以保证钢筋位置和保护层正确。内外钢筋之间要加设 ϕ14mm 钢筋铁码，每 1.5m 不少于一个。钢筋用挂线法控制垂直度，用水平仪测量并控制水平度，用木卡尺控制间距，用水泥砂浆垫块控制保护层。沉井内隔墙可采取与井壁同时浇筑或在井壁与内隔墙连接部位预留插筋，下沉完后，再施工隔墙。

(3)混凝土浇筑。沉井混凝土浇筑可采取以下几种方式：

1)沿沉井周围搭设脚手平台，用 15m 皮带运输机将混凝土送到脚手平台上，用手推车沿沉井通过串桶分布均匀地浇筑；

2)用翻斗汽车运送混凝土，塔式或履带式起重机吊混凝土振动吊斗，通过漏斗、串桶沿井壁作均匀浇筑；

3)在沉井上部搭设脚手平台，用 1t 机动翻斗车运送混凝土直接沿井壁均匀浇筑；

4)用混凝土运输搅拌车运送混凝土，混凝土泵车沿沉井周围进行分布均匀地浇筑，每层厚 500mm。

浇筑混凝土应注意以下事项：

1)应将沉井分成若干段同时对称均匀分层浇筑，每层厚 30cm，以避免造成地基不均匀下沉或产生倾斜；

2)混凝土应一次连续浇筑完成，第一节混凝土强度达到 70%始可浇筑第二节；

3)井壁有抗渗要求时，上下节井壁的接缝应设置凸形水平缝，接缝处凿毛并冲洗处理后，再继续浇筑下一节，并在浇筑前先浇一层减半石子混凝土；

4)前一节下沉应为后一节混凝土浇筑工作预留 0.5～1.0m 高度，以便操作；

5)混凝土可采用自然养护。为加快拆模下沉，冬季可在混凝土中掺加抗冻早强剂或用防雨帆布悬挂于模板外侧，使之成密闭气罩，通蒸汽加热养护。

三、沉井下沉

井下沉前应进行结构外观检查，检查混凝土强度及抗渗等级，根据勘测报告计算极限承载力、分段摩阻力及下沉系数，作为判断各阶段是否出现下沉以及确定下沉方法和采取相应措施的依据。

1. 抽除垫木

抽除垫木应分区、依次、对称、同步进行。以定位垫木为中心，由远到近，先短边后长边，最后撤四根定位垫木。抽出几组垫木后，应立即用砂或碎石分层回填夯实。

回填顺序：当开始拆除几组垫木时，可不回填，当抽出几组后，即进行回填，回填时分层，洒水夯实，每层厚20～30cm。以定位垫木不压断为准，回填材料有碎石、砂砾石等。

2. 下沉方法

沉井下沉一般采取排水下沉和不排水下沉。前者适用于渗水量不大，稳定的黏性土等；后者适用于严重流沙。排水下沉分为人工挖土下沉、机械挖土下沉、水力机械下沉。不排水下沉分为水下抓土下沉、水下水力吸泥下沉、空气吸泥下沉。

小型沉井，挖土多采用人工或风动工具；大型沉井，在井内用小型反铲挖土机挖掘。挖土须分层、对称、均匀地进行，一般在沉井中间开始逐渐挖向四周，每层高0.4～0.5m，沿刃脚周围保留0.5～1.5m宽的土堤，然后沿沉井井壁，每2～3m一段向刃脚方向逐层全面、对称均匀地削薄土层，每次削5～10cm，当土层经不住刃脚的挤压而破裂，沉井便在自重作用下均匀垂直挤土下沉，使不产生过大倾斜。各仓土面高差应在50cm以内。

沉井下沉多采用排水挖土下沉方法，常用方法是：设明沟、集水井排水，在沉井内离刃脚2～3m挖一圈排水明沟，设3～4个集水井，深度比开挖面低1.0～1.5m，沟和井底深度随沉井挖土而不断加深。在井壁上设离心式水泵或井内设潜水泵，将地下水排出井外，当地质条件较差，有流沙发生的情况，可在沉井外部周围设置轻型井点、喷射井点或深井井点以降低地下水位，或采用井点与明沟排水相结合的方法进行降水。

筒壁下沉时，外侧土会随之出现下陷，与筒壁间形成空隙，一般于筒壁外侧填砂，保持不少于30cm高，随下沉灌入空隙中，以减少下沉的摩阻力，并减少了以后的清淤工作。

3. 沉井下沉允许偏差(见表4-5)

表4-5　沉井下沉允许偏差表

序号	项目		允许偏差	检验频率		检验方法
				范围	点数	
1	轴线位移	顺桥纵轴线方向	1% H（H<10 000mm时，允许100mm）	每根桩	2	用经纬仪测量
2		垂直桥纵轴线方向	1.5% H（H<10 000mm时，允许150mm）		2	

（续）

序号	项目	允许偏差	检验频率		检验方法
			范围	点数	
3	沉井高程	±100mm	每根桩	4	用水准仪测量
	垂直度	2%H		2	用垂线或经纬仪检验，纵、横向各计1点

注：表中 H 为沉井下沉深度（mm）。

4. 沉井接高

当底节沉井顶面下沉至离土面较近时，其上可接筑第二节沉井。接筑时应使底节竖直，上下两节沉井的轴线互相重合，各节井筒混凝土间隙紧密。接高的井筒一般不小于 3m，当新接高的井筒具有足够的强度和稳定性后方可继续下沉。

四、沉井封底

沉井下沉至设计标高，再经 2～3d 下沉稳定，或经观测在 8h 内累计下沉量不大于 10mm，即可进行封底。

(1)封底前应先将刃脚处新旧混凝土接触面冲洗干净和打毛，对井底进行修整使之成锅底形，由刃脚向中心挖放射形排水沟，填以卵石作成滤水盲沟，在中部设 2～3 个集水井与盲沟连通，使井底地下水汇集于集水井中用潜水电泵排出，保持水位低于基底面 0.5m 以下。

(2)封底一般铺一层 150～500mm 厚卵石或砂石层，再在其上浇底板混凝土垫层，在刃脚下切实填严，振捣密实，以保证沉井的最后稳定，达到 50%强度后，在垫层上铺卷材防水层，绑钢筋，两端伸入刃脚或凹槽内，浇筑底板混凝土。

(3)混凝土浇筑应在整个沉井面积上分层、不间断地进行，由四周向中央推进，并用振动器振捣密实，当井内有隔墙时，应前后左右对称地逐孔浇筑。

(4)混凝土养护期间应继续抽水，待底板混凝土强度达到 70%后，对集水井逐个封堵。封堵方法是将集水井中水抽干，在套管内迅速用干硬性混凝土填塞并捣实，然后上法兰盘用螺栓拧紧或四周焊接封闭，上部用混凝土垫实捣平。

五、沉井质量检验

沉井基础施工应分阶段进行质量检验并填写检查记录。沉井基础施工质量应符合表 4-6 的规定。

表 4-6　沉井基础施工质量标准

项　　目		规定值或允许偏差
沉井混凝土强度/MPa		在合格标准内
沉井平面尺寸/mm	长度、宽度	±0.5%，当长、宽大于 24m 时±120
	曲线部分的半径	±0.5%，当半径大于 12m 时±60
	两对角线的差异	对角线长度的 1%，且不大于 180
沉井井壁厚度/mm	混凝土	+40，−30
	钢壳和钢筋混凝土	±15
沉井刃脚高程/mm		符合设计要求
中心偏位(纵、横向)/mm	就地制作下沉	井高的 1/100
	水中下沉	井高的 1/100+250
最大倾斜度(纵、横向)		井高的 1/100
平面扭转角	就地制作下沉	1
	水中下沉	2

注：1. 对于钢沉井及结构构造、拼装等方面有特殊要求的沉井，其平面尺寸允许偏差值应按照设计要求确定；

2. 井壁的表面应平滑、不外凸，且不得向外倾斜。

第五章　桥梁墩台施工

桥梁墩台是桥梁结构的重要组成部分。它主要由墩(台)帽、墩(台)身和基础三部分组成。桥梁墩台承担着桥梁上部结构所产生的荷载,并将荷载有效地传递给地基基础,起着"承上启下"的作用。桥墩一般系指多跨桥梁中的中间支承结构物。桥台设置在桥梁两端,除了支承桥跨结构外,它又是衔接两岸接线路堤的构筑物;既能挡土护岸,又能承受台背填土上车辆荷载所产生的附加土侧压力。

桥墩按其构造的不同可分为实体墩、空心墩、柱式墩、框架墩等;按其受力特点的不同可分为刚性墩和柔性墩;按施工工艺的不同可分为就地砌筑或浇筑桥墩、预制安装桥墩;按其截面形状的不同可分为矩形、圆形、圆端形、尖端形及各种截面组合而成的空心桥墩。

第一节　圬工墩台施工

一、石砌墩台施工

石砌墩台具有就地取材和经久耐用等优点,在石料丰富地区建造墩台时,当施工期限许可,应优先考虑石砌墩台方案。

石砌墩台的施工主要包括定位放样、材料运输、圬工砌筑、养护和勾缝等工序。

1. 定位放样

根据施工测量定出的墩台轴线放出砌筑石块的轮廓线,并在墩台转角处,设置标杆和挂线作为砌石的准绳。墩台放样定位的方法较多,常见的有垂线法、线架法和瞄准法等,可根据实际情况选用。

2. 材料运输

施工时,材料需水平和垂直运送。水平运输主要靠车辆或人工担台;垂直运输靠机械和脚手架提吊。施工脚手架除用于吊运材料外,尚可供工人上下和操作,主要有固定式、梯子式、螺旋升高滑动式和简易活动式等多种。施工用的石料和砂浆在数量小、重量轻时，可用马凳跳板直接运送；距地面较高时，可采用各种绳索吊机和铁链、吊筐、夹石钳等捆装工具运送，也可用井架、固定式动臂吊机或桅杆式吊机吊运。若在漂流物或冲积物多的河中砌筑墩台，其表面应选择坚硬石料或强度等级高的混凝土预制块镶面，在低温或温差大的地区更要选用好料。因此，在选料时不仅要注意强度、耐久性和经济价值，而且要考虑石料吊运、安砌就位是否方便。

3. 圬工砌筑

(1)砌体材料。石砌墩台是用片石、块石及粗料石与水泥砂浆砌筑的。石料与砂浆的规格要符合有关的规定。

1)石料：浆砌片石一般适用于高度小于 6m 的墩台、基础、镶面以及各式墩台填腹；浆砌粗料石则用于磨耗及冲击严重的分水体及破冰体的镶面以及有整齐美观要求的桥墩、台身等。

2)砂浆：常用的砂浆强度有 M20、M15、M10、M7.5、M5 及 M2.5 六个等级。砂浆中所用砂宜采用中砂或粗砂。砂的最大粒径选择与石料类型有关，砌筑片石时不宜超过 5mm，砌筑块料石时不宜超过 2.5mm。砂浆应具有良好的和易性，其沉入度宜为 50～70mm，以用手能将砂浆捏成小团，松手后既不松散、又不会从灰铲上流下为度。

砂浆配置应采用质量比，砂浆应随拌随用。在运输过程或在贮存器中发生离析、泌水的砂浆，砌筑前应重新拌和；已凝结的砂浆，不得使用。

(2)砌筑方法。浆砌石料的一般顺序均为先砌角石，再砌面石，最后砌腹石，角石砌好后即可将线挂到角石上（应双面拉线），再砌面石。砌面石时应留送填腹石缺口，砌完腹石后再行封砌。腹石砌筑宜采取沿运送石料方向倒退自远而近砌筑的方法。石砌体的转角处和交接处应同时砌筑，对不能同时砌筑而又必须留置的临时间断处，应砌成踏步槎。腹石应与面石一样，按规定层次和灰缝砌筑整齐，砂浆饱满。砌筑过程中应随时用水平尺和线坠校核砌体。两相邻工作段的砌筑高差不宜超过 1.2m。

1)浆砌片石：

①应用挤浆法分层砌筑，先湿润石料并铺砂浆，再安放石块，经揉动再用手锤轻击，每层高 0.7～1.2m(3～4 层片石)，层间大致找平。

②砌片石时应充分利用片石的自然形状，相互交错地咬合在一起，但最下一层石块应大面朝下，最上一层应大面朝上。砌筑镶面石时应先在石下不垫砂浆试砌，再用大锤砸去棱角，后用锤敲去小棱角，最后用凿子剔除突出部分，再铺浆砌石，用小撬棍将石块拨正，最后用手锤轻击或用手揉动，使灰缝密实。

③按设计要求和规范规定，砌体应留设沉降缝或变形缝的端面需垂直，最好

是在缝的两端跳段砌筑，在缝内填塞防水料（如麻筋沥青板），墙身设置泄水孔，墙后设防水层和反滤。

④石块搭接咬合长度应不小于 80mm，应避免通缝（竖直缝和连续规则的曲线缝）、干缝、瞎缝、三角缝和十字缝（石料四碰头）。

⑤填腹中间应设拉结石，侧面每 0.7m^2 至少设一块拉结，以保证结构的整体性。拉结石的长度，如基础宽度或墙厚等于或小于 400mm，应与砌体宽度或厚度相等；如基础宽度或墙厚大于 400mm，可用两块拉结石内外搭接，搭接长度不应小于 150mm，且其中一块长度不应小于基础宽度或墙厚的 2/3。

⑥墩台斜坡面可砌成逐层收台的阶梯形。

2）浆砌块石：与浆砌片石基本相同，不同的是镶面砌法应一顺一丁或二顺一丁砌筑，丁石的面积不小于表面积的 1/5，丁石尾部嵌入腹部约 200mm，且不小于顺石宽度的一半。

3）砌筑块石：在砌筑前应按设计图纸放出实样，挂线砌筑。砌筑基础的第一层砌块时，若基底为土质，只在已砌石块的侧面铺上砂浆即可，不需坐浆；若基底为石质，应将其表面清洗、润湿后，先坐浆再砌石。

砌筑斜面墩台时，斜面应逐层放坡，以保证规定的坡度。砌块间用砂浆黏结并保持一定的缝厚，所有砌缝要求砂浆饱满。形状比较复杂的工程，应先作出配料设计图（见图 5-1）注明块石尺寸；形状比较简单的，也要根据砌体高度、尺寸、错缝等，先行放样，配好料石再砌。

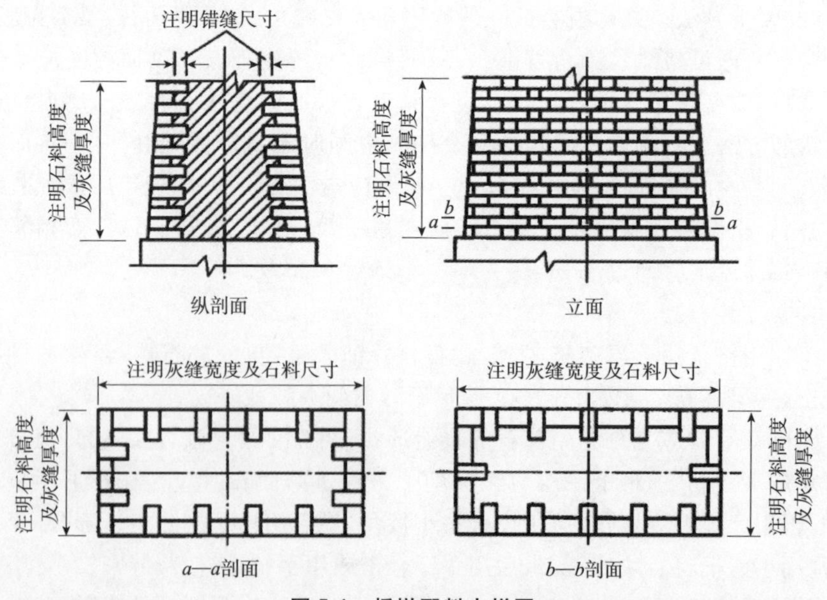

图 5-1 桥墩配料大样图

4)浆砌料石：

①可以丁顺叠砌(架井式叠砌)、丁顺组砌(双轨组砌)或全顺砌(单轨组砌)。料石砌体基础可以斜叠砌。丁顺叠砌适用于砌体厚度等于石长；丁顺组砌适用于砌体厚度大于或等于两块石料宽；全顺砌适用于砌体厚度等于石宽。料石基础砌体的第一皮应采用丁砌层座浆砌筑，阶梯形料石基础上级阶梯的料石应至少压砌下级阶梯的1/3，料石砌体应上下错缝搭砌。

②石间灰缝宽宜为10～12mm。要使横缝与竖缝垂直，错缝不小于100mm，竖缝不宜设在丁石处，只允许在丁石上面或下面有一条垂直缝。但结构在以下三个位置不得设缝：

a. 破冰体；

b. 砌体截面突变处；

c. 桥墩分水石中线或圆端形桥墩。

③浆砌桥墩分水体、破冰体镶面石前应先做出配料设计图，注明每块石料的尺寸，根据砌体高度、尺寸、分层错缝等情况先行放样。应当注意的是破冰体的破冰棱和垂直方向所成的角 $\theta \leqslant 20°$ 时，破冰体的镶面分层应成水平；$\theta > 20°$ 时，破冰体的镶面分层应垂直于破冰体，同时破冰体的分层应和墩身一致。

(3)基础砌筑。当基础开挖完毕并处理后，即可砌筑基础。砌筑时，应自最外缘开始(定位行列)，砌好外圈后填砌腹部。

基础一般采用片石砌筑。当基底为土质时，基础底层石块直接干铺于基土上；当基底为岩石时，则应先铺座灰再砌石块。第一层砌筑的石块应尽可能挑选大块的，平放铺砌，且交替丁放和顺放，并用小石块将空隙填塞，灌以砂浆，然后开始一层一层平砌。每砌2～3层就要大致找平后再砌。

(4)墩台身砌筑。当基础砌筑完毕，检查平面位置和标高均符合设计要求后，即可砌筑墩台。同一层石料及水平灰缝的厚度要均匀一致，每层按水平砌筑，丁顺相间，砌石灰缝相互垂直。

砌石顺序为先角石，再镶面，后填腹。填腹石的分层厚度应与镶面相同；圆端、尖端及转角形砌体的砌石顺序，应自顶点开始，按丁顺排列接砌镶石面。砌筑图例见图5-2。圆端形桥墩的圆端顶点不得有垂直灰缝，砌石应从顶端开始先砌石块①，然后应丁顺相间排列，接砌四周的镶面石；尖端桥墩的尖端及转角处不得有垂直灰缝，砌石应从两端开始，先砌石块①，再砌侧面转角②，然后丁顺相间排列，接砌四周的镶面石。

(5)墩台帽施工。墩台帽是用以支承桥跨结构的，其位置、高程及垫石表面平整度等均应符合设计要求，以避免桥跨结构安装困难，或出现压碎或裂缝，影响墩台的正常使用功能与耐久性。墩台帽施工的主要工序如下。

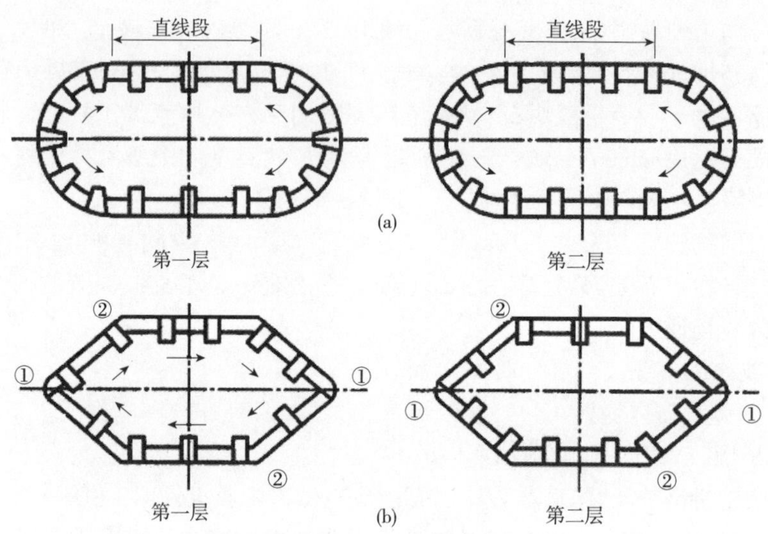

图 5-2　桥墩的砌技

(a)圆端形桥墩；(b)尖端形桥墩

1)墩台帽放样。墩台混凝土(或砌石)浇筑至离墩台帽底下约 30～50cm 高度时，即需测出墩台纵横中心轴线，并开始竖立墩台帽模板，安装锚栓孔或安装预埋支座垫板、绑扎钢筋等。台帽放样时，应注意不要以基础中心线座位台帽背墙线，浇筑前应反复核实，以确保墩台帽中心、支座垫石等位置方向与水平高程等不出差错。

2)墩台帽模板。墩台帽系支承上部结构的重要部分，其尺寸位置和水平高程的准确度要求较严，浇筑混凝土应从墩台帽下约 25～30cm 处至墩台帽顶面一次浇筑，以保证墩台帽底有足够厚度的紧密混凝土。图 5-3 为混凝土桥墩墩帽模板图，墩帽模板下面的一根拉杆可利用墩帽下层的分布钢筋，以节省铁件。台帽背墙模板应特别注意纵向支撑或拉条的刚度，防止浇筑混凝土时发生鼓肚，侵占梁断空隙。

3)钢筋和支座垫板的制作安装。墩台帽筋绑扎应遵照现行《公路桥涵施工技术规范》(JTG/T F50—2011)有关钢筋工程的规定。墩台帽上支座垫板的安设一般采用预埋支座垫板和预留锚栓孔的方法。前者须在绑扎墩台帽和支座垫石钢筋时，将焊有锚固钢筋的钢垫板安设在支座的准确位置上，即将锚固钢筋和墩台帽骨架钢筋焊接固定，同时将钢垫板作一木架，固定在墩台帽模板上。此法在施工时垫板位置不易准确，应经常检查与校正。后者须在安装墩台帽模板时，安装好预留孔模板，在绑扎钢筋时注意将锚栓孔位置留出。此法优点是支座安装施工方便，支座垫板位置准确。

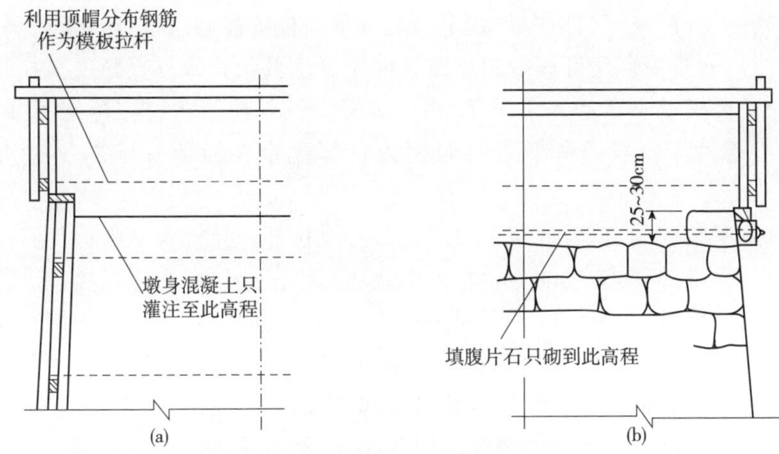

图 5-3　混凝土桥墩墩帽模板

(a)混凝土桥墩顶帽模板;(b)石砌桥墩顶帽模板

二、混凝土墩台施工

1. 墩台模板

(1)圆形或矩形截面墩柱宜采用定型钢模板,薄壁墩台、肋板桥台及重力式桥台视情况可使用木模、钢模和钢木混合模板。

(2)采用定型钢模板时,钢模板应由专业生产厂家设计及生产,拼缝以企口为宜。

(3)圆形或矩形截面墩柱模板安装前应进行试拼装,合格后安装。安装宜现场整体拼装后用汽车吊就位。每次吊装长度视模板刚度而定,一般为 4～8m。

(4)采用木质模板时,应按结构尺寸和形状进行模板设计,设计时应考虑模板有足够的强度、刚度和稳定性,保证模板受力后不变形,不位移,成型墩台的尺寸准确。墩台圆弧或拐角处,应设计制作异形模板。

(5)木质模板的拼装与就位:

1)木质模板以压缩多层板及竹编胶合板为宜,视情况可选用单面或双面覆膜模板,覆膜一侧面向混凝土一侧,次龙骨应选用方木,水平设置,主龙骨可选用方木及型钢,竖向设置,间距均应通过计算确定。内外模板的间距用拉杆控制。

2)木质模板拼装应在现场进行,场地应平整。拼装前将次龙骨贴模板一侧用电刨刨平,然后用铁钉将次龙骨固定于主龙骨上,使主次龙骨形成稳固框架,然后铺设模板,模板拼缝夹弹性止浆材料。要求设拉杆时,须用电钻在模板相应位置打眼。每块拼装大小应根据模板安装就位所采用设备而定。

3)模板就位可采用机械或人工。就位后用拉杆、基础顶部定位撅、支撑及缆风绳将其固定,模板下口用定位楔定位时按平面位置控制线进行。模板平整度、模内断面尺寸及垂直度可通过调整缆风绳松紧度及拉杆螺栓松紧度来控制。

(6)墩台模板应有足够的强度、刚度和稳定性。模板拼缝应严密不漏浆,表面平整不错台。模板的变形应符合模板计算规定及验收标准对平整度控制要求。

(7)薄壁墩台、肋板墩台及重力式墩台宜设拉杆。拉杆及垫板应具有足够的强度及刚度。拉杆两端应设置软木锥形垫块,以便拆模后,去除拉杆。

(8)墩台模板,宜在全桥使用同一种材质、同一种类型的模板,钢模板应涂刷色泽均匀的脱模剂,确保混凝土外观色泽均匀一致。

(9)混凝土浇筑时应设专人维护模板和支架,如有变形、移位或沉陷,应立即校正并加固。预埋件、保护层等发现问题时,应及时采取措施纠正。

2. 钢筋工程

(1)墩、台身钢筋加工应符合一般钢筋混凝土构筑物的基本要求,严格按设计和配料单进行。

(2)基础(承台或扩大基础)施工时,应根据墩柱、台身高度预留插筋。若墩、台身不高,基础施工时可将墩、台身钢筋按全高一次预埋到位;若墩、台身太高,钢筋可分段施工,预埋钢筋长度宜高出基础顶面1.5m左右,按50%截面错开配置,错开长度应符合规范规定和设计要求,一般不小于钢筋直径的35倍且不小于500mm,连接时宜采用帮条焊或直螺纹连接技术。预埋位置应准确,满足钢筋保护层要求。

(3)钢筋安装前,应用钢丝刷对预埋钢筋进行调直和除锈除污处理,对基础混凝土顶面应凿去浮浆,清洗干净。

(4)钢筋需接长且采用焊接搭接时,可将钢筋先临时固定在脚手架上,然后再行焊接。采用直螺纹连接时,将钢筋连接后再与脚手架临时固定。在箍筋绑扎完毕即钢筋已形成整体骨架后,即可解除脚手架对钢筋的约束。

(5)墩、台身钢筋的绑扎除竖向钢筋绑扎外,水平钢筋的接头也应内外、上下互相错开。

(6)所有钢筋交叉点均应进行绑扎,绑丝扣应朝向混凝土内侧。

(7)钢筋骨架在不同高度处绑扎适量的垫块,以保持钢筋在模板中的准确位置和保护层厚度。保护层垫块应有足够的强度及刚度,宜使用塑料垫块。使用混凝土预制垫块时,必须严格控制其配合比,保证垫块强度,垫块设置宜按照梅花形均匀布置,相邻垫块距离以750mm左右为宜,矩形柱的四面均应设置垫块。

3. 混凝土浇筑

(1)浇筑混凝土前,应检查混凝土的均匀性和坍落度,并按规定留取试件。

(2)应根据墩、台所处位置、混凝土用量、拌和设备等情况合理选用运输和浇筑方法。

(3)采用预拌混凝土时,应选择合格供应商,并提供预拌混凝土出厂合格证和混凝土配合比通知单。

(4)混凝土浇筑前,应将模内的杂物、积水和钢筋上的污垢彻底清理干净,并办理隐、预检手续。

(5)大截面墩台结构,混凝土宜采用水平分层连续浇筑或倾斜分层连续浇筑,并应在下层混凝土初凝前浇完上层混凝土。

水平分层连续浇筑上下层前后距离应保持1.5m以上。

倾斜分层坡度不宜过陡,浇筑面与水平夹角不得大于25°。

(6)墩柱因截面小,浇筑时应控制浇筑速度。首层混凝土浇筑时,应铺垫50～100mm厚与混凝土同配比的减石子水泥砂浆一层。混凝土应在整截面内水平分层,连续浇筑,每层厚度不宜大于0.3m。如因故中断,间歇时间超过规定则应按施工缝处理。

(7)柱身高度内如有系梁连接,则系梁应与墩柱同时浇筑,当浇筑至系梁上方时,浇筑速度应适当放缓,以免混凝土从系梁顶涌出。V形墩柱混凝土应对称浇筑。

(8)墩柱混凝土施工缝应留在结构受剪力较小,且宜于施工部位,如基础顶面、梁的承托下面。

(9)在基础上以预制混凝土管等作墩柱外模时,预制管节安装时应符合下列要求:

1)基础面宜采用凹槽接头,凹槽深度不应小于50mm。

2)上下管节安装就位后,用四根竖方木对称设置在管柱四周并绑扎牢固,防止撞击错位。

3)混凝土管柱外模应加斜撑以保证浇筑时的稳定性。

4)管口应用水泥砂浆填严抹平。

(10)钢板箍钢筋混凝土墩柱施工,应符合下列要求:

1)钢板箍、法兰盘及预埋螺栓等均应由具有相应资质的厂家生产,进场前应进行检验并出具合格证。厂内制作及现场安装应满足钢结构施工的有关规定。

2)在基础施工时应依据施工图纸将螺栓及法兰盘进行预埋,钢板箍安装前,应对基础、预埋件及墩柱钢筋进行全面检查,并进行彻底除锈除污处理,合格后施工。

3)钢板箍出厂前在其顶部对称位置焊吊耳各一个,安装时由吊车将其吊起后垂直下放到法兰盘上方对应位置,人工配合调整钢板箍位置及垂直度,合格后由专业工人用电焊将其固定,稳固后摘下吊钩。

4)钢板箍与法兰盘的焊接由专业工人完成,为减小焊接变形的影响,焊接时应对称进行,以便很好地控制垂直度与轴线偏位。混凝土浇筑前按钢结构验收规范对其进行验收。

5)钢板箍墩柱宜灌注补偿收缩混凝土。

6)对钢板箍应进行防腐处理。

(11)浇筑混凝土一般应采用振捣器振实。使用插入式振捣器时,移动间距不应超过振捣器作用半径的1.5倍;与侧模应保持50～100mm的距离;插入下层混凝土50～100mm;必须振捣密实,直至混凝土表面停止下沉、不再冒出气泡、表面平坦、不泛浆为止。

4. 混凝土养护

(1)混凝土浇筑完毕,应用塑料布将顶面覆盖,凝固后及时洒水养生。

(2)模板拆除后,及时用塑料布及阻燃保水材料将其包裹或覆盖,并洒水湿润养生。养生期一般不少于7d。也可根据水泥、外加剂种类和气温情况而确定养护时间。

第二节　装配式墩台施工

装配式墩台适用于跨越山谷、平缓无漂流物的河沟或河滩等地形的桥梁,特别对工地干扰多、施工场地狭窄、缺水或砂石供应困难地区,其效果更为显著。装配式墩台具有结构形式轻便、建桥速度快、圬工省、预制构件质量有保证等优点。目前常采用的墩台形式有砌块式、柱式、管节式或环圈式等。

一、砌块式墩台施工

砌块式墩台的施工大体上与石砌墩台相同,只是预制砌块的形式与墩台形式不同,有很多变化。图5-4所示为预制块件与空腹墩施工。

砌块式墩台安装技术要求如下:

(1)砌块在使用前必须浇水湿润,表面如有泥土、水锈,应清洗干净。

(2)基底应加清理,非砾类土地基应加铺薄层砂砾夯平,预制块安装前必须坐浆,基础预制块安装时,应水平放落,如放落不平,位置不对,应吊起重放,不得用橇棍拨移,以免造成基底凹陷。

(3)各砌层的砌块应安放稳固,砌块间应砂浆饱满,黏结牢固,不得直接贴靠

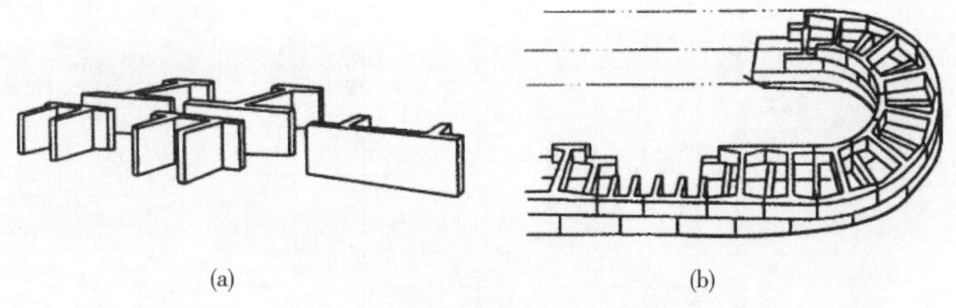

图 5-4　预制砌块墩身施工示意图

(a)空腹墩壳块；(b)空腹墩砌筑过程

或脱空。

(4)安装高度每升高 1m 左右时应抹平，并测量纵横向轴线，以控制砂浆缝厚度、标高及平面位置。

(5)砌筑上层砌块时，应避免振动下层砌块；砌筑工作中断后恢复砌筑时，已砌筑的砌层表面应加以清扫和湿润。

二、柱式墩台施工

1. 常用拼装接头

装配式柱式墩台系将墩台分解成若干轻型部件，在工厂或工地集中预制，再运送到现场装配而成。其形式有双柱式、排架式、板凳式和刚架式等，如图 5-5 所示。施工工序为预制构件、安装连接与混凝土填缝养护等，其中拼装接头是关键工序，既要牢固、安全，又要结构简单便于施工，常用的拼装接头有：

(1)承插式接头：将预装构件插入相应的预留孔内，插入长度一般为 1.2～1.5 倍的构件宽度，底部铺设 2cm 厚的砂浆，四周以内半干硬混凝土填充，常用于立柱与基础的接头连接。

(2)钢筋锚固接头：构件上预留钢筋或型钢，插入另一构件的预留槽内，或将钢筋互相焊接，再灌入半干硬性混凝土，多用于立柱与顶帽处的连接。

(3)焊接接头：将预埋在构件中的铁杆与另一构件的预埋铁杆用电焊连接，外部再用混凝土封闭。这种接头易于调整误差，多用于水平连接杆与立柱的连接。

(4)扣环式接头：相互连接的构件按预定位置预埋环式钢筋，安装时柱脚先坐落在承台的柱心上，上下环式钢筋相互错接，扣环间插入 U 形短钢筋焊牢，四周再绑扎钢筋一圈，立模浇筑外围接头混凝土。此种接头要求上下扣环预埋位置正确，施工较为复杂。

(5)法兰盘接头：在相互连接的构件两端安装法兰盘，连接时将法兰盘连接螺栓拧紧即可。此种接头要求法兰盘预埋位置必须与构件垂直，接头处可不用混凝土封闭。

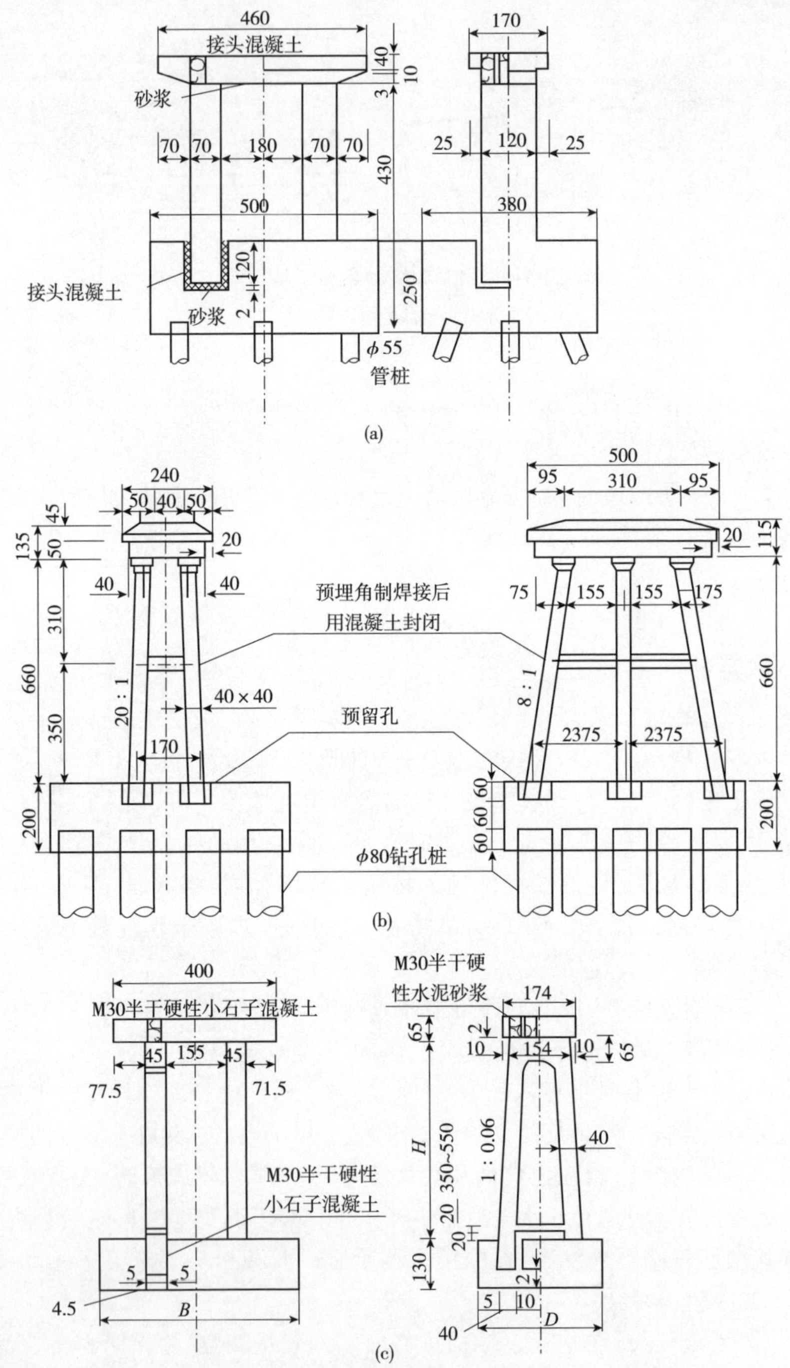

图 5-5　装配柱式墩示意图(cm)

(a)双柱式拼装墩；(b)排架式拼装墩；(c)钢架式拼装墩

2. 装配式柱式墩台施工注意事项

(1)装配式柱构件与基础预留杯形基座应编号,并检查各个墩、台高度和基底标高是否符合设计要求,基杯口四周与柱边的空隙不得小于 2cm。

(2)墩台柱吊入基杯内就位时,应在纵横方向测量,使柱身竖直度或倾斜度以及平面位置均符合设计要求,对重大、细长的墩柱需用风缆或撑木固定,方可摘除吊钩。

(3)在墩台柱顶安装盖梁前,应先检查盖梁上预留槽眼位置是否符合设计要求,否则应先修凿。

(4)柱身与盖梁(顶帽)安装完毕并检查符合要求后,可在基杯空隙与盖梁槽眼处灌筑稀砂浆,待其硬化后,撤除楔子、支撑或风缆,再在楔子孔中灌填砂浆。

三、后张法预应力混凝土装配墩施工

装配式预应力钢筋混凝土墩分为基础、实体墩身和装配墩身三大部分。装配墩身由基本构件、隔板、顶板及顶帽四种不同形状的构件组成,用高强钢丝穿入预留的上下贯通的孔道内,张拉锚固而成,见图 5-6。实体墩身是装配墩身与基础的连接段,其作用是锚固预应力钢筋,调节装配墩身高度及抵御洪水时漂流物的冲击等。

装配式预应力桥墩主要施工程序:基础开挖→模板制作→弯扎钢筋→灌注混凝土实体墩身→拼装构件→张拉预应力筋束→压浆→封锚作防水层→清理场地,全过程应贯穿着质量检查工作,具体要求如下:

(1)实体墩身灌注时要按装配构件孔道的相对位置,预留张拉孔道及工作孔。

(2)构件装配的水平拼装缝采用 M35 水泥砂浆,砂浆厚度为 15mm,便于调整构件水平标高,不使误差累积。

(3)安装构件的操作要领是:平、稳、准、实、通五大关键,即起吊要平;内外壁砂浆接缝要抹平;起吊、降落、松钩要稳;构件尺寸要准;孔道位置要准;中线准及预埋配件位置准;接缝砂浆要密实;构件孔道要畅通。

(4)张拉预应力的钢丝束分两种,一种是直径为 5mm 的高强度钢丝,用 $18^{\#}$ 锥形锚;另一种用 70mm 钢绞线,用 JM12－6 型锚具,采用一次张拉工艺。

(5)孔道压浆前先用高压水冲洗,采用纯水泥砂浆压浆,为了减少水泥浆的收缩及泌水性能,可掺入水泥重量(0.8～1.0)/10 000 的矿粉。压浆最好由下而上压注,压浆分初压与复压,初压后,约停 1h,待砂浆初凝后即进行复压,复压压力可取为 0.8～1.0MPa,初压压力可小一点。

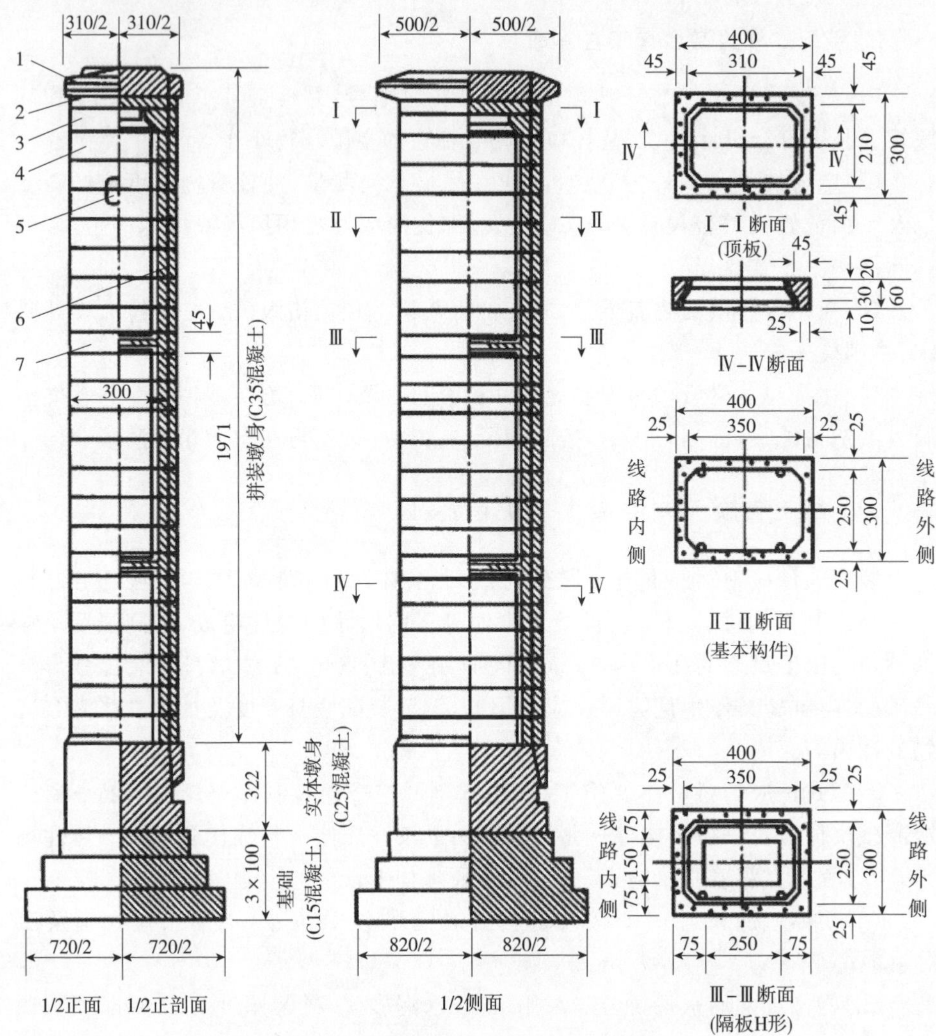

图 5-6　装配式预应力混凝土构造图(cm)

1-顶帽;2-平板;3-顶板;4-基本构件;5-检查孔;6-预应力筋;7-φ1 钢纹线隔板

第三节　高桥墩的滑动模板施工

一、滑动模板的构造

滑动模板系将模板悬挂在工作平台的围圈上,沿着所施工的混凝土结构截面的周界组拼装配,并随着混凝土的浇筑由千斤顶带动向上滑升。由于桥墩类型、提升工具的类型不同,滑动模板的构造也稍有差异,但其主要部件与功能则大致相同，一般主要由工作平台、内外模板、混凝土平台、工作吊篮和提升设备等组成，如图 5-7 所示。

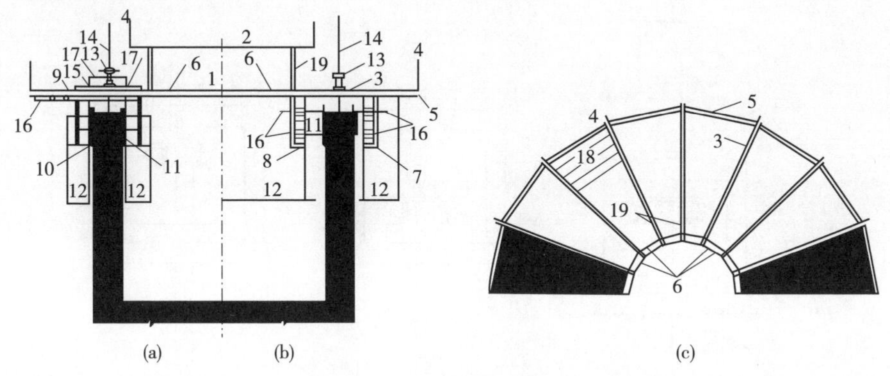

图 5-7　滑动模板构造示意

(a)等壁厚收坡滑模半剖面(螺杆千斤顶)；(b)不等壁厚收坡滑模半剖面(液压千斤顶)；(c)工作平台半平面
1-工作平台；2-混凝土平台；3-辐射梁；4-栏杆；5-外钢环；6-内钢环；7-外立柱；8-内立柱；9-滚轴；10-外模板；11-内模板；12-吊篮；13-千斤顶；14-顶杆；15-导管；16-收坡螺杆；17-顶架横梁；18-步板；19-混凝土平台柱

二、滑动模板施工

1. 提升工艺

滑动模板提升设备主要有提升千斤顶、支承顶杆及液压控制装置等几部分。其提升过程为：

(1)螺旋千斤顶提升步骤(见图 5-8)

1)转动手轮 2 使螺杆 3 旋转，使千斤顶顶座 4 及顶架上横梁 5 带动整个滑模徐徐上升。此时，上卡头 6、卡瓦 7、卡板 8 卡住顶杆，而下卡头 9、卡瓦 7、卡板 8 则沿顶杆向上滑行，当滑至与上下卡瓦接触或螺杆不能再旋转时，即完成一个行程的提升。

2)向相反方向转动手轮，此时，下卡头、卡瓦、卡板卡住顶杆 1，整个滑模处于静止状态。仅上卡头、卡瓦、卡板连同螺杆、手轮沿顶杆向上滑行，至上卡头与顶架上横梁接触或螺杆不能再旋转时为止，即完成整个循环。

(2)液压千斤顶提升步骤(图 5-9)

1)进油提升：利用油泵将油压入缸盖 3 与活塞 5 之间，在油压作用下，上卡头 6 立即卡紧顶杆 1，使活塞固定于顶杆上(图 5-9a)。随着缸盖与活塞间进油量的增加，使缸盖连同缸筒 4、底座 9 及整个滑模结构一起上升，直至上、下卡头顶紧时(图 5-9b)，提升暂停。此时，缸筒内排油弹簧完全处于压缩状态。

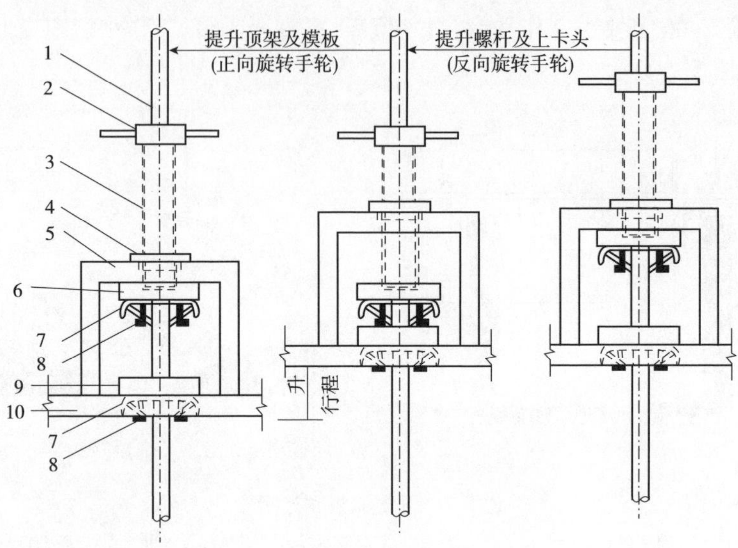

图 5-8　螺旋千斤顶提升示意图

1-顶杆；2-手轮；3-螺杆；4-顶座；5-顶架上横梁；6-上卡头；7-卡瓦；8-卡板；9-下卡头；10-顶架下横梁

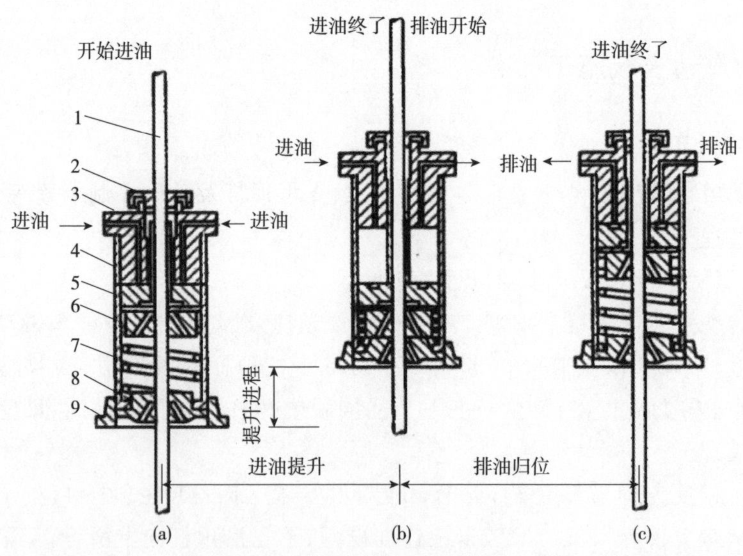

图 5-9　液压千斤顶提升示意图

1-顶杆；2-行程调整帽；3-缸盖；4-缸筒；5-活塞；6-上卡头；7-排油弹簧；8-下卡头；9-底座

2)排油归位：开通回油管路，解除油压，利用排油弹簧 7 推动下卡头使其与顶杆卡紧，同时推动上卡头将油排出缸筒，在千斤顶及整个滑模位置不变的情况下，使活塞回到进油前位置。至此，完成一个提升循环(图 5-9c)。为了使各液压前千斤顶能协同一致地工作，应将油泵与各千斤顶用高压油管连通，由操作台统一集中控制。

提升时，滑模与平台上临时荷载全由支撑顶杆承受。顶杆多用 A3 与 A5 圆钢制作，直径 25mm，A5 圆钢的承载能力约为 12.5kN（A3 则为 10kN）。顶杆一端埋置于墩台结构的混凝土中，一端穿过千斤顶心孔，每节长 2.0～4.0m，用工具式或焊接连接。为了节约钢材，使支承顶杆能重复使用，可在顶杆外安上套管，套管随同滑模整个结构一起上升，待施工完毕后，可拔出支承顶杆。

2. 混凝土浇筑

滑模宜浇筑低流动性或半干硬性混凝土，浇筑时应分层、分段对称地进行，分层厚度以 20～30cm 为宜，浇筑后混凝土表面距模板上缘宜有不小于 10～15cm 的距离。混凝土入模时，要均匀分布，应采用插入式振动器捣固，振捣时应避免触及钢筋及模板，振动器插入下一层混凝土的深度不得超过 5cm；脱模时混凝土强度应为 0.2～0.5MPa，以防在其自重压力下坍塌变形。为此，可根据气温、水泥强度等级经试验后掺入一定量的早强剂，以加速提升；脱模后 8h 左右开始养生，用吊在下吊架上的环绕墩身的带小孔的水管来进行。养生水管一般设在距模板下缘 1.8～2.0m 处效果较好。

3. 提升与收坡

整个桥墩浇筑过程可分为初次滑升、正常滑升和末次滑升三个阶段。从开始浇筑混凝土到模板首次试升为初次滑升阶段，初灌混凝土的高度一般为600～700mm，分 3 次浇筑，在底层混凝土强度达到 0.2～0.4MPa 时即可试升。将所有千斤顶同时缓慢提升 50mm，以观察底层混凝土的凝固情况。现场鉴定可用手指按刚脱模的混凝土表面，基本按不动，但留有指痕，砂浆不沾手，用指甲划过有痕，滑升时可耳闻“沙沙”的摩擦声，这些表明混凝土已具备 0.2～0.4MPa 的脱模强度，可以开始再缓慢提升 200mm 左右。初升后全面检查设备，即可进入正常滑升阶段，即每浇筑一层混凝土，滑模提升一次，使每次浇筑的厚度与每次提升的高度基本一致。在正常气温条件下，提升时间不宜超过 1h。末次滑升阶段是混凝土已经浇筑到需要高度，不再继续浇筑，但模板尚需继续滑升的阶段。灌完最后一层混凝土后，每隔 1～2h 将模板提升 50～100mm，滑动2～3次后即可避免混凝土与模板胶合。滑模提升时应做到垂直、均衡一致，顶架间高差不大于 20mm，顶架模梁水平高差不大于 5mm，并要求三班连续作业，不得随意停工。

4. 接长顶杆、绑扎钢筋

模板每提升至一定高度后，就需要穿插进行顶杆、绑扎钢筋等工作。为不影响提升的时间，钢筋、接头均应事先配好，并注意将接头错开。对预埋件及预埋的接头钢筋，滑模抽离后，要及时清理，使之外露。

5. 混凝土工程停工后的处理

在整个施工过程中,由于工序的改变或发生意外事故,混凝土的浇筑工作停止较长时间,即需要进行停工处理。例如,每隔半小时左右稍微提升模板一次,以免黏结;停工时在混凝土表面要插入短钢筋等,以加强新老混凝土的黏结;复工时还需要将混凝土表面凿毛,并用水冲走残渣,润湿混凝土表面,灌注一层厚度为20～30mm的1∶1水泥砂浆,然后再浇筑原配合比的混凝土,继续滑模施工。

第四节　支座安装施工

目前,国内桥梁上使用较多的是橡胶支座,包括板式橡胶支座、聚四氟乙烯橡胶支座和盆式橡胶支座3种。前两种用于反力较小的中小跨径桥梁,后一种用于反力较大的大跨径桥梁。

一、板式橡胶支座的安设

板式橡胶支座的安装是保证支座正常使用的关键。橡胶支座应水平安装。由于施工等原因倾斜安装时,则坡度最大不能超过2%,在选择支座时,仅须考虑由于支座倾斜安装而产生的剪切变形所需要的橡胶层厚度。

支座必须考虑更换、拆除和安装的方便。任何情况下不允许两个或两个以上支座沿梁中心线在同一支承点处一个接一个安装,也不允许把不同尺寸的支座并排安装。

要求支座安装位置准确、支承垫石水平,每根梁端的支座尽可能受力均匀,不得出现个别支座脱空现象,以免支座受力后产生滑移及脱落等情况。对大跨径桥梁或弯、斜、坡桥等,必须在支座与所支承的结构之间设置必要的横向限位设施,以使梁体的横向移动控制在容许限度以内。

支座中心尽可能对准梁的计算支点,必须使整个橡胶支座的承压面上受力均匀。因此,应注意以下几点:

(1)安装前应将墩、台支座支垫处和梁底面清洗干净,去除油垢,用水灰比不大于5的1∶3水泥砂浆仔细抹平,使其顶面高程符合设计要求。

(2)支座安装尽可能安排在接近年平均气温的季节里进行,以减少由于温差过大而引起的剪切变形。

(3)梁、板安放时,必须细致稳妥,使梁、板就位准确且与支座密贴,勿使支座产生剪切变形。就位不准时必须吊起重放,不得用撬杠移动梁、板。

(4)当墩台两端高程不同,顺桥向或横桥向有坡度时,支座安装必须严格按设计规定办理。

(5)支座周围应设排水坡,防止积水,并注意及时清除支座附近的尘土、油脂与污垢等。

(6)为了便于检查维修,通常采取下列措施:梁端横隔板设置在与支座平行处,且距梁底有一定距离,以便利用横隔板位置安装千斤顶或扁千斤顶,顶升后纠偏或更换支座;在支座旁边的空间通常设置各种凹槽,以便安装千斤顶或扁千斤顶,随时纠正或更换支座;支座垫石可适当接高,接出高度应使梁底与墩台帽顶之间便于安装顶梁千斤顶。支承垫石的平面尺寸,宜按设计要求决定,支承垫石混凝土强度等级不低于C25。接高部分的支承垫石中应配有 ϕ12 间距 15cm 的竖向钢筋,埋入墩帽中约 40cm。旧桥改建时,支承垫石可不接高。

二、聚四氟乙烯橡胶支座的安设

聚四氟乙烯橡胶支座是按照支座平面尺寸大小,在普通板式橡胶支座上黏附一层聚四氟乙烯板(2～4cm)而成,如图 5-10 所示。它除了具有板式橡胶支座的优点外,还能利用聚四氟乙烯板与梁底不锈钢板间的低摩擦系数,使得桥梁上部构造的水平位移不受限制。

除按照普通板式橡胶支座安装方法安装外,在安装时还应注意以下几点:

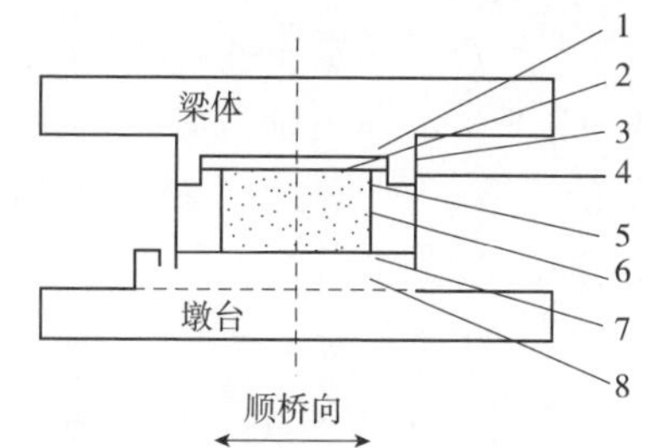

图 5-10　聚四氟乙烯橡胶支座示意图

1-支座上钢板;2-不锈钢板;3-螺钉及压条;4-防尘围板;5-聚四氟乙烯板;6-橡胶支座;7-支座下钢板;8-支座垫石

(1)墩台上设置的支承垫石,其高程应考虑预埋的支座下钢板的厚度,或在支承垫石上预留一定深度的凹槽,将支座下钢板用环氧树脂砂浆黏结于凹槽内。

(2)在支座下钢板上及聚四氟乙烯滑板式橡胶支座上标出支座位置中心线,两者中心线应重合放置,为防止施工中移位,应设置临时固定设施。

(3)梁底预埋的支座上钢板应与四氟乙烯滑板式支座紧密接触,将不锈钢板嵌入梁底上钢板内,或直接用不锈钢螺钉固定在上钢板上。安装支座时,不锈钢板和四氟板表面均应清洁干净,并在四氟板表面涂上硅脂油,落梁时要求平稳、准确、无振动,梁与支座密贴,不得脱空。

(4)梁与支座安装就位后,拆除支座的临时固定装置,安装支座的防尘围护装置。

三、盆式橡胶支座的安设

(1)盆式橡胶支座面积较大,在浇筑墩台混凝土时,必须有特殊措施,使支座下面的混凝土能浇筑密实。

(2)盆式橡胶支座的两个主要部分:聚四氟乙烯板与不锈钢板的滑动面和密封在钢盆内的橡胶块,两者都不能有污物和损伤,否则将降低使用寿命,增大摩擦系数。

(3)盆式橡胶支座的预埋钢垫板必须埋置密实,垫板与支座之间平整密贴,支座四周的间隙量不能超过0.4mm,支座的轴线偏差不能超过2mm。

(4)支座安装前,应将支座的各相对滑动面和其他部分用丙酮或酒精擦拭干净,擦净后在四氟板的储油槽内注满硅脂润滑剂,注意保洁。

(5)支座的顶板和底板可用焊接或锚固螺栓拴接在梁体底面和墩台顶面的预埋钢板上。采用焊接方法时,应注意不要烧坏混凝土;采用螺栓锚固时,须用环氧树脂砂浆将地脚螺栓埋置在混凝土间,其外露螺杆的高度不得大于螺母的厚度。上下支座安装顺序为:先将上座板固定在梁上,而后根据其位置确定底盆在墩台上的位置,最后予以固定。

(6)安装支座的高程应符合设计要求,平面纵横两个方向应水平,支座承压$<$5 000kN时,其四角高差不得大于1mm;支座承压$>$5 000kN时,其四角高差不得大于2mm。

(7)安装固定支座时,其上下各个部件纵轴线必须对正;安装纵向活动支座时,上下各部件纵轴线必须对正,横轴线应根据安装时的温度与年平均的最高、最低温差,由计算确定其错位的距离;支座上下导向块必须平行,最大偏差的交叉角不得大于5°。

(8)在桥梁施工期间,混凝土自身的收缩和徐变以及预应力和温差引起的变形会产生位移,因此,要在安装活动支座时,对上下板预留偏移量,变形方向要与桥纵轴线一致,保证成桥后的支座位置符合设计要求。

第六章 桥梁上部结构施工

第一节 简支梁桥施工

简支梁桥属于静定结构:其各跨独立受力。由于其受力简单,混凝土收缩徐变、温度变化、地基沉降等均不会在梁中产生化加内力,且设计计算简单、施工方便、工期短、造价低,使其成为在梁式体系桥中应用较早、使用较为广泛的一种桥型。桥梁工程中广泛采用的简支梁桥有三种类型:

(1)简支板桥。简支板桥主要用于小跨度桥梁。按其施工方式的不同,分为整体式简支板桥和装配式简支板桥。

(2)丁形截面肋梁式简支梁桥(简称简支丁梁桥),简支丁梁桥主要用于中等跨度的桥梁。中小跨径为 8～12m 时,采用钢筋混凝土简支丁梁桥;跨径为 20～50m 时,多采用预应力混凝土简支丁梁桥。在我国使用最多的简支丁梁桥的横截面形式是由多片丁形梁组成。

(3)箱形简支梁桥。箱形简支梁桥主要用于预应力混凝土梁桥,尤其适用于桥面较宽的预应力混凝土桥梁结构和跨度较大的斜交桥和弯桥。

简支梁桥的常用施工方法有:

①现场支架浇筑法。就地浇筑施工是在桥位处搭设支架,作为工作平台,在支架上安装模板、绑扎及安装钢筋骨架、预留孔道,并在现场浇筑混凝土与施加预应力,待混凝土达到强度后拆除模板、支架的施工方法。由于施工需用大量的模板支架,这种方法适用于小跨径桥或两岸桥墩不太高的引桥和城市高架桥。随着桥梁结构形式的发展,出现了一些变宽的异型桥跨、弯桥等复杂的混凝土结构,又由于近年来临时钢构件和万能杆件系统的大量应用,在其他施工方法都比较困难,或经过比较,施工方便、费用较低时,也有在中、大型桥梁中采用就地浇筑的施工方法。目前,就地浇筑施工在简支梁中已经较少采用。

②预制安装法。预制装配施工是将在预制厂或桥梁现场预制的梁运至桥位处,使用一定的起重设备进行安装和完成横向联结组成桥梁的施工方法。目前,预制安装法是简支梁经常采用的一种施工方法,预制梁的安装主要有联合架桥机法、双导梁安装法、扒杆吊装法、跨墩龙门吊机安装法、自行式吊车安装法、浮

吊架设法等。

一、钢筋混凝土简支梁桥施工

钢筋混凝土简支梁的制作主要包含支架工程、模板工程、钢筋工程、混凝土工程。

1. 支架工程

就地浇筑法钢筋混凝土简支梁桥上部结构施工首先应在桥址适当位置处搭设支架，以支撑模板、钢筋、混凝土自重以及其他施工荷载。对于装配式钢筋混凝土简支梁桥施工，也需搭设支架作为吊装过程中的临时支承结构和施工操作平台。所以，支架不仅直接影响着梁体的线形尺寸，还关系到具体施工的安全性，现浇支架工程应满足下列要求：

(1)支架应具有足够的强度、刚度和稳定性，能可靠地承受施工过程中产生的各种荷载，支架构件相互结合紧密，要有足够的纵、横、斜向连接杆件。

(2)支架应进行设计和计算，并经审批后方可施工。

(3)支架预压消除非弹性变形，在支架的弹性变形及基础的允许下沉量应满足施工后梁体设计标高的要求。支架承受荷载后允许有挠度和变形，在安装前要进行计算，按要求设置预拱度，使梁体最终线形符合设计要求。

(4)整体浇筑时应采取措施，防止梁体不均匀下沉产生裂缝，若地基下沉可能造成梁体混凝土产生裂缝，应分段浇筑。

(5)当在软弱地基上设置满布现浇支架时，应对地基进行处理，使地基的承载力满足现浇混凝土的施工荷载要求，浇筑混凝土时地基的沉降量不宜大于5mm。无法确定地基承载力时，应对地基进行预压，并进行部分荷载试验。

(6)支架上应设置落架装置，落架时要对称均匀，不应使梁体发生局部受力。

(7)支架构造与制作应简便，拆装方便，以增加周转和使用次数。

(8)对高度超过8m的支架，应对其稳定性进行安全论证，确认无误后方可施工。

施工中常用的支架形式有满布式(支柱式)、梁式和梁柱式，如图6-1所示。满布式支架构造简单，用于陆地、不通航河道、桥位处水位不深或桥墩不高的桥梁。满布支架宜采用碗扣式、轮扣式、门式或扣件式等钢管材料。梁式支架宜采用型钢、钢管和贝雷桁片等材料。一般型钢用于跨径小于10m、钢板梁用于跨径小于20m、贝雷桁梁用于跨径大于20m的支架。梁可以支承在墩旁支架上，也可在桥墩上预留托架或支承在桥墩处横梁上。梁柱式支架可在跨径较大时使用，梁支撑在桥墩台以及临时支架或临时墩上，形成多跨连续支架。

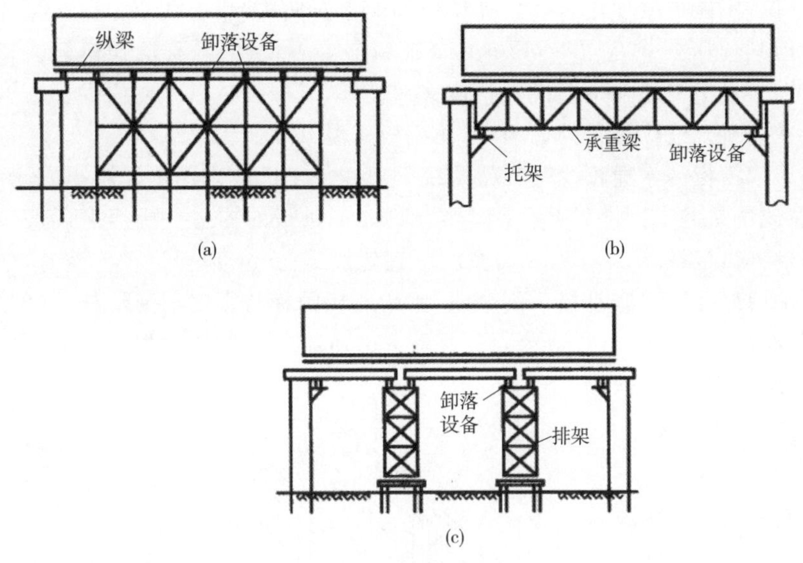

图 6-1　支架构造

(a)支柱式;(b)梁式;(c)梁柱式

2. 模板工程

模板系统包括模板、支架和紧固件三个部分。模板又称模型板,是新浇混凝土成型用的模型。支承模板及承受作用在模板上的荷载结构(如支柱、桁架等)均称为支架。模板及其支架应根据工程结构形式、荷载大小、地基土类别、施工设备和材料供应等条件进行设计。

模板及其支架应满足以下要求:有足够的承载力、刚度和稳定性,能可靠地承受浇筑混凝土的重力、侧压力以及施工荷载;保证工程结构和构件各部位形状尺寸和相互位置的正确;构造简单,装拆方便,便于钢筋的绑扎与安装、混凝土的浇筑与养护等工艺要求;接缝严密,不得漏浆。

按模板形状分类有平面模板和曲面模板。平面模板又称侧面模板,主要用于结构物垂直面。曲面模板用于廊道、隧洞、溢流面和某些形状特殊的部位,如进水口扭曲面、蜗壳、尾水管等。

按模板材料分有钢模板、木模板、胶合板、混凝土预制模板、塑料模板、橡胶模板等。

按模板受力条件分有承重模板和侧面模板。承重模板主要承受混凝土重量和施工中的垂直荷载;侧面模板主要承受新浇混凝土的侧压力。侧面模板按其支撑受力方式,又分为简支模板、悬臂模板和半悬臂模板。

按模板使用特点分有固定式、拆移式、移动式和滑动式。固定式用于形状特殊的部位，不能重复使用。后三种模板都能重复使用，或连续使用在形状一致的部位，但其使用方式有所不同：拆移式模板需要拆散移动；移动式模板的车架装有行走轮，可沿专用轨道使模板整体移动；滑动式模板是以千斤顶或卷扬机为动力，可在混凝土连续浇筑的过程中，使模板面混凝土面。

(1)木模板。木模板及其支架系统一般在加工厂或现场木工棚制成元件，然后再在现场拼装。图 6-2 所示为基本元件之一拼板的构造。拼板由板条和拼条(木挡)组成，板条厚 25～50mm，宽度不宜超过 200mm，以保证在干缩时，缝隙均匀，浇水后缝隙要严密且板条不翘曲，但梁底板的板条宽度不受限制，以免漏浆。拼条截面尺寸为 25mm×35mm～50mm×50mm，拼条间距根据施工荷载大小及板条的厚度而定，一般取 400～500mm。

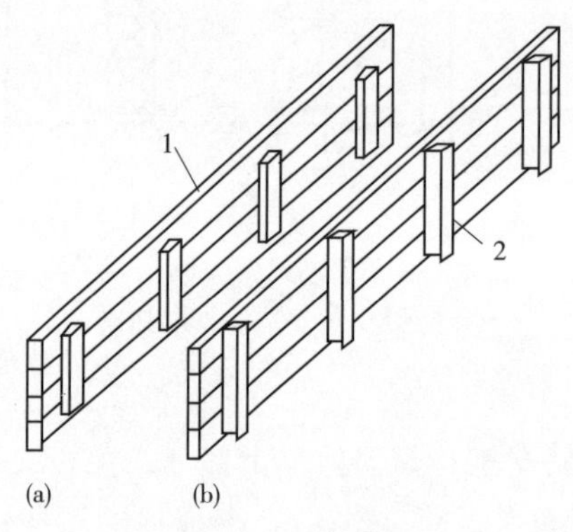

图 6-2　拼板的构造

(a)一般拼板；(b)梁侧板的拼板

1-拼板；2-拼条

(2)钢模板。钢模板使用厚度为 4～6cm 的钢制面板代替木模中的木质面板，用角钢做成水平肋和竖直肋代替木模中的肋木和立柱。在拼装钢模板时，所有紧贴混凝土的接缝内部，都用止浆垫使接缝紧密不漏浆。钢模板宜采用标准化的组合模板，其可多次周转、结实耐用、接缝严密、能经强力振捣、浇筑的构件表面光滑，在目前桥梁施工中采用日益增多，如图 6-3 所示为 T 梁钢模板构造示意图。

3. 钢筋工程

(1)钢筋加工

1)钢筋除锈。钢筋由于保管不善或存放时间过久，就会受潮生锈。在生锈初期，钢筋表面呈黄褐色，称水锈或色锈，这种水锈除在焊点附近必须清除外，一般可不处理；但是当钢筋锈蚀进一步发展，钢筋表面已形成一层锈皮，受锤击或碰撞可见其剥落，这种铁锈不能很好地与混凝土黏结，影响钢筋和混凝土的握裹力，并且在混凝土中继续发展，需要清除。

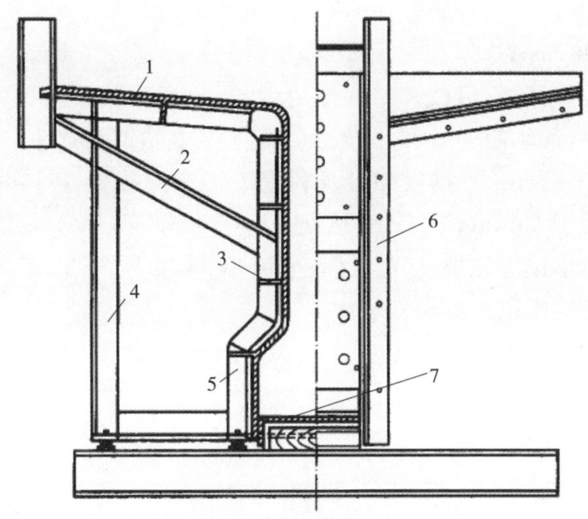

图 6-3　钢模板构造图

1-钢壳板;2-斜撑;3-水平肋;4-直撑;5-竖向肋;6-端模;7-底模

钢筋除锈一般可以通过以下两个途径:

①大量钢筋除锈可通过钢筋冷拉或钢筋调直机调直过程中完成;

②少量的钢筋局部除锈可采用电动除锈机或人工用钢丝刷、砂盘以及喷砂和酸洗等方法进行。

2)钢筋调直。钢筋在使用前必须经过调直,否则会影响钢筋受力,甚至会使混凝土提前产生裂缝,如未调直直接下料,会影响钢筋的下料长度,并影响后续工序的质量。钢筋调直宜采用机械方法,也可以采用冷拉,常用的方法是使用卷扬机拉直和用调直机调直。

3)钢筋切断。有人工剪断、机械切断、氧气切割三种方法。直径大于 40mm 的钢筋一般用氧气切割。

钢筋切断机是用来把钢筋原材料或已调直的钢筋切断,其主要类型有机械式、液压式和手持式钢筋切断机。机械式钢筋切断机有偏心轴立式、凸轮式和曲柄连杆式等形式。

(2)钢筋下料

普通钢筋下料长度计算如下:

直筋下料长度=构件长度+搭接长度—保护层厚度+弯钩增加长度

弯起筋下料长度=直段长度+斜段长度+搭接长度−弯折减少长度+弯钩增加长度

箍筋下料长度=直段长度+弯钩增加长度−弯折减少长度
=箍筋周长+箍筋调整值

上述钢筋如有搭接，还应增加钢筋搭接的长度。

(3)钢筋焊接与绑扎

采用焊接代替绑扎，可改善结构受力性能，提高工效，节约钢材，降低成本。结构的某些部位，如轴心受拉和小偏心受拉构件中的钢筋接头应焊接。普通混凝土中直径大于 22mm 的钢筋和轻骨料混凝土中直径大于 20mm 的 HRB335 级钢筋及直径大于 25mm 的 HRB335、HRB400 级钢筋，均宜采用焊接接头。

钢筋常用的焊接方法有闪光对焊、电弧焊、电渣压力焊、点焊和气压焊等。钢筋焊接方法及适用范围见表 6-1。

表 6-1　钢筋焊接方法及适用范围

焊接方法		接头形式	适用范围	
			钢筋级别	钢筋直径(mm)
电阻点焊		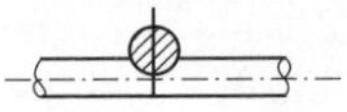	HPB300 级、HRB335 级 冷轧带肋钢筋 冷拔光圆钢筋	6～14 5～12 4～5
闪光对焊		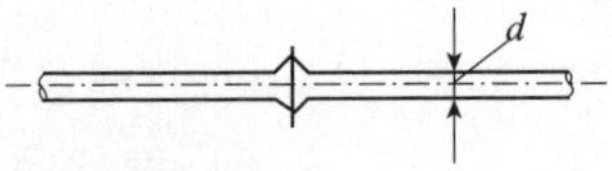 d	HPB235 级、HRB335 级及 HRB400 级 RRB400 级	10～40 10～25
电弧焊	帮条双面焊	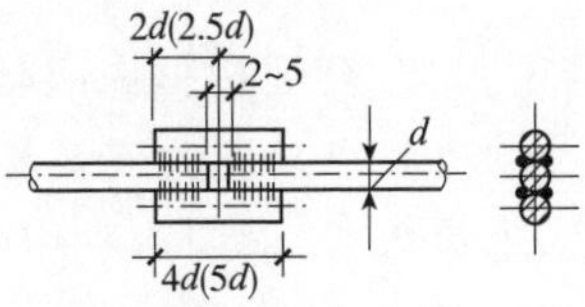 2d(2.5d)　2~5　d　4d(5d)	HPB235 级、HRB335 级及 HRB400 级 RRB400 级	10～40 10～25
	帮条单面焊	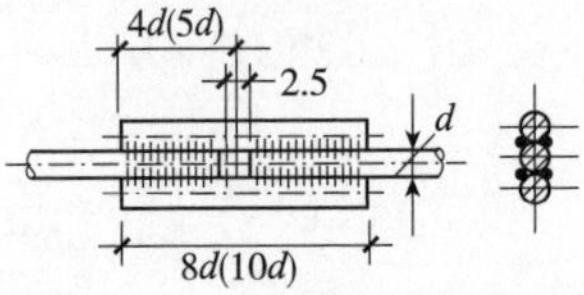 4d(5d)　2.5　d　8d(10d)	HPB235 级、HRB335 级及 HRB400 级 RRB400 级	10～40 10～25
	搭接双面焊	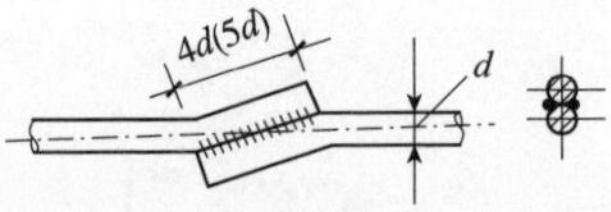 4d(5d)　d	HPB235 级、HRB335 级及 HRB400 级 RRB400 级	10～40 10～25
	搭接单面焊	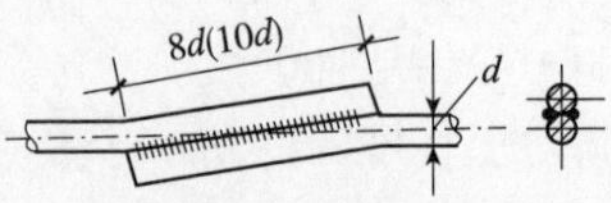 8d(10d)　d	HPB235 级、HRB335 级及 HRB400 级 RRB400 级	10～40 10～25

（续）

焊接方法		接头形式	适用范围	
			钢筋级别	钢筋直径(mm)
电弧焊	熔槽帮条焊	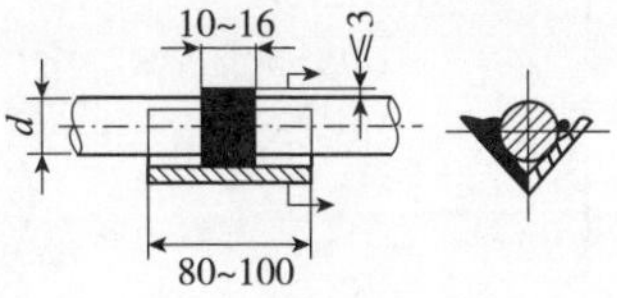	HPB235 级、HRB335 级 及 HRB400 级 RRB400 级	 20～40 20～25
	剖口平焊		HPB235 级、HRB335 级 及 HRB400 级 RRB400 级	 18～40 18～25
	剖口立焊	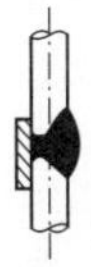	HPB235 级、HRB335 级 及 HRB400 级 RRB400 级	 18～40 18～25
	钢筋与钢板搭接焊	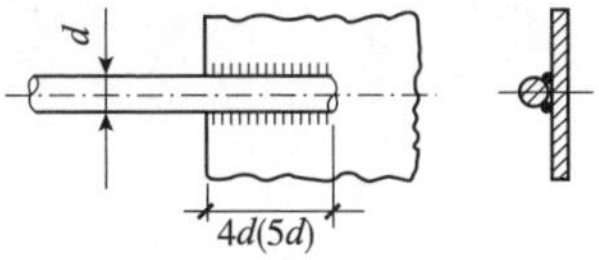	HPB235 级与 HRB335 级	8～40
	预埋件角焊	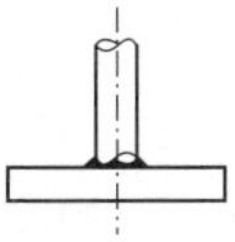	HPB235 级、HRB335 级	6～25
	预埋件穿孔塞焊	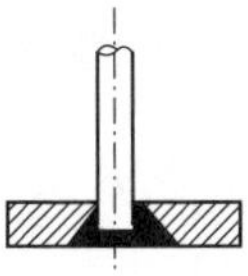	HPB235 级、HRB335 级	20～25
电渣压力焊			HPB235 级、HRB335 级	14～40

（续）

焊接方法	接头形式	适用范围	
		钢筋级别	钢筋直径(mm)
气压焊		HPB235 级、HRB335 级 HRB400 级	14～40
预埋件 埋弧压力焊		HPB235 级、HRB335 级	6～25

注：1. 表中的帮条或搭接长度值，不带括弧的数值用于 HPB300 级钢筋，括号中的数值用于 HRB335 级、HRB400 级及 RRB400 级钢筋；

2. 电阻电焊时，适用范围内的钢筋直径系指较小钢筋的直径。

绑扎目前仍为钢筋连接的主要手段之一。钢筋绑扎时，钢筋交叉点用铁丝扎牢；板和墙的钢筋网，除外围两行钢筋的相交点全部扎牢外，中间部分交叉点可相隔交错扎牢，保证受力钢筋位置不产生偏移；梁和柱的箍筋应与受力钢筋垂直设置，弯钩叠合处应沿受力钢筋方向错开设置。受拉钢筋和受压钢筋接头的搭接长度及接头位置符合施工及验收规范的规定。

钢筋绑扎一般用 18～22 号铁丝，其中 22 号铁丝只用于绑扎直径 12mm 以下的钢筋，铁丝过硬时，可经退火处理。

钢筋绑扎要求：

1)钢筋的交叉点应用铁丝扎牢。

2)柱、梁的箍筋，除设计有特殊要求外，应与受力钢筋垂直；箍筋弯钩叠合处，应沿受力钢筋方向错开设置。

3)柱中竖向钢筋搭接时，角部钢筋的弯钩平面与模板面的夹角，矩形柱应为 45°，多边形柱应为模板内角的平分角。

4)板、次梁与主梁交叉处，板的钢筋在上，次梁的钢筋居中，主梁的钢筋在下；当有圈梁或垫梁时，主梁的钢筋应放在圈梁上。主筋两端的搁置长度应保持均匀一致。

4. 混凝土工程

(1)混凝土拌制。混凝土搅拌，是将水、水泥和粗细骨料进行均匀拌和及混合的过程。同时，通过搅拌还要使材料达到强化、塑化的作用。混凝土搅拌分为两种：人工搅拌和机械搅拌。

1)人工搅拌混凝土。搅拌时力求动作敏捷，搅拌时间从加水时算起，应大致符合下列规定：

搅拌物体积为30L以下时4～5min(分钟)；

搅拌物体积为31～50L时5～9min；

搅拌物体积为51～75L时9～12min。

拌好后，根据试验要求，立即做坍落度测定或试件成型。从开始加水时算起，全部操作须在30min内完成。

2)机械搅拌混凝土。人工搅拌混凝土质量差，消耗水泥多，而且劳动强度大，所以只有在工程量很小时才用人工搅拌，一般均采用机械搅拌。混凝土搅拌的最短时间可按表6-2采用。

表6-2　混凝土搅拌的最短时间

混凝土坍落度(cm)	搅拌机机型	最短时间(s)		
		搅拌机容量＜250L	250～500L	＞500L
≤3	自落式	90	120	150
	强制式	60	90	120
＞3	自落式	90	90	120
	强制式	60	60	90

(2)混凝土运输。混凝土运输要求：

1)运输中的全部时间不应超过混凝土的初凝时间。

2)运输中应保持匀质性，不应产生分层离析现象，不应漏浆；运至浇筑地点应具有规定的坍落度，并保证混凝土在初凝前能有充分的时间进行浇筑。

3)混凝土的运输道路要求平坦，应以最少的运转次数、最短的时间从搅拌地点运至浇筑地点。

4)从搅拌机中卸出后到浇筑完毕的延续时间不宜超过表6-3规定。

表6-3　混凝土从搅拌机中卸出后到浇筑完毕的延续时间

混凝土强度等级	延续时间(min)	
	气温＜250℃	气温≥250℃
低于及等于C30	120	90
高于C30	90	60

注：1. 掺用外加剂或采用快硬水泥拌制混凝土时，应按试验确定；

2. 轻骨料混凝土的运输、浇筑延续时间应适当缩短。

(3)混凝土浇筑。混凝土浇筑要保证混凝土的均匀性和密实性，要保证结构的整体性、尺寸准确和钢筋、预埋件的位置正确，拆模后混凝土表面要平整、光洁。

混凝土浇筑应满足以下要求：

1)混凝土浇筑前不应发生离析或初凝现象,如已发生,须重新搅拌。

2)混凝土自高处倾落的自由高度不应超过2m,在竖向结构中限制自由倾落高度不宜超过3m,否则应沿串筒、斜槽或振动溜管等下料。

3)混凝土的浇筑应分段、分层连续进行,随浇随捣。混凝土浇筑层厚度应符合表6-4的规定。

表6-4 混凝土浇筑层厚度

项次	捣实混凝土的方法		浇筑层厚度(mm)
1	插入式振捣		振捣器作用部分长度的1.25倍
2	表面振动		200
3	人工捣固	在基础、无筋混凝土或配筋稀疏的结构中	250
		在梁、墙板、柱结构中	200
		在配筋密列的结构中	150
4	轻骨料混凝土	插入式振捣器	300
		表面振动(振动时须加荷)	200

混凝土浇筑入模后,内部还存在着很多空隙。为了使混凝土充满模板内的每一部分,且具有足够的密实度,必须对混凝土进行捣实,使混凝土构件外形正确、表面平整、强度和其他性能符合设计及使用要求。

机械振捣设备有插入式、附着式、平板式振捣器。振捣时应严格掌握每次振捣的时间,插入式振捣器一般为15～30s,平板式振捣器一般为25～40s。

(4)混凝土养护。混凝土浇筑完毕后,在一个相当长的时间内,应保持其适当的温度和足够的湿度,以造成混凝土良好的硬化条件,这就是混凝土的养护工作。混凝土表面水分不断蒸发,如不设法防止水分损失,水化作用未能充分进行,混凝土的强度将受到影响,还可能产生干缩裂缝。因此,混凝土养护的目的,一是创造有利条件,使水泥充分水化,加速混凝土的硬化;二是防止混凝土成型后因暴晒、风吹、干燥等自然因素影响,出现不正常的收缩、裂缝等现象。

混凝土的养护方法分为自然养护和热养护两类,见表6-5。养护时间取决于当地气温、水泥品种和结构物的重要性。

表6-5 混凝土的养护

类别	名称	说明
自然养护	洒水(喷雾)养护	在混凝土面不断洒水(喷雾),保持其表面湿润
	覆盖浇水养护	在混凝土面覆盖湿麻袋、草袋、湿砂、锯末等,不断洒水保持其表面湿润
	围水养护	四周围成土梗,将水蓄在混凝土表面
	铺膜养护	在混凝土表面铺上薄膜,阻止水分蒸发
	喷膜养护	在混凝土表面喷上薄膜,阻止水分蒸发

（续）

类别	名称	说　明
热养护	蒸汽养护	利用热蒸汽对混凝土进行湿热养护
	热水（热油）养护	将水或油加热，将构件搁置在其上养护
	电热养护	对模板加热或微波加热养护
	太阳能养护	利用各种罩、窑、集热箱等封闭装置对构件进行养护

二、预应力钢筋混凝土简支梁施工

普通钢筋混凝土抗拉强度低，在混凝土温度变化、收缩徐变及外荷载等作用下易发生开裂，故通过对梁体施加预应力来提高其耐久性和抗裂性，以减轻自重，增加跨度。预应力混凝土简支梁的制作方法主要有先张法和后张法。

1. 先张法预应力混凝土简支梁制造

预应力混凝土简支梁先张法施工是在浇筑混凝土前张拉预应力筋，将其临时锚固在张拉台座上，然后立模浇筑混凝土，待混凝土强度达到设计强度的75%以上，保证其具有足够的黏结力，逐渐将预应力筋放松，让预应力筋回缩，通过预应力钢筋与混凝土之间的黏结作用，传递给混凝土，使混凝土获得预压应力，如图6-4所示。

（1）模板架设

预制梁的模板是先张法施工过程的临时结构，它决定着预制梁尺寸的精度，并对工程质量、施工进度和工程造价有直接影响。预制梁的模板通常按材料可分为土模板、木模板、土木组合模、钢模板以及钢木组合模等种类。模板在制作时，应保证表面平整，转角光滑，连接孔配合准确，且底模板应根据桥梁跨度设置预拱度。

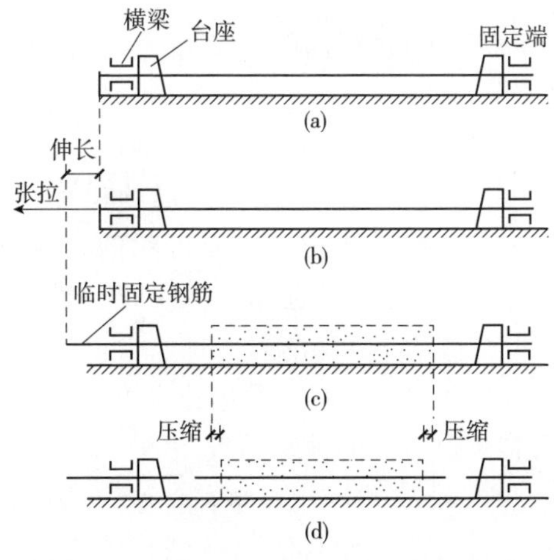

图6-4　先张法（台座）主要工序示意图

(2)台座

由台面、横梁和承力结构等组成,是先张法生产的主要设备。预应力筋张拉、锚固,混凝土浇筑、振捣和养护及预应力筋放张等全部施工过程都在台座上完成;预应力筋放松前,台座承受全部预应力筋的拉力。因此,台座应有足够的强度、刚度和稳定性,以避免因台座变形、倾覆和滑移而引起预应力的损失。台座一般采用墩式台座和槽式台座。

槽式台座由端柱、传力柱、横梁和台面组成,如图 6-5 所示。槽式台座既可承受拉力,又可作蒸汽养护槽,适用于张拉吨位较高的大型构件,如屋架、吊车梁等。槽式台座需进行强度和稳定性计算。端柱和传力柱的强度按钢筋混凝土结构偏心受压构件计算。槽式台座端柱抗倾覆力矩由端柱、横梁自重力矩及部分张拉力矩组成。

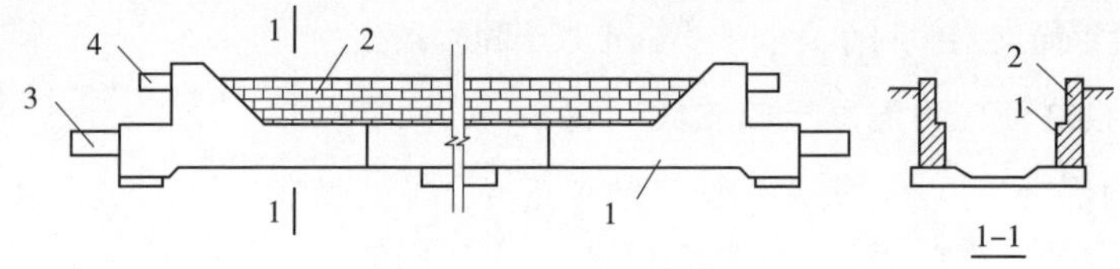

图 6-5 槽式台座

1-混凝土压杆;2-砖墙;3-下横梁;4-上横梁

(3)预应力筋张拉

1)张拉控制应力:是指在张拉预应力筋时所达到的规定应力,应按设计规定采用。控制应力的数值直接影响预应力的效果。施工中为减少由于钢筋松弛变形造成的预应力损失,通常采用超张拉工艺,超张拉应力比控制应力提高 3%~5%,但其最大张拉控制应力不得超过规定。

2)张拉程序可按下列之一进行:

$0 \longrightarrow 1.05\sigma_{con} \longrightarrow \sigma_{con}$ 或 $0 \longrightarrow 1.03\sigma_{con}$

①第一种张拉程序中,超张拉 5%并持荷 2min,其目的是为了在高应力状态下加速预应力松弛早期发展,以减少应力松弛引起的预应力损失。第二种张拉程序中,超张拉 3%,其目的是为了弥补预应力筋的松弛损失,这种张拉程序施工简单,一般多被采用。以上两种张拉程序是等效的,可根据构件类型、预应力筋与锚具种类、张拉方法、施工速度等选用。采用第一种张拉程序时,千斤顶回油至稍低于 σ_{con},再进油至 σ_{con},以建立准确的预应力值。

②第二种张拉程序,超张拉 3%是为了弥补应力松弛引起的损失,根据国家建委建研院"常温下钢筋松弛性能的试验研究"一次张拉 $0 \longrightarrow \sigma_{con}$,比超张拉持荷再回到控制应力 $0 \longrightarrow 1.05\sigma_{con} \longrightarrow \sigma_{con}$(持荷 2min),应力松弛大 2%~3%,因此,一次张拉到 $1.03\sigma_{con}$ 后锚固,是同样可以达到减少松弛效果的。且这种张拉程序施工简便,一般应用较广。

3)预应力筋张拉要点：

①张拉时应校核预应力筋的伸长值。实际伸长值与设计计算值的偏差不得超过±6%，否则应停拉；

②从台座中间向两侧进行(防偏心损坏台座)；

③多根成组张拉，初应力应一致(测力计抽查)；

④拉速平稳，锚固松紧一致，设备缓慢放松；

⑤拉完的筋位置偏差≯5mm，且≯构件截面短边的4%；

⑥冬施张拉时，温度≮－15℃；

⑦注意安全：两端严禁站人，敲击楔块不得过猛。

(4)预应力混凝土浇筑

预应力筋张拉完成后，钢筋绑扎、模板拼装和混凝土浇筑等工作应尽快跟上，混凝土应振捣密实。混凝土浇筑时，振动器不得碰撞预应力筋。混凝土未达到强度前，也不允许碰撞或踩动预应力筋。

混凝土的浇筑应一次完成，不允许留设施工缝。

混凝土的用水量和水泥用量必须严格控制，以减少混凝土由于收缩和徐变而引起的预应力损失。预应力混凝土构件浇筑时必须振捣密实(特别是在构件的端部)，以保证预应力筋和混凝土之间的黏结力。预应力混凝土构件混凝土的强度等级一般不低于C30；当采用碳素钢丝、钢绞线、热处理钢筋做预应力筋时，混凝土的强度等级不宜低于C40。

构件应避开台面的温度缝，当不可能避开时，在温度缝上可先铺薄钢板或垫油毡，然后再灌混凝土，浇筑时，振捣器不应碰撞钢筋，混凝土达到一定强度前，不允许碰撞或踩动钢筋。

采用平卧叠浇法制作预应力混凝土构件时，其下层构件混凝土的强度需达到5MPa后，方可浇筑上层构件混凝土并应有隔离措施。

混凝土可采用自然养护或蒸汽养护。但应注意，在台座上用蒸汽养护时，温度升高后，预应力筋膨胀而台座的长度并无变化，因而引起预应力筋应力减小，这就是温差引起的预应力损失。为了减少这种温差应力损失，应保证混凝土在达到一定强度之前，温差不能太大(一般不超过20℃)，故在台座上采用蒸汽养护时，其最高允许温度应根据设计要求的允许温差(张拉钢筋时的温度与台座温度的差)经计算确定。当混凝土强度养护至7.5MPa(配粗钢筋)或10MPa(钢丝、钢绞线配筋)以上时，则可不受设计要求的温差限制，按一般构件的蒸汽养护规定进行。这种养护方法又称为二次升温养护法。在采用机组流水法用钢模制作、蒸汽养护时，由于钢模和预应力筋同样伸缩，不存在因温差而引起的预应力损失，可以采用一般加热养护制度。

(5)预应力筋放张

1)放张要求。混凝土强度达到设计强度的75%时方可以放张。放张过程中,应使预应力构件自由伸缩,避免过大的冲击与偏心,同时还应使台座承受的倾覆力矩及偏心力减小。且应保证预应力筋与混凝土之间的黏结。

2)放张顺序。应力筋放张时,应缓慢放松锚固装置,使各根预应力筋缓慢放松;预应力筋放张顺序应符合设计要求,当设计未规定时,要求承受轴心预应力构件的所有预应力筋应同时放张;承受偏心预压力构件,应先同时放张预压力较小区域的预应力筋,再同时放张预压力较大区域的预应力筋。长线台座生产的钢弦构件,剪断钢丝宜从台座中部开始;叠层生产的预应力构件,宜按自上而下的顺序进行放松;板类构件放松时,从两边逐渐向中心进行。

3)放张方法。对于中小型预应力混凝土构件,预应力丝的放张宜从生产线中间处开始,以减少回弹量且有利于脱模;对于构件应从外向内对称、交错逐根放张,以免构件扭转、端部开裂或钢丝断裂。放张单根预应力筋,一般采用千斤顶放张,构件预应力筋较多时,整批同时放张可采用砂箱、楔块等放松装置。

2. 后张法预应力混凝土简支梁施工

构件或块体制作时,在放置预应力筋的部位预先留有孔道,待混凝土达到规定强度后在孔道内穿入预应力筋,并用张拉机具夹持预应力筋将其张拉至设计规定的控制应力,然后借助锚具将预应力筋锚固在构件端部,最后进行孔道灌浆(亦有不灌浆者),这种施工方法称为后张法。其工艺流程如图6-6所示。

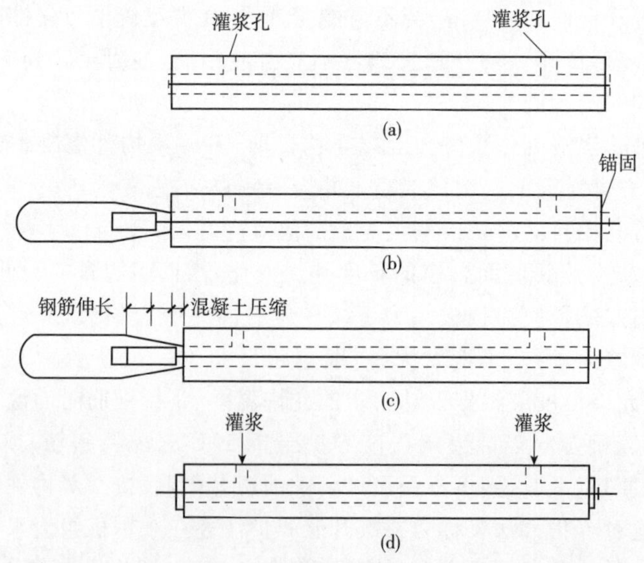

图6-6　后张法主要工序示意图

后张法施工分为有黏结工艺和无黏结工艺两大类。其中，黏结工艺又可分为先穿束法和后穿束法。先穿束法是将预应力钢束先穿入管道，预埋在后浇筑的混凝土中。其优点是不会产生堵管的现象，可避免某些情况下后期穿束的场地条件的限制；缺点是应在规定的时间内张拉完毕，否则会引起预应力钢束的锈蚀，且不能使用蒸汽养护。后穿束法则是将管道预埋在后浇筑的混凝土中，当混凝土达到张拉强度时，穿束便完成张拉。其优点是张拉预应力的时间、地点较为机动灵活，能使用蒸汽养护；缺点是有时会产生堵管的现象。

后张法施工工艺最关键的是孔道留设、预应力筋张拉和孔道灌浆三部分。施工流程示意图如图 6-7 所示。

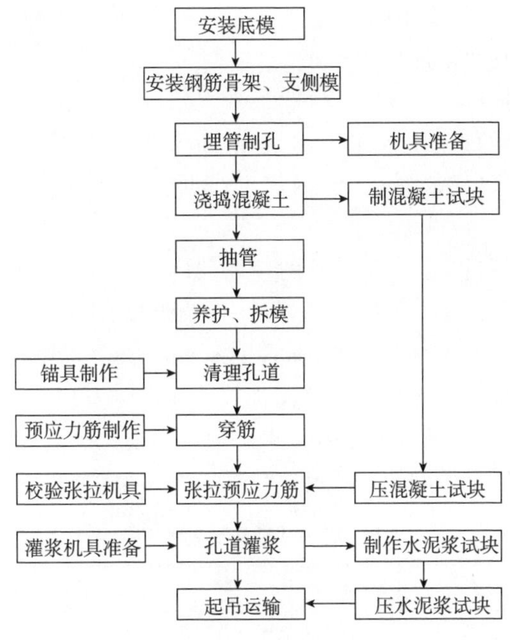

图 6-7　后张法施工工艺流程图

(1)孔道留设

后张法构件中孔道留设一般采用钢管抽芯法、胶管抽芯法、预埋管法。预应力筋的孔道形状有直线、曲线和折线三种。钢管抽芯法只用于直线孔道，胶管抽芯法和预埋管法则适用于直线、曲线和折线孔道。

孔道的留设是后张法构件制作的关键工序之一。所留孔道的尺寸与位置应正确，孔道要平顺，端部的预埋钢板应垂直于孔中心线。孔道直径一般应比预应力筋的接头外径或需穿入孔道锚具外径大 10～15mm，以利于穿入预应力筋。

1)钢管抽芯法，是将钢管预先埋设在模板内孔道位置，在混凝土浇筑和养护过程中，每隔一定时间要慢慢转动钢管一次，以防止混凝土与钢管黏结。在混凝土初凝后、终凝前抽出钢管,即在构件中形成孔道。

2)胶管抽芯法

留设孔道用的胶管一般有五层或七层夹布管和供预应力混凝土专用的钢丝网橡皮管两种。前者必须在管内充气或充水后才能使用。后者质硬,且有一定弹性,预留孔道时与钢管一样使用。

3)预埋管法,是利用与孔道直径相同的金属波纹管埋在构件中,无需抽出,一般采用黑铁皮管、薄钢管或镀锌双波纹金属软管制作。预埋管法因省去抽管工序,且孔道留设的位置、形状也易保证,故目前应用较为普遍。金属波纹管重量轻、刚度好、弯折方便且与混凝土黏结好。金属波纹管每根长 4～6m,也可根据需要,现场制作,其长度不限。波纹管在 1kN 径向力作用下不变形,使用前应作灌水试验,检查有无渗漏现象。

(2)预应力筋张拉

当梁体混凝土的强度达到设计强度的 75%以上时,才可进行穿束张拉。穿筋工作一般采取直接穿筋,较长的钢筋可借助长钢丝作为引线,用卷扬机进行穿筋。

曲线预应力筋和长度大于 25m 的直线预应力筋,应手用两端对称张拉。长度等于或小于 25m 的直线预应力筋,可在一端张拉。预应力筋的张拉应符合设计要求,当设计无要求时,可分批分阶段对称张拉。分批张拉时,应按顺序对称地进行,以防过大偏心压力导致梁体出现较明显的侧弯现象,同时应考虑后张拉的预应力筋对先张拉的预应力筋所带来的预应力损失。后张法预应力筋的张拉应分级进行,张拉程序如表 6-6 所示。

表 6-6 后张法预应力筋张拉程序

锚具和预应力筋类别		张拉程序
夹片式等具有自锚性能的锚具	钢绞线束、钢丝束	普通松弛预应力筋:0→初应力→1.03σ_{con}
		低松弛预应力筋:0→初应力→1.03σ_{con}(持荷 5min 锚固)
其他锚具	钢绞线束、钢丝束	0→初应力→1.05σ_{con}(持荷 5min)→0→σ_{con}(锚固)
		0→初应力→1.05σ_{con}(持荷 5min)→σ_{con}(锚固)
螺母锚固锚具	螺纹钢筋	0→初应力→σ_{con}(持荷 5min)→σ_{con}(锚固)

(3)孔道压浆

预应力筋张拉完毕后,应进行孔道灌浆。灌浆的目的是为了防止钢筋锈蚀,增加结构的整体性和耐久性,提高结构抗裂性和承载力。

灌浆用的水泥浆应有足够强度和黏结力,且应有较好的流动性,较小的干缩性和泌水性,水灰比控制在 0.4～0.45,搅拌后 3h 泌水率宜控制在 2%,最大不得超过3%，对孔隙较大的孔道，可采用砂浆灌浆。

为了增加孔道灌浆的密实性，在水泥浆或砂浆内可掺入对预应力筋无腐蚀作用的外加剂，如掺入占水泥重量0.25%的木质素磺酸钙或掺入占水泥重量0.05%的铝粉。

灌浆用的水泥浆或砂浆应过筛，并在灌浆过程中不断搅拌，以免沉淀析水。灌浆前，用压力水冲洗和湿润孔道。用电动或手动灰浆泵进行灌浆。灌浆工作应连续进行，不得中断，并应防止空气压入孔道而影响灌浆质量。灌浆压力以0.5～0.6MPa为宜。灌浆顺序应先下后上，以避免上层孔道漏浆时把下层孔道堵塞。

当灰浆强度达到15N/mm^{2}时，方能移动构件，灰浆强度达到100%设计强度时，才允许吊装。

(4)封端

孔道压浆后应立即将梁端水泥浆冲洗干净，并将断面混凝土凿毛。对端部钢筋网的绑扎和封端板的安装，要妥善处理并确保稳定，以免在浇注混凝土时因模板移动而影响梁长。封端混凝土的强度等级应不低于梁体混凝土强度等级的80%。浇完混凝土并静置1～2h后，应按一般规定进行浇水养护。

3. 简支梁架设施工

预制装配施工是将在预制厂或桥梁现场预制的梁运至桥位处，使用一定的起重设备进行安装和完成横向联结组成桥梁的施工方法。目前，预制安装法是简支梁经常采用的一种施工方法。预制梁的安装主要有架桥机法、跨墩龙门式吊车架梁法、自行式吊车架梁法、扒杆架设法、浮吊架设法和高低腿龙门架配合架桥机架设法等几种。

(1)梁的起吊和运输

由于梁体长、笨重，起吊、运输都比较困难，要合理选择起吊、运输的工具和方法，以确保安全。梁体起吊时，混凝土的强度应符合设计规定。压浆强度不得低于设计强度的75%，封端混凝土强度不得低于设计强度的50%；吊点、支点位置应经计算确定，其距离误差不得大于规定的200mm；无论起吊、运输或存放都要有防止倾覆的措施。在桥梁施工架梁前常需先卸后架，应有一处存梁场地，场地位置要慎重选择，一般可在车站、区间或桥头存放，也可在施工线路上选择适当地点存放。存梁场应有良好的排水系统和设施，宜优先采用大跨度吊梁龙门架装卸桥梁。采用滑道移梁时，滑道应有一定的强度和刚度，并满足移梁作业的需要。

(2)架设方法

1)架桥机法。架桥机可分为单导梁式、双导梁式、斜拉式和悬吊式等类型。主要施工程序如图6-8所示：

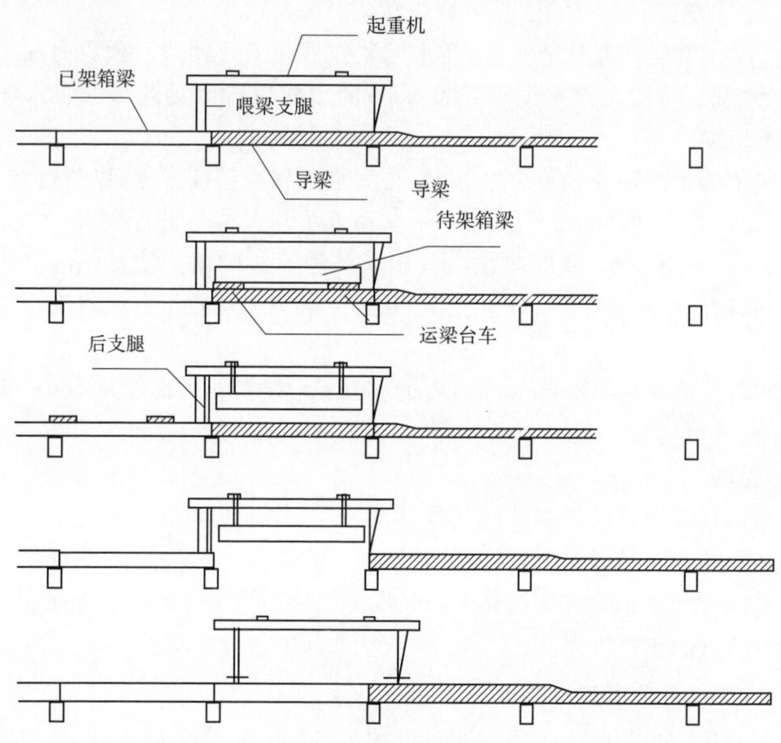

图 6-8 架桥机法施工工序

①根据被架梁跨距,调整起重机后吊点及后支腿位置,导梁在待架孔就位,轨道与已架箱梁轨道接通,起重机在待架孔就位。

②喂梁前,通过喂梁支腿起顶,使后支腿脱离桥面,控制后支腿各油缸,使后支腿开启呈翼形,运梁台车通过已架箱梁和导梁,将待架箱梁运至待架孔,完成喂梁。

③操作油缸使后支腿复位,收缩喂梁支腿油顶,使后支腿处于支撑状态。起重机将梁提升,运梁台车退出,回梁场运梁。

④运梁台车退出后,牵引导梁前行一跨。对支座垫石进行处理。将预应力梁架设到位。

⑤通过前、后起重机小台车,将起重机运至前一跨就位,下一架梁循环开始。

2)跨墩龙门式吊车架梁。跨墩龙门吊车安装适用于桥不太高,架梁孔数又多,沿桥墩两侧铺设轨道不困难,以及不通航浅水区域安装预制梁。一台或两台跨墩龙门吊车分别设于待安装孔的前、后墩位置,预制梁由平车顺桥向运至安装孔的一侧,移动跨墩龙门吊车上的吊梁平车,对准梁的吊点放下吊架将梁吊起。当梁底超过桥墩顶面后,停止提升,用卷扬机牵引吊梁平车慢慢横移,使梁对准桥墩上的支座,然后落梁就位,接着准备架设下一根梁,如图 6-9 所示。

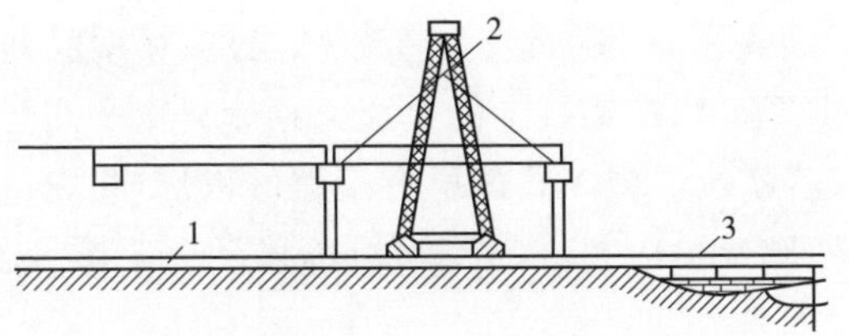

图 6-9　跨墩龙门式吊车架梁法施工

1-轨道;2-门式吊车;3-便桥

3)自行式吊车架梁法。在桥不高、场内又可设置行车便道的情况下,用自行式吊车(汽车吊车或履带吊车)架设中、小跨径的桥梁十分方便。此法视吊装重量不同,还可采用单吊(一台吊车)或双吊(两台吊车)两种形式。其特点是机动性好,无需动力设备和准备作业,架梁速度快,如图 6-10 所示。

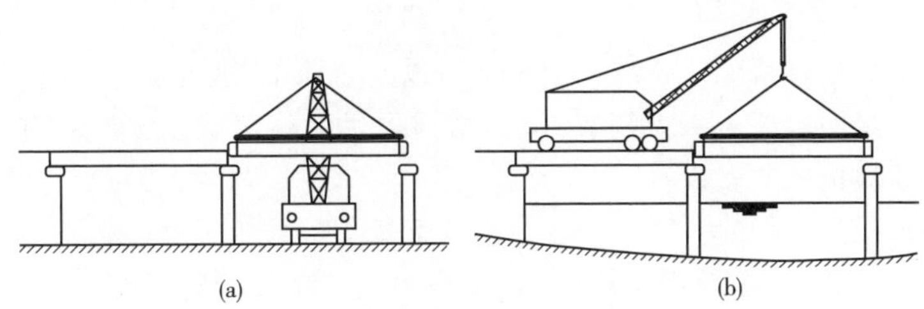

图 6-10　自行式吊车架设法施工

(a)自行式吊车陆地架设;(b)自行式吊车桥上架设

4)浮吊架设法。在海上和深水大河上修建桥梁时,选用可回转的伸臂式浮吊架梁比较方便,也可用钢制万能杆件或贝雷钢架拼装固定的悬臂浮吊进行,如图 6-11 所示。其优点是桥跨中不需要设置临时支架,可以用一套浮运设备架设多跨同孔径的梁,设备利用率高,较经济,施工架设时浮运设备停留在桥跨时间短,对河流通航影响小。

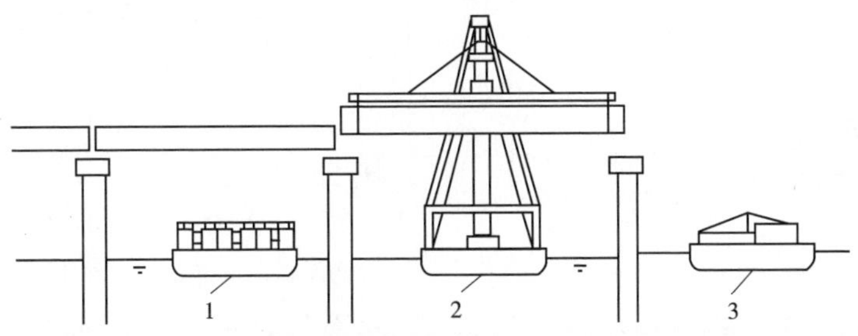

图 6-11　浮吊船架梁法施工

1-装梁船;2-浮吊船;3-牵引船

5)联合架桥机架设法,是高空架设法的一种。联合架桥机的构造主要由三部分组成:钢导梁、门式吊车和托架(又称蝴蝶架)。在架梁前,首先要安装钢导梁,导梁顶面铺设供平车和托架行走的轨道。预制梁由平车运至跨径上,用龙门架吊起将其横移降落就位。当一孔内所有梁架好以后,将龙门架骑在蝴蝶架上,松开蝴蝶架,蝴蝶架挑着龙门架,沿导梁轨道,移至下一墩台上去。如此循环下去,直至全部架完。

三、预应力混凝土连续梁桥施工

预应力混凝土连续梁桥以结构受力性能好、抗震能力强、变形小、造型简洁美观、行车平顺舒适等优点而成为富有竞争力的主要桥型之一。预应力混凝土连续梁桥施工方法主要包括简支转连续施工、就地浇筑施工、悬臂施工、顶推施工和移动模架逐孔施工。

1. 简支转连续施工

先简支后连续桥梁这种结构上下部可以同时施工、进度快,上部结构采用的基本是简支梁的施工方法,得到的却是结构更优的连续梁。这种结构比其他装配式连续梁湿接缝数量少,不需要临时支架,特别适用与软土、深水、高墩等。在我国公路建设中,跨径为20～30m的连续梁桥大量采用了这种结构。根据这种结构的特点可知,随着跨径的增大,自重内力迅速增加,简支梁内力占去了连续梁内力的大部分而显得不合理。一般认为先简支后连续桥梁的适用跨径为50m以内。

简支转连续施工方法如下:

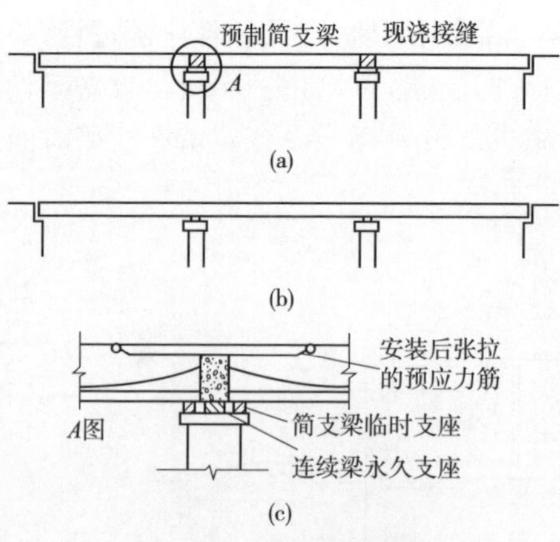

图6-12　简支转连续施工

(a)简支梁施工;(b)简支转连续施工;(c)体系转换处详图

简支转连续施工方法是指把一联连续梁板分成几段,每段一孔,多段梁板在预制场预制后移动吊放到墩台顶的支座上,形成简支梁,在完成湿接缝、连续端的各道工序后浇筑连续端及湿接缝混凝土,然后张拉负弯矩预应力束,拆除临时支座,使连续梁落到永久支座上,完成桥梁结构由简支到连续的体系转换,如图6-12所示。

预制简支梁时按预制简支梁的受力状态进行第一次预应力筋(正弯矩筋)的张拉锚固,分片进行预制安装,安装完成后经调整位置(横桥向及标高),

浇筑墩顶接头处混凝土，更换支座，进行第二次预应力筋（负弯矩筋）的张拉锚固，进而完成一联预应力混凝土连续梁的施工，如图 6-13 所示。

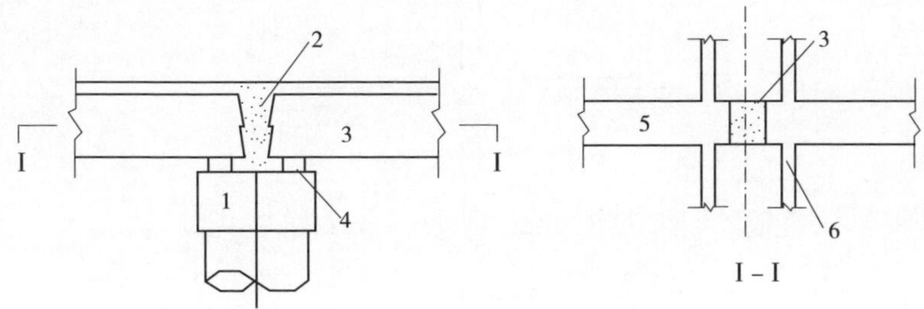

图 6-13　简支转连续桥墩构造示意图

1-盖梁；2-现浇混凝土；3-预制梁；4-永久刚性支座；5-预制梁肋；6-端横隔板

2. 就地浇筑施工

连续梁桥就地支架浇筑施工是在支架上安装模板，绑扎、安装钢筋骨架，预留孔道，现场浇筑混凝土，并施加预应力的方法。预应力混凝土连续梁桥采用就地支架浇筑施工需要在连续梁桥的一联各跨均设支架，一联施工完成后，整联卸落支架。也可以仅在一跨梁上使用移动支架逐孔现浇施工。因此，结构在施工中不存在体系转换，不产生恒载徐变二次矩。其主要特点是桥梁整体性好，施工简便可靠，对机具和起重能力要求不高。该方法缺点是：需要大量的脚手架，可能影响通航和排洪；设备周转次数少，施工工期长；施工费用较高。该方法适用于低矮桥墩的中小跨径连续梁桥或弯桥、宽桥、斜交桥、立交桥等复杂桥型。适宜跨径为 20～60m。

（1）支架

支架类型选择是就地浇筑施工的关键。支架上就地浇筑连续梁桥施工所用支架与钢筋混凝土简支梁桥就地浇筑支架基本相同。

（2）混凝土浇筑

混凝土浇筑方式有多种，以大跨径预应力混凝土箱形截面连续梁桥混凝土浇筑施工为例。

①箱形截面混凝土浇筑顺序应按设计要求进行施工，采用一次浇筑时，可在顶板中部留一洞口以供浇筑底板混凝土，待浇好底板后立即补焊钢筋封洞，并同时浇筑肋板混凝土，最后浇顶板混凝土，一次完成；当采用两次浇筑时，各梁段的施工应错开。箱体分层浇筑时，底板可一次浇筑完成，腹板可分层浇筑，分层间隔时间宜控制在混凝土初凝前且使层与层覆盖住。底板混凝土浇筑至箱室倒角顶时（分层厚度可为 0.5m），先由两侧腹板对称浇筑混凝土，使底板混凝土由箱梁两侧向横断面中部流动，然后再由中腹板放料，完成该断面底板混凝土浇筑，如图 6-14 所示。

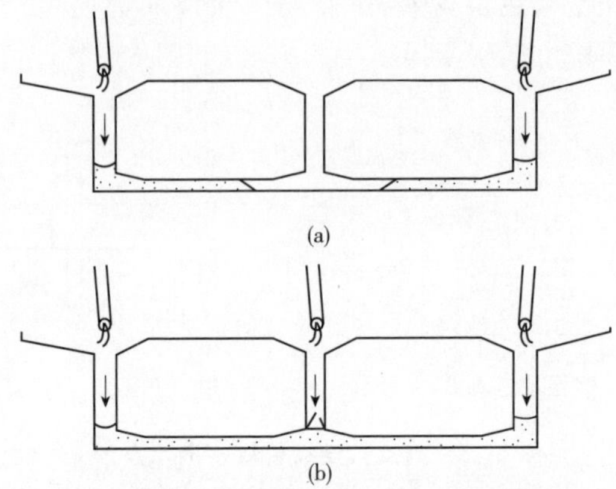

图 6-14　箱梁底板混凝土浇筑示意图

(a)由两侧腹板布料进行底板浇筑；(b)由中腹板布料进行底板浇筑

②浇筑肋板混凝土时，两侧肋板应同时分层进行。浇筑顶板及翼板混凝土时，应从外侧向内侧一次完成，以防发生裂纹。

③当箱梁截面较大，节段混凝土数量较多时，每个节段可分两次浇筑，先浇底板到肋板的倒角以上，再浇筑肋板上段和顶板，其接缝按施工缝要求处理。

④混凝土浇筑完毕，经养护达到设计强度的 75%或要求的强度后，再经过孔道检查和修理管口弧度等工作，即可进行穿束、张拉、压浆和封锚。

⑤梁段混凝土的拆模时间，应根据混凝土强度及施工安排确定。混凝土应尽量采用早强措施，使混凝土的强度及早达到预施应力的强度要求，缩短施工周期，加快施工进度。

⑥梁段拆模后，应对梁端的混凝土表面进行凿毛处理，以加强接头混凝土的连接。

3. 悬臂施工

悬臂施工法也称为分段施工法。它是以桥墩为中心向南岸对称的、逐节悬臂接长的施工方法。悬臂施工法通常分为悬臂浇筑法和悬臂拼装法两种。

悬臂施工的特点：

①预应力混凝土连续梁及悬臂梁桥采用悬臂施工时需进行体系转换，即在悬臂施工时，梁墩采取临时固结，结构为 T 形刚构，合龙前，撤销梁墩临时固结，结构呈悬臂梁受力状态，待结构合龙后形成连续梁体系。设计时应对施工状态进行配束验算。

②桥跨间不需搭设支架，施工不影响桥下行车及通航。施工过程中，施工机具和人员等重力均全部由已建梁段承受，随着悬臂施工逐渐延伸，机具设备也逐步移至梁端，需用支架作支撑。所以悬臂施工法可应用于通航河流及跨线立交

大跨径桥梁。

③多孔桥跨结构可同时施工，使施工进度加快。

④悬臂施工法充分利用预应力混凝土承受负弯矩能力强的特点，将跨中正弯矩转移为支点负弯矩，使桥梁跨越能力提高，并适合变截面桥梁的施工。

⑤悬臂施工用的悬拼吊机或挂篮设备可重复使用，可减少施工费用，降低工程造价。

悬臂施工法适用于：位于深山峡谷之中，不便使用支架法的桥梁；位于江河之上，水流湍急，需通航或有流冰、流木的桥梁；不能影响桥下交通的立交桥；工期较短的大跨度桥梁。

(1)悬臂浇筑法

悬臂浇筑是在桥墩两侧对称逐段浇筑混凝土，待混凝土达到一定强度后，张拉预应力筋，然后移动机具、模板(挂篮)，再进行下一节段的施工，一直推进到悬臂端为止。依据施工设备不同，悬臂浇筑施工可分为：移动挂篮悬臂浇筑施工；桁式吊悬臂浇筑施工；挂篮、导梁悬臂浇筑施工。

悬臂浇筑施工时，一般分为四大部分浇筑，如图 6-15 所示。

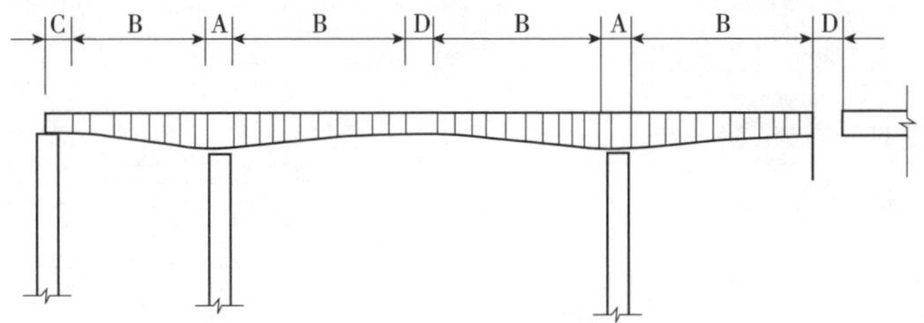

图 6-15　悬臂浇筑分段示意图

A-墩顶梁段；B-对称悬浇梁段；C-支架现浇梁段；D-合龙梁段

主梁各部分的长度视主梁形式、跨径、挂篮的形式及施工周期而定。墩顶梁段一般为 5～10m，悬浇分段一般为 3～5m，支架现浇段一般为 2～3 个悬浇分段长，合龙段一般为 1～3m。

1)移动式挂篮悬臂浇筑施工

挂篮悬臂施工法以移动式挂篮作为主要的施工设备，其锚固悬挂在已施工的前端梁段上，从墩顶开始，对称向两侧逐段浇筑混凝土，待混凝土达到要求的强度后，张拉预应力筋，再向前移动挂篮，进行下一节段的施工，利用已浇梁段将梁体自重和施工荷载传递到桥墩、基础。悬臂浇筑预应力混凝土连续梁(刚构)适用于高墩、大跨箱梁施工，梁体施工流程如下：施工准备→灌注 0 号段→拼装挂篮→灌注 1 号(2 号)段→挂篮前移、调整、锚固→灌注下一梁段→按顺序完成悬臂灌注→挂篮拆除→合龙。

①悬臂施工挂篮。挂篮悬臂浇筑施工是将梁体每 2～5m 分为一个节段,以挂篮为施工机具,从桥墩开始对称伸臂逐段现场浇筑混凝土的施工方法。挂篮通常由承重梁、悬吊模板、锚固装置、行走系统和工作平台几部分组成。承重梁是挂篮的主要受力构件,可以采用钢板梁、I 型钢、万能杆件组拼的桁架或斜拉体系等,它承受施工设备和新浇节段混凝土的重量,并由支座和锚固装置将荷载传到已施工完成的梁身上,当后支座的锚固能力不够,并考虑行走的稳定时,常采用在尾端压重的措施。

挂篮的主要功能有:支承梁段模板,调整正确位置;吊运材料、机具;浇筑混凝土和在挂篮上张拉预应力筋。在挂篮施工中,架设模板、安装钢筋、浇筑混凝土和张拉等全部工作均在挂篮工作平台上进行。当该节段的全部施工完成后,由行走系统将挂篮向前移动,动力常采用绞车牵引。行走系统包括向前牵引装置和尾索保护装置。

挂篮按构造形式可分为桁架式(包括平弦无平衡重式、菱形、弓弦式等)、斜拉式(包括三角斜拉式和预应力斜拉式)、型钢式及混合式四种,几种主要挂篮的结构如图 6-16 所示。

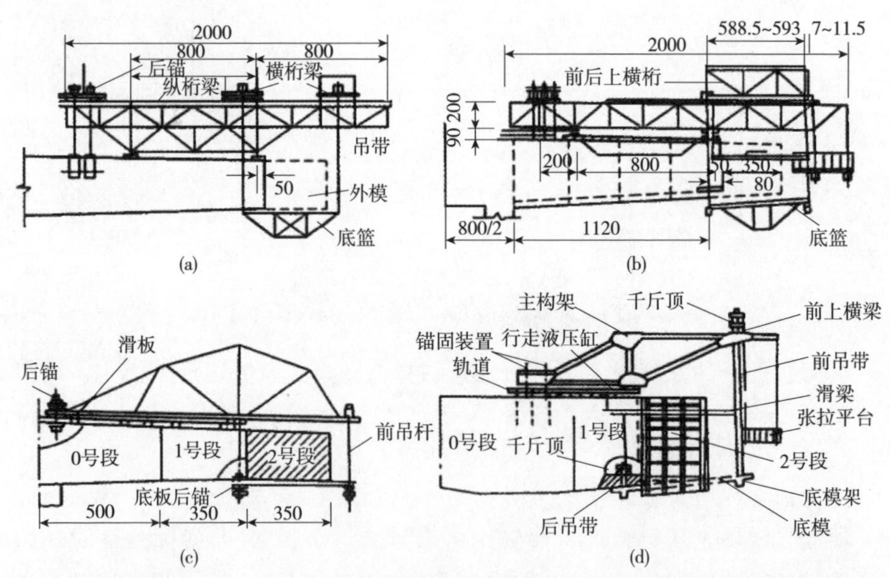

图 6-16　常用桁架式挂篮(cm)

(a)平行桁架式挂篮;(b)常用平弦无平衡重挂篮;(c)常用弓弦式挂篮;(d)常用菱形式挂篮

挂篮通常由以下几个部分组成:承重结构、悬吊结构、锚固装置、走行系统和工作平台。承重结构是挂篮的主要受力构件,它通过支点和锚固装置将荷载传至已完工的梁体上。挂篮的走行系统可用轨道或聚四氟乙烯滑板,由电动卷扬机牵引。为保证浇筑混凝土时挂篮有足够抗倾覆稳定性，往往在挂篮尾部设置后锚固，一般通过埋在梁肋内的竖向预应力筋实现，当后锚能力不够时，也可采用尾部压重等措施。挂篮不仅要求有足够的强度，还要有足够的刚度及稳定性，自重轻，移动灵活，便于调整标高等。

平行桁架式挂篮受力特点：底模平台及侧模架所承重均由前后吊杆垂直传至桁梁节点和箱梁底板上，故又称吊篮式结构，桁架在梁顶用压重或锚固或二者兼之来解决倾覆稳定问题，桁架本身为受弯结构。

平弦无平衡重挂篮是在平行桁架式挂篮的基础上，取消压重，在主桁上部增设前后上横桁，根据需要，其可沿主桁纵向滑移，并在主桁横移时吊住底模平台及侧模支架。由于挂篮底部荷重作用在主桁架上的力臂减小，大大减小了倾覆力矩，故不需平衡压重，其主桁后端则通过梁体竖向预应力筋锚固于主梁顶板上。

菱形挂篮可认为是在平行桁架式挂篮的基础上简化而来，其上部结构为菱形，前部伸出两伸臂小梁，作为挂篮底模平台和侧模前移的滑道。其菱形结构后端锚固于箱梁顶板上，无平衡压重，且结构简单，故自重大大减轻，是近年来常用的挂篮形式。

三角形挂篮也是在平行桁架式挂篮的基础上简化而来，它与菱形挂篮均属于垂直吊杆式，主要区别在于主桁架的形状，其承重结构为三角形，其他组成类似于菱形挂篮，属于全锚式挂篮，自重轻。

弓弦式挂篮（又称曲弦桁架式）主桁似弓形，也可认为是从平行桁架式挂篮演变而来，除具有桁高随弯矩大小变化外，还可在安装时施加预应力以消除非弹性变形。故也可取消平衡重，一般重量较轻。

滑动斜拉式挂篮在力学体系方面有较大的突破，其上部采用斜拉体系代替梁式结构的受力，而由此引起的水平分力通过上下限位装置（或称水平制动装置）承受。主梁的纵向倾覆稳定由后端锚固压力维持。其底模平台后端仍吊挂或锚固于箱梁底板之上。

②移动式挂篮悬臂浇筑施工的主要程序：

浇筑 0# 段及墩梁临时锚固→拼装挂篮→浇筑 1# 段混凝土→张拉预应力钢索→挂篮前移、调整、锚固→浇注下一梁段→合龙。

a. 0# 段施工

为了拼装挂篮，常采用在墩柱两侧设墩旁托架浇筑一定长度的梁段，这个梁段称为 0# 段，0# 段的长度依两个挂篮的纵向安装长度而定，有时当 0# 段设计较短时，常将对称的 1# 段灌注后再安装挂篮，如图 6-17 所示。0# 段一般需在桥墩两侧设托架或支架现浇，当墩身较低时，也可采用置于桥墩基础或地基上的支架支承 0# 段。

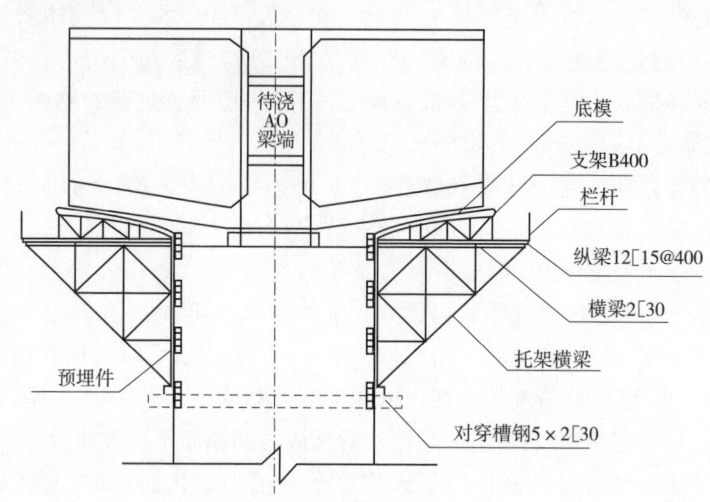

图 6-17　三角托架结构示意图

0# 段采取一次立模整体灌注的施工方案，立 0# 段底模时同时安装支座及防倾覆锚固装置。0# 块施工顺序：墩旁支架拼装→支架预压→永久支座、临时支座安装→底模、侧模安装→底模、腹板、隔墙钢筋绑扎，预应力筋安装→内模安装→绑扎顶板钢筋、预应力筋安装→安装封端模板→混凝土浇筑、养护→施工缝混凝土凿毛→预应力施工。

0# 块是整个主梁上部悬臂施工的基础，其标高和线型的走向直接影响到整个主梁的标高和线型。桥墩施工完张拉完桥墩预应力钢绞线后，搭设 0# 块支架，铺设 0# 块底模然后进行支架预压，预压过程中进行连续的标高测量，根据测的数据确定出支架的弹性变形值。根据支架的弹性变形值重新调整支架的高度，并且利用全站仪对 0# 块进行精确定位。

为了消除托架在混凝土浇筑期间的沉降，防止因弹性变形下沉而造成混凝土构件出现裂缝，并保证梁段的线形与设计一致，应对托架进行预压。托架的预压可采用砂袋预压。具体做法为：在托架搭设完成后进行预压，预压荷载不小于梁体重量的 1.2 倍，预压荷载分布与现浇箱梁重力分布情况一致。预压期间在每跨设置 5 个断面 15 个观测点，预压前先测量复核支点高程。预压分 3 次水平加载，第一次预压重 40%，第二次为 40%，第三次全部加完，然后观测 7d。卸载按 3 次进行，第一次按预压重的 20%，第二次为 40%，第三次全部卸完，每个观测点在每一次加载（卸载）完毕及全部加载（卸载）完均要观测。全部加载完成后先每天观测 1 次，若连续 7d 观测结果在 5mm 以内，则可以认为托架或挂篮沉降基本稳定。

将预制好的 0# 段钢筋骨架吊装就位后进行绑扎连接，交错安装梁段的外模、内模、纵向预应力制孔管道、竖向预应力筋及制孔管道、顶板钢筋及预埋件、横向预应力筋。外模板利用挂篮的外模，采用大块定型钢模，以提高梁体表面光滑度。

混凝土采用集中拌和，搅拌车运输至现场泵送。在浇筑底板、腹板混凝土时，均采用减速漏斗下料。底板中因钢筋布置不多，使用振动力大的插入式振捣器捣固，混凝土入模在托架部分由悬臂端向根部方向浇筑；腹板因高度大，厚度薄，且钢筋密集，混凝土入模、振捣困难，故采用水平分层浇筑。振捣时主要以插入式振捣器振捣为主，同时利用外模附着式振捣器辅助振捣；顶板因厚度不大，混凝土入模时，先将承托填平，振实后再由箱梁两侧悬臂板分别向中心推进，混凝土振捣可分块进行，根据具体情况，可启动 3 个或 6 个振捣器振捣，待表面翻浆流平表明振实。对承托部分混凝土辅以软管轴插入式振捣器振捣。最后用平板振捣器在整个顶板面上振捣找平。停留 1～3h，收浆后，再进行表面抹平。

b. 临时锚固

在立 0# 段底模时，都需要在悬臂施工前首先将桥墩与墩顶处梁段临时固结，同时安装支座及防倾覆锚固装置，以承受施工过程中产生的不平衡弯矩，墩梁临时锚固如图 6-18 所示。

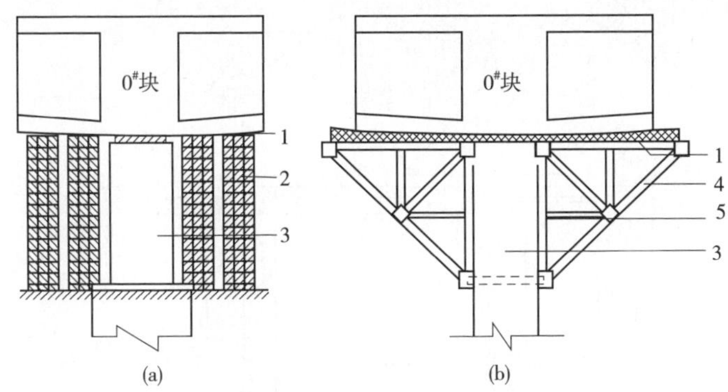

图 6-18　墩梁临时锚固示意图

(a)块浇筑示意图(b)墩梁临时锚固示意图

1-底模板；2-支架；3-墩身；4-三角撑架；5-节点板

c. 挂篮拼装及试压

0# 段浇筑完成并获得要求的强度，完成临时固结施工后，在墩顶拼装挂篮。拼装采用塔吊和汽车吊配合进行，安装时注意桥墩两侧的挂篮应对称同步安装，按设计要求控制不均衡荷载。首先拼装挂篮的上部桁架部分，安装挂篮的悬吊系统，然后在 0# 块下搭设辅助支架进行挂篮下部分的拼装。

为了检验挂篮的性能和安全，并消除结构的非弹性变形，应对挂篮试压。试压通常采用试验台加压法、砂袋加压法等，试压的最大加载为设计荷载的1.05～1.2倍。加载时按设计要求分级进行，每级持荷时间不少于10min。试压前先在底模和挂篮主要受力杆件上布设观测点，并测量其标高和平面位置。加载顺序纵向应按照混凝土的浇筑顺序进行，从支座向跨中依次进行；横向应按底板→腹板→顶板→翼缘板进行。

满载后持荷时间不小于24h，分别量测各级荷载下挂篮的变形值，变形值的测量以墩顶作为基准标高。然后再逐级卸载，卸载的顺序按照压重的反顺序进行，并测量变形。在压重物全部卸完后对现浇支架全面进行测量并做好记录。

检测完成后，对数据进行分析，经线性回归分析得出加载、变形之间的关系。由此可推出挂篮载各个块段的竖向位移，作为调整模板的依据为施工控制提供可靠依据。

挂篮行走时，须在挂篮尾部压平衡重，以防倾覆。浇筑混凝土梁段时，必须在挂篮尾部将挂篮与梁进行锚固。三角挂篮安装示意图如图6-19所示。

挂篮安装及试压完成后，即可进行模板高程及中线调整。模板控制高程＝设计高程＋施工预留拱度。设计高程由设计文件提供，施工预留拱度由设计文件提供的理论预留拱度结合现场挂篮试压测试数值（如弹性变形值）等因素，通过线形控制软件计算而得。

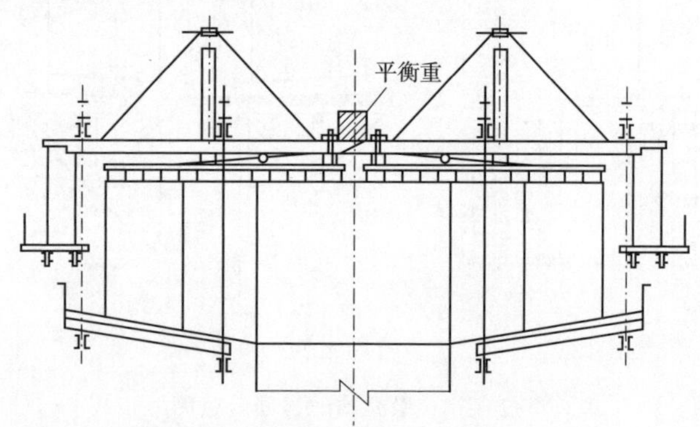

图6-19　三角挂篮尾部连接示意图

d. 梁段混凝土的浇筑

梁段混凝土的悬臂浇筑一般用泵送，坍落度一般控制为140～180mm，并应随温度变化及运输和浇筑速度作适当调整。梁段混凝土浇筑时应注意以下事项：

箱梁各阶段混凝土在灌注前，必须严格检查挂篮中线、挂篮底模标高，纵、横、竖三向预应力束管道，钢筋、锚头、人行道及其他预埋件的位置，认真核对无误后方可灌注混凝土；箱梁各阶段立模标高＝设计标高＋预拱度＋挂篮满载后自身变形;后灌注的梁段应在已施工梁段有关实测结果的基础上作适当调整,以逐渐消除误差,保证结构线性匀顺。

e. 预应力混凝土连续梁悬臂施工的合龙

预应力混凝土连续梁的合龙施工要掌握合龙期间的气温预报情况,测试、分析气温变化规律,以确定合龙时间并为选择合龙锁定方式提供依据;根据结构情况及梁温的可能变化情况,选定适宜的合龙方式并作力学验算;选择日气温较低、温度变化幅度较小时锁定合龙口并灌注合龙段混凝土;合龙口的锁定应迅速、对称地进行,先将外刚性支撑一段与梁端预埋件焊接(或栓接),而后迅速将外刚性支撑另一端与梁连接,临时预应力束也应随之快速张拉。在合龙口锁定后,立即释放一侧的固结约束,使梁一端在合龙口锁定的连接下能沿支座左右伸缩。

预应力混凝土连续梁的合龙口混凝土宜比梁体提高一级,并要求早强,最好采用微膨胀混凝土,并须作特殊配比设计,浇筑时应认真振捣和养护;为保证浇筑混凝土过程中,合龙口始终处于稳定状态,必要时浇筑之前可在各悬臂端加与混凝土重量相等的配重,加、卸载均应对称梁轴线进行;混凝土达到设计要求的强度后,先部分张拉预应力钢索,然后解除劲性骨架,最后按设计要求张拉全桥剩余预应力束,当利用永久束时,只需按设计顺序将其补拉至设计张拉力即可。

2)桁式吊悬臂浇筑施工

桁式吊悬臂浇筑是利用由钢结构组拼的桁架(导梁)悬吊移动式模板和施工设备进行悬臂浇筑施工;悬臂施工的节段重量和施工设备均由桁梁承担,通过桁架的支架和中间支架将荷重传到已浇筑完成的梁段和桥墩上;由于桁梁将已完成的梁段和正在悬臂浇筑施工的梁段连通,材料和设备均可由桥面运至施工桥孔。

桁式吊有移动式和固定式两种。移动的桁式导梁设置在主梁的上方,随施工进程逐跨前移;而固定式桁梁在悬臂施工时不移动,需要在桥梁全长布置桁梁,因此固定式的桁式吊仅在桥梁不太长的情况下使用。移动式桁式吊由桁梁、支架、吊框、中间支架和辅助支架构成,桁梁是主要承重构件,长度大于桥梁跨径。支架是桁架的支点,施工时支承在上部结构上,吊框吊在桁梁上,用于悬挂模板和浇筑混凝土。中间支架支承浇筑的湿混凝土和悬吊模板的重量,辅助支架设在桁梁的前端,当桁梁移动到下一个桥墩时支承在桥墩上,桁式吊的构造如图 6-20 所示。

桁式吊悬臂浇筑施工工艺流程:前后悬吊模板移向墩顶→移动桁梁移至前方墩→浇筑前方墩节段→张拉预应力→梁墩临时固结→引桁架前进呈单悬臂梁→对称悬浇施工→逐加预应力→与后方悬浇梁端合拢。

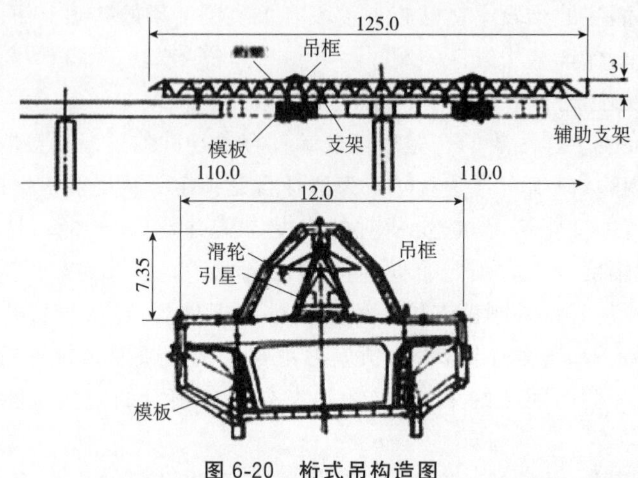

图 6-20　桁式吊构造图

当悬臂浇筑合龙后,先将前后悬吊模板移向墩顶,移桁架至前墩,浇筑墩顶段混凝土,待墩上节段张拉完成,梁墩临时固结后,将桁梁前移呈单臂梁后,在墩上主梁处设支架支承桁梁。对于多联连续梁桥,各联不连续,施工时可临时连续,完成后再分开。当悬臂施工合龙,桁梁前移后,与悬臂浇筑施工无关的后跨应释放墩梁临时固结,此项工作在施工中逐跨进行。

桁式吊悬臂浇筑施工,适用跨径在 40～150m 范围内,经济跨径 70～90m,对于多跨长桥可采用一套设备多次周转使用,提高效率。同时采用桁式吊悬浇筑施工的支架要比挂篮的强度高,稳定性好,因此,浇筑节段可加长至 10m 左右,可以加快施工速度。移动桁式吊也和采用挂篮施工一样,适用于变截面梁,也可用于变跨度桥和弯桥。移动桁式吊需要有长度大于最大桥跨的桁架,施工设备比挂篮多些,但在边跨施工和墩顶节段施工时都可由桁式吊完成,可以省掉一些其他施工支架设备。

3)挂篮、导梁悬臂浇筑施工

挂篮、导梁悬臂浇筑施工是用挂篮悬臂施工并辅以导梁作为运输材料、设备和移动挂篮的施工方法。

采用挂篮悬臂浇筑完成后需将挂篮移至下一个桥墩继续施工,使用导梁就可以方便地将挂篮水平移到下一个墩位,施工简便、迅速。

导梁仅承受挂篮或运输材料、设备的重量,与前述桁梁相比可以降低要求,常采用钢板梁、I 型梁或简易桁架。导梁的长度必须大于最大跨径的一半,即在悬臂浇筑施工完成后,导梁纵向移到前墩,支承在已完工的悬臂端和前墩上运送挂篮。采用导梁运送挂篮,后方挂篮需要通过桥墩,因此对挂篮的构造要考虑其悬吊部分便于装拆分离。

(2)悬臂拼装施工法

悬臂拼装是从桥墩顶开始，将预制梁段对称吊装，就位后施加预应力，并逐渐接长的一种施工方法。

悬臂拼装施工将大跨桥梁化整为零，预制和拼装方便，可以上、下部结构平行施工，拼装周期短，施工速度快。同时预制节段施工质量易控制，减小了结构附加内力。但预制节段需要较大的场地，要求有一定的起重能力，拼装精度对大跨桥梁要求很高。因此，悬臂拼装施工一般用于跨径小于 100m 的桥梁。

1)节段预制。节段的划分主要由运输吊装能力、工期确定，一般长 2～5m。节段预制的质量和定位的准确程度直接影响悬臂拼装的质量。最常用的预制方法有长线浇筑和短线浇筑预制方法。

长线浇筑是在施工现场按桥梁底缘曲线制作的固定底模上分段浇筑，底模长度可取桥跨的一半或从桥墩对称取桥跨的长度，浇筑的顺序可以采用奇、偶数，即先绕奇数块节段，然后利用奇数节段的端面弥合浇筑偶数节段使混凝土面结合密贴，也可采用分阶段的预制方法。图 6-21 为选用整跨长线分阶段预制的施工顺序和模板的构造。

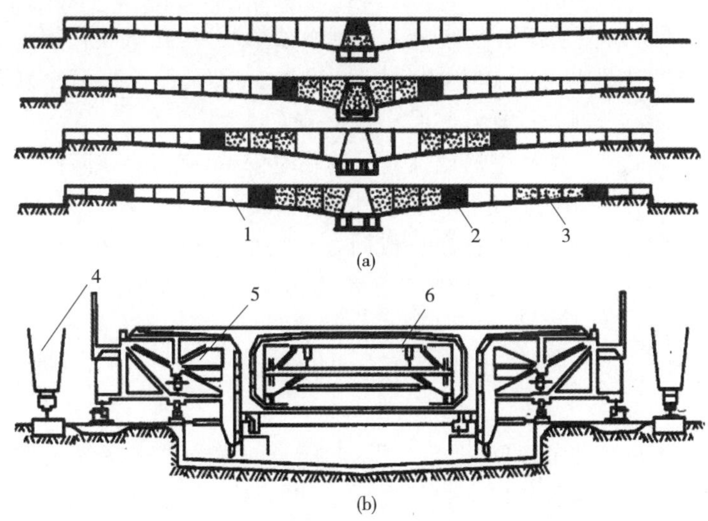

图 6-21　长线法预制阶段的顺序和模板构造

(a)施工顺序；(b)模板构造

1-待浇段；2-浇筑中；3-已完成段；4-龙门吊；5-外模支架；6-内模

短线预制设备由可调整外部及内部模板的台车与端模架系统组成。预制时第一段混凝土浇筑完成后，在其相对位置上安装下一段模板，并利用第一节段的端面作为第二节段的端模完成混凝土的浇筑工作。如此周而复始，台座仅需三个梁段长。图 6-22 为短线法施工图。

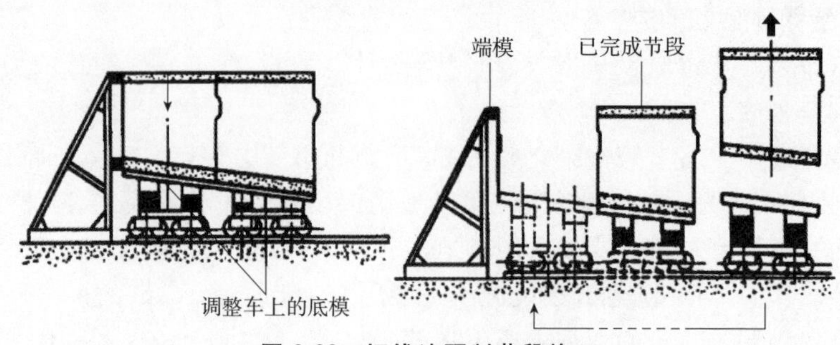

图 6-22　短线法预制节段施工

长线浇筑需要较大的施工场地，并要求操作设备能在预制场地移动，节段要按序堆放。长线浇筑法宜在具有固定的水平和竖向曲率的多跨桥上采用，可以提高设备的使用效率。

节段的拼装面常做成企口缝，腹板企口缝用于调整高程，顶板企口缝可控制节段的水平位置，使拼装迅速就位，并能提高结构的抗剪能力。也有的在预制节段的底板处设预埋件，用以固定拼装时的临时筋，可加临时预应力或用花兰螺丝收紧。

2)0# 段施工。在悬臂法施工中，0# 块(墩顶梁段)均在墩顶托架上立模现场浇筑，并在施工过程中设置临时梁墩锚固，使 0# 块梁段能承受两侧悬臂施工时产生的不平衡力矩。临时固结、临时支承措施有：

①将 0# 块梁段与桥墩钢筋或预应力筋临时固结，待需要解除固结时切断。

②桥墩一侧或两侧加临时支承或支墩。

③将 0# 块梁段临时支承在扇形或门式托架的两侧。临时梁墩固结要考虑两侧对称施工时有一个梁段超前的不平衡力矩，应验算其稳定性，稳定性系数不小于 1.5。

3)悬臂拼装施工。悬臂拼装时，预制节段的接缝可采用湿接缝、胶接缝和干接缝。

湿接缝：是在相邻节段间现浇一段 10～20cm 宽的高强度等级的快凝水泥砂浆或小石子混凝土，将节段连接成整体。湿接缝常在就地浇筑的块与第一节段间使用，用以调整预制节段的准确位置，此时第一节段还需用吊机固定位置，桥墩构造设计时考虑支承第一节段，保证第一节段的位置准确。

胶接缝：常用厚 1mm 左右的环氧树脂水泥在节段接触面上涂一薄层，采用 0.2～0.25MPa 的预应力拼压，将相邻节段连成整体。环氧树脂水泥在施工中起润滑作用，使接缝密贴，完工后可提高结构的抗剪能力、整体刚度和不透水性，常在节段间接缝中使用。

干接缝：是相邻节段拼装时，接缝间无任何填充料，直接将两端面直接贴合，接缝上的内力通过预应力及肋板上的齿形键传递。

通常情况下，与 0# 块连接的第一对块件采用伸出钢筋焊接的湿接缝，一般不宜采用干接缝，干接缝节段密贴性差，接缝中水气浸入导致钢筋锈蚀。

悬臂拼装的机具很多，有移动式吊车、挂篮、桁式吊、悬索起重机、汽车吊、浮吊等。移动式吊车外形似挂篮，由承重梁、横梁、锚固装置、起吊装置、行走系统和张拉平台等几部分组成，见图 6-23。在墩顶开始吊装第一节段时，可以使用一根承重梁对称同时吊装，在允许布置两台移动式吊车后，开始独立对称吊装。通常是从桥下用轨道平车或驳船将节段运输至桥位，由移动式吊车吊装就位。

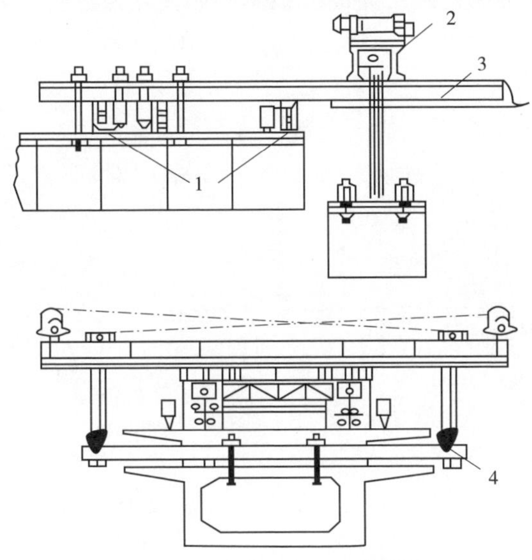

图 6-23　移动式吊车悬臂拼装施工

1-支承；2-卷扬机；3-承重梁；4-扁担梁

4)合龙施工。合龙段的施工常取用现浇和拼装两种方法。

①采用拼装合龙，对预制和拼装精度的要求较高，但工序简单，施工速度快。

②采用现浇合龙，因在施工过程中，受到昼夜温差影响，现浇混凝土的早期收缩、水化热影响，已完成梁段混凝土的收缩、徐变影响，结构体系的转换及施工荷载等因素影响，需采取必要措施以保证合龙段的质量。

a. 合龙段长度选择。合龙段长度在满足施工操作要求的前提下，应尽量缩短，一般采用 1.5～2.0m。

b. 合龙温度选择。一般宜在低温合龙，遇夏季应在晚上合龙，并用草袋等覆盖，以加强接头混凝土养护，使混凝土早期结硬过程中处于升温受压状态。

c. 合龙段混凝土选择。混凝土中宜加入减水剂、早强剂，以便及早达到设计要求强度，及时张拉预应力束筋，防止合龙段混凝土出现裂缝。

d. 合龙段采用临时锁定措施。为保证合龙段施工时混凝土始终处于稳定状态，在浇筑之前各悬臂端应附加与混凝土质量相等的配重(或称压重)，配重需依桥轴线对称施加，按浇筑重量分级卸载。如采用多跨一次合龙的施工方案，也应先在边跨合龙，同时需通过计算，进行工艺设计和设备系统的优化组合。

4. 顶推施工

顶推法多应用于预应力钢筋混凝土连续梁桥和斜拉桥梁的施工，如图 6-24 所示。它是沿桥纵轴方向，在桥台后设置预制场地，分节段预制，并用纵向预应力筋将预制节段与前阶段施工完成的梁体连成整体，在梁体前安装长度为顶推跨径 0.7 倍左右的钢导梁，然后通过水平千斤顶施力，借助滑动装置将梁体向前顶推出预制场地，使梁体通过各墩顶临时滑动支座面就位，之后继续在预制场地进行下一节段梁的预制，重复直至全部完成。顶推完毕就位后，拆除顶推用的临时预应力筋束，张拉通长的纵向预应力筋束以及在顶推时未张拉到设计值的筋束；然后灌浆、封端、落梁。

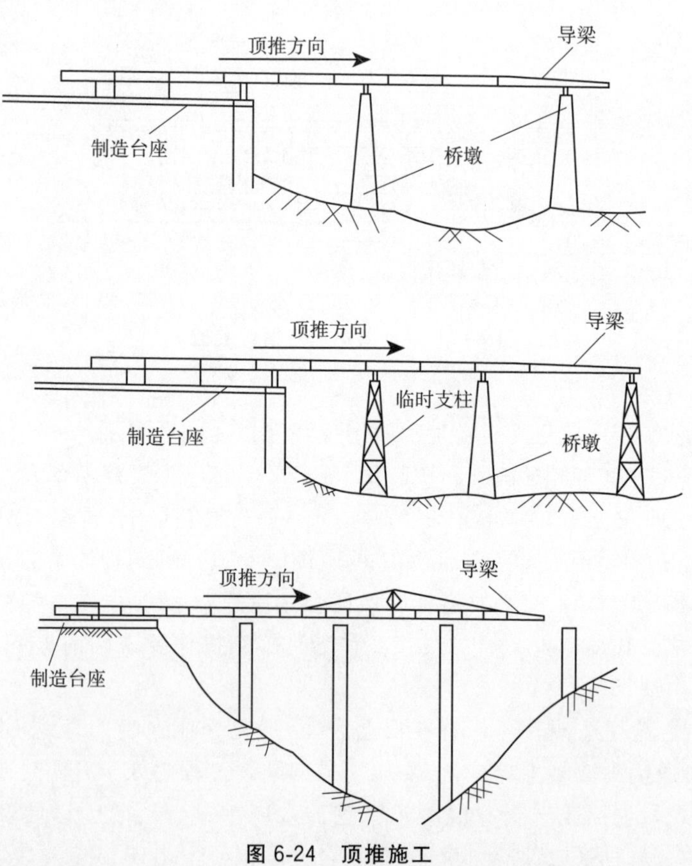

图 6-24　顶推施工

顶推法适用于桥下空间不能利用的施工场地，例如在高山深谷和水深流急的河道上建桥以及多跨连梁桥施工。

顶推法施工的程序如图 6-25 所示。

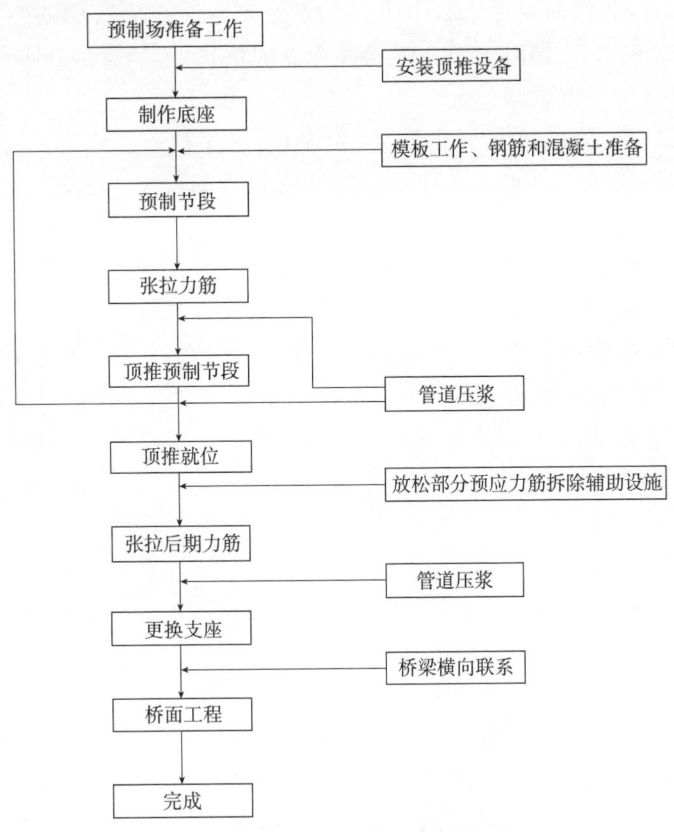

图 6-25　顶推施工程序图

(1)准备预制场地

预制场地应设在桥台后面桥轴线的引道或引桥，当为多联顶推时，为加速施工进度，可在桥两端均设场地，由两端相对顶推。一预制场地的长度应考虑梁段悬出时反压段的长度、梁段底板与腹(顶)板预制长度、导梁拼装长度和机具设备材料进入预制作业线的长度；预制场地的宽度应考虑梁段两侧施工作业的需要。

预制场地上宜搭设固定或活动的作业棚，其长度宜大于 2 倍预制梁段长度，使梁段作业不受天气影响，并便于混凝土养护。

在桥端路基上或引桥上设置预制台座时，其地基或引桥的强度、刚度和稳定性应符合设计要求，并应做好台座地基的防水、排水设施，以防沉陷。在荷载作用下，台座顶面变形不应大于 2mm。

台座的轴线应与桥梁轴线的延长线重合,台座的纵坡应与桥梁的纵坡一致。

(2)梁段预制

主梁节段的长度划分主要考虑:段间的连接处不要设在连续梁受力最大的支点与跨中截面,同时要考虑制作加工容易度,尽量减少分段,缩短工期,因此一般每段长 10～30m。同时根据连续梁反弯点的位置,连续梁的顶推节段长度应使每跨梁不多于 2 个接缝。

模板由底模、侧模和内模组成。一般来说,采用顶推法施工多选用等截面,模板多次周转使用。因此宜使用钢模板,以保证预制梁尺寸的准确性。

预制方案有两种:

①在梁轴线的预制台座上分段预制,逐段顶推。预制一般采用两次浇筑法,先浇筑梁的底板、腹板混凝土,然后立顶模,浇筑顶板混凝土。

②在箱梁的预制台座分底板段和箱梁段两段设置,先预制底板段(第一段把导梁的下弦预埋在底板前端),待底板段混凝土的强度达到设计强度的 80%后,将底板顶推至箱梁位置就位,同时将第二段底板和第一段箱梁交错施工,以此循环进行,缩短箱梁预制的施工周期。

(3)梁段顶推

1)顶推方法选择:

①单点顶推。全桥纵向只设一个或一组顶推装置,顶推装置通常集中设置在梁段预制场附近的桥台或桥墩上,而在前方各墩上设置滑移支承。

按顶推装置分为两种:水平—竖直千斤顶法、拉杆千斤顶法。

(a)水平—竖直千斤顶法。水平千斤顶与竖直千斤顶联合使用,施工程序为顶梁、推移、落下竖直千斤顶和收回千斤顶的活塞杆,如图 6-26 所示。顶推时,升起竖直千斤顶活塞,使临时支承卸载,开动水平千斤顶去顶推竖直千斤顶,由于竖直千斤顶下面设有滑道,千斤顶的上端装有一块橡胶板,即竖直千斤顶在前进过程中带动梁体向前移动。当水平千斤顶达到最大行程时,降下竖直千斤顶活塞,使梁体落在临时支撑上,收回水平千斤顶活塞,带动竖直千斤顶后移,回到原来位置,如此反复不断地将梁顶推到设计位置。

(b)拉杆千斤顶法。该装置在桥台(墩)前安装,采用大行程水平穿心式千斤顶,使其底座靠在桥台(墩)上,拉杆的一端与千斤顶连接,另一端固定在箱梁侧壁上(在梁体顶、底板预留孔内插入强劲的钢锚柱,由钢横梁锚住拉杆父顶推时,通过千斤顶顶升带动拉杆牵引梁体前进,如图 6-27 所示。单点顶推适用于桥台刚度大、梁体轻的施工条件。

②多点顶推。由于单点顶推在顶推前期和后期,垂直千斤顶顶部同梁体之间的摩擦不能带动梁体前移,必须依靠辅助动力才能完成顶推,此外,单点顶推施工

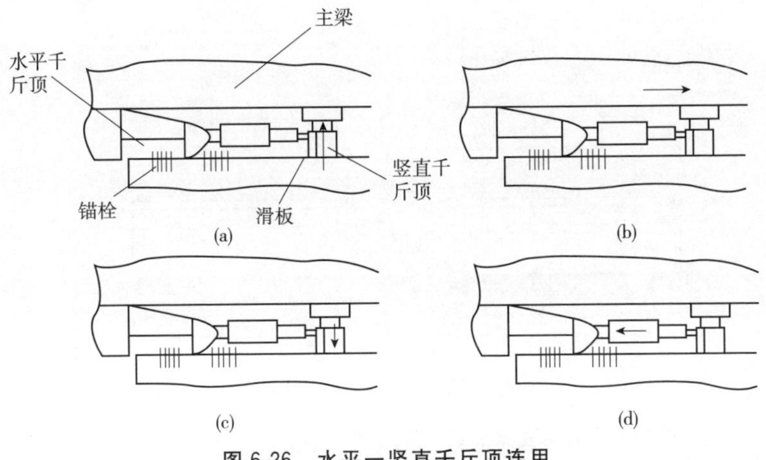

图 6-26　水平一竖直千斤顶连用

(a)升顶；(b)滑移；(c)落下；(d)复原

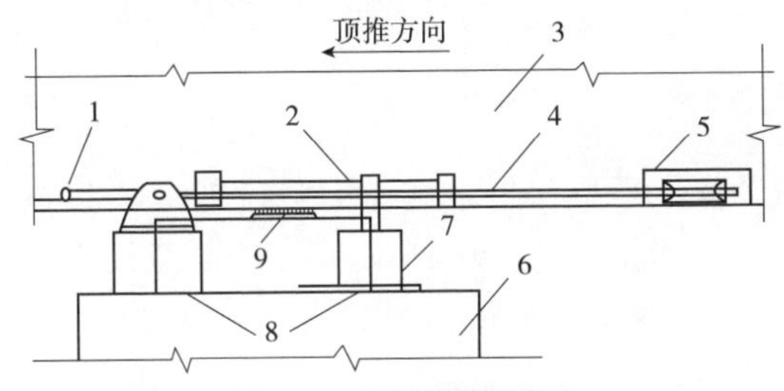

图 6-27　拉杆顶推装置

1-锚具；2-水平千斤顶；3-箱梁；4-拉杆；5-锚碇板；6-墩帽；7-支座；8-预埋钢板；9-滑块

中没有设置水平千斤顶的高墩，尤其是柔性墩在水平力作用下会产生较大的墩顶位移，威胁到结构的安全，为克服单点顶推的缺点，由此产生了多点顶推施工方法。

多点顶推是在每个墩台上设置一对顶推装置，要求千斤顶同步运行，将集中的顶推力分散到各墩上，在各墩上及临时墩上设置滑移支承，让梁体在滑道上前进。滑道支承设置在墩上的混凝土临时垫块上，它由光滑的不锈钢板与组合的聚四氟乙烯滑块组成，其中的滑块由聚四氟乙烯板与具有加劲钢板的橡胶块构成。顶推时，滑块在不锈钢板上滑动，并在前方滑出，通过在滑道后方不断滑入滑块，带动梁身前进，如图 6-28、图 6-29 所示。

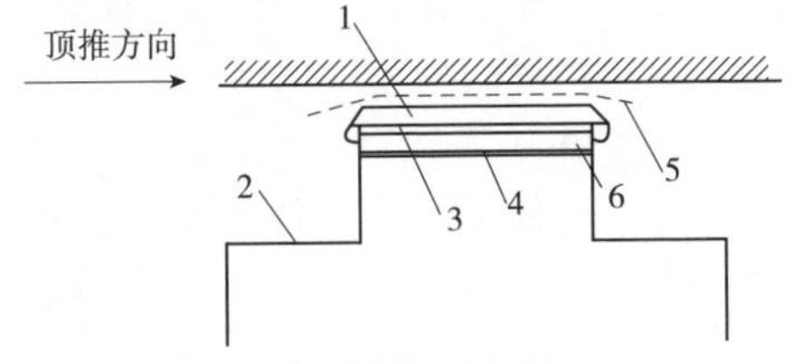

图 6-28　滑道装置示意图

1-滑道底座；2-竖向千斤顶底座；3-氯丁橡胶；4-牛皮纸；5-滑板；6-预制混凝土梁

(a)垂直千斤顶送去，梁压在拖头上，水平千斤顶通过拉杆拉动拖头在滑道上滑移前进；

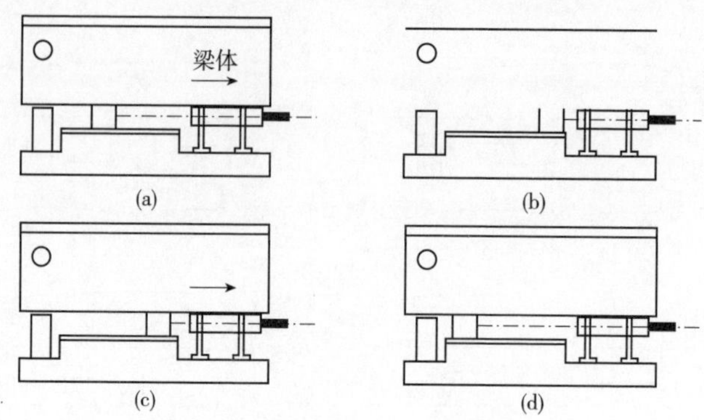

图 6-29 顶推过程示意图

(b)水平千斤顶完成工作,垂直千斤顶上升抬起梁体;

(c)垂直千斤顶抬起梁体,水平千斤顶通过拉杆使拖头在滑道上滑移后退;

(d)水平千斤顶后退完毕,垂直千斤顶松出,梁体压在拖头上,水平千斤顶准备下一顶推过程。

2)支承系统:

①设置临时滑动支承顶推。顶推施工的滑道是在墩上临时设置的,由光滑的不锈钢板与组合的聚四氟乙烯滑块组成,用于滑移梁体支承作用,待主梁顶推就位后,更换正式支座。在主梁就位后,拆除顶推设备,同时进行张拉后期预应力束和管道压浆工作,待管道水泥浆达到设计强度后,用数只大吨位竖直千斤顶同步将一联主梁顶起,拆除滑道及滑道底座混凝土垫块,安放正式支座。

②使用与永久支座合一的滑动支承顶推。采用施工临时滑动支承与竣工后永久支座组合兼用的支承构造进行顶推。它将竣工后的永久支座安置在墩顶的设计位置上,施工时通过改造作为顶推滑道,主梁就位后,恢复为永久支座状态,它不需拆除临时滑动支承,也不需要采用大吨位千斤顶进行顶梁作业。

上述兼用支承的顶推法在国外称 RS 施工法,它的滑动装置由 RS 支承、滑动带、卷绕装置等组成,如图 6-30 所示。RS 顶推装置的特点是采用兼用支承,滑动带自动循环,因而操作工艺简单、省工,但支承本身的构造复杂,价格较高。

(4)架设导梁

导梁设置在主梁的前端,宜为钢导梁(钢横梁、钢框梁、贝雷梁或钢桁架),主梁前段有预埋件与钢导梁栓接,导梁的长度一般取顶推跨径的 0.6~0.7 倍,导梁的刚度为主梁的 1/15~1/9。导梁采用分联顶推时,根据设计设置后导梁,其与顶推梁的连接方式应符合设计要求。设置导梁时,导梁全部节间拼装平整,底缘与箱梁底应在同一平面上,前端底缘应向上,呈圆弧形。钢导梁结构如图 6-31 所示。

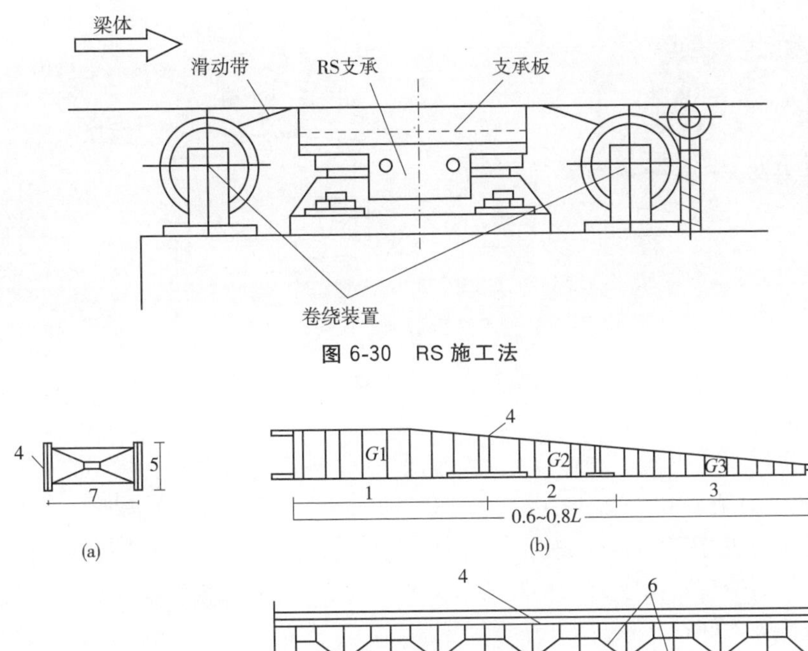

图 6-30　RS 施工法

图 6-31　钢导梁示意图

(a)剖面图；(b)钢导梁侧面图；(c)钢导梁平面图

1-第一节；2-第二节；3-第三节；4-导梁主桁；5-箱梁高；

6-钢管(型钢)横撑杆；7-主桁宽；G1，G2，G3-相应各节重力跨径

(5)设置临时墩及平台

当跨径较大时，为减小顶推时梁的内力，宜设置临时墩，城市桥梁工程临时墩设置应考虑桥下交通、拆除等综合因素。临时墩需有足够的刚度来承受顶推时产生的水平推力，并在最大竖向荷载作用下不产生较大沉降。为加强临时墩的抗推能力，可以用斜拉索或水平拉索锚于永久墩下部或墩帽，如图 6-32 所示。临时墩通常只设置滑道，需设置顶推装置时，应通过计算确定。

5. 移动模架逐孔施工

逐孔施工法从施工技术方面可分为三种类型：

①用临时支承组拼预制节段逐孔施工。它是将每一桥跨分成若干节段，预制完成后在临时支承上逐孔组拼施工。

②采用整孔吊装或分段吊装逐孔施工。这种施工方法是早期连续梁桥采用逐孔施工的唯一方法，近年来，由于起重能力增强，使桥梁的预制构件向大型化

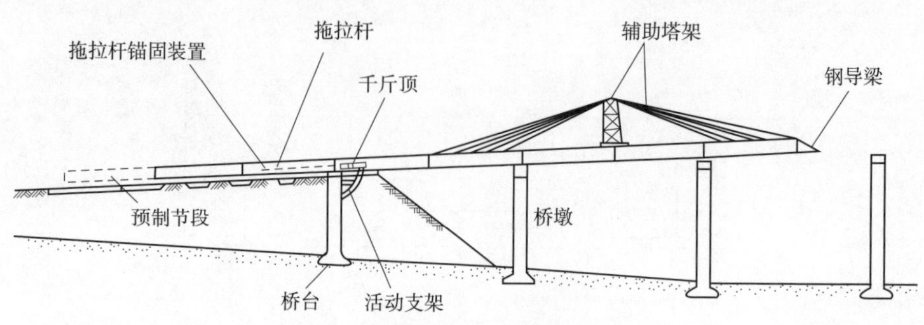

图 6-32　用拉索加劲的顶推法施工

方向发展,从而更能体现逐孔施工速度快的特点。可用于混凝土连续梁和钢连续梁桥的施工中。

③使用移动支架逐孔现浇施工。此法亦称移动模架法,它是在可移动的支架、模板上完成一孔桥梁的全部工序,即模板工程、钢筋工程、浇筑混凝土和张拉预应力筋等工序,待混凝土有足够强度后,张拉预应力筋,移动支架、模板,进行下一孔梁的施工。由于此法是在桥位上现浇施工,可免去大型运输和吊装设备,使桥梁整体性好;同时它具有在桥梁顶制厂的生产特点,可提高机械设备的利用率和生产效率。

移动模架分为移动悬吊模架与支承式活动模架两种类型:

(1)移动悬吊模架施工

移动悬吊模架的形式有很多,构造各异,其基本构造包括三个部分:承重梁、肋骨状横梁和移动支撑,如图 6-33 所示。承重梁通常采用钢箱梁,长度大于 2 倍桥梁跨径,是承担施工设备自重、模板系统重量和现浇混凝土重量的主要承重构件。承重梁的后端通过移动式支架落在已完成的梁段上,承重梁的前方支承在桥墩上,工作状态呈单悬臂梁。承重梁除起承重作用外,在一跨梁施工完成后,作为导梁将悬吊模架纵移到前方施工。承重梁的移位及内部运输由数组千斤顶或起重机完成,并通过控制室操作。横梁的两端各用竖杆和水平杆形成下端开口的框架并将主梁包在其中。当模板支架处于浇筑混凝土板状态时,模板依靠下端的悬臂梁和锚固在横梁上的吊杆定位,并用千斤顶固定模板;当模架需要纵向移位时,放松千斤顶及吊杆,模板安放在下端悬臂梁上,并转动该梁的前端的一段可转动部分使模架在纵移状态时顺利通过桥墩。

(2)支承式活动模架施工

支承式活动模架的基本结构由承重梁、导梁、台车和桥墩托架等组成,它采用两根承重梁,分别设置在箱形梁的两侧,承重梁用来支撑模板和承受施工荷载,承重梁的长度要大于桥梁的跨径,浇筑混凝土时承重梁支撑在桥墩托架上。导梁主要用于移动承重梁和活动模架,因此需要大于 2 倍桥梁跨径的长度。当

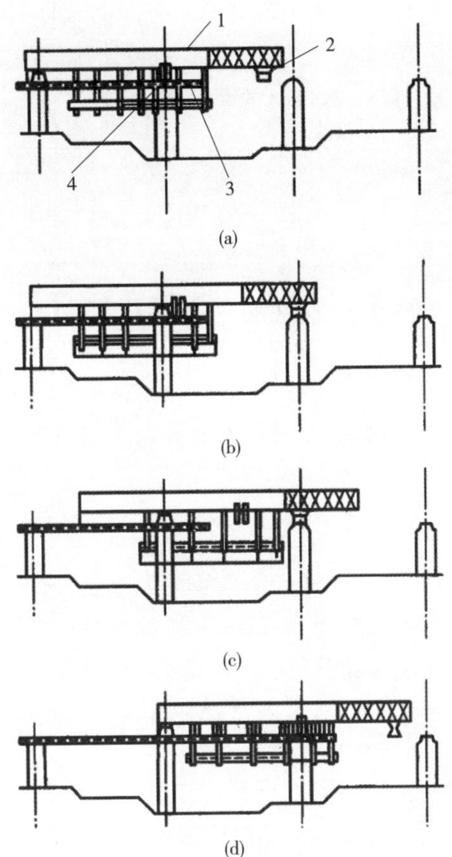

图 6-33　移动悬吊模架施工程序

(a)施工完成；(b)放模板，移承重梁；(c)前移；(d)就位，安装模板

1—承重梁；2—移动支架；3—模板系统；4—肋骨状横架

一跨桥梁施工完成进行脱模卸架后，由前方台车(在导梁上移动)和后方台车(在已完成的梁上移动)，沿纵向将承重梁的活动模架运送到下一跨，承重梁就位后，导梁再向前移动并支承在前方墩上。

第二节　拱桥施工

拱桥的施工方法可分为有支架施工和无支架施工两类。

有支架施工是在桥位上搭设拱架，在拱架上砌筑拱圈石或立模浇筑混凝土，待砂浆或混凝土强度达到后，再卸落拱架的方法。主要用于中小跨径的石拱桥、混凝土预制块拱桥和就地浇筑的混凝土拱桥。

无支架施工是指不搭设拱架的各种施工方法的总称，其施工方法包括：钢管混凝土法、劲性骨架法、缆索吊装法、悬臂法和转体施工法。主要用于大跨径拱桥、不便于搭设拱架或搭设拱架有困难的拱桥施工。

一、有支架施工

1. 拱架

拱架常用的结构形式有：满布立柱式、撑架式、组拼式、工字梁拱式和桁架拱式，见图6-34。满布立柱式拱架的构造和制作都很简单，但需要立柱较多，一般用于高度和跨度都不大的拱桥。撑架式拱架是将立柱式拱架加以改进，用支架加斜撑来代替较多的立柱，它在一定程度上满足了通航的需要，因此实际工程中采用较多。

2. 预拱度

对于拱式结构，预拱度的设置比梁式桥更为重要，这是由于拱桥的拱轴线变化将大大影响到结构的受力性能，故需予以高度重视。拱桥施工时，拱架的预拱度主要考虑以下几个方面：拱圈自重及1/2汽车荷载产生的拱顶弹性下沉；拱圈由于温度降低与混凝土收缩产生的拱顶弹性下沉；墩台水平位移产生的拱顶下沉；拱架在承重后的弹性及非弹性变形，以及梁式及拱式拱架的跨中挠度；拱架基础受载后的非弹性压缩。

3. 拱架上浇筑混凝土拱圈

(1)跨径小于16m的拱圈或拱肋混凝土，应按拱圈全宽度从两端拱脚向拱顶对称地连续浇筑，并在拱脚混凝土初凝前全部完成。若预计不能在限定时间内完成，则应在拱脚预留一个隔缝并最后浇筑隔缝混凝土。

(2)跨径大于或等于16m的拱圈或拱肋，应沿拱跨方向分段浇筑(图6-35)。分段位置应以能使拱架受力对称、均匀和变形小为原则，拱式拱架宜设置在拱架受力反弯点、拱架节点、拱顶及拱脚处；满布式拱架宜设置在拱顶、拱跨1/4处、拱脚及拱架节点等处。各段的接缝面应与拱轴线垂直，各分段点应预留间隔槽，其宽度一般为0.5～1.0m，但安排有钢筋接头时，其宽度还应满足钢筋接头的需要。若预计拱架变形较小，可减少或不设间隔槽，而采取分段间隔浇筑。

(3)分段浇筑程序应符合设计要求，应对称于拱顶进行，使拱架变形保持均匀和尽可能地小，并应预先做出设计。分段浇筑时，各分段内的混凝土应一次连续浇筑完毕，因故中断时，应浇筑成垂直于拱轴线的施工缝；若已浇筑成斜面，应凿成垂直于拱轴线的平面或台阶式接合面。

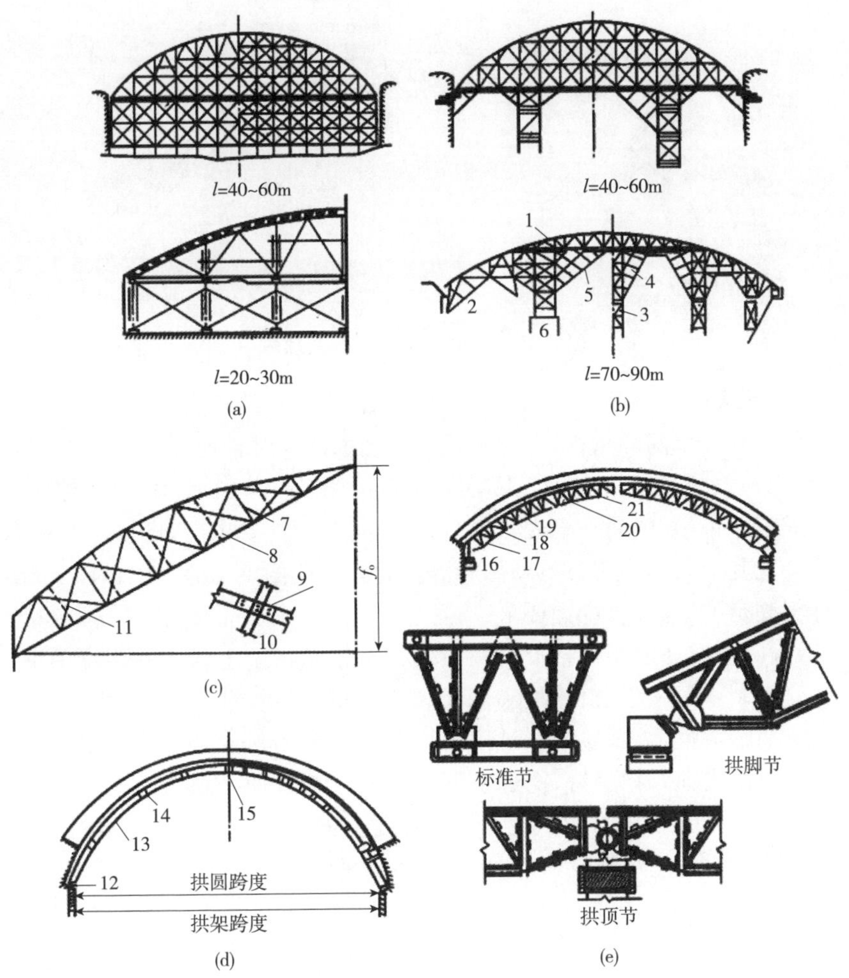

图 6-34　拱架的主要形式构造

(a)满布立柱式;(b)撑架式;(c)组拼式;(d)工字梁拱式;(e)桁架拱式

1,2,3-卸架设备;4-斜撑;5-横向设斜夹木;6-临时石墩;7-拉杆螺栓;8-剪刀撑;

9-铁夹板;10-斜撑交接处;11-斜撑木;12-拱脚铰;13-基本节;14-楔形插节;15-拱顶拆拱设备;

16-砂筒;17-拱脚节;18-联结杆甲;19-联结杆乙;20-标准节;21-拱顶节

(4)间隔槽浇筑混凝土,应待拱圈分段浇筑完成后且其强度达到75%设计强度和接合面按施工缝处理后,由拱脚向拱顶对称施行浇筑。拱顶及两拱脚间隔槽混凝土应在最后封拱时浇筑。封拱合龙温度应符合设计要求,若设计无规定时,宜在接近当地年平均气温或5~15℃时进行,封拱合龙前用千斤顶施加压力的方法调整拱圈应力时,拱圈(包括已浇间隔槽)的混凝土强度应达到设计强度。

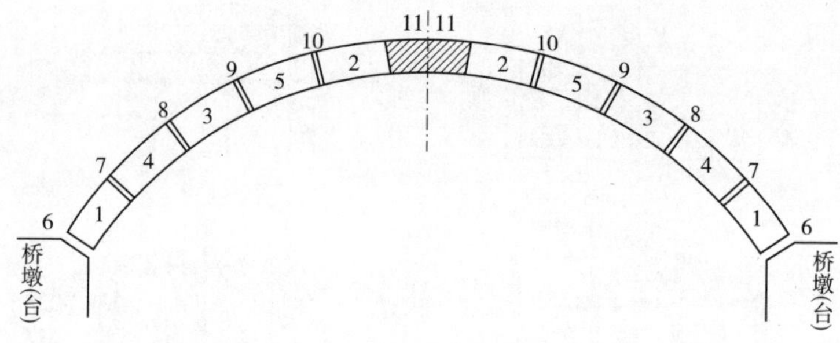

图 6-35　拱圈分段施工一般顺序

(5)浇筑大跨度钢筋混凝土拱圈(拱肋)时,纵向钢筋接头应安排在设计规定的最后浇筑的几个间隔槽内,并应在这些间隔槽浇筑时再连接。

(6)浇筑大跨径拱圈(拱肋)混凝土时,宜采用分环(层)分段法浇筑,也可沿纵向分成若干条幅,中间条幅先行浇筑合龙,达到设计要求后,再按横向对称、分次浇筑合龙其他条幅。其浇筑顺序和养护时间应根据拱架荷载和各环负荷条件通过计算确定,并应符合设计要求。

(7)大跨径钢筋混凝土箱形拱圈(拱肋)可采取拱架上组装并现浇的施工方法。先将预制好的腹板、横隔板和底板钢盘在拱架上组装,在焊接腹板、横隔板的接头钢筋形成拱片后,立即浇筑接头和拱箱底板混凝土,组装和现浇混凝土时应从两拱脚向拱顶对称进行,浇底板混凝土时应按拱架变形情况设置少量间隔缝并于底板合龙时填筑,待接头和底板混凝土强度达到设计强度的75%以上后,安装预制盖板,然后铺设钢筋,现浇顶板混凝土。

二、无支架施工

无支架施工的方法主要有两大类。

第一种实质上就是靠体内支架进行施工,包括钢管混凝土和劲性骨架法。钢管混凝土是在薄壁圆形银管内填充混凝土,形成"骨包肉"的结构;而劲性骨架法是在劲性骨架上,系吊篮逐段浇筑混凝土,形成"肉包骨"的结构。以上两种桥型的钢管或型钢既是拱圈的组成部分,又是施工时的临时拱架,其最大跨度可能达到甚至超过斜拉桥。

第二种是靠机械设备完成架设,包括缆索吊装法、转体施工法和悬臂施工法。缆索吊装法是通过设置吊运天线来完成预制拱圈节段的纵向与竖向运输,从而完成拱圈的拼装;转体施工法是在两岸现浇半拱,然后绕拱座作水平或竖直转动合龙成拱;悬臂施工法是自拱脚开始采用悬臂浇筑或拼装逐渐形成拱圈至拱顶合龙成拱,对拱圈合龙前的悬臂状态则用斜拉索进行挂扣。

1. 钢管混凝土拱桥施工

钢管混凝土结构，由于能通过互补使钢管和混凝土单独受力的弱点得以削弱甚至消除，管内混凝土可增强管壁的稳定性，钢管对混凝土的套箍作用，使砼处于三向受力状态，既提高了混凝土的承载力，又增大了其极限压缩应变，自钢管混凝土结构问世以来，是桥梁建筑业发展的一项新技术，具有自重轻、强度大、抗变形能力强的优点，因而得到突飞猛进的发展。在桥梁方面，已以各种拱桥发展到桁架梁等结构形式，并发展到钢管混凝土作劲性骨架拱桥。

(1)拱肋钢管的加工制作

拱肋加工前，应依理论设计拱轴坐标和预留拱度值，经计算分析后放样，钢管拱肋骨架的弧线采用直缝焊接管时，通常焊成 1.2～2.0m 的基本直线管节；当采用螺旋焊接管时，一般焊成 12～20m 弧形管节。对于桁式拱肋的钢管骨架，再放样试拼，焊成 10m 左右的桁式拱肋单元，经厂内试拼合格后即可出厂。具体工艺流程为：选材料→进场材料分类→材质确认和检验→划线与标记→移植编号码→下料坡口加工→钢管→卷制组圆、调圆→焊接非坡口→检验附件装配、焊接单节→终检组成 10m 左右的大节桁式拱肋→焊接无损检验大节桁式拱肋→终检 1∶1 大样拼装检验→防腐处理→出厂。

按钢管的根数及布置形式，钢管混凝土拱肋横截面形式通常分为单肢型、双肢哑铃型、四肢矩形格构型、三角形格构型和集束型等，如图 6-36 所示。

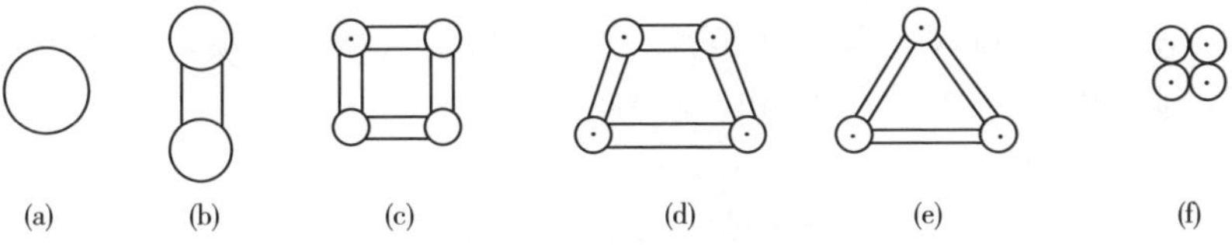

图 6-36　钢管拱肋常用断面示意图

(a)单肢型；(b)双肢哑铃型；(c)四肢矩形格构型；(d)四肢梯形格构型；
(e)三角形格构型；(f)集束型

当拱肋截面为组合型时，应在胎模支架上组焊骨架一次成型，经尺寸检验和校正合格后，先焊上、下两面，再焊两侧面(由两端向中间施焊)。焊接采用坡口对焊，纵焊缝设在腔内，上、下管环缝相互错开。在平台上按 1∶1 放样时，应将焊缝的收缩变形考虑在内。为保证各节钢管或其组合骨架拼组后符合设计线型，可在各节端部预留 1cm 左右的富余量，待拼装时根据实际情况将富余部分切除。钢管焊接施工以《钢结构工程施工质量验收规范》(GB 50205—2001)的规定为标准。焊缝均按设计要求全部做超声波探伤检查和 X 射线抽样检查(抽样率大于 5%)。焊缝质量应达到二级质量标准的要求。

(2)钢管混凝土浇筑

根据钢管拱肋的截面形式及施工设备,钢管混凝土的浇筑可采用以下两种浇筑方法。

人工浇筑法。这种方法是用索道吊点悬吊活动平台,在平台上分两处向钢管内灌注混凝土。混凝土由人工铲进,插入式和附着式振动器振捣。所以一般使用在拱肋截面为单管、哑铃型等实体形钢管拱肋形式。

浇筑程序:对于哑铃形一般先腹板、后下管、再上管,加载顺序从拱脚向拱顶,按对称、均衡的原则进行。并可通过严格控制拱顶上帽及墩顶位移来调整浇筑顺序,以使施工中钢管拱肋的应力不超过规定值,并保持拱肋的稳定性,但应尽量采用泵送顶升浇筑法以保证质量。

泵送顶升浇筑法。这种方法适用于桁架式钢管拱肋内混凝土的浇筑,也可用于单管、哑铃型等实体形拱肋截面的混凝土浇筑。

一般输送泵设于两岸拱脚,对称泵送混凝土。在钢管上应每隔一定距离设气孔,以减少管内空气压力,泵送之前,应先用压力水冲洗钢管内壁,再用水泥砂浆通过,然后连续泵送混凝土。用泵送顶升浇筑管内混凝土,一般应按设计规定的浇筑顺序进行,如设计无规定,应以有利于拱肋受力和稳定性为原则进行浇筑,并严格控制拱肋变位。

注意事项:钢管混凝土填充的密实度是保证钢管混凝土拱桥承载能力的关键。施工中除应按设计要求进行外,还应注意以下几点:

1)管内混凝土应采用泵送顶升压注施工,由两拱脚至拱顶对均衡一次压注完成,除拱顶外,不宜在其余部位设置横隔板,如图 6-37 所示。

2)钢管混凝土应具有低泡、大流动性、微膨胀、延后初凝和早强的工程性能。

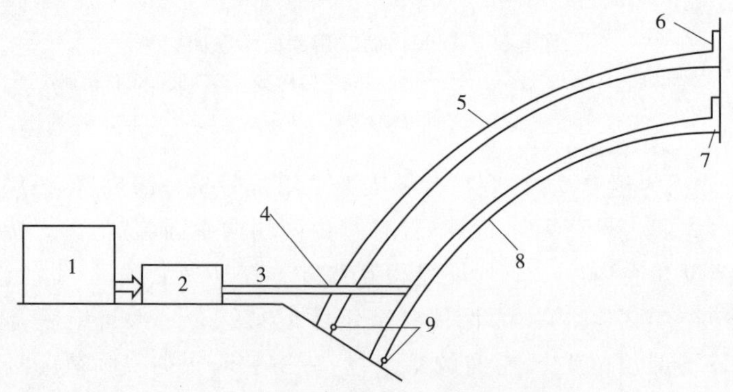

图 6-37 钢管混凝土压注施工示意图

1-混凝土拌和站;2-输送泵;3-输送管;4-液压阀门;5-上弦杆管;6-排气(浆)孔;7-拱顶;8-下弦杆管;9-排渣孔

3)钢管混凝土压注前应清洗管内污物，润湿管壁，泵入适量水泥浆后压注混凝土，直至钢管顶端排气孔排出合格的混凝土时停止。完成后应关闭设于压注口的倒流截止阀。管内混凝土的压注应连续进行，不得中断。

4)大跨径拱肋钢管混凝土浇筑应根据设计加载程序，宜分环、分段隔仓由拱脚向顶对称均衡压注，浇筑过程要严格监控拱肋变位，不得超过设计规定。

5)拱肋钢管混凝土浇筑采用抛落浇筑时，管径很小时可采用外部附着式振捣，管径大于 350mm 则宜采用内部插入式振捣。

6)钢管混凝土应具有低泡、大流动性、收缩补偿、延缓初凝和早强的性能拌和时宜掺入性能适宜的减水剂或使用微膨胀水泥拌制。

7)钢管混凝土的质量检测方法应以超声波检测为主。

8)为保证混凝土泵送工艺的顺利进行，对大跨径钢管混凝土拱桥，需按实际泵送距离和高度进行模拟混凝土压注试验。

9)钢管混凝土的泵送顺序应按设计要求进行，宜采用先钢管后腹箱的程序。

2. 劲性骨架法

劲性骨架法是特大(＞200m)跨径拱桥的施工方法之一，其实质上就是一种体内支架法，即先采用无支架缆索吊装或转体架设拱形劲性骨架，然后围绕骨架浇筑混凝土，把骨架作为混凝土的钢筋骨架，不再拆卸收回，因此又叫埋入式钢拱架。劲性骨架在施工阶段起支架和承重结构之用，成桥后作为受力筋埋置在混凝土内，与外包混凝土一起共同承受荷载。

该法的特点是混凝土浇筑全部在空中进行，工序复杂，工期长，需特别注意施工过程中结构的变形与应力监控。

劲性骨架法包括：劲性钢骨架法和钢管混凝土劲性骨架法，前者的劲性骨架由型钢构成，后者由钢筋混凝土构成。

劲性骨架一般采用拱形桁架结构，由上弦杆、下弦杆、竖杆、斜腹杆等组成。

上弦杆和下弦杆是拱形桁架的主要受力构件，可以采用型钢，也可以采用钢管，当钢管内填充混凝土后，即成为钢管混凝土拱形桁架，钢管混凝土拱形桁架具有刚度大、用钢量省的特点。

竖杆和斜腹杆可以采用钢管混凝土或型钢。钢管混凝土刚度大，但需要浇筑管内混凝土，给施工带来困难；采用型钢，节点容易处理，可以省去向腹杆内浇筑混凝土的工序，而且混凝土的包裹效果好。

(1)劲性钢骨架法

此法先将拱圈的全部受力钢筋按设计形状和尺寸制成，采用无支架缆索吊装或转体安装就位，合龙形成钢骨架，然后用系吊在钢骨架上的吊篮逐段浇筑混凝土，当钢骨架全部由混凝土包裹后，就形成钢筋混凝土拱圈(或拱肋)。

用这种方法施工的钢骨架，不但需满足拱圈的要求，而且在施工中还起临时拱架的作用，因此须有一定的刚性。一般选用劲性钢材如角钢、槽钢、钢管等作为拱圈的受力钢筋。

混凝土浇筑应在拱圈两侧对称地进行。图 6-38 为跨径 240m 采用劲性钢骨架施工的中承式钢筋混凝土拱桥示意图，施工步骤如下：借助缆索吊车和悬臂架设法安装拱肋的钢骨架；安装横向剪刀撑的劲性钢骨架；在中部布置 8 个蓄水后重力为 120kN 的水箱；在劲性骨架上安装箱肋底板、腹板、顶板的受力钢筋和分布钢筋网；采用混凝土泵由拱脚向拱顶分环对称平衡地浇筑混凝土，将钢骨架和分布钢筋包裹在混凝土中。

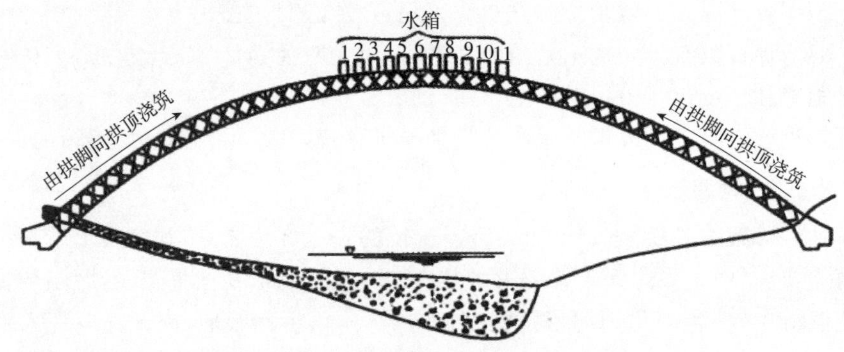

图 6-38　用劲性钢骨架及水箱调载施工的中承式钢筋混凝土拱桥

(2)钢管混凝土劲性骨架法

钢管混凝土用在拱桥上有两种形式：一是直接用作主拱结构，即钢管混凝土拱桥；二是利用钢管混凝土作为劲性骨架。

钢管混凝土劲性骨架采用不同形状(如单管形、哑铃形、矩形、三角形或集束形)的钢管，或者以无缝钢管作弦杆，以槽钢、角钢等作为腹杆组成空间桁架结构，先分段制作成钢骨架，然后吊装合龙成拱，再利用钢骨架作支架，浇筑钢管内混凝土，待钢管内混凝土达到一定强度后，形成钢管混凝土劲性骨架，然后在其上悬挂模板，按一定的浇筑程序分环、分段浇筑拱圈混凝土，直至形成设计的拱圈截面。

先浇的混凝土凝结成形后，可作为承重结构的一部分，与劲性骨架共同承受后浇各部分混凝土的重力；同时，钢管中混凝土也参与钢骨架共同承受钢骨架外包混凝土的重力，从而降低了钢骨架的用钢量，减少了钢骨架的变形。故利用钢管混凝土作为劲性骨架浇筑拱圈的方法比劲性钢骨架法更具优越性。

3. 转体施工法

桥梁转体施工是指将桥梁结构在非设计轴线位置制作(浇注或拼接)成形

后，通过转体就位的一种施工方法。它可以将在障碍上空的作业转化为岸上或近地面的作业。根据桥梁结构的转动方向，它可分为竖向转体施工法、水平转体施工法（简称竖转法和平转法）以及平转与竖转相结合的方法，其中以平转法应用最多。桥梁转体法施工与传统施工方法相比，具有如下优点：

①施工所需的机具设备少、工艺简单、操作安全。

②具有结构合理，受力明确，力学性能好。

③转体法能较好地克服在高山峡谷、水深流急或经常通航的河道上架设大跨度构造物的困难，尤其是对修建处于交通运输繁忙的城市立交桥和铁路跨线桥，其优势更加明显。

④施工速度快、造价低、节约投资。在相同条件下，拱桥采用转体法与传统的悬吊拼装法、桁架伸臂法、搭架法相比，经济效益和社会效益十分显著。

(1)平面转体

平面转体施工就是按照拱桥设计高程先在两岸边预制半拱，当结构混凝土达到设计强度后，借助设置于桥台底部的转动设备和动力装置，在水平面内将其转动至桥位中线处合龙成拱。由于是平面转动，半拱的预制高程要准确。通常需要在岸边适当位置先做模架，模架可以是简单支架，也可以做成土牛胎模。

平面转体分为有平衡重转体和无平衡重转体两种。

有平衡重转体时以桥台背墙作为平衡重和拱体转体拉杆（或拉索）及上转盘（拱座）组成平衡转动体系，其重心位置通过转盘中心。平衡重大小由转动半拱的重力大小决定。由于平衡重过大不经济，采用本法施工的拱桥跨径不宜过大，一般适用于跨径100m以内的整体转体。有平衡重转体施工的特点是转体质量大，施工的关键是转体。要把成百上千吨的拱体结构顺利、稳妥地转到设计位置，主要依靠以下措施实现：正确的转体设计；制作灵活可靠的转体装置，并布设牵引驱动系统。

(2)竖向转体

竖向转体施工就是在桥台处先竖向或在桥台前俯卧预制半拱，然后在桥位平面内绕拱脚将其转动合龙成拱。

根据河道情况、桥位地形和自然环境等方面的条件和要求，竖向转体施工有以下两种方式：

1)竖直向上预制半拱，然后向下转动成拱。其特点是施工占地少，预制可采用滑模施工，工期短，造价低。需注意的是在预制过程中应尽量保持半拱轴线垂直，以减少新浇混凝土重力对尚未凝结混凝土产生的弯矩，并在浇筑一定高度后加设水平拉杆，以避免因拱形曲率影响而产生较大的弯矩和变形。

2)在桥面以下俯卧预制半拱，然后向上转动成拱。

竖向转体的转动体系由转动铰、提升体系(动、定滑车组,牵引绳)、锚固体系(锚索、锚碇)等组成。

(3)平竖结合转体

由于受到河岸地形条件的限制,拱桥采用转体施工时,可能遇到既不能按设计高程处预制半拱,也不可能在桥位竖平面内预制半拱的情况(如在平原区的中承式拱桥)。此时,拱体只能在适当位置预制后既需平转、又需竖转才能就位。这种平竖结合转体基本方法与前述相似,但其转轴构造较为复杂。

第三节　桥面及附属设施施工

桥梁的桥面系及其附属工程主要包括桥面铺装、伸缩缝、人行道(或安全带)、缘石、栏杆等构造,如图 6-39 所示。

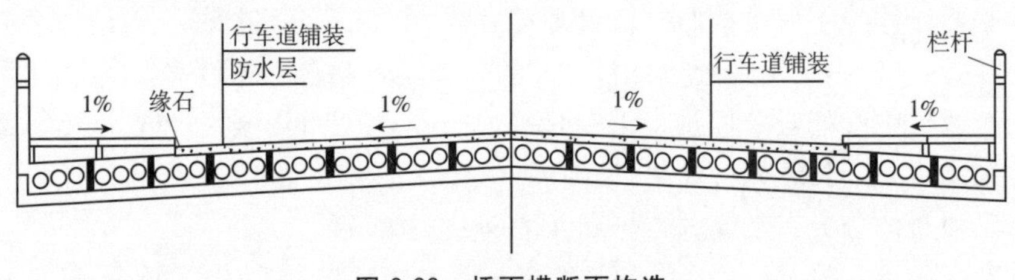

图 6-39　桥面横断面构造

一、桥面铺装施工

桥面铺装即行车道铺装,作为上层的保护层,保护桥面免受车轮的摩擦以及雨水的冲刷作用,并对车轮荷载具有一定的分布作用。因此,桥面铺装必须具有一定的强度、刚度、抗滑和不透水性。

桥面铺装的平整性、耐磨性和不翘性是保证行车平稳的关键,特别是在钢箱梁上铺设沥青路面时的技术要求十分严格。桥面铺装可采用水泥混凝土、沥青混凝土、沥青表面处治和泥结碎石等材料,如图 6-40 所示。而沥青表面处治和泥结碎石桥面铺装耐久性较差,仅在中级和低级公路桥梁上使用。

1. 水泥混凝土桥面铺装

水泥混凝土桥面铺装是以水泥和水合成的水泥浆为结合料,碎(砾)石为粗集料,砂为细集料,经过拌和、摊铺、振捣和养护所修筑的桥面铺装。水泥混凝土桥面铺装直接铺设在防水层或桥面板上,其混凝土强度等级一般与桥面板混凝土等级相同或高一级,铺设时应避免两次成形。水泥混凝土桥面铺装层内一般配置钢筋网,钢筋直径不应小于 8mm,间距不大于 100mm。采用水泥混凝土铺

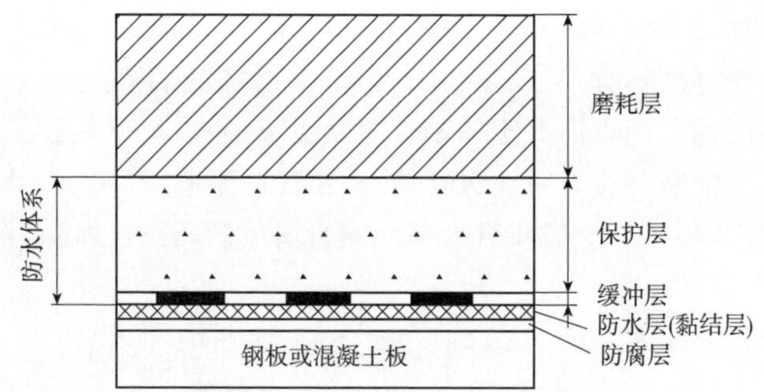

图 6-40　桥面铺装结构示意图

装桥面耐磨性较好，养护费用小，适合于重载交通，但其养生期比沥青混凝土铺装的养生期要长，后期修补也比较麻烦。

水泥混凝土路面施工一般工序流程如图 6-41 所示。

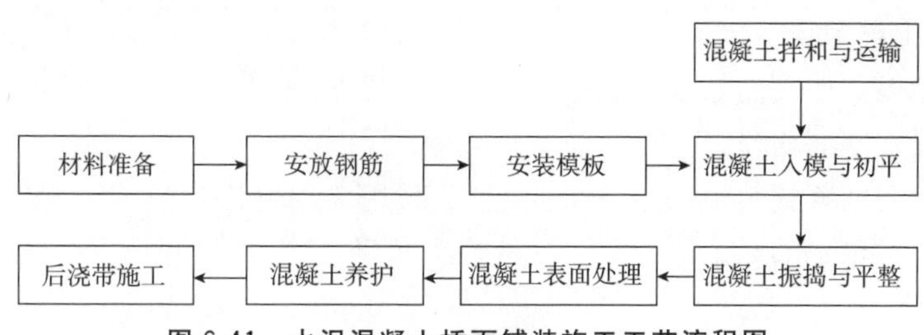

图 6-41　水泥混凝土桥面铺装施工工艺流程图

施工注意事项：

(1)水泥混凝土桥面铺装的厚度应符合设计规定，其使用材料、铺装层结构、混凝土强度、防水层设置等均应符合设计要求。

(2)必须在横向连接钢板焊接工作完成后，才可进行桥面铺装工作，以免后焊的钢板引起桥面水泥混凝土在接缝处发生裂纹。

(3)浇筑桥面水泥混凝土前使预制桥面板表面粗糙，清洗干净，按设计要求铺设纵向接缝钢筋网或桥面钢筋网，然后浇筑。

(4)水泥混凝土桥面铺装如设计为防水混凝土，施工时应按照有关规定办理。

(5)水泥混凝土桥面铺装，其做面应采取防滑措施，做面宜分两次进行，第二次抹平后，沿横坡方向拉毛或采用机具压槽，拉毛和压槽深度应为 1～2mm。

(6)钢纤维水泥混凝土桥面铺装，宜符合现行中国工程建设标准化协会标准《钢纤维混凝土结构设计与施工规程》(CECS38:1992)的规定。

2. 沥青混凝土桥面铺装

沥青混凝土适用于大桥、特大桥的桥面铺装，高速公路、一级公路桥梁的沥青混凝土桥面铺装厚度不宜小于 70mm；二级及二级以下的公路桥梁的沥青混凝土桥面铺装层厚度不宜小于 50mm。为了防滑和减弱光线的反射，最好将混凝土锹成粗糙表面。沥青混凝土铺装可以做成单层式、双层式或三层式。

沥青混凝土铺装前应对桥面进行检查，桥面应平整、粗糙、干燥、整洁。桥面横坡应满足要求，不符合时应及时处理。铺筑前应撒布黏层沥青，石油沥青撒布量为 0.3～0.5L/m^2。

沥青混凝土路面施工的一般工序如图 6-42 所示。

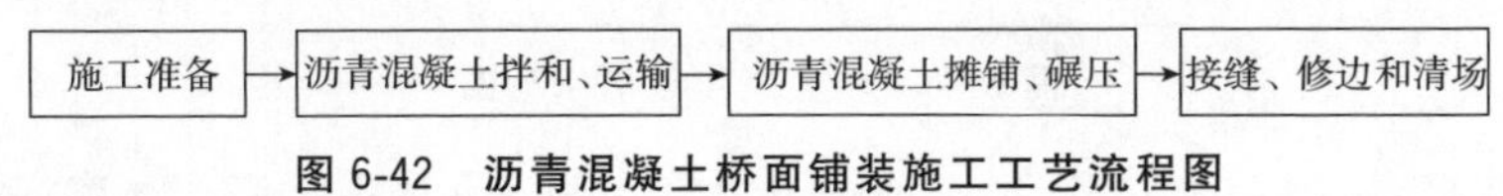

图 6-42　沥青混凝土桥面铺装施工工艺流程图

施工注意事项：

(1)沥青混凝土的配合比设计、铺筑、碾压等施工程序，应符合现行《公路沥青路面施工技术规范》(JTG F40-2004)的有关规定。

(2)为保护桥面防水层，宜先铺保护层。保护层采用 AC-5 型沥青混凝土，厚 1cm，人工铺洒均匀，用 6t 轻碾慢速摆平。

(3)桥面沥青铺装宜采用双层式，底层采用高温稳定性较好的 AC-2-I 中粒式、热拌密实型沥青混合料，表层采用防滑面层，总厚度宜在 6～10cm 之间，表层厚度不宜小于 2.5cm。

(4)沥青混凝土桥面施工宜采用轮胎压路机和钢轮轻型压路机配合作业。

二、伸缩缝安装施工

桥梁结构在温度变化、荷载作用、基础变位、混凝土收缩和徐变等影响下将会产生伸缩变形，为了满足桥梁在各种荷载作用下受力与变形要求，保证车辆平稳安全通过，需要在相邻两梁端之间，或桥梁的铰接处设置预留伸缩缝，并在桥面设置伸缩装置。依据伸缩装置的传力方式及其构造特点，可分为对接式、钢制支承式、橡胶组合剪切式、无缝式伸缩装置等。伸缩装置应满足下列要求：

①在平行、垂直于桥梁轴线的两个方向，均能自由伸缩；

②除本身要有足够的强度外，应与桥面铺装部分牢固连接；

③车辆通过时应平顺、无突跳且噪声小；

④具有良好的密水性和排水性，并便于安装、检查、养护和清除沟槽的污物。

伸缩缝是桥梁的薄弱环节，在汽车荷载的作用下有很小的不平整就会使该处受到很大的冲击作用。因此，在实际工程中，伸缩装置常常遭到损坏需要维修、更换。造成伸缩装置破坏的原因；除了交通流量增大、重型车辆增多，使得冲击作用明显增大之外，设计、施工和养护方面的失误也不容忽视。对于伸缩装置，在设计时需选用抵抗变形能力较强的伸缩装置，精确到位，并安装牢固。对于曲线桥或斜桥，除了纵向、竖向变形外，还存在横向、纵向及竖向相对错位，故选用的伸缩装置要有相应的变位适应能力。

伸缩装置的施工工序一般按以下顺序进行：安装前现场准备→开槽→缝体安装→混凝土浇筑→养生。

施工作业时应注意以下几方面内容：

①机械设备、小型机具配备齐全，尤其是提供施工车辆过往的过桥板必须质量坚固、数量充足，以保证施工顺利进行。

②桥面沥青混凝土铺装层完成(覆盖伸缩缝连续铺筑)并验收合格后，应根据施工图的要求确定开槽宽度，准确放样，打上线后用切割机锯缝、顺直，锯缝线以外的沥青混凝土路面，必须仔细用塑料布覆盖并用胶带纸封好，以防锯缝时产生的石粉污染路面。锯缝应整齐、顺直，并注意把沥青混凝土切透，以免开槽时缝外混凝土松动。

③梁端间隙内的杂物，尤其是混凝土块必须清理干净，然后用泡沫塑料填塞密实。若有梁板顶至背墙情形，须将梁端部分凿除。开槽后产生的所有弃料必须及时清理干净，确保施工现场整洁。

④安装时伸缩缝的中心线应与梁端中心线相重合。如果伸缩缝较长，需将伸缩缝分段运输，到现场后再对接，对接时应将两段伸缩缝上平面置于同一水平面上，使两段伸缩缝接口处紧密靠拢，并校直调正。用高质量的焊条逐条焊接，焊接时宜先焊接顶面，再焊侧面，最后焊底面，要分层焊接，确保质量，并及时清除焊渣。

⑤伸缩缝的焊接：固定后应对伸缩缝的标高再复测一遍，确认在临时固定过程中未出现任何变形、偏差后，把异性钢梁土的锚固钢筋与预埋钢筋在两侧同时焊牢，最好一次全部焊牢。如有困难，可先将一侧焊牢，待达到预定的安装气温时，再将另一侧全部焊牢。伸缩缝焊接牢固后，应尽快将预先设定的临时固定卡具、定位角钢用气割枪割去，使其自由伸缩，此时应严格保护现场，防止车辆误压。

⑥模板安装时多采用泡沫板、纤维板、薄铁皮等，模板应做得牢固、严密，能在混凝土振捣时而不出现移动，并能防止砂浆流入伸缩缝内，以免影响伸缩。为防止混凝土从上部缝口进入型钢内侧沟槽内，型钢的上面必须要用胶布封好。

⑦桥梁伸缩缝混凝土的施工会截断桥梁两侧盲沟内的水的排出，造成桥面铺装出现水损坏，宜通过塑料软管将桥梁盲沟内的水排出桥面外，在浇筑混凝土时将排水软管埋设到位。

⑧水泥混凝土浇筑完成后覆盖麻袋等，并严格洒水养生，养生期不少于7d，养生期间严禁车辆通行。

三、人行道及栏杆板安装

1. 人行道施工

人行道是用路缘石或护栏或其他设施加以分隔的专门供人行走的部分，如图 6-43 所示。桥梁上的人行道宽度由人行交通量决定，可选用 0.75m 或 1m，大于 1m 时按 0.5m 倍数递增，行人稀少时可不设人行道。

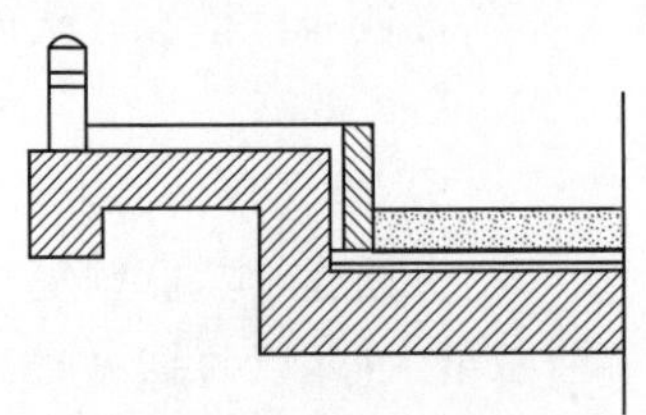

图 6-43　人行道断面示意图

人行道施工时应注意：

(1)人行道构件必须与主梁横向连接，同时应铺垫 M20 的水泥砂浆，人行道面应有横向坡度，以使雨水排向车道。

(2)人行道板必须在人行道梁与主梁锚固后方可安装；如无人行道横梁时，人行道板应按由里向外的顺序铺设。

(3)在安装有人行道梁的人行道结构时，应对人行道梁的焊接认真检查，必须达到设计或一般规范规定的焊缝长度与厚度，以保证施工安全。

(4)铺装人行道板，应注意使纵梁接头与人行道板的接缝应在同一断面上，人行道抹面时，纵梁接头处的人行道面应沿纵梁接头方向刻缝。

2. 栏杆安装

栏杆既是桥梁上的安全措施，又是桥梁表面的建筑。桥梁栏杆不仅要结构坚固，而且要求具有美观的外表。栏杆的高度一般不小于 1.1m，栏杆的间距一般为 1.6～2.7m。桥梁栏杆设置在人行道上，防止行人和车辆坠入桥下。

栏杆选用时首先要考虑结构安全可靠、选材合理，栏杆或栏杆底座要与浇在混凝土中的预埋件焊牢，以增强抗冲击能力。同时，栏杆要经济实用，工序简单，方便互换。在造型上，栏杆的材料和尺寸与整体应协调，常采用简单的上扶手、下扶手和栏杆柱组成。

栏杆安装时应注意：

(1)栏杆块件必须在人行道板铺装完毕后安装，安装前放线必须精确，其内容包括底脚线，柱顶高程与柱顶线及栏杆分档位置。如栏杆与人行道施工前后流水作业，必须有统一的测量工作，在每隔固定距离施放线位固定点，以保证栏杆柱、栏杆的线位与人行道及全桥纵横坡度、高度相适应。

(2)除另有规定外，栏杆线及坡度不受桥面几何外形的影响。栏杆柱和缘石都应保持铅直。

(3)在安装栏杆或安装栏杆柱时，在桥面伸缩缝处及纵梁接头处，桥台处均须作特殊处理，以免因桥梁伸缩或桥头沉陷使栏杆发生不规则的裂缝，影响美观或使用。

(4)栏杆安装的线型和坡度应符合设计规定,外观应流畅平顺,并应连接牢固。

(5)各种栏杆组合件都应验收合格后方可使用。

(6)栏杆安装时桥梁上部结构浇筑时的支架应松脱和卸落。

(7)栏杆安装宜采用 50m 为单元,安装一段调整一段,如有条件,各种扶手安装长度(包括现浇)应更长,以便于调整,保持顺直。

第四节　大跨度桥梁施工

一、斜拉桥施工

斜拉桥是一种组合体系,主要由索塔、主梁、斜拉索三部分组成。斜拉桥也称为斜张桥或牵索桥,它是以通过或固定于桥塔(索塔)并锚固于桥面系的斜向拉索作为上部结构主要承重构件的一种新结构。斜拉桥是预应力混凝土结构,其斜缆拉力的水平分力对主梁起着轴向预施应力的作用,可借以增强主梁的抗裂性能,使桥面处于预应力工作状态,可节省高强钢材的用量,因而是一种理想的适应大跨径桥梁和更有效地利用结构材料的新桥型。

斜拉桥的主要优点是跨越能力大。具有建筑高度低、安全、通航好、造型美观、省材料、造价低、养护方便、能限制噪声的优点,并可以利用斜缆进行悬臂拼装,采用无支架施工。该桥型广泛用于修建大跨度公路桥、城市桥梁、铁路桥及立交桥、跨线桥和人行桥等。

斜拉桥独具墩塔、斜拉索、主梁三要素,是区别于其他结构形式桥梁的主要构件。由于三者的不同类型及其相互结合,形成多种各具特点的桥型。斜拉桥最典型的孔跨布置形式有双塔三跨式与独塔双跨式,如图 6-44 所示。无论是双塔三跨式还是独塔双跨式,在边跨内如有需要,都可以设置辅助用的中间墩。

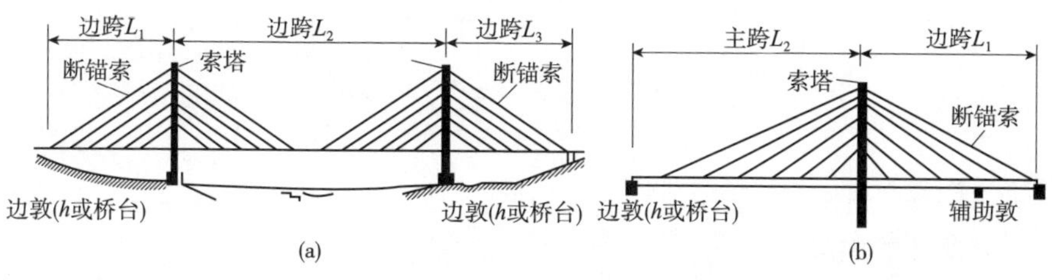

图 6-44　斜拉桥

(a)双塔三跨式;(b)独塔双跨式

1. 索塔施工

钢筋混凝土索塔的施工,可以采用现场浇筑、预制吊装、翻模、滑模、爬模浇筑等多种方法,它们各有其特点和适用范围,爬模施工在工程中应用范围最广,因此着重介绍爬模施工方法。

爬模施工是系统自备有提升设施或提升动力的模板系统,使用较多的是液压式爬模,模板一般采用钢模板,沿竖向一般布置3～4节,每节高度根据模板支架的构造,一般采用2～5爪。爬模施工按照有无模架可分为无模架爬模法施工和有模架爬模法施工。

(1)无模架爬模法施工

塔墩固接的索塔,施工脚手架模板由内外模、对拉螺杆、内外工作平台等组成,全套板一般分为2～3节;施工时先绑扎钢筋,再以已浇混凝土索塔为依托,保留接缝处的模板,利用起重设备(如塔吊)将下层模板提升。我国在铜陵长江公路大桥索塔施工中第一次成功开发应用此工艺。

(2)有模架爬模法施工

依附已浇混凝土索塔上的模板爬升架,利用提升设备,通过导向轨道分块提升模板,如图6-45所示。按提升的动力系统可分为:液压爬升、电动爬升和倒链手动爬升。

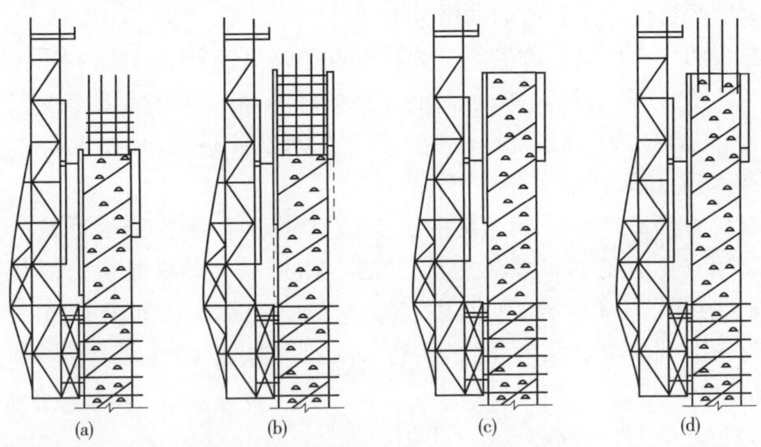

图6-45　模架爬模法施工示意图

(a)绑扎钢筋;(b)爬升模板;(c)浇筑混凝土;(d)爬升爬架

2. 主梁施工

(1)顶推法施工

顶推法施工时需在跨间设置若干临时支墩,顶推过程中主梁反复承受正、负弯矩。该法较适用于桥下净空较低、修建临时支墩造价不大、支墩不影响桥下交通、抗压和抗拉能力相同、能承受反复弯矩的钢斜拉桥主梁的施工。对混凝土斜拉桥主梁而言，由于拉索水平分力能对主梁提供预应力，如在拉索张拉前顶推主梁，临时支墩间距又超过主梁负担自重弯矩能力时，为满足施工需要，需设置临时预应力束，造价较高。

(2)平转法施工

平转法施工是将上部构造分别在两岸或一岸顺河流方向的矮支架上现浇，并在岸上完成所有的安装工序(落架、张拉、调索)等，然后以墩、塔为圆心，整体旋转到桥位合龙。平转法适用于桥址地形平坦、墩身矮和结构系适合整体转动的中小跨径斜拉桥。

(3)支架法施工

支架法施工是在支架上现浇、在临时支墩间设托架或劲性骨架现浇、在临时支墩上架设预制梁段等几种施工方法。其优点是施工最简单方便，能确保结构满足设计线形，且适用于桥下净空低、搭设支架不影响桥下交通的情况。

(4)悬臂法施工

悬臂法施工是可以在支架上修建边跨，然后中跨采用悬臂拼装法和悬臂施工的单悬臂法；也可以是对称平衡方式的双悬臂法。悬臂施工法分为悬臂拼装法和悬臂浇筑法两种。

悬臂拼装法，一般是先在塔柱区现浇一段放置起吊设备的起始梁段，然后用各种起吊设备从塔柱两侧依次对称安装节段，使悬臂不断伸长直至合龙；悬臂浇筑法，是从塔柱两侧用挂篮对称逐段就地浇筑混凝土。我国大部分混凝土斜拉桥主梁都采用悬臂浇筑法施工。

3. 斜拉索施工

斜拉索是指以高强钢丝为材料的拉索，其类型为平行钢丝束绞制工艺和热挤聚乙烯护套等工艺制成的钢绞线(索)，如图 6-46 所示。前者多为现场制作，后者则为工厂预制，具有较高的材料性能和防腐能力，有条件时宜优先采用。

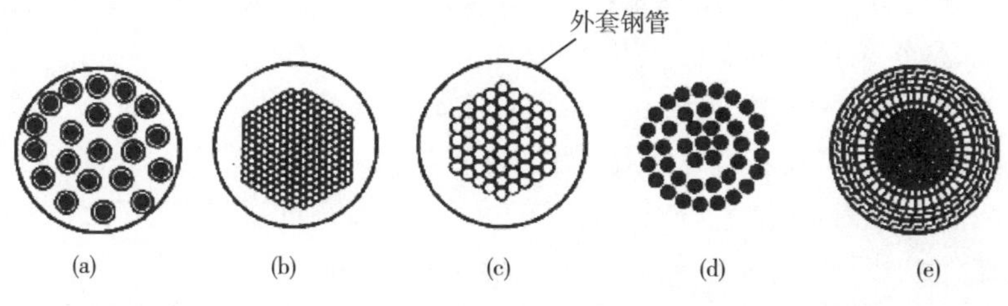

图 6-46　斜拉索截面形式

(a)钢筋索；(b)钢丝索；(c)钢绞线索；(d)单股钢绞缆；(e)封闭式钢缆

(1)斜拉索制作

1)平行钢丝束的制作:

①调直与防锈。未经镀锌的高强钢丝应堆放于室内,并防止潮湿锈蚀。使用前须注意调直,用调直机进行调直和除锈。经调直的钢丝的弯曲矢高差小于等于5mm/m,表面不能有烧伤发蓝的痕迹,调直后的钢丝表面应均匀涂抹防锈油脂。

②钢丝排列夹紧定位。在编索平台上按锚板孔的位置将钢丝分层排列,并注意标准丝安排在外层,不可错位;然后用梳板将钢丝梳理顺直;再用特别的夹具,将梳理顺直的钢索夹紧定位,夹具间距一般可为2m。夹紧的钢索断面应符合设计形状,且能保证钢丝之间相互密贴,无松动现象。

③内防腐处理。在夹紧定位后的钢丝束上需进行内防腐处理,一般可采用涂刷橡胶沥青防水涂料和包以玻璃纤维的做法。要求涂料涂刷均匀,无空白漏涂现象,玻璃纤维布的包裹应紧密重叠。

④平行束的内防护。平行钢丝索的外防护有多种处理方法,一般宜采用聚乙烯管作护套,安装后再在护套内压注特种水泥砂浆。因此,护套需能承受一定的内压并具有一定的防老化能力。可根据设计所要求的直径与管壁厚度,由专业工厂制作,其分节长度可视工地现场及运输条件确定。

⑤护套安装。平行钢丝索的外防护完成后,即可套入聚乙烯套管,要求将每节聚乙烯管接顺,并保持其接缝平整、严密。

2)钢绞线索的制作:

钢丝应按设计断面进行排列定位,不能错位。钢索绞制的角度须严格控制在2°～4°以内。钢索绞制成型后立即绕上高强复合带2～4层,要求绕缠紧密,经绕缠后的钢束断面形状应正确,且钢丝紧密,无松动现象。

绞制钢索所用高强钢丝在未镀锌时,应用除锈、防锈油等做临时防腐措施;当采用镀锌钢丝时,亦须注意在放丝绞制过程中防止擦伤镀锌表层。

(2)斜拉索的布置及索面形式

斜拉索是斜拉桥的主要承重部分,应采用高强钢材做成。斜拉索在空间的布置形式,是斜拉桥很重要的直观形象,主要有下列几种:

1)单索面,如图6-47所示。该索面对主梁不起抗扭作用,锚固在桥面中央,不利于桥面利用,跨径不宜过大,但施工简便,造型美观。

2)竖向双索面,如图6-48所示。该索面对主梁有抗扭作用,安全性高,桥面利用率高,大小跨径都适宜,但施工难度较大。

3)斜向双索面,如图6-49所示。该索面对主梁有抗扭作用,安全性高,桥面利用率高,大小跨径均适宜,但斜索零乱,且施工难度大。

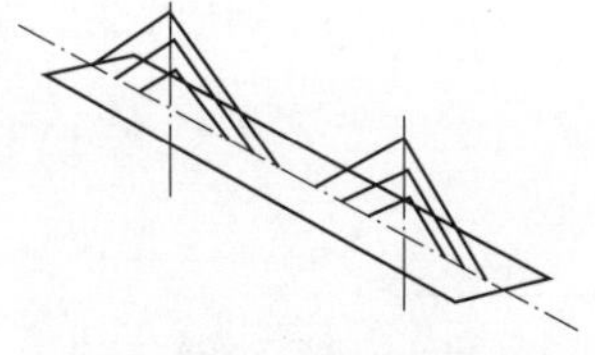
图 6-47　单索面

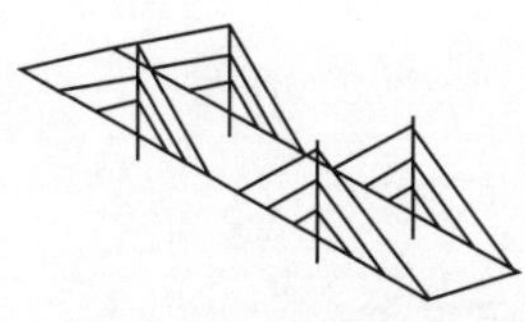
图 6-48　竖向双索面

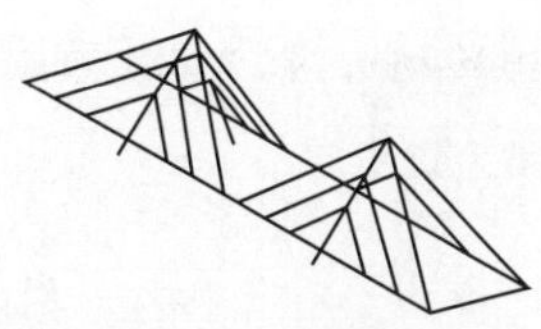
图 6-49　斜向双索面

斜拉索的索面有三种基本形式，即辐射形、竖琴形、扇形，除此之外还有星形索面、分叉形索面及混合索面等。

①辐射形索面（如图 6-50 所示）倾角大，比较经济，造型美观，省钢材，但斜索集中于塔顶，构造复杂。

②竖琴形索面（如图 6-51 所示）的斜拉索与塔柱连接点分散，受力均匀，外形简洁美观，应用较广，但造价高，施工工序较多。

图 6-50　辐射形

图 6-51　竖琴形

③扇形索面（如图 6-52 所示）的特点介于上述两者之间，近年来大跨径斜拉桥常用此种。

④星形索面（如图 6-53 所示）梁上受力集中，倾角小，锚固复杂，采用较少。

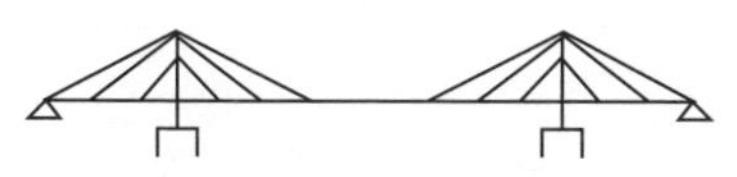
图 6-52　扇形

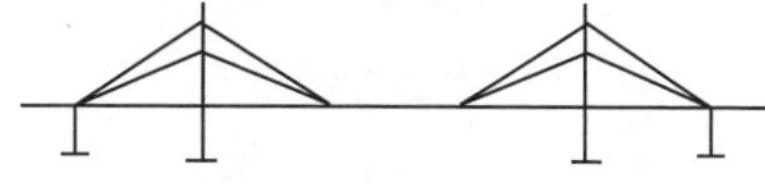
图 6-53　星形

⑤分叉形索面（如图 6-54 所示）梁上受力均匀，塔上受力集中，不宜斜索安装，采用得较少。

⑥混合索面（如图 6-55 所示）施工难度较大，多用于特殊环境。

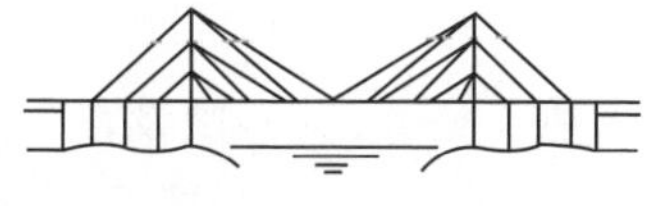
图 6-54　分叉形

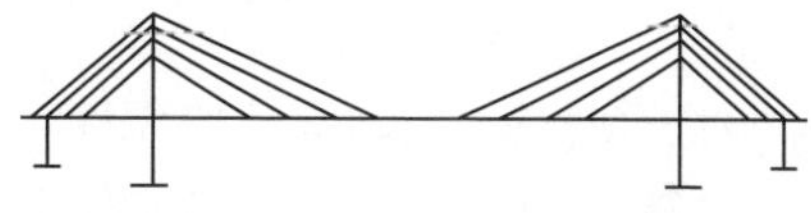
图 6-55　混合索面

(3)放索及索的移动

1)放索

立式索盘放索：设置一个立式支架，在索盘轴孔内穿上圆轴，徐徐转动索盘将索放出，如图 6-56 所示。

水平转盘放索:对于自身成盘的索,则需设置一水平转盘,将索放在转盘上,边转动边将索放出,如图 6-57 所示。

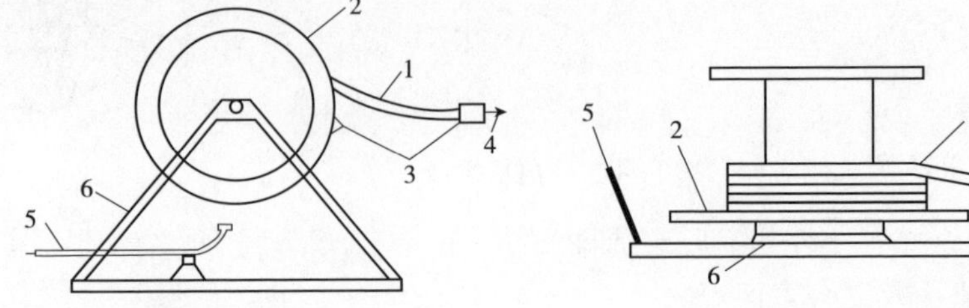

图 6-56　立式索盘放索

1-拉索;2-索盘;3-锚头;

4-卷扬机牵引;5-制动;6-支架

图 6-57　水平转盘放索

1-拉索;2-索盘;3-锚头;4-卷扬机牵引;

5-制动;6-托盘;7-导向滚轮

2)索的移动。在放索及安索过程中,为了防止在移动过程中损坏拉索的防护层或损伤索股,应采取以下措施。

若盘索是利用驳船运来,放索可将盘索吊到桥面进行,并在梁上放置吊装设备;也可以在船上进行,并在梁端设置转向装置,如图 6-58 所示。

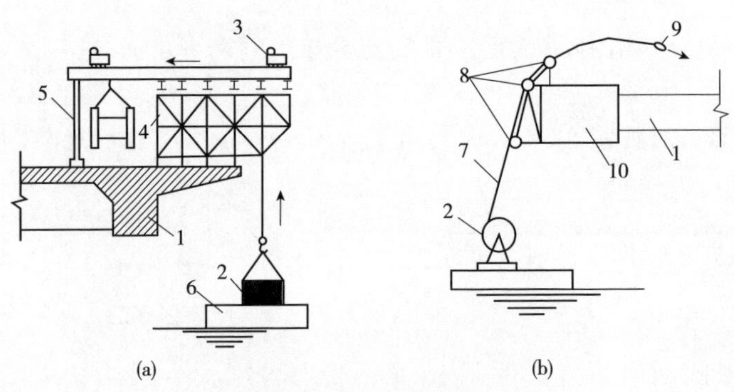

图 6-58　索盘提升与转向装置

1-主梁;2-索盘;3-起重平车;4-万能杆件导向;5-锚固杆;

6-运索船;7-待安装拉索;8-转向轮;9-锚头;10-挂篮支架

对于现浇梁,其转向装置应设在施工挂篮上;若是拼装结构,则设在主梁上。

滚筒法:在桥面设置一条滚筒带,当索放出后,沿滚筒运动,如图 6-59 所示。

移动平车法:当斜拉索上桥后,每隔一段距离垫一个平车,由平车载索移动,如图 6-60 所示。

导索法:在索塔上部安装一根斜向工作悬索,当斜拉索上桥后,前段拴上牵引索,每隔一段距离放置一个吊点,使拉索移动,如图 6-61 所示。这种方法能省去大型的牵索设备,能安装成卷的斜拉索。

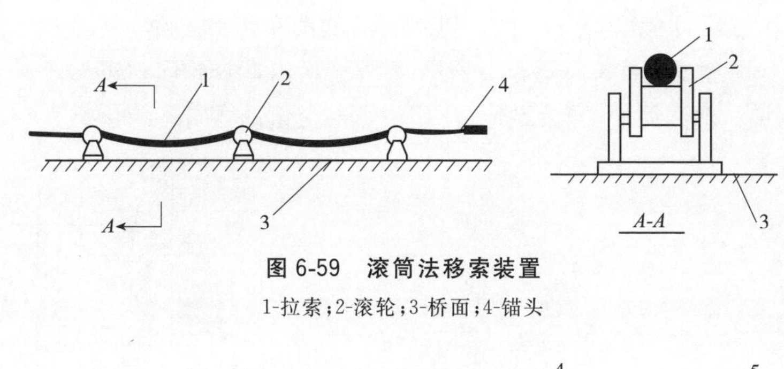

图 6-59　滚筒法移索装置

1-拉索；2-滚轮；3-桥面；4-锚头

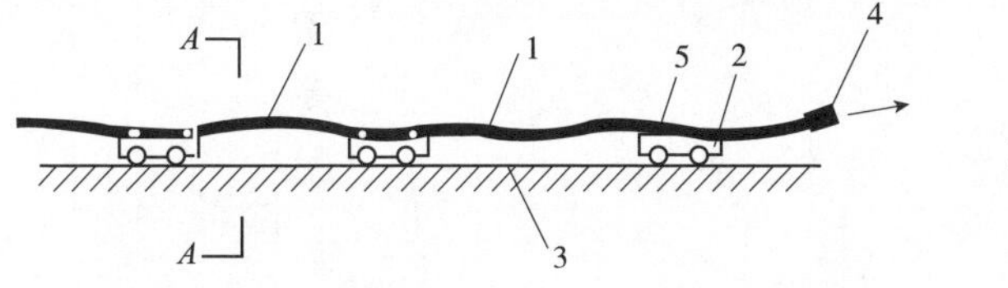

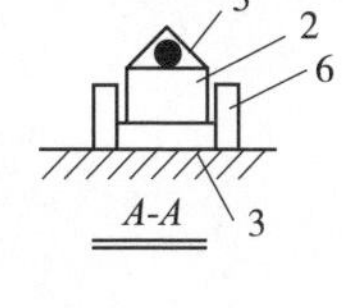

图 6-60　平车法移索装置

1-拉索；2-平车；3-桥面；4-锚头；5-扣带；6-滚轮

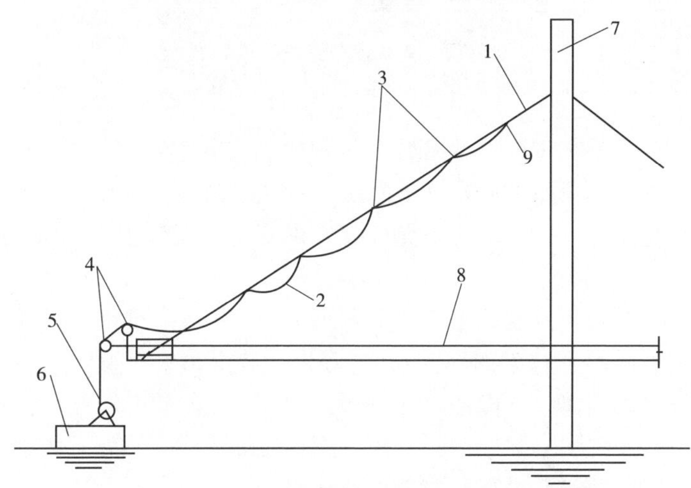

图 6-61　导索法安装拉索装置

1-导索；2-待安装拉索；3-导索支轮；4-转向轮；

5-索盘；6-运索船；7-索塔；8-主梁；9-牵引

垫层法：对于一些索径小、自重轻的斜拉索，可在梁面放索线上铺设麻袋、草袋等柔软的垫层，可就地拖移拉索。

(4)斜拉索的塔部安装

若斜拉桥的拉索张拉端设于塔部，则应该先安装塔部，后安装梁部。斜拉索的安装法主要有：吊点法(单吊点法与多吊点法)、吊机安装法及分布牵引法。

1)单吊点法:拉索运上桥面后,利用索塔的滑车组和从索塔孔道内伸下的吊绳,连接拉索的上端,将拉索追吊并穿入索塔管道内,引出孔口,安装上端锚具,如图 6-62 所示。此法简便,安装迅速,但应注意避免索的弯折和缠包索套的破损。

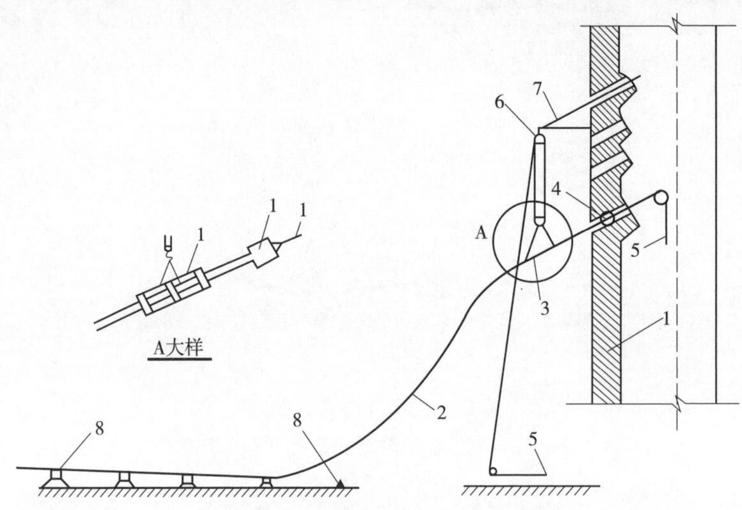

图 6-62 单吊点法安装拉索装置

1-索塔;2-待安装拉索;3-吊运索夹;4-锚头;5-卷扬机牵引;6-滑轮;7-索孔吊架;8-滚轮

2)多吊点法,是在索塔上部安装一根斜向工作悬索,当斜拉索上桥后,前端拴上牵引索,每隔一段距离放置一个吊点,使拉索沿导索运动。将牵引索从预穿索孔中引出即可。因吊点较多,易保持索大致呈直线状态,两端无须用大吨位千斤顶牵引。

3)导索法:在安装拉索的上方设置斜向导索,拉索运到导索下端,从索塔管道内伸下牵引绳,拴在拉索的一端,并在导索上装上第一个滑环,牵引拉索沿导索上升,并按一定距离装挂滑环,牵引拉索沿导索上升,随升随挂,直到拉索上升穿入索塔孔道,安装锚具并固定。此法对成卷的拉索施工尤为简便,但对于编制成束并缠包玻璃丝布套的拉索,施工稍有难度。

4)起重机安装:按拉索长度在桥上设一台或两台起重机,用特制的长扁担捆拉索起吊。拉索上端由索塔孔道内伸出的拉绳引入索塔孔道,下端穿入主梁孔道,装锚具固定。拉索锚具的安装,通常是先安装固定好下端主梁的锚具,然后设法装索塔上的上端锚具。上端锚具的安装以往常用的办法是用倒链或绞车紧拉拉索,使锚具穿过预留孔道,较常利用张拉千斤顶直接拉紧拉索的办法,此法还分为软牵引与硬牵引两种方法。拉索安装应注意拉索不能与孔道壁接触,以防振动磨损,钻头可在允许移动的间隙内调整位置,该调整的偏移量需在安装前测定,并在锚下垫板上标明锚头位置,使钻头可对线安装。

(5)斜拉索的梁部安装

斜拉索的梁部安装方法主要有:吊点法和拉杆接长法。

吊点法是在梁上设置转向滑轮,牵引绳从套筒中伸出,用吊机将索吊起后,随锚头逐渐的牵入套筒,缓缓放下吊钩,向套筒口平移,直至将锚头穿入套筒内,如图 6-63 所示。

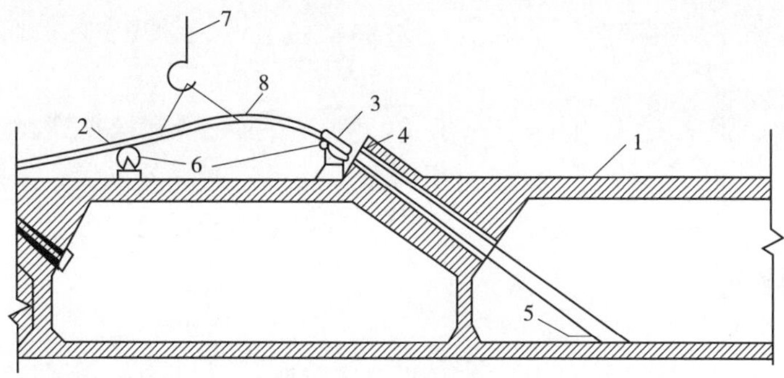

图 6-63　吊点法

1-主梁梁体;2-待安装拉索;3-拉索锚头;4-牵索滑轮,5-卷扬机牵引;6-滚轮;7-吊机;8-索夹

对于梁部为张拉端的安装,采用拉杆接长法较为简单,施工时先加工长度为 50cm 左右的短拉杆,与主拉杆连接,使其总长度超过套筒加千斤顶的长度,利用千斤顶多次运动,逐渐将张拉端拉出锚固面,并逐渐拆除多余短拉杆,安装锚固螺母,如图 6-64 所示。

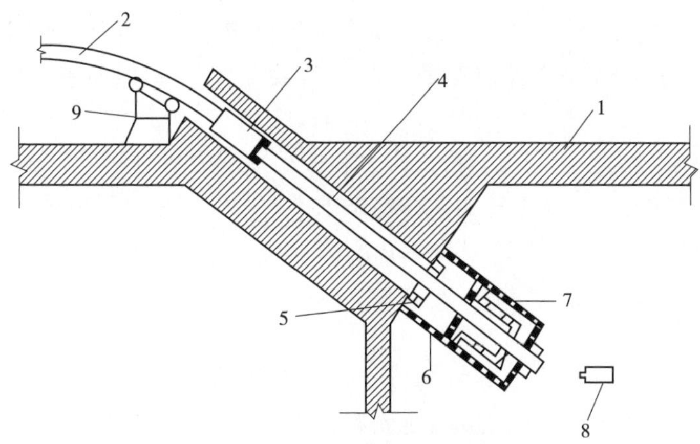

图 6-64　拉杆接长法

1-主梁梁体;2-拉索;3-拉索锚头;4-长拉杆;5-组合螺母;6-撑脚;7-千斤顶;8-短拉 0 杆;9-滚轮

(6)拉索的张拉

斜拉索应按设计吨位张拉,其延伸值可以作为校核拉力的参考。斜拉索在下列情况下应同步张拉:

1)索塔和梁体两侧对称位置上的拉索；

2)中孔无挂梁的连续梁，两端索塔和梁体两侧对称位置上的拉索。

同步张拉是为了避免索塔向一侧偏歪，导致索塔根部出现裂纹，以及为避免梁体左右侧扭转，导致梁体两侧出现裂纹。考虑到索塔和梁体都有一定的抗弯、抗扭刚度，除设计另有规定外，同步张拉的拉索，允许有10%以内的施工误差。索塔两侧拉索不对称或两侧索力不一致的拉索，应按设计规定的分阶段拉力同步张拉。

斜拉索的张拉工作，由于索位、索长、环境、张拉设备和操作等因素，施工误差较大，故在一组拉索张拉完成后，须用振动频率计测试各拉索的张拉力，每组及每索的拉力误差均不得超过设计规定值，若误差大于设计规定值，必须予以调整(放松或拉紧)。

(7)索力测量

1)千斤顶油压表。拉索用液压千斤顶张拉时，千斤顶油缸中的液压与张拉力有直接关系，只要测定油缸中的液压就可求出索力。在使用前，油压表需精确标定，求得压力表的力和张拉力之间的关系。此法测定索力的精度可达1%～2%。由液压换算索力简单方便，此法是施工过程中控制索力最实用的一种方法。

2)测力传感器原理是：拉索张拉时，千斤顶的张拉力是由连接杆传到拉索锚具上的，如果将一个穿心式测力传感器套在连接杆上，则张拉拉索时，传感器在受压后输出电信号，可在配套的二次仪表上读出张拉力。此法测定索力的精度可达0.5%～1.0%，是规范推荐采用的测定索力的方法，但是测力传感器的价格较高。

3)频率振动法原理是根据拉索索力和振动频率之间的关系求得索力。对于跨径较小的斜拉桥，预先进行实索标定来求得索力和频率之间的关系，然后用人工激振的方法测得拉索频率，从而求出索力。

二、悬索桥施工

悬索桥也称吊桥，它主要由主缆、锚碇、索塔、加劲梁、吊索组成，如图6-65所示。具有特点的细部构造还有：主索鞍、散索鞍、索夹等。

大跨径悬索桥的结构形式，可根据吊索和加劲梁形式的不同分为以下几种：

①竖直吊索，并以钢桁架作加劲梁，如图6-66所示。

②采用三角形布置的斜吊索，以扁平流线型钢箱梁作加劲梁，如图6-67所示。

③前两者的混合式，即采用竖直吊索和斜吊索，流线型钢箱梁作加劲梁。

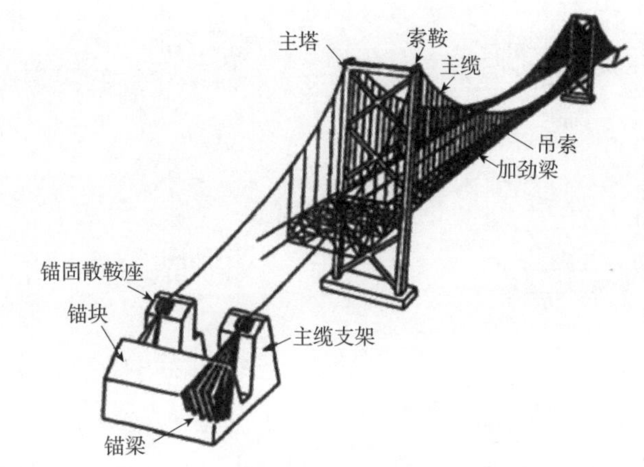

图 6-65　悬索桥

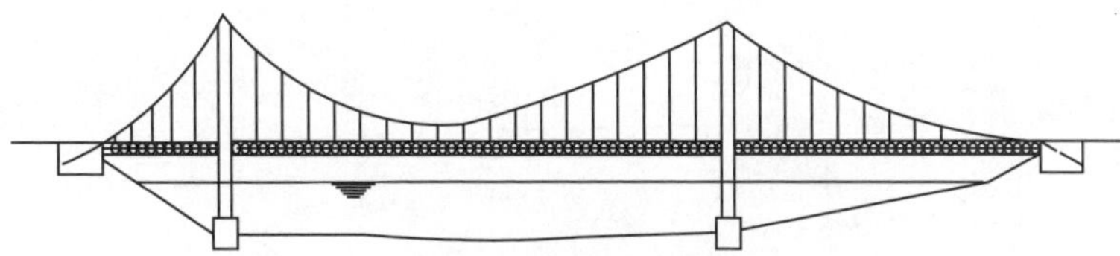

图 6-66　垂直吊索桁架式加劲梁悬索桥

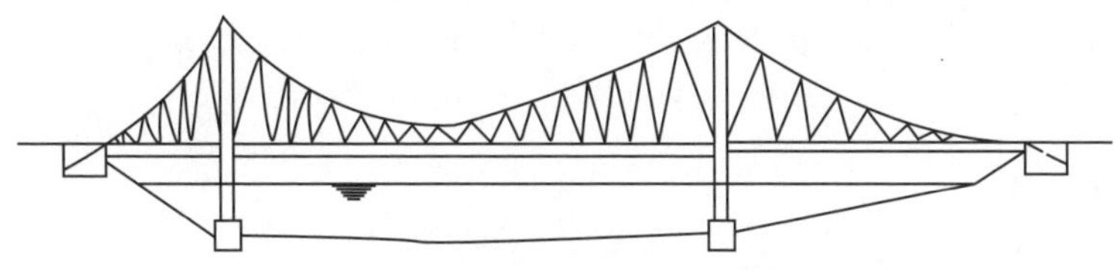

图 6-67　斜吊索钢箱加劲梁悬索桥

④除了有一般悬索桥的缆索体系外，还设有若干加强用的斜拉索，如图 6-68 所示。

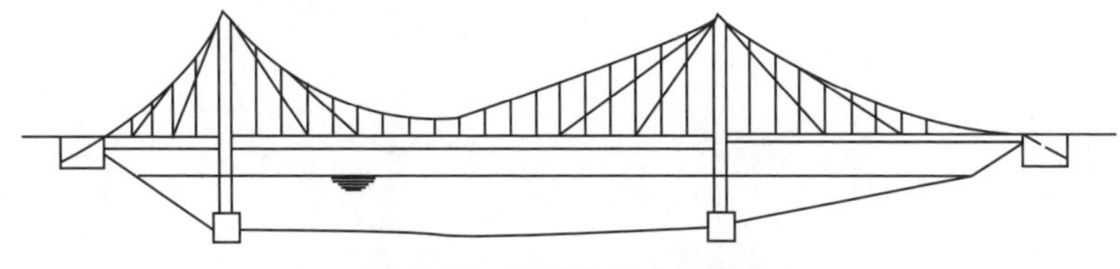

图 6-68　带斜拉索的悬索桥

悬索桥施工的一般程序为：基础施工→锚碇施工→主塔施工→主悬索施工→加劲梁施工→桥面工程及附属设施施工，如图 6-69 所示。

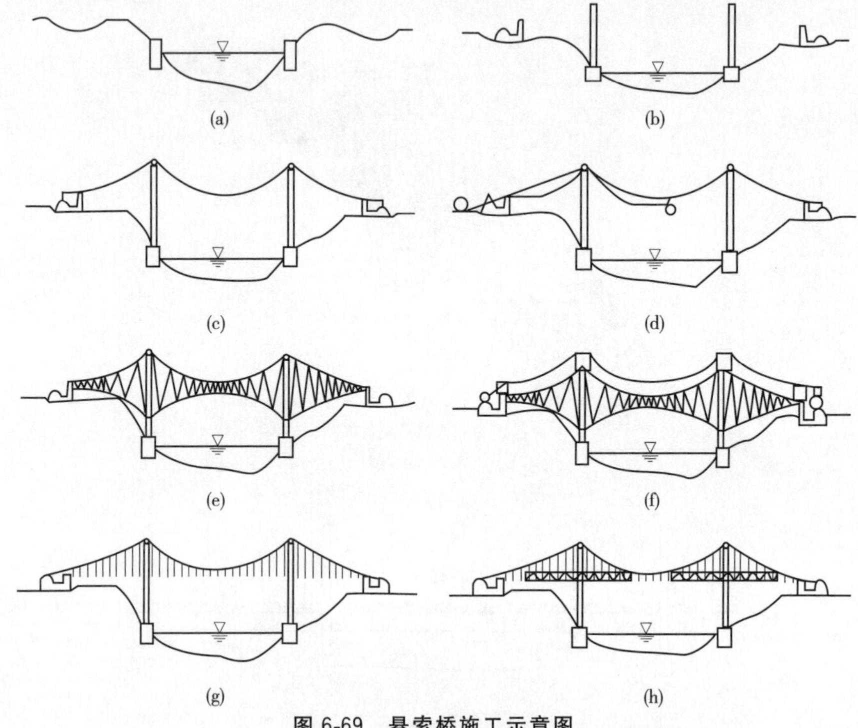

图 6-69　悬索桥施工示意图

(a)基础施工;(b)架设塔与桥台施工;(c)张拉导索;(d)架设运输导索及线下走道钢索;(e)架设下走道下桥面系及抗风缆架设钢缆绳股;(f)架设钢缆箍及吊索;(g)架设加劲梁与桥面板;(h)驾设加劲梁与桥面板

1. 锚碇施工

(1)主缆锚固体系施工

在重力式锚碇中,锚固体系根据主缆在锚块中的锚固位置分为后锚式和前锚式两种结构形式。后锚式是将索股直接过锚块,在锚块后面锚固;前锚式是索股锚头在锚块前锚固,通过锚固体系将主缆拉力作用到锚体上(图 6-70)。前械式锚面体系又分为型钢锚固体系和预应力锚固体系两种结构形式(图 6-71)。

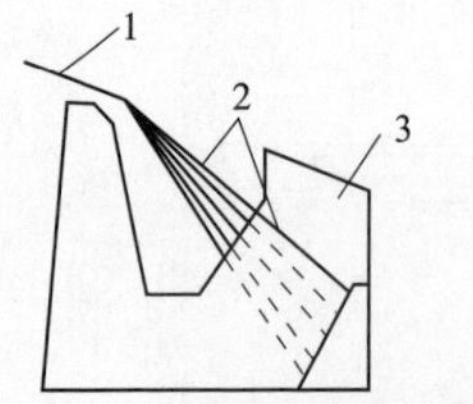

1
2
4
3
5
6

图 6-70　主缆锚固(前锚、后锚)

1-主缆;2-索股;3-锚块;4-锚支架;5-锚杆;6-锚梁

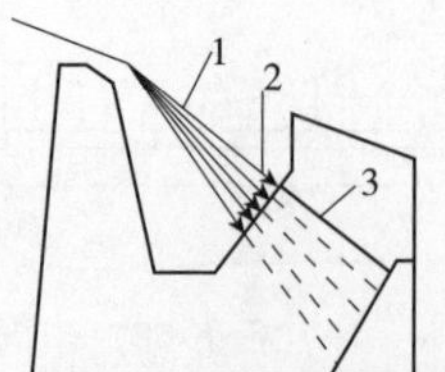

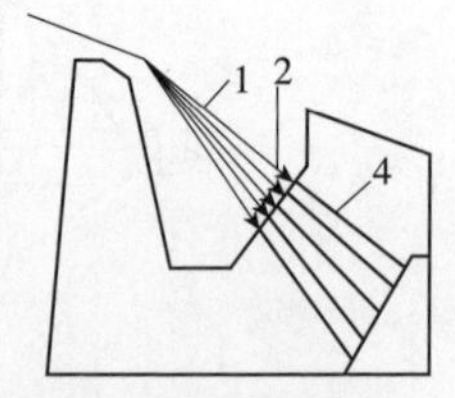

图 6-71　预应力锚固(粗钢筋、钢绞线锚固)

1-索股;2-螺杆;3-粗钢筋;4-钢绞线

1)型钢锚固体系施工:型钢锚固体系主要由锚架和支架组成。锚架包括锚杆、前锚梁、拉杆、后锚梁等,是主要传力构件。支架是安放锚杆、锚梁并使之精确定位的支撑构件。

施工程序:锚杆、锚梁等工厂制造→现场拼装锚支架→安装后锚梁→安装锚杆与锚支架→安装前锚梁→精确调整位置→浇筑锚体混凝土。

施工要求:

①所有构件安装均应按照钢结构施工规范要求进行。

②锚支架是将散件运到现场拼装而成的,也可将若干杆件先拼装成片,再逐片安装。

③锚杆由下至上逐层安装,每安装完一层需拼装相应的支架与托架后才能安装另一层锚杆。

④由于锚杆与锚梁质量较大,应加大锚支架及锚梁托架的刚度,以防止支架变形,避免影响锚杆位置。

⑤构件质量要求,由于锚杆、锚梁为永久受力构件,制作时必须进行除锈、表面涂装和焊接件探伤工作。出厂前,应对构件进行试拼,以保证安装质量。

⑥安装精度,锚杆、锚梁安装精度应满足《公路桥涵施工技术规范》(JTG/T F50-2011)的规定要求。

2)预应力锚固体系施工:

施工程序:基础施工→安装预应力管道→浇筑锚体混凝土→穿预应力筋→安装锚固连接器→预应力筋张拉→预应力管道压浆→安装与张拉索股。

施工要求:预应力张拉与压浆工艺,应严格按设计与施工规范要求进行。前锚面的预应力锚头应安装防护帽,并向帽内注入保护性油脂。构件应进行探伤检查,运输及堆放过程中应避免构件受损。

(2)锚碇体施工

悬索桥的锚碇体属于大体积混凝土结构,尤其是重力式锚碇,因而要按大体积混凝土的施工方法来进行施工。

1)施工要求:大体积混凝土应分层施工,每层厚度一般为1~2m。浇筑能力越大,降温措施越充分,则分层厚度可适当大一些。分层浇筑时,要求后一层混凝土必须在前一层未初凝前加以覆盖,以防止出现施工裂缝。亦可采用预留湿接缝法浇筑混凝土,各块分别浇筑,分别冷却至稳定温度,最后在槽缝内浇筑微膨胀混凝土。

2)养护及保温:混凝土浇筑完并终凝后要覆盖麻袋、草垫等,并洒水保持表面湿润,一方面是对混凝土进行养护,另一方面是为了减少混凝土表面与内部的温差。可覆盖塑料布等保温材料对混凝土进行保温,通过内散外保的方法使混凝土整体上均匀降温。并对混凝土内部最高温度、相邻两层及相邻两块之间的温差进行监测。

2. 索塔与主缆施工

索塔按材料可分为钢筋混凝土塔和钢塔。钢筋混凝土塔一般为门式刚架结构,由箱形空心塔柱和横系梁组成。钢塔常见的结构形式有桁架式、刚架式和混合式,如图6-72所示。

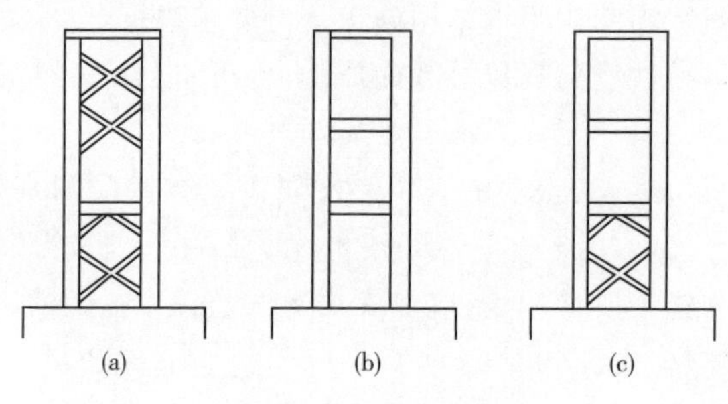

图6-72 钢塔形式

(a)桁架式;(b)刚架式;(c)混合式

(1)混凝土塔柱施工

悬索桥混凝土塔柱施工工艺与斜拉桥塔身基本相同。

塔身施工的模板主要有滑模、爬模和翻模三大类型。塔柱竖向主钢筋的接长可采用冷压管连接、电渣焊、气压焊等方法。混凝土应采用泵送或吊罐浇筑。当施工至塔顶时,应注意预埋索鞍钢框架支座螺栓和塔顶吊架、施工猫道的预埋件。

(2)钢塔施工

根据索塔的规模、结构形式和架桥地点的地理环境以及经济性等,钢索塔的施工可选用浮吊、塔吊和爬升式吊机三种有代表性的施工架设方法。

1)浮吊法,是将索塔整体一次性起吊的大体积架设方法。该施工方法的特点是可显著缩短工期,但由于浮吊的起重能力和起吊高度有限,使用时以80m以下高度的索塔为宜。

2)塔吊法,是在索塔旁边安装与索塔完全独立的塔吊进行索塔架设。索塔上不安装施工用的机械设备,因而施工方便,施工精度易于控制,但是塔吊及其基础费用较高。

3)爬升式吊机法,这种方法是先在已架设部分的塔柱上安装导轨,使用可沿导轨爬升的吊机进行索塔架设。爬升式吊机施工顺序如图6-73所示。

这种方法由于爬升式吊机安装在索塔柱上,对索塔柱铅垂度的控制需要较高的技术,但吊机本身较轻,又可用于其他桥梁的施工,现已成为大跨度悬索桥索塔架设的主要方法。

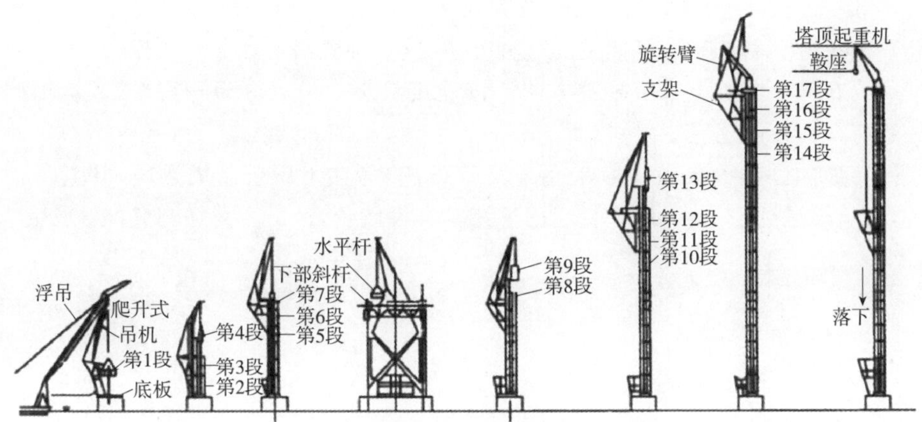

图 6-73　爬升式吊机施工法的施工顺序

(3)主缆施工

1)牵引系统,是架于两锚碇之间,跨越索塔的用于空中拽拉的牵引设备,它主要承担猫道架设、主缆架设和部分牵引吊运工作。牵引系统常用的有循环式和往复式两种形式。架设牵引索之前,通常是先将比牵引索细的先导索渡江(海、河),然后利用先导索架设牵引索。

2)猫道,是为架设主缆、紧缆、安装索夹、安装吊索以及空中作业所提供的脚手架。猫道承重索的线形与主缆基本一致,在架设过程中要注意左右边跨、中跨的作业平衡,尽量减少对塔的变位影响,确保主缆的架设质量。在猫道上面有横梁、面层、横向通道、扶手绳、栏杆立柱、安全网等。

3)主缆架设。主缆架设空中纺丝法(AS法)的施工步骤是:先进行标准丝段的架设,即把预先在工厂制作好的标准丝段引上猫道,并按设计位置架设就位;其次进行丝股的架设,通过多次的空中纺丝,使钢丝在散索鞍、主索鞍和猫道上的成型导具内按设计位置排列,形成丝股;最后进行丝段的调整。

主缆架设预制平行索股法(PPWS)的施工步骤是:先进行索股架设,利用拽拉器将索股牵引到对岸的锚碇处,并安装好索股前端的锚头引入装置;然后用塔顶和散索鞍顶的横移装置将索股横移到规定的位置;再进行索股的整形,放入鞍座内;最后将锚头引入并锚固。

4)紧缆。索股架设完成后,需通过紧缆工作,把索股群整形成为圆形。

5)安装索夹。紧缆完成后,在主缆上用螺栓将索夹安装就位。索夹安装的顺序是:中跨是从跨中向塔顶进行,而边跨是从散索鞍向塔顶进行。

6)架设吊索。架设吊索时,是用塔顶吊机将吊索提升到索塔顶部,再用缆索天车将其从放丝架上吊运到架设地点后,进行安装的。

(4)加劲梁架设:对于桁架式加劲梁,其架设办法可分为按架设单元的架设方法和按连接状态的架设方法。按架设单元可分为按单根杆件、桁片(平面桁架)、节段(空间桁架)进行架设的三种方法,这三种方法可以分别使用,也可以根据需要在同一座桥上采用多种方法。按连接状态架设可分为全绞法、逐次钢接法和有架设铰的逐次钢接法。

箱形加劲梁的架设一般采用节段架设法,即在工厂预制成梁段,并进行预拼,将梁段运到现场后,用垂直起吊法将其架设就位,最后进行加劲梁的焊接。

第七章　市政管道工程概述

第一节　给水管道工程

一、给水管道系统的组成

给水系统由取水、水质处理、输水和配水等设施以一定的方式组合而成。它的主要任务是从水源取水，对水质进行处理，将符合要求的水质输送和分配到各用户，满足用户对水质、水压、水量的要求。给水系统一般由取水构筑物、水处理构筑物、泵站、输水管道、配水管网、调节构筑物组成。根据水源的不同，一般有地表水源给水系统和地下水源给水系统两种形式。在一个城市中，可以单独采用地表水源给水系统或地下水源给水系统，也可以两种系统并存，如图 7-1、7-2 所示。

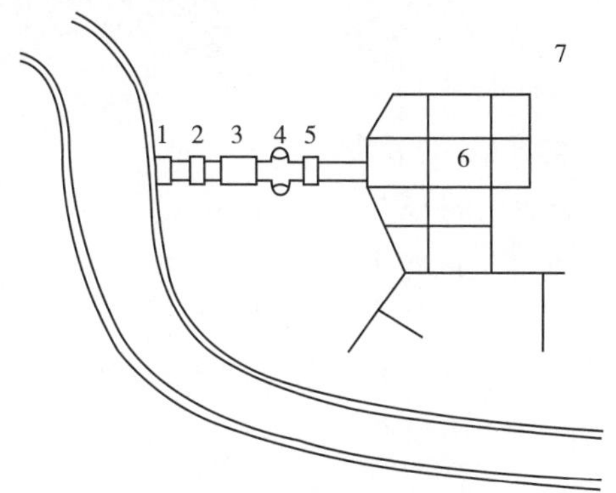

图 7-1　地表水源的给水系统

1-取水构筑物；2-一级泵站；3-水处理构筑物；4-清水池；5-二级泵站；6-管网；7-调节构筑物

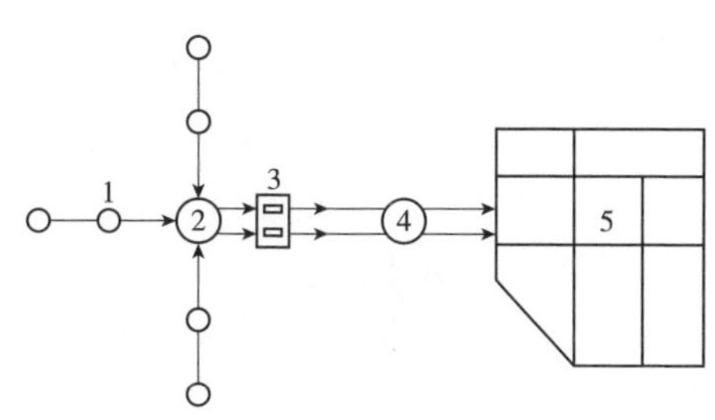

图 7-2　地下水源的给水系统

1-管井群；2-集水池；3-泵站；4-水塔；5-管网

①取水构筑物。从选定的水源(如江河、湖泊、深层地下水等)取水。

②水处理构筑物。对水源的水质进行处理，以期达到用水水质标准。这些构筑物一般集中布置在水厂范围内。

③泵站。泵站是输配水系统的加压设施，有供水泵站和加压泵站两种形式。供水泵站一般位于水厂内部，将清水池中的水加压送入输水管网；加压泵站则对远离水厂的供水区或地形较高的区域进行加压。

④输水管道。输水管道是指从水源到城市水厂或者从城市水厂到相距较远管网的管道，输水管道在整个给水系统中是很重要的。

⑤配水管网。配水管网是指分布在整个供水区域内的配水管道网络。其功能是将来自于较集中点（如输水管渠的末端或贮水设施等）的水量分配输送到整个供水区域，使用户从近处接管用水。配水管网由主干管、干管、支管、连接管、分配管等构成。配水管网中还需要安装消火栓、阀门（闸阀、排气阀、泄水阀等）和检测仪表（压力、流量、水质检测等）等附属设施，以保证消防供水和满足生产调度、故障处理、维护保养等管理需要。输水管道和配水管网构成给水管道工程。

⑥调节构筑物。它包括水压调节设施（如泵站、减压阀）和水量调节设施（如水塔、高位水池、清水池等）。

二、给水管道系统的布置

1. 布置原则

给水管网的主要作用是保证供给用户所需的水量、保证配水管网有适宜的水压、保证供水水质并不间断供水。因此给水管网布置时应遵守以下原则：

①根据城市总体规划和给水工程专项规划，结合当地实际情况进行布置，并进行多方案的技术经济比较，择优定案；

②管线应均匀地分布在整个给水区域内，保证用户有足够的水量和适宜的水压，水质在输送过程中不遭受污染；

③力求管线短捷，尽量不穿或少穿障碍物，以节约投资；

④保证供水安全可靠，事故时应尽量不间断供水或尽可能缩小断水范围；

⑤尽量减少拆迁，输水管道定线时应尽可能少占农田或不占良田；

⑥应尽量沿现有或规划道路定线，以便于管道的施工、运行和维护管理；

⑦要远近期结合，考虑分期建设的可能性，既要满足近期建设需要，又要考虑远期的发展，留有充分的发展余地。

2. 布置形式

配水管网一般敷设在城市道路下，就近为两侧的用户配水。因此，配水管网的形状应随城市路网的形状而定。随着城市路网规划的不同，配水管网可以有多种布置形式，但一般可归结为枝状管网和环状管网两种布置形式。

（1）枝状管网

枝状管网是因从二级泵站或水塔到用户的管线布置类似树枝状而得名，其干管和支管分明，管径由泵站或水塔到用户逐渐减小，如图 7-3 所示。由此可见，枝状管网管线短、管网布置简单、投资少，但供水可靠性差，当管网中任一管段损坏时，其后的所有管线均会断水。在管网末端，因用水量小，水流速度缓慢，甚至停滞不动，容易使水质变坏。

(2)环状管网

管网中的管道纵横相互接通,形成环状。当管网中某一管段损坏时,可以关闭附近的阀门使其与其他的管段隔开,然后进行检修,水可以从另外的管线绕过该管段继续向用户供水,使断水的范围减至最小,从而提高了管网供水的可靠性和保证率,同时还可大大减轻因水锤作用而产生的危害。但环状管网管线长、布置复杂、投资多,如图 7-4 所示。

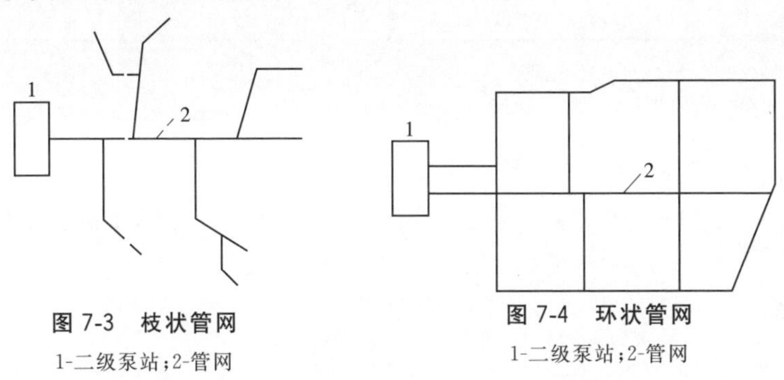

图 7-3　枝状管网

1-二级泵站;2-管网

图 7-4　环状管网

1-二级泵站;2-管网

3. 布置要求

管网布置必须保证配水管网主干管的方向应与配水主要流向一致。配水管网的干管靠近大用户沿城市的主要干道敷设,以减少配水支管的数量。城镇生活饮用水的管网严禁与非生活饮用水的管网连接,应采取有效的安全隔断措施。在同一供水区内可布置若干条平行的干管,其间距可根据街区情况,采用 500～800m。连接管用于配水干管间的连接,以形成环状管网,保证在干管发生故障关闭事故管段时,能及时通过连接管重新分配流量,从而缩小断水范围,提高供水可靠性。连接管一般沿城市次要干道敷设,其间距可采用800～1000m。

管线在道路下的平面位置和标高,应符合城市地下管线综合设计的要求,给水管线与建筑物、铁路以及其他管道的水平净距应参照《城市工程管线综合设计规范》GB50289-1998)确定,如表 7-1。自地表向下的排列顺序宜为电力管线、热力管线、给水管线、雨水排水管线、污水排水管线,最小垂直净距见表 7-2。

表 7-1　给水管线与其他管线及其他建筑物之间最小水平净距(m)

名称	建筑物	污水雨水排水管	燃气管					热力管		电力电缆		电缆电信		乔木	灌木	地上杆柱			道路侧石边缘	铁路钢轨(或坡脚)
			低压	中压		高压		直埋	地沟	直埋	缆沟	直埋	缆沟			通讯及照明<10kV	高压铁塔基础边			
				B	A	B	A										≤35kV	>35kV		
D≤200	1.0	1.0	0.5			1.0	1.5	1.5		0.5		1.0		1.5		0.5	3.0		1.5	5.0
D>200	1.0	1.5																		

表 7-2　配水管与工程管线交叉时的最小垂直净距(m)

序号	工程管线名称	最小垂直净距	序号	工程管线名称	最小垂直净距
1	配水管线	0.15	6	电力管线:直埋及管沟	0.15
2	污、雨水排水管线	0.40	7	沟渠(基础底)	0.5
3	热力管线	0.15	8	涵洞(基础底)	0.15
4	燃气管线	0.15	9	电车(轨底)	1.0
5	电信管线:直埋　管沟	0.50　0.15	10	铁路(轨底)	1.0

三、给水管材

给水管道为压力流,给水管材应满足下列要求:

①要有足够的强度和刚度,以承受在运输、施工和正常输水过程中所产生的各种荷载;

②要有足够的密闭性,以保证经济有效的供水;

③管道内壁应整齐光滑,以减小水头损失;

④管道接口应施工简便,且牢固可靠;

⑤应寿命长、价格低廉,且有较强的抗腐蚀能力。

在市政给水管道工程中,常用的给水管材主要有以下几种:

1. 铸铁管

铸铁管按材质可分为灰铸铁管和球墨铸铁管。

灰铸铁管与钢管相比,铸铁管抗腐蚀性能较好,经久耐用,价格低。但质地较脆,抗冲击和抗震能力较差,重量较大,一般为同规格钢管质量的 1.5～2.5 倍,且经常发生接口漏水、水管断裂和爆管事故,给生产带来很大损失。

球墨铸铁管的主要成分石墨为球状结构。它具有铸铁管的许多优点,并且机械性能高,强度是铸铁管的多倍,抗腐蚀性能远高于钢管,质量较轻,很少发生爆管、渗水、漏水现象,因此是输水管道理想的管材。目前我国球墨铸铁管的产量低,产品规格少。

铸铁管接口有两种形式:承插式(图 7-5)和法兰式(图 7-6)。水管接头应紧密不漏水且稍带柔性,特别是沿管线的土质不均匀而有可能发生沉陷时。

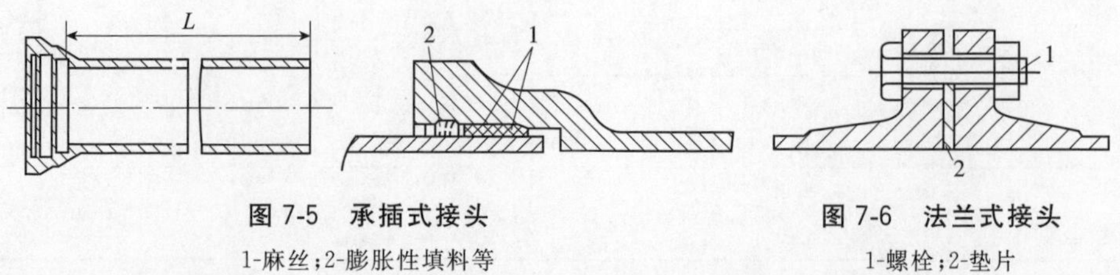

图 7-5　承插式接头

1-麻丝;2-膨胀性填料等

图 7-6　法兰式接头

1-螺栓;2-垫片

承插式接口适用于室外埋地管线，安装时将插口插入承口内，两口之间的环形空隙用接头材料填实。接口时施工麻烦，劳动强度大。接口材料分两层，内层采用油麻丝或胶圈，外层采用石棉水泥、自应力水泥砂浆等。目前很多单位采用膨胀性填料接口，利用材料的膨胀性密封接口。承插式铸铁管采用橡胶圈接口时，安装时无需敲打接口，因而减轻劳动强度，加快了施工进度。

法兰式接口接头紧密，检修方便。但施工要求较高，接口管必须严格对准，为使接口不漏水，在两法兰盘之间嵌以 3～5mm 厚的橡胶垫片，再用螺栓上紧。由于螺栓易锈蚀，不适用于埋地管线，一般用于水塔进出水管、泵房、净水厂、车间内部等与设备明装或地沟内的管线。

球墨铸铁管采用 T 型滑入式胶圈柔性接口，也可采用法兰接口，施工安装方便，可加快施工进度，缩短工期，接口的水密性好，有适应地基变形的能力，抗震效果好。

2. 钢管

钢管具有自重轻、强度高、抗应变性能比铸铁管及钢筋混凝土压力管好、接口操作方便、承受管内水压力较高、管内水流水力条件好等优点；但钢管的耐腐蚀性能差，使用前应进行防腐处理。

钢管有普通无缝钢管和纵向焊缝或螺旋形焊缝的焊接钢管。大直径钢管通常是在加工厂用钢板卷圆焊接，称为卷焊钢管。

市政给水管道中常用的普通钢管工作压力不超过 1.0MPa，管径为 100～2200mm，有效长度为 4～10m。一般用于泵站的出水管或短距离的输水管道上，但其造价较高。

3. 预应力和自应力钢筋混凝土管

预应力混凝土管是配有纵向和环向缠绕预应力钢筋的混凝土管。其管径一般为 400～2000mm，管长 5m，工作压力可达 0.4～1.2MPa。

用自应力水泥制成的钢筋混凝土管叫自应力钢筋混凝土管。自应力水泥由矾土水泥、石膏、高标号水泥配置而成，在一定条件下，产生晶体转变，水泥自身体积膨胀。膨胀时，带着钢筋一起膨胀，张拉钢筋使之产生自应力，所以很少应用于重要管道。自应力钢筋混凝土管的管径一般为 100～800mm，管长 3～4m，工作压力可达 0.4～1.0MPa。

预应力和自应力钢筋混凝土管均有良好的抗渗性和抗裂性，不需内外防腐，施工安装方便，输水能力强，价格便宜。但自重大，质地脆，所以装卸和搬运时严禁抛掷和碰撞。施工时管沟底必须平整，覆土必须夯实。

4. 塑料管

塑料管具有强度高、表面光滑、不易结垢、水力性能好、耐腐蚀、重量轻、加工及接口方便，施工费用低等优点，但质脆、膨胀系数较大、易老化。用作长距离管道时，需考虑温度补偿措施，例如伸缩节和活络接口。

塑料管有多种，常用的塑料管有硬聚氯乙烯管（UPVC 管）、聚乙烯管（PE）、聚丙烯管（PP）等。其中以 UPVC 管的力学性能和阻燃性能好，价格较低，因此应用广泛。

四、给水管件

1. 给水管配件

给水管配件又称元件或零件。市政给水铸铁管通常采用承插连接，在管道的转弯、分支、变径及连接其他附属设备处，必须采用各种配件，才能使管道及设备正确的衔接，也才能正确的设计管道节点的结构，保证正确施工。管道配件的种类非常多，如在管道分支处用的三通（又称丁字管）或四通，转弯处用的各种角度的弯管（又称弯头），变径处用的变径管（又称异径管、大小头），改变接口形式采用的各种短管等。给水铸铁管常用配件见表 7-3。

表 7-3 铸铁管配件

编号	名称	符号	编号	名称	符号
1	承插直管		17	承口法兰缩管	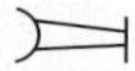
2	法兰直管		18	双承缩管	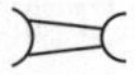
3	三法兰三通	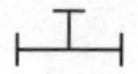	19	承口法兰短管	
4	三承三通	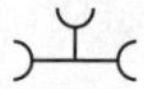	20	法兰插口短管	
5	双承法兰三通	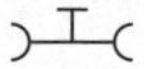	21	双承口短管	
6	法兰四通	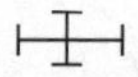	22	双承套管	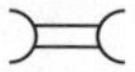
7	四承四通	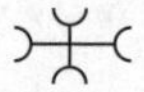	23	马鞍法兰	
8	双承双法兰四通	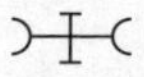	24	活络接头	
9	法兰泄水管	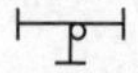	25	法兰式墙管（甲）	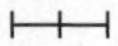
10	承口泄水管	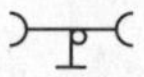	26	承式墙管（甲）	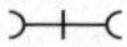
11	90°法兰弯管	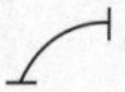	27	喇叭口	
12	90°双承弯管		28	闷头	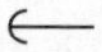
13	90°承插弯管	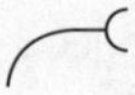	29	塞头	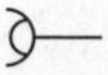
14	双承弯管		30	法兰式消火栓用弯管	
15	承插弯管		31	法兰式消火栓用丁字管	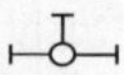
16	法兰缩管		32	法兰式消火栓用十字管	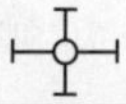

各种配件的口径和尺寸均采用公称尺寸，与各级公称管径的铸铁管道相匹配，其具体尺寸和规格可查阅《市政工程设计施工系列图集》(给水排水工程册)或其他相关资料。

2. **给水管附件**

(1)阀门

阀门用来调节管线中的流量和水压。阀门的口径一般与水管的直径相同，当管径较大时，阀门的口径为管径的 0.8 倍。

阀门的布置要数量少而且调度灵活。承接消火栓的水管上要安装阀门，主要管线和次要管线交接处的阀门常设在次要管线上。干管上的阀门间距一般为 500～1000m。

阀门内的闸板有楔式(图 7-7a)和平行式(图 7-7b)两种，根据阀门使用时阀杆是否上下移动，可分为明杆和暗杆两种。明杆是阀门启闭时，阀杆随之升降，因此易于掌握阀门启闭程度，适宜于安装在泵站内。暗杆适用于安装和操作地位受到限制之处。

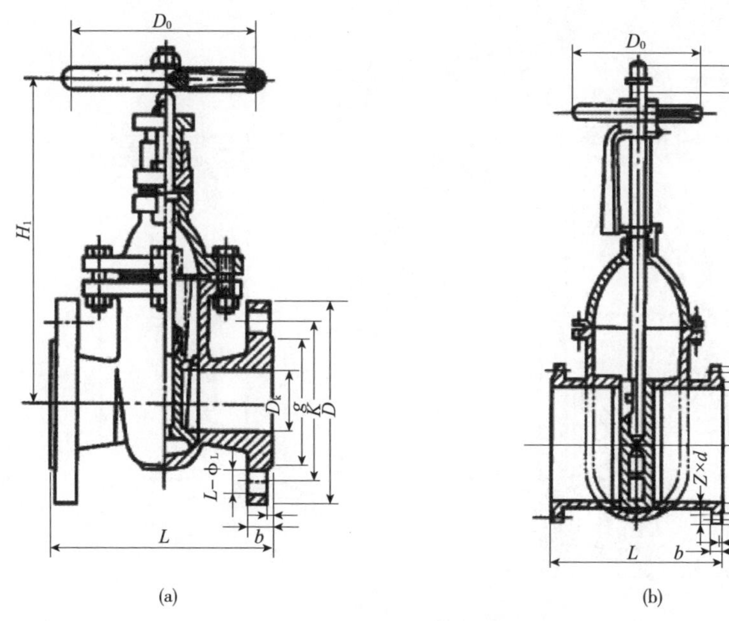

图 7-7　手动闸阀

(a)法兰式暗杆楔式闸阀；(b)平行式双闸板闸阀

蝶阀是将闸板安装在中轴上，靠中轴的转动带动闸板转动来控制水流，如图 7-8 所示。当闸板平面与水流方向垂直时蝶阀关闭；中轴转动的角度越大，蝶阀开启的程度就越大，管道通过的流量也就越大；当中轴转动 90°时，闸板平面与水流方向平行，蝶阀达到最大开启程度。蝶阀结构简单，开启方便，体积小，重量轻，应用广泛。但由于密封结构和材料的限制，蝶阀只在中、低压管道上使用，如水处理构筑物的连接管或泵站的吸水管上。

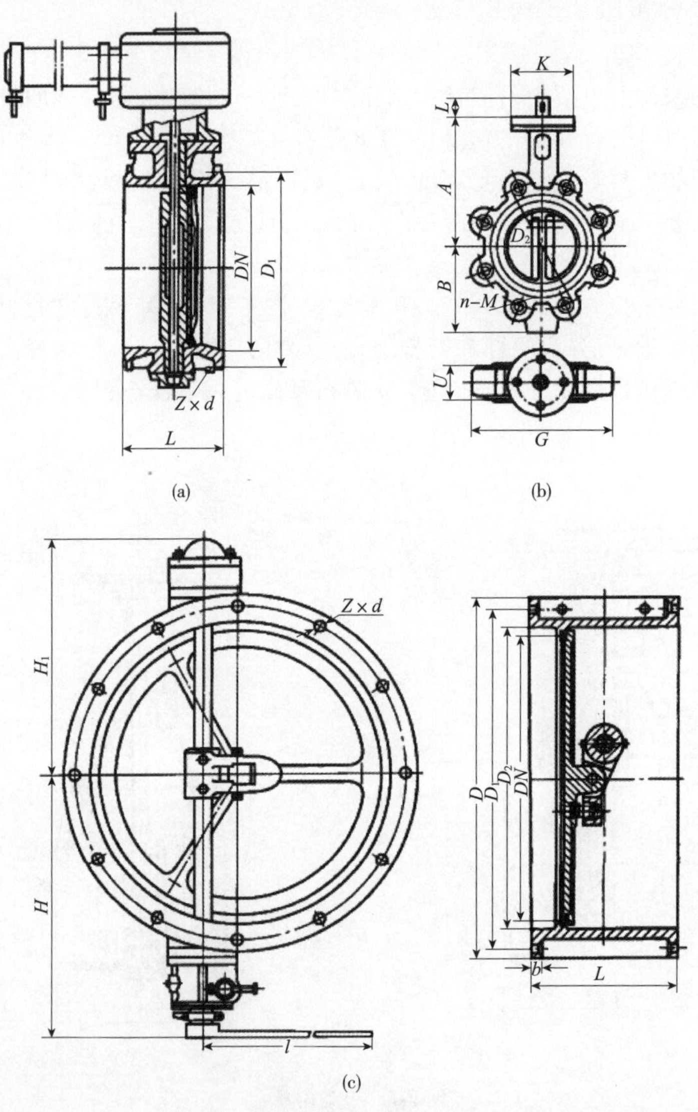

图 7-8 蝶阀

(a)气动、液动蝶阀；(b)对夹式蝶阀；(c)手动蝶阀

输配水管道上的阀门宜采用暗杆，也可以采用蝶阀。一般采用手动操作，直径较大时也可以采用电动。

(2)止回阀

止回阀又称单向阀或逆止阀。主要是用来控制水流只朝一个方向流动,限制水流向相反方向流动,防止突然停电或其他事故时水倒流,一般安装在水压大于196kPa的泵站出水管上。止回阀的闸板上方根部安装在一个铰轴上,闸板可绕铰轴转动,水流正向流动时顶推开闸板过水,反向流动时闸板靠重力和水流作用而自动关闭断水,一般有旋启式止回阀和缓闭式止回阀等,如图7-9所示。

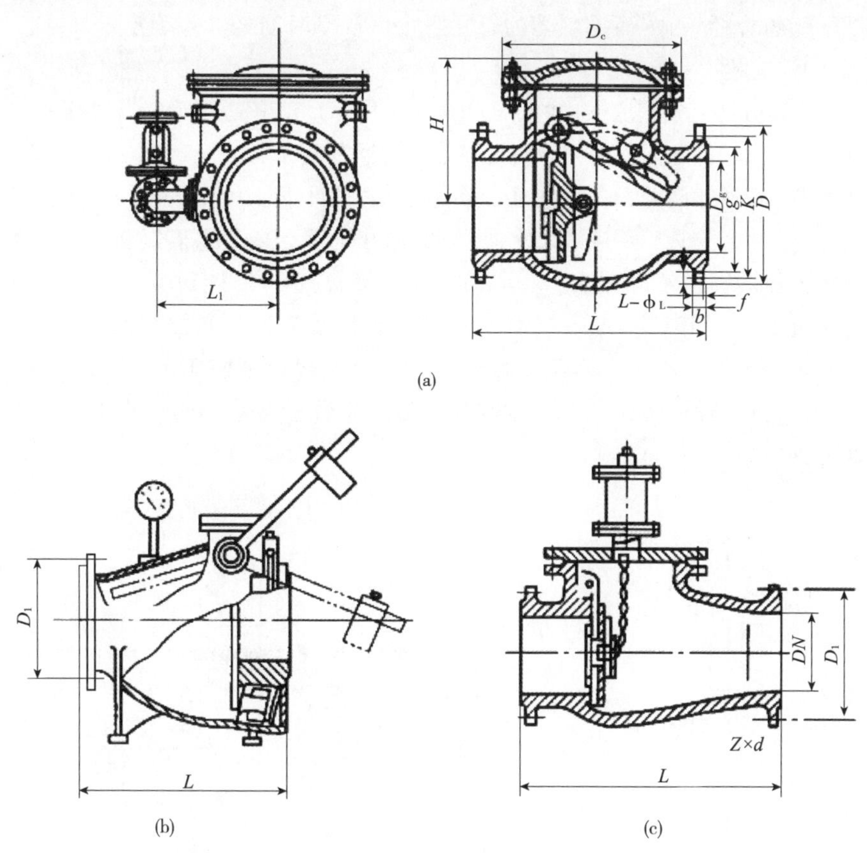

图7-9 止回阀

(a)旋启式止回阀;(b)微阻缓闭止回阀;(c)缓闭止回阀

(3)排气阀

管道在长距离输水时经常会积存空气,这既减小了管道的过水断面积,又增大了水流阻力,同时还会产生气蚀作用,因此应及时将管道中的气体排除掉。排气阀就是用来排除管道中气体的设备,一般安装在管线的隆起部位,平时用以排除管内积存的空气,而在管道检修、放空时进入空气,保持排水通畅;同时在产生水锤时可使空气自动进入,避免产生负压。

排气阀应垂直安装在管线上，可单独放置在阀门井内，也可与其他管件合用一个阀门井。

(4)泄水阀

泄水阀是在管道检修时用来排空管道的设备。一般在管线下凹部位安装排水管，在排水管靠近给水管的部位安装泄水阀。泄水阀平时关闭，需排水放空时才开启，用以排除给水管中的沉淀物及放空给水管中的存水。泄水阀的口径应与排水管的管径一致，而排水管的管径需根据放空时间经计算确定。

(5)消火栓

消火栓分地上式和地下式两种，如图 7-10 所示。前者适用于气温较高地区，后者适用于气温较低地区。消火栓均设在给水管网的配水管线上，与配水管线的连接有直通式和旁通式两种方式。直通式是直接从配水干管上接出消火栓，旁通式是从配水干管上接出支管后再接消火栓。旁通式应在支管上安装阀门，以利安装、检修。

消火栓的间距不应大于 120m，消火栓的接管直径不小于 DN100，每个消火栓的流量为 10～15L/s，地上式消火栓尽可能设在交叉口和醒目处。消火栓按规定应距建筑物不小于 5m，距车行道不大于 2m，以便消防车上水，并不妨碍交通，一般设在人行道边。地下式消火栓安装在阀门井内，不影响交通，但使用不及地上方便。

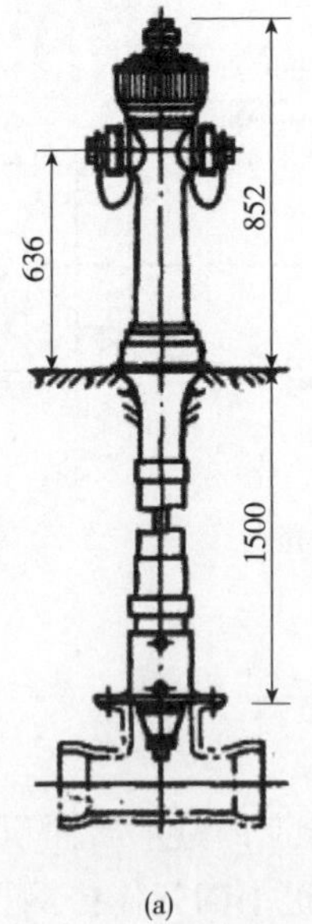

(a)

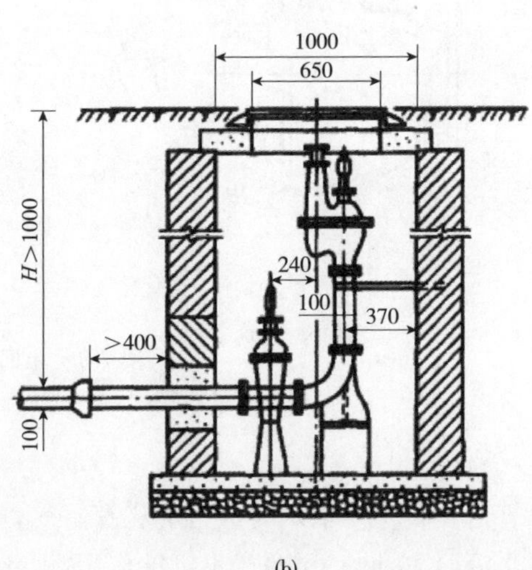

(b)

图 7-10　消火栓(m)

(a)地上式消火栓；(b)地下式消火栓

第二节　排水管道工程

一、排水系统的体制

城市和工业企业通常有生活污水、工业废水和雨水。这些污水可采用一个管渠系统、两个或两个以上各自独立的管渠系统来排除。污水的这种不同排除方式所形成的排水系统称排水系统的体制。排水系统的体制一般分为合流制和分流制两种类型，具体选择时，应考虑多方面因素。如：城市和工业企业规划、当地降雨情况、排放标准、原有排水设施、污水处理和利用情况、地形和水体、环境保护、工程投资、维护管理等方面。

1. 合流制

(1)直排式合流制

如图 7-11 所示，管道系统的布置就近坡向水体，管道中混合的污水未经处理就直接排入水体，我国许多老城市的旧城区大多采用这种排水体制。

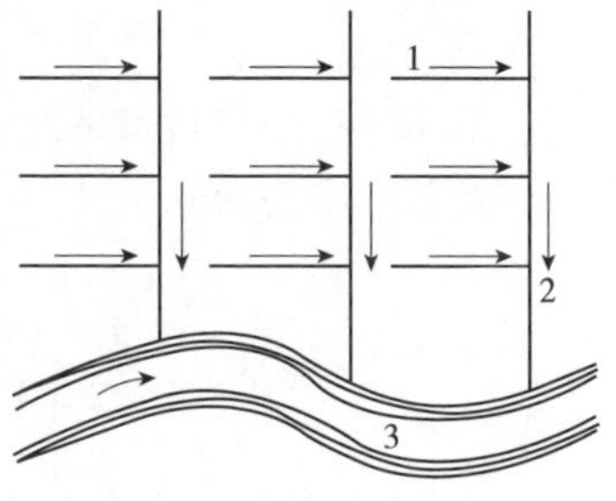

图 7-11　直排式合流制排水系统

1-合流支管；2-合流干管；3-河流

这是因为以前工业上不发达，城市人口不多，生活污水和工业废水量不大，直接排入水体后对环境造成的污染还不明显。但随着城市和工业的发展，人们的生活水平不断提高，污水量不断增加且污染物质日趋复杂，造成的污染将日益严重。因此这种方式目前不宜采用。

(2)截流式合流制

在直排式合流制排水系统的基础上，形成一种新的合流制排水系统。这种系统是在临河岸边建造一条截流干管，同时在合流干管与截留干管相交前或相交处设置溢流井，并在截流干管下游设置污水厂，成为截流式合流制排水系统，如图 7-12。晴天时管道中只输送旱流污水，经污水处理厂处理后排放。雨天时降雨初期，旱流污水和雨水被送至污水厂，随着降雨量的增加雨水径流也增加。混合污水的流量超过截流干管的输水能力后，就有部分混合污水经溢流井溢出，直接排入水体。该系统在旧

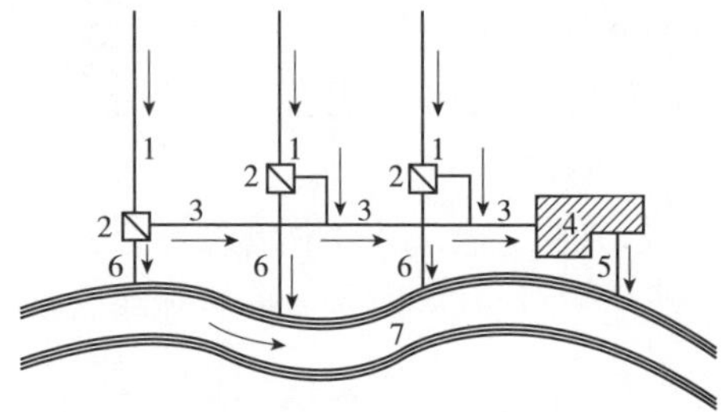

图 7-12　截流式合流制排水系统

1-合流干管；2-溢流井；3-截流主干管；4-污水处理厂；5-出水口；6-溢流管；7-河流

城市的排水系统改造中比较简单易行，节省投资，并降低污染物质的排放，在国内外排水系统改造时经常使用。

(3)完全合流制

将污水和雨水合流于一条管渠内，全部送往污水处理厂进行处理后再排放。此时，污水处理厂的设计负荷大，要容纳降雨的全部径流量，这就给污水厂的运行管理带来很大的困难，其水量和水质的经常变化也不利于污水的生物处理；同时，处理构筑物过大，平时也很难全部发挥作用，造成一定程度的浪费。

2. 分流制

分流制是指用不同管渠分别收集和输送各种城市污水和雨水的排水方式。排除综合生活污水和工业废水的管渠系统称为污水排水系统；排除雨水的管渠系统称为雨水排水系统。根据排除雨水方式的不同，分流制分为以下两种情况：

(1)完全分流制

完全分流制是将城市的生活污水和工业废水用一条管道排除，而雨水用另一条管道来排除的排水方式，如图 7-13。

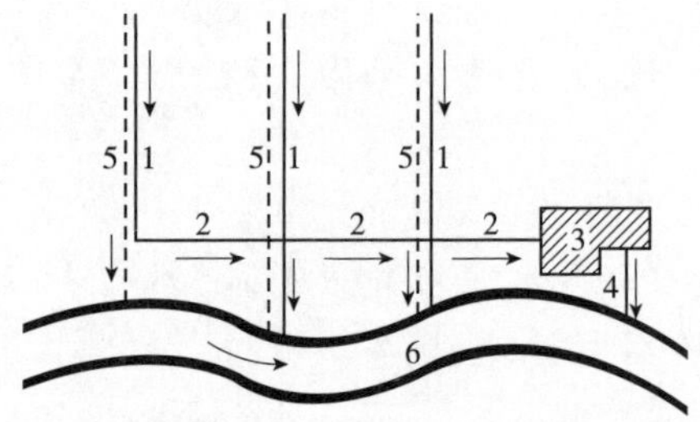

图 7-13　完全分流制排水系统

1-污水干管；2-污水主干管；3-污水厂；4-出水口；5-雨水干管；6-河流

完全分流制中有一条完整的污水管道系统和一条完整的雨水管道系统。这样可将城市的综合生活污水和工业废水送至污水厂进行处理，克服了完全合流制的缺点，同时减小了污水管道的管径。但完全分流制的管道总长度大，且雨水管道只在雨季才发挥作用，因此完全分流制造价高，初期投资大。

(2)不完全分流制

不完全分流制排水系统是暂时不设置雨水管渠系统，雨水沿道路两边沟槽排入天然水体，如图 7-14。这种情况使用于新建的城镇在建设初期，待城市发展后将其改造成完全分流制。

排水体制的选择，应根据城市和工业企业规划、当地降雨情况、排放标准、原有排水设施、污水处理和利用情况、地形和水体等条件，在满足环境保护要求的前提下，通过技术经济比较，综合考虑而定。一般情况下，新建的城市和城市的

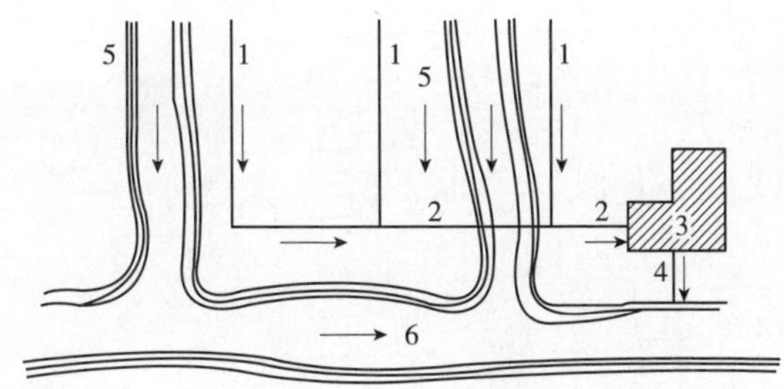

图 7-14　不完全分流制排水系统

1-污水管道；2-污水主干管；3-污水厂；4-出水口；5-原有渠道；6-河流

新建区宜采用完全分流制或不完全分流制；老城区的合流制宜改造成截流式合流制；在干旱和少雨地区也可采用完全合流制。

二、排水管道系统的组成

排水系统是指收集、输送、处理、再生和处置污水和雨水的工程设施以一定的方式组合而成的总体。通常由排水管道系统和污水处理系统组成。

排水管道系统的作用是收集、输送污(废)水，由管渠、检查井、泵站等设施组成。在分流制排水系统中包括污水管道系统和雨水管道系统；在合流制排水系统中只有合流制管道系统。

污水管道系统是收集、输送综合生活污水和工业废水的管道及其附属构筑物；雨水管道系统是收集、输送、排放雨水的管道及其附属构筑物；合流制管道系统是收集、输送综合生活污水、工业废水和雨水的管道及其附属构筑物；污水处理系统的作用是对污水进行处理和利用，包括各种处理构筑物。

1. 城市生活污水排水系统的组成

城市生活污水排水系统包括室内污水管道系统和室外污水管道系统。

室内污水管道系统的作用是将收集的生活污水，通过水封管、支管、竖管和出户管等室内管道系统流至室外居住小区污水管道中。

室外管道系统包括居住小区污水管道系统和街道污水管道系统。居住小区污水管道系统主要任务是收集小区内各建筑物排出的污水，并将其输送到街道污水管道系统中。它分为接户管、小区支管、小区干管。其中接户管是接纳各建筑物排出的污水并将其送入到小区支管；小区支管是布置在小区内与接户管连接的污水管道并将污水送到小区干管。小区干管接纳若干小区支管流来的污水。

街道污水管道系统主要是将接收的各居住小区的污水，依靠重力流或加设泵站将污水输送到污水处理厂，经处理后排放或利用。一般由城市支管、干管、主干管等组成，见图 7-15。

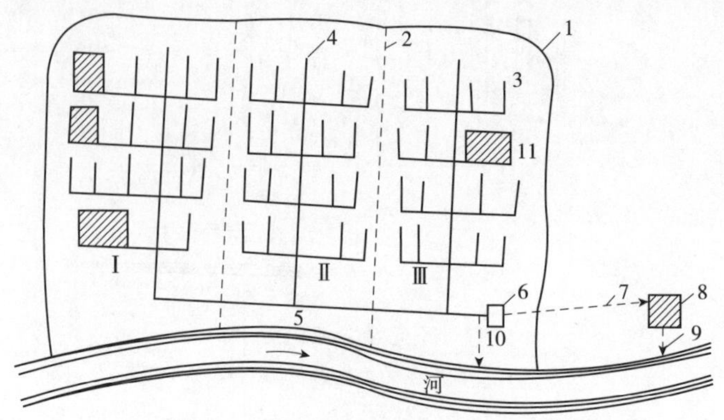

图 7-15　市政污水管道系统

Ⅰ、Ⅱ、Ⅲ-排水流域

1-城市边界；2-排水流域分界线；3-支管；4-干管；5-主干管；6-总泵站；

7-压力管道；8-城市污水厂；9-出水口；10-事故排出口；11-工厂

支管承受小区干管流来的污水；干管汇集输送支管流来的污水；主干管是汇集输送由两个或两个以上干管流来的污水管道。

2. 工业废水排水系统的组成

在工业企业中，用管道将各车间及其他排水对象所排出的不同性质的废水收集起来，依靠重力流或加压泵站，将废水送至污水处理厂。工业废水排水系统包括车间内部管道系统和厂区管道系统。车间内部管道系统主要收集各生产设备排出的工业废水，并将其排放到厂区管道系统中；厂区管道系统是用来收集并输送各车间排出的工业废水的管道系统。

3. 雨水管道系统的组成

用雨水斗或天沟收集屋面的雨水，用雨水口收集地面的雨水。地面的雨水经雨水口流入居住小区、厂区或街道的雨水管渠系统。雨水排水系统由建筑物的雨水管道系统和设备，居住小区或工厂雨水管渠系统，街道雨水管渠系统，排洪沟，出水口等部分组成。

三、排水管道系统的布置

1. 布置形式

在城市中，市政排水管道系统的平面布置，随着城市地形、城市规划、污水厂位置、河流位置及水流情况、污水种类和污染程度等因素而定。在这些影响因素中，地形是最关键的因素，按城市地形考虑可有以下六种布置形式，如图 7-16 所示。

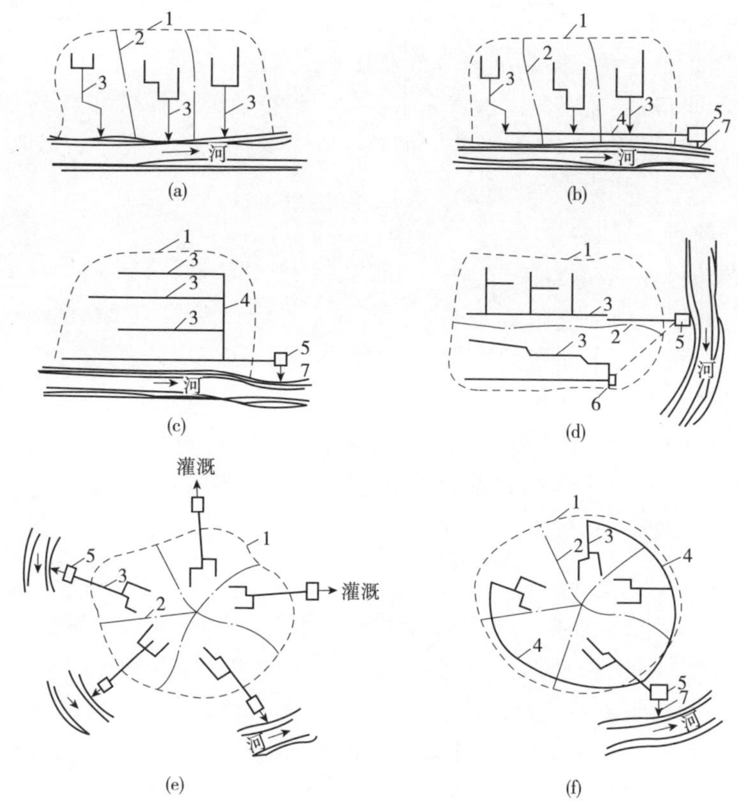

图 7-16　排水系统的布置形式

(a)正交式；(b)截流式；(c)平行式；(d)分区式；(e)分散式；(f)环绕式

1-城市边界；2-排水流域分界线；3-干管；4-主干管；5-污水厂；6-污水泵站；7-出水口

(1)正交布置和截流式布置

正交布置是在地势向水体有适当倾斜的地区，各排水流域的干管可以最短距离沿与水体垂直相交的方向布置，如图 7-16(a)。正交布置具有干管长度短、管径小、排放流速快的特点。但正交布置的污水未经处理就直接排放，故在现代城市中这种布置一般仅适用于排除雨水。随着市政管道的发展，在正交布置的基础上出现了一种新的布置形式——截流式布置。这种布置是在正交布置基础上沿河岸再敷设主干管，并将各干管的污水截流送到污水厂，如图 7-16(b)。截流式布置可以减轻水体污染、改善和保护环境。

(2)平行式布置

在地势向河流方向有较大倾斜的地区，可使干管与等高线及河道基本平行，主干管与等高线及河道成一定倾斜敷设，这种布置称平行式布置，如图 7-16(c)。平行式布置可以避免因干管坡度及管内流速过大，使管道受到严重冲刷。

(3)分区布置

分区布置是在高地区和低地区分别敷设独立的管道系统。高地区的污水靠重力流向污水厂，低地区的污水依靠水泵抽送到高地区干管或污水厂，如图 7-16(d)。这种布置适用于地势相差较大的地区。它的优点是能充分利用地形优势，节省能源。

(4)分散布置

分散布置如图 7-16(e)。这种布置形式适用于城市周围有河流，或城市中央部分地势高、地势向周围倾斜的地区。这种布置的特点是干管长度短、管径小、管道埋深浅、便于污水灌溉，但污水厂和泵站的数量增多。

(5)环绕式布置

在分散式布置的基础上，敷设截流主干管，将各排水流域的污水截流至污水厂进行处理，便形成了环绕式布置，它是分散式发展的结果，适用于建造大型污水厂的城市，如图 7-16(f)。

2. 布置原则和要求

排水管道系统应根据城市总体规划和排水工程专项规划，结合当地实际情况进行布置，布置时应遵循的原则是：尽可能在管线较短和埋深较小的情况下，让最大区域的污水能自流排出。

管道布置时一般按主干管、干管、支管的顺序进行。其方法是首先确定污水厂或出水口的位置，然后再依次确定主干管、干管和支管的位置。

污水处理厂一般布置在城市夏季主导风向的下风向、城市水体的下游、并与城市或农村居民点至少有 500m 以上的卫生防护距离。污水主干管一般布置在排水流域内较低的地带，沿集水线敷设，以便干管的污水能自流接入。污水干管一般沿城市的主要道路布置，通常敷设在污水量较大、地下管线较少一侧的道路下。污水支管一般布置在城市的次要道路下，当小区污水通过小区主干管集中排出时，应敷设在小区较低处的道路下；当小区面积较大且地形平坦时，应敷设在小区四周的道路下。

雨水管道应尽量利用自然地形坡度，以最短的距离靠重力流将雨水排入附近的水体中。当地形坡度大时，雨水干管宜布置在地形低处的主要道路下；当地形平坦时，雨水干管宜布置在排水流域中间的主要道路下。雨水支管一般沿城市的次要道路敷设。

排水管道应尽量布置在人行道、绿化带或慢车道下。当道路红线宽度大于 50m 时，应双侧布置，这样可减少过街管道，便于施工和养护管理。

为了保证排水管道在敷设和检修时互不影响、管道损坏时不影响附近建(构)筑物、不污染生活饮用水，排水管道与其他管线和建(构)筑物间应有一定的水平距离和垂直距离，其最小净距见表 7-4。

表 7-4　排水管道与其他地下管线(构筑物)的最小净距(m)

名称			水平净距	垂直净距
建筑物			见注③	—
给水管	$DN\leqslant200mm$		1.0	0.4
	$DN>200mm$		1.5	
排水管			—	0.15
再生水管			0.5	0.4
燃气管	低压	$P\leqslant0.05MPa$	1.0	0.15
	中压	$0.05MPa<P\leqslant0.4MPa$	1.2	0.15
	高压	$0.4MPa<P\leqslant0.8MPa$	1.5	0.15
		$0.8MPa<P\leqslant1.6MPa$	2.0	0.15
热力管线			1.5	0.15
电力管线			0.5	0.5
电信管线			1.0	直埋 0.5 管块 0.15
乔木			1.5	—
地上柱杆	通信照明及<10kV		0.5	—
	高压铁塔基础边		1.5	—
道路侧石边缘			1.5	—
铁路钢轨(或坡脚)			5.0	轨底 1.2
电车(轨底)			2.0	1.0
架空管架基础			2.0	—
油管			1.5	0.25
压缩空气管			1.5	0.15
氧气管			1.5	0.25
乙炔管			1.5	0.25
电车电缆			—	0.5
明渠渠底			—	0.5
涵洞基础底			—	0.15

注:1. 表列数字除注明者外,水平净距均指外壁净距,垂直净距指下面管道的外顶与上面管道基础底间的净距;

2. 采取充分措施(如结构措施)后,表列数字可以减小;

3. 与建筑物水平净距:管道埋深浅于建筑物基础时,一般不小于 2.5m,管道埋深深于建筑物基础时,按计算确定,但不小于 3.0m。

四、排水管材

1. 对排水管材的要求

(1)必须具有足够的强度,以承受外部的荷载和内部的水压,并保证在运输和施工过程中不致破裂;

(2)应具有抵抗污水中杂质的冲刷磨损和抗腐蚀的能力;

(3)必须密闭不透水,以防止污水渗出和地下水渗入;

(4)内壁应平整光滑,以尽量减小水流阻力;

(5)应就地取材,以降低施工费用。

2. 常用的排水管材

(1)混凝土管

以混凝土为主要材料制成的圆形管材称为混凝土管。混凝土管适用于排除雨水、污水,可在专门的工厂预制,也可以现场浇制。混凝土管的直径一般小于450mm,长度一般为1m。

混凝土管的管径通常有承插式、企口式、平口式,如图7-17。混凝土排水管的规格见表7-5。

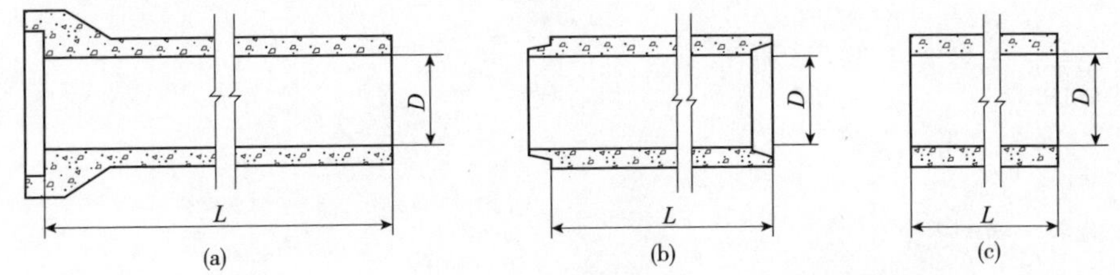

图7-17 混凝土管

(a)承插式;(b)企口式;(c)平口式

表7-5 混凝土排水管的规格

序号	公称内径/mm	最小管长/mm	管最小壁厚/mm	外压试验/(kg/m²)	
				安全荷载	破坏荷载
1	200	1000	27	1000	1200
2	250	1000	33	1200	1500
3	300	1000	40	1500	1800
4	350	1000	50	1900	2200
5	400	1000	60	2300	2700
6	450	1000	67	2700	3200

(2)钢筋混凝土管

当管道埋深较大或敷设在土质不良地段,以及穿越铁路、城市道路、河流、谷地时，通常采用钢筋混凝土管。钢筋混凝土管按照承受的荷载要求分轻型钢筋混凝土管和重型钢筋混凝土管两种，其规格见表 7-6、表 7-7。

混凝土管和钢筋混凝土管便于就地取材，制造方便，在排水管道工程中得到了广泛应用。其主要缺点是抵抗酸、碱浸蚀及抗渗性能差；管节短、接头多、施工麻烦；自重大、搬运不便。

表 7-6　轻型钢筋混凝土排水管技术条件及标准规格

公称内径/mm	管体尺寸/mm		套环/mm			外压试验/(N/m²)		
	最小管长	最小壁厚	填缝宽度	最小壁厚	最小管长	安全荷载	裂缝荷载	破坏荷载
200	2000	27	15	27	150	12000	15000	20000
300	2000	30	15	30	150	11000	14000	18000
350	2000	33	15	33	150	11000	15000	21000
400	2000	35	15	35	150	11000	18000	24000
450	2000	40	15	40	200	12000	19000	25000
500	2000	42	15	42	200	12000	20000	29000
600	2000	50	15	50	200	15000	21000	32000
700	2000	55	15	55	200	15000	23000	38000
800	2000	65	15	65	200	18000	27000	44000
900	2000	70	15	70	200	19000	29000	48000
1000	2000	75	18	75	250	20000	33000	59000
1100	2000	85	18	85	250	23000	35000	63000
1200	2000	90	18	90	250	24000	38000	69000
1350	2000	100	18	100	250	26000	44000	80000
1500	2000	115	22	115	250	31000	49000	90000
1650	2000	125	22	125	250	33000	54000	99000
1800	2000	140	22	140	250	38000	61000	11100

表 7-7　重型钢筋混凝土排水管技术条件及标准规格

公称内径/mm	管体尺寸/mm		套环/mm			外压试验/(N/m²)		
	最小管长	最小壁厚	填缝宽度	最小壁厚	最小管长	安全荷载	裂缝荷载	破坏荷载
300	2000	58	15	58	150	34000	36000	40000
350	2000	60	15	60	150	34000	36000	44000
400	2000	65	15	65	150	34000	38000	49000
450	2000	67	15	67	200	34000	40000	52000
550	2000	75	15	75	200	34000	42000	61000
650	2000	80	15	80	200	34000	43000	63000

（续）

公称内径/mm	管体尺寸/mm		套环/mm			外压试验/(N/m²)		
	最小管长	最小壁厚	填缝宽度	最小壁厚	最小管长	安全荷载	裂缝荷载	破坏荷载
750	2000	90	15	90	200	36000	50000	82000
850	2000	95	15	95	200	36000	55000	91000
950	2000	100	18	100	250	36000	61000	112000
1050	2000	110	18	110	250	40000	66000	121000
1300	2000	125	18	125	250	41000	84000	132000
1550	2000	175	18	175	250	67000	104000	187000

(3)陶土管

陶土管是用塑性耐火黏土制坯，经高温煅烧制成的。为了防止在煅烧过程中产生裂缝，在其中按一定比例加入耐火黏土和石英砂。根据需要可制成无釉、单面釉、双面釉陶土管。

普通陶土管的最大公称直径为 300mm，有效长度为 800mm，适用于小区室外排水管道。耐酸陶土管的最大公称直径为 800mm，一般在 400mm 以内，管节长度有 300mm、500mm、700mm、1000mm 几种，适用于排除酸性工业废水。

陶土管一般制成圆形断面，有承压式和平口式两种，如图 7-18。陶土管管径一般不超过 600mm，管长在 0.8～1.0m 左右。陶土管的特点是耐酸碱，抗腐蚀性能强，但质脆宜碎，强度低不能承受内压，管接短，接口多。

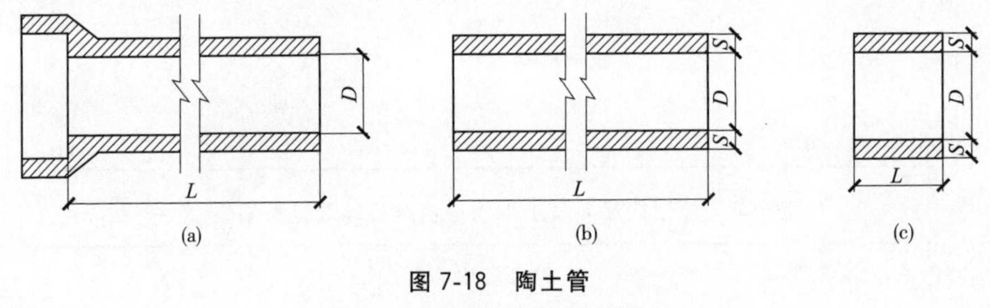

图 7-18　陶土管

(a)承插管；(b)直管；(c)管箍

(4)金属管

金属管质地坚固，强度高，抗渗性能好，管壁光滑，水流阻力小，管节长，接口少，施工运输方便。但价格昂贵，抗腐蚀性差，因此，在市政排水管道工程中很少用。只有在地震烈度大于 8 度或地下水位高、流沙严重的地区；或承受高内压、高外压及对渗漏要求特别高的地段才采用金属管。

常用的金属管有铸铁管和钢管。排水铸铁管耐腐蚀性好，经久耐用；但质地较脆，不耐振动和弯折，自重较大。钢管耐高压、耐振动、重量比铸铁管轻，但抗腐蚀性差。

(5)排水渠道

在很多城市，除采用上述排水管道外，还采用排水渠道。排水渠道一般有砖砌、石砌、钢筋混凝土渠道，断面形式有圆形、矩形、半椭圆形等，如图 7-19 所示。

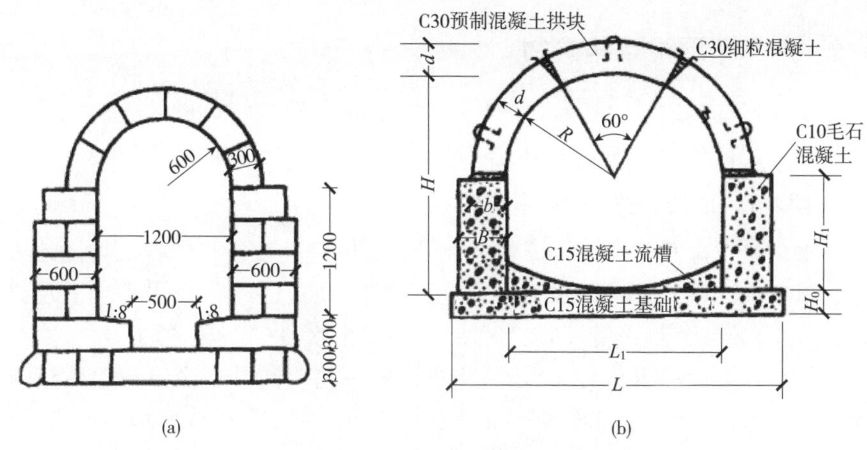

图 7-19　排水渠道(mm)

(a)石砌渠道；(b)预制混凝土块拱形渠道

砖砌渠道应用普遍，在石料丰富的地区，可采用毛石或料石砌筑，也可用预制混凝土砌块砌筑，对大型排水渠道，可采用钢筋混凝土现场浇筑。

(6)其他管材

随着新型建筑材料的不断研究，用于排水管道的材料也不断增加。如玻璃纤维混凝土管、加筋的热固性树脂管、离心混凝土管、聚氯乙烯塑胶硬质管、PVC 管、铝合金 UPVC 复合排水管等。

以上是常用的管材，在选择管材时，应在满足技术要求的前提下，尽可能就地取材，采用当地易于自制、便于供应和运输方便的材料，以使运输及施工总费用降至最低。

3. 管渠材料的选择

选择排水管渠材料时，应在满足技术要求的前提下，尽可能就地取材，采用当地易于自制、便于供应和运输方便的材料，以使运输和施工费用降至最低。

根据排除的污水性质，一般情况下，当排除生活污水及中性或弱碱性(pH＝8～11)的工业废水时，上述各种管材都能使用。排除碱性(pH＞11)的工业废水时可用砖渠，或在钢筋混凝土渠内做塑料衬砌。排除弱酸性(pH＝5～6)的工业废水时可用陶土管或砖渠。排除强酸性(pH＜5)的工业废水时可用耐酸陶土管、耐酸水泥砌筑的砖渠或用塑料衬砌的钢筋混凝土渠。

根据管道受压、埋设地点及土质条件,压力管段一般采用金属管、玻璃钢夹砂管、钢筋混凝土管或预应力钢筋混凝土管。在地震区、施工条件较差的地区,以及穿越铁路、城市道路等,可采用金属管。

一般情况下,市政排水管道经常采用混凝土管、钢筋混凝土管。

五、排水管网附属构筑物

为了保证有效地排除污水,在排水系统上除了设置管渠以外还需要设置其他一些必要的构筑物。如雨水口、连接暗井、溢流井、检查井、倒虹管等。

1. 雨水口、连接暗井、溢流井

雨水口是在雨水管渠或合流管渠上设置的收集地表径流的构筑物。地表径流通过雨水口连接管进入雨水管渠或合流管渠,使道路上的积水不至漫过路缘石,从而保证城市道路在雨天时正常使用,因此雨水口俗称收水井。

雨水口一般设在道路交叉口、路侧边沟的一定距离处以及设有道路缘石的低洼地方,在直线道路上的间距一般为 25～50m,在低洼和易积水的地段,要适当缩小雨水口的间距。当道路纵坡大于 0.02 时,雨水口的间距可大于 50m,其形式、数量和布置应根据具体情况和计算确定。

雨水口的构造包括进水箅、井筒和连接管三部分组成,如图 7-20。井筒可用砖砌或钢筋混凝土预制,也可以采用预制的混凝土管。

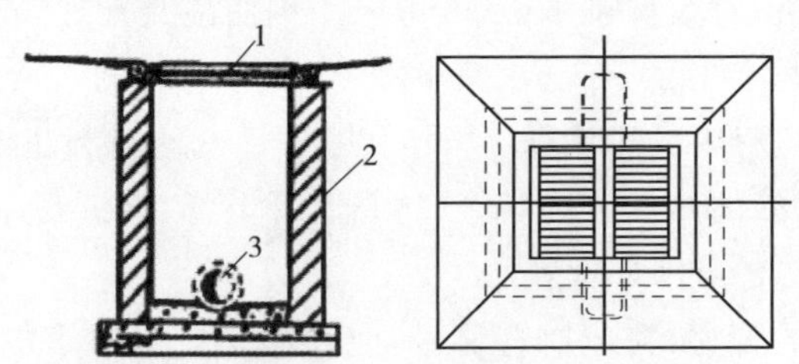

图 7-20　雨水口

1-进水箅;2-井筒;3-连接管

雨水口由连接管和街道排水管渠的检查井连接。连接管的最小管径为 200mm,坡度一般为 0.01,长度一般不超过 25m,同一个连接管上的雨水口一般不超过 3 个。当排水管径大于 800mm 时,可在连接管与排水管连接处不设检查井,而设连接暗井,如图 7-21。

溢流井是截流干管上最重要的构筑物。通常在合流管渠与截流干管的交汇处设置溢流井,分别为截流槽式、溢流堰式和跳跃堰式,如图 7-22。

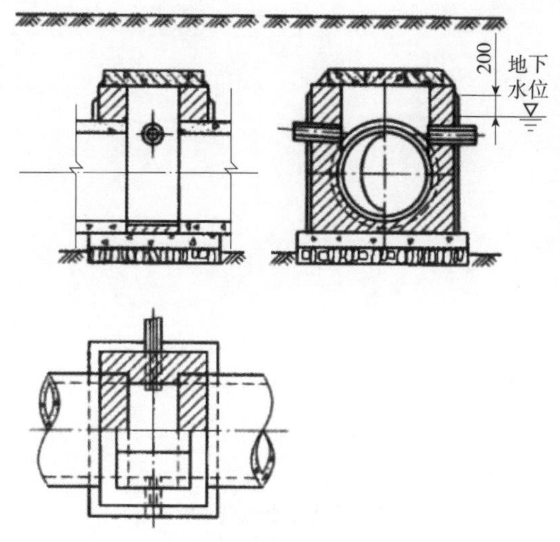

图 7-21　连接暗井

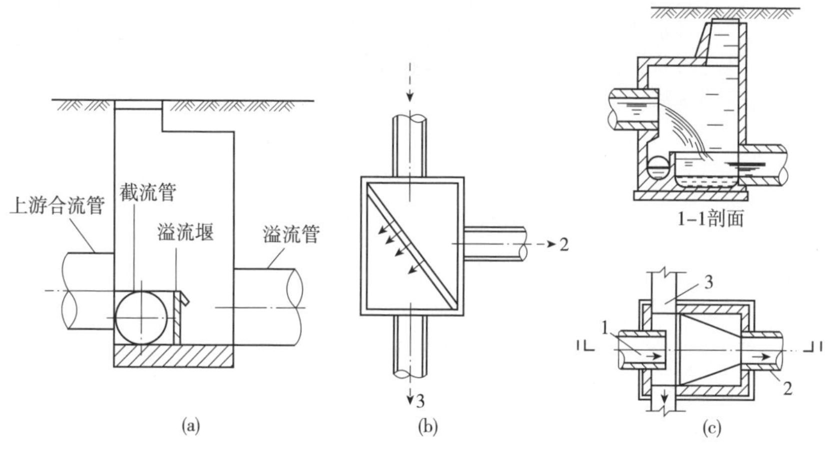

图 7-22　溢流井

1-合流干管；2-截流干管；3-排水管渠

2. 检查井

在排水管渠系统上，为便于管渠的衔接以及对管渠进行定期检查和清通，必须设置检查井。检查井通常设在管渠交汇、转弯、管渠尺寸或坡度改变、跌水等处以及相隔一定距离的直线管渠段上。检查井在直线管渠段上的最大间距，一般按表 7-8 采用。

表 7-8 检查井的最大间距

管径或暗渠净高(mm)	最大间距(m)	
	污水管渠	雨水(合液)管汇
200～400	40	50
500～700	60	70
800～1000	80	90
1100～1500	100	120
1600～2000	120	120

检查井一般采用圆形,大型管渠的检查井也有矩形和扇形。检查井由三部分组成:井底、井身、井盖,如图 7-23。

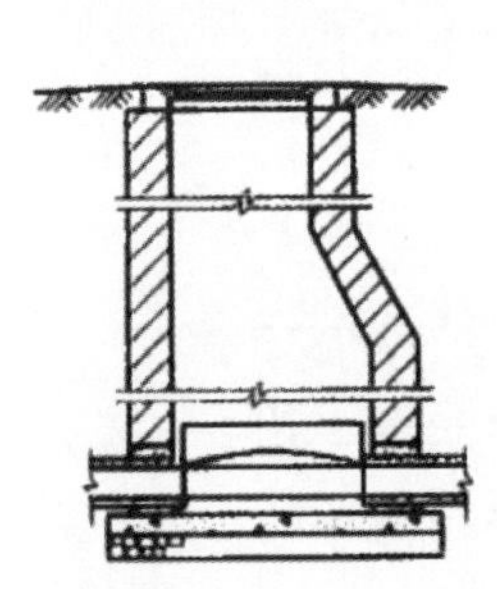

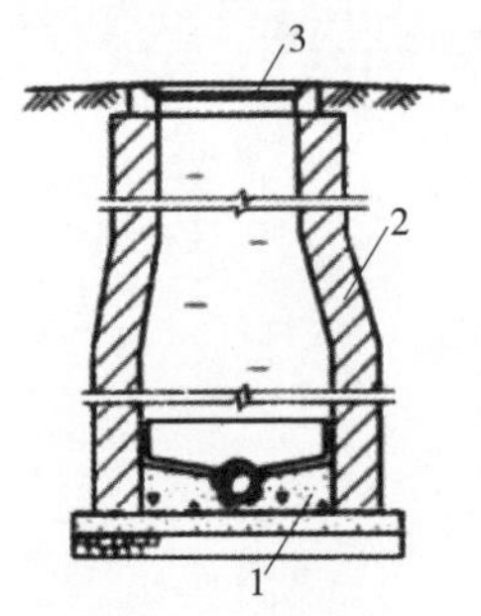

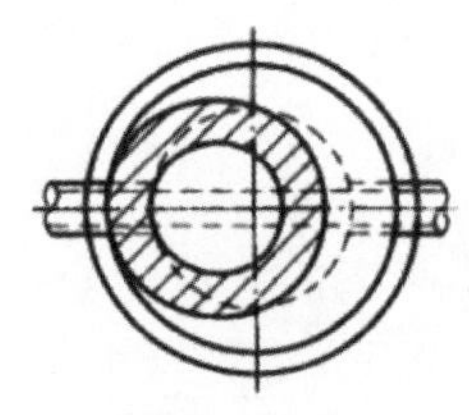

图 7-23 检查井

1-井底;2-井身;3-井盖

检查井的井底一般采用低标号的混凝土,基础采用碎石、卵石、碎砖夯实或低标号混凝土。为使水流流过检查井时阻力较小,井底宜设半圆形或弧形流槽,两侧为直壁。污水管道的检查井流槽顶与上、下游管道的管顶相平,或与 0.85 倍大管管径处相平,雨水管渠和合流管渠的检查井流槽顶可与 0.5 倍大管管径处相平。流槽两侧到检查井壁间的底板应有一定宽度,一般不小于 20cm,以便养护人员下井时立足,并应有 0.02～0.05 的坡度坡向流槽,以防检查井积水时淤泥沉积。在管渠转弯或几条管渠交汇处,流槽中心线的弯曲半径应按转角大小和管径大小确定,但不得小于大管的管径,目的是使水流通顺。检查井底各种流槽的平面形式如图 7-24。

井身用砖、石砌筑,也可用混凝土或钢筋混凝土现场浇筑,其构造与是否需要工人下井有密切关系。不需要工人下井的浅检查井,井身为直壁圆筒形;需要工人下井的检查井,井身在构造上分为工作室、渐缩部和井筒三部分,如图 7-23 所示。工作室是养护人员下井进行临时操作的地方,不能过分狭小,其直径不能

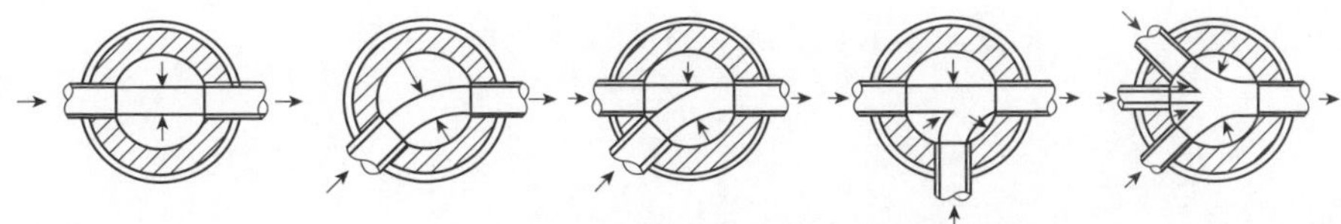

图 7-24 检查井底流槽的形式

小于 1m，其高度在埋深允许时一般采用 1.8m。为降低检查井的造价，缩小井盖尺寸，井筒直径一般比工作室小，但为了工人检修时出入方便，其直径不应小于 0.7m。井筒与工作室之间用锥形渐缩部连接，渐缩部的高度一般为 0.6～0.8m，也可在工作室顶偏向出水管渠一侧加钢筋混凝土盖板梁，井筒则砌筑在盖板梁上。为便于养护人员上下，井身在偏向进水管渠的一边应保持一壁直立。

井盖可采用铸铁、钢筋混凝土、新型复合材料或其他材料，为防止雨水流入，盖顶应略高出地面。盖座采用与井盖相同的材料。井盖和盖座均为厂家预制，施工前购买即可，其形式如图 7-25 所示。

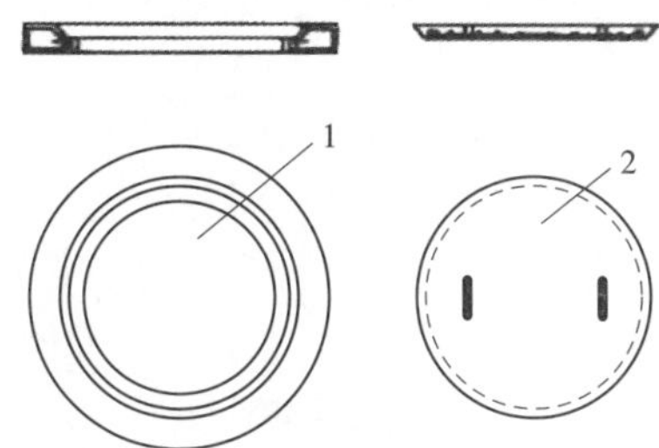

图 7-25 轻型钢筋混凝土井盖及盖座

1-井盖；2-盖座

检查井的构造和各部位的尺寸详见《市政工程设计施工系列图集》(给水排水工程册)或其他相关资料。

3. 倒虹管

排水管道遇到障碍物，如穿过河道、铁路等地下设施时，管道不能按原有坡度埋设，而是以下凹的折线方式从障碍物下通过，这种管道称倒虹管。倒虹管由进水井、管道及出水井三部分组成，如图 7-26。

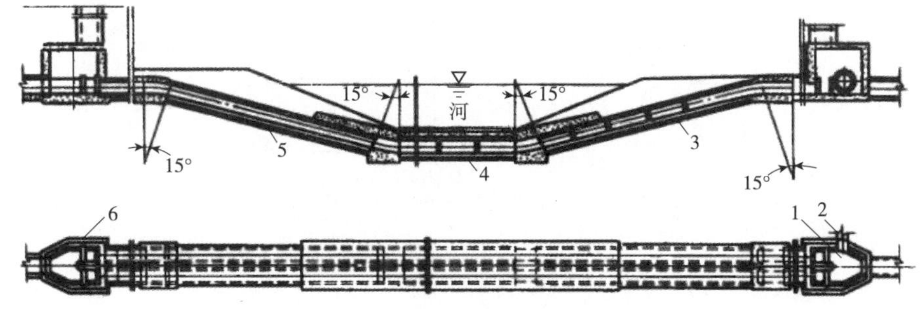

图 7-26 倒虹管

1-进水井；2-事故排水口；3-下行管；4-平行管；5-上行管；6-出水井

第三节　其他市政管线工程

一、燃气管道系统

1. 燃气管道系统的组成

燃气包括天然气、人工燃气和液化石油气。燃气经长距离输气系统输送到燃气分配站(也称作燃气门站),在燃气分配站将燃气压力降至城市燃气供应系统所需的压力后,由城市燃气管网系统输送分配到各用户使用。因此,城市燃气管网系统是指自气源厂或城市门站到用户引入管的室外燃气管道。现代化的城市燃气输配系统一般由燃气管网、燃气分配站、调压站、储配站、监控与调度中心、维护管理中心组成,如图 7-27 所示。

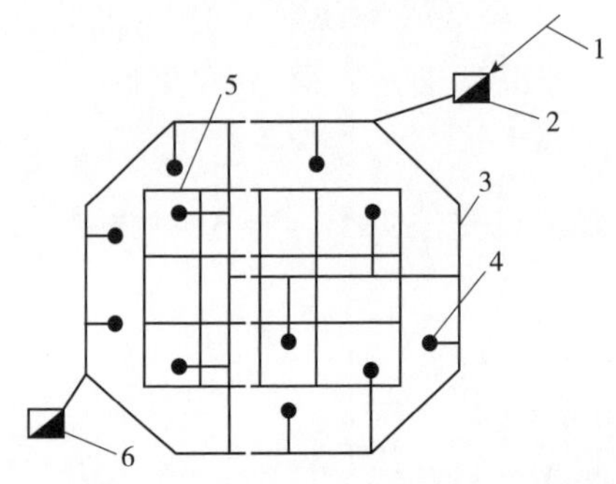

图 7-27　一级管网系统

1-长输管线;2-城市燃气门站及高压罐站;3-中压管网;4-中低压调压站;5-低压管网;6-低压储气罐站

城市燃气管网系统根据所采用的压力级制的不同,可分为一级系统、两级系统、三级系统和多级系统四种。

一级系统仅用低压管网来输送和分配燃气,一般适用于小城镇的燃气供应系统。

两级系统由低压和中压 B 或低压和中压 A 两级管网组成,如图 7-28、图 7-29所示。

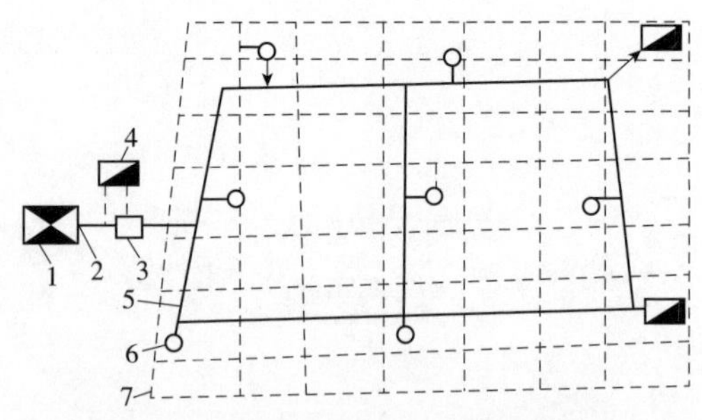

图 7-28　低压一中压 B 两级管网系统

1-气源厂;2-低压管道;3-压气站;4-低压储气站;5-中压 B 管网;6-区域调压站;7-低压管网

三级系统由低压、中压和高压三级管网组成,如图 7-30 所示。

多级系统由低压、中压 B、中压 A 和高压 B,甚至高压 A 的管网组成,如图 7-31 所示。

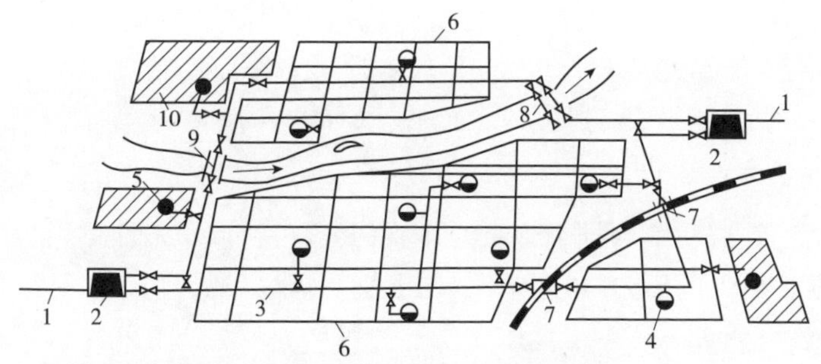

图 7-29　低压一中压 A 两级管网系统

1-长输管线；2-城市燃气分配站；3-中压 A 管网；4-区域调压站；5-专用调压站；
6-低压管网；7-穿越铁路的套管敷设；8-过河倒虹管道；9-沿桥敷设的架空管道；10-工厂

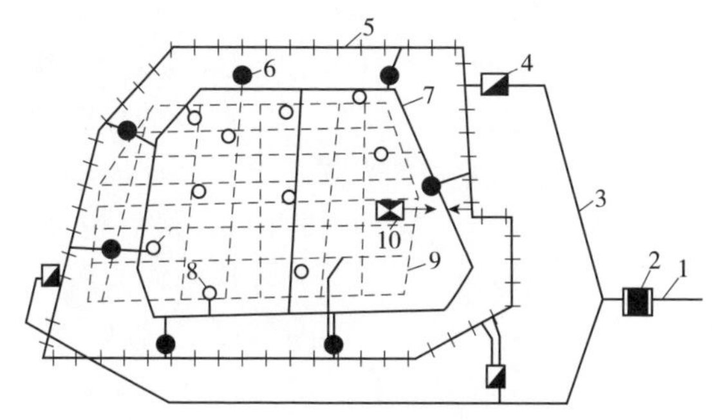

图 7-30　三级管网系统

1-长输管线；2-城市燃气分配站；3-郊区高压管道；4-储气站；5-高压管网；
6-高、中压调压站；7-中压管网；8-中、低压调压站；9-低压管网；10-煤制气

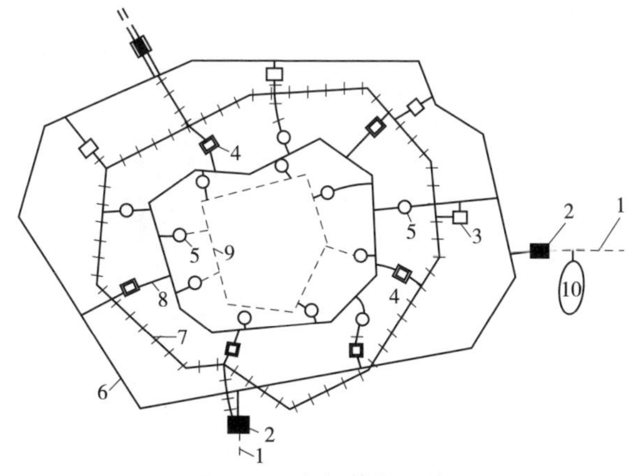

图 7-31　多级管网系统

1-长输管线；2-城市燃气分配站；3-调压计量站；4-储气站；5-调压站；
6-高压 A 管网；7-高压 B 管网；8-中压 A 管网；9-中压 B 管网；10-地下储气库

选择城市燃气管网系统时，应综合考虑城市规划、气源情况、原有城市燃气供应设施、不同类型的用户用气要求、城市地形和障碍物情况、地下管线情况等因素，通过技术经济比较，选用经济合理的最佳方案。

2. 城市燃气管道的布置

城市燃气管道和给水排水管道一样，也要敷设在城市道路下，它在平面上的布置要根据管道内的压力、道路情况、地下管线情况、地形情况、管道的重要程度等因素确定。

高、中压输气管网的主要作用是输气，并通过调压站向低压管网配气。因此，高压输气管网宜布置在城市边缘或市内有足够埋管安全距离的地带，并应成环，以提高输气的可靠性。中压输气管网应布置在城市用气区便于与低压环网连接的规划道路下，并形成环网，以提高输气和配气的安全可靠性。但中压管网应尽量避免沿车辆来往频繁或闹市区的道路敷设，以免造成施工和维护管理困难。在管网建设初期，根据实际情况，高、中压管网可布置成半环形或枝状网，并与规划环网有机联系，随着城市建设的发展再将半环形或枝状网改造成环状网。

低压管网的主要作用是直接向各类用户配气，根据用户的实际情况，低压管网除以环状网为主体布置外，还允许枝状网并存。低压管道应按规划道路定线，与道路轴线或建筑物的前沿平行，沿道路的一侧敷设，在有轨电车通行的道路下，当道路宽度大于20m时应双侧敷设。低压管网中，输气的压力低，沿程压力降的允许值也较低，因此低压环网的每环边长不宜太长，一般控制在300～600m。

为保证在施工和检修时市政管道间互不影响，同时也为了防止由于燃气的泄漏而影响相邻管道的正常运行，甚至逸入建筑物内对人身造成伤害，地下燃气管道与建筑物、构筑物基础以及其他管道之间应保持一定的最小水平净距，见表7-9。

表7-9　地下燃气管道与建(构)筑物或相邻管道之间的最小水平净距(m)

名　　称		地下燃气管道			
		低压	中压	高压B	高压A
建筑物基础		2.0	3.0	4.0	6.0
热力管的管沟外壁、给水管、排水管		1.0	1.0	1.5	2.0
电力电缆		1.0	1.0	1.0	1.0
通信电缆	直埋	1.0	1.0	1.0	1.0
	在导管内	1.0	1.0	1.0	2.0
其他燃气管道	管径≤300mm	0.4	0.4	0.4	0.4
	管径>300mm	0.5	0.5	0.5	0.5

（续）

名　　称		地下燃气管道			
		低压	中压	高压B	高压A
铁路钢轨		5.0	5.0	5.0	5.0
有轨电车道的钢轨		2.0	2.0	2.0	2.0
电杆（塔）的基础	≤35kV	1.0	1.0	1.0	1.0
	＞35kV	5.0	5.0	5.0	5.0
通信照明电杆中心		1.0	1.0	1.0	1.0
街树中心		1.2	1.2	1.2	1.2

二、热力管网系统

1. 热力管网系统的组成

市政热力管网系统是将热媒从热源输送分配到各热用户的管道所组成的系统，它包括输送热媒的管道、沿线管道附件和附属建筑物，在大型热力管网中，有时还包括中继泵站或控制分配站。

根据输送的热媒的不同，市政热力管网一般有蒸汽管网和热水管网两种形式。在蒸汽管网中，凝结水一般不回收，所以为单根管道。在热水管网中，一般为两根管道，一根为供水管，另一根为回水管。不管是蒸汽管网还是热水管网，根据管道在管网中的作用，均可分为供热主干管、支干管和用户支管三种。

2. 热力管网的布置与敷设

热力管网应在城市规划的指导下进行布置，主干管要尽量布置在热负荷集中区，力求短直，尽可能减少阀门和附件的数量。通常情况下应沿道路一侧平行于道路中心线敷设，地上敷设时不应影响城市美观和交通。

同给水管网一样，热力管网为压力流，其平面布置也有环状网和枝状网两种布置形式，如图 7-32 所示。

枝状管网布置简单，管径随距热源距离的增大而逐渐减小；管道用量少，投资少，运行管理方便。但当管网某处发生故障时，故障点以后的用户将停止供热。由于建筑物具有一定的蓄热能力，迅速消除故障后可使建筑物室温不致大幅度降低，一般情况下枝状网可满足用户要求。在枝状管网中，为了缩小事故时的影响范围和迅速消除故障，在主干管与支干管的连接处以及支干管与用户支管的连接处均应设阀门。

环状管网仅指主干管布置成环，而支干管和用户支管仍为枝状网。其主要优点是供热可靠性大，但其投资大，运行管理复杂，要求有较高的自动控制措施。因此，枝状管网是热力管网普遍采用的方式。

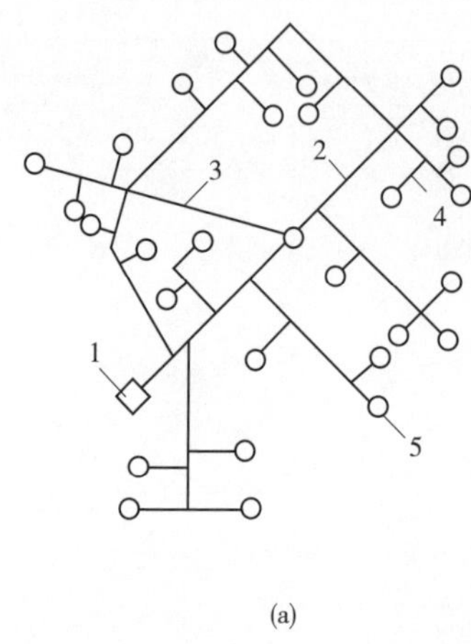

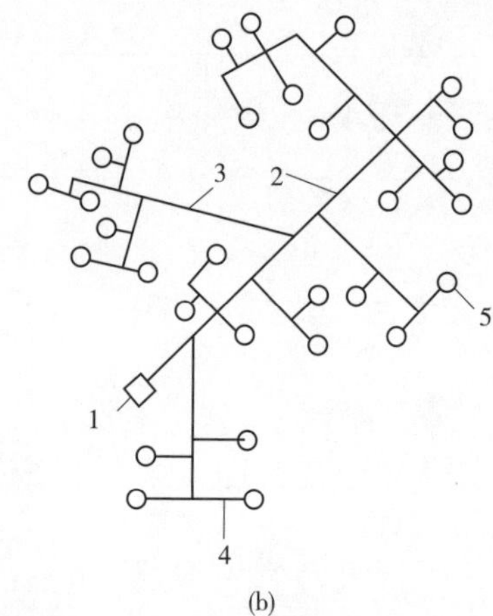

(a) (b)

图 7-32　热力管网平面布置

(a)环状网;(b)枝状网

1-热源;2-主干管;3-支干管;4-支管;5-用户

热力管道的敷设分地上敷设和地下敷设两种类型,地上敷设是指管道敷设在地面以上的独立支架或建筑物的墙壁上。根据支架高度的不同,一般有低支架敷设、中支架敷设、高支架敷设三种形式。低支架敷设时,管道保温结构底距地面净高为0.5～1.0m,它是最经济的敷设方式;中支架敷设时,管道保温结构底距地面净高为2.0～4.0m,它适用于人行道和非机动车辆通行地段;高支架敷设时,管道保温结构底距地面净高为4.0m以上,它适用于供热管道跨越道路、铁路或其他障碍物的情况,该方式投资大,应尽量少用。地上敷设的优点是构造简单、维修方便、不受地下水和其他管线的影响。但占地面积多、热损失大、美观性差。因此多用于厂区和市郊。

地下敷设是热力管网广泛采用的方式,分地沟敷设和直埋敷设两种形式。地沟敷设时,地沟是敷设管道的围护构筑物,用以承受土压力和地面荷载并防止地下水的侵入;直埋敷设适用于热媒温度小于150℃的供热管道,常用于热水供热系统,直埋敷设管道采用"预制保温管",它将钢管、保温层和保护层紧密地粘成一体,使其具有足够的机械强度和良好的防腐防水性能,具有很好的发展前途。地下敷设的优点是不影响市容和交通,因此市政热力管网经常采用地下敷设。

三、电力管线和电信管线的构造

1. 电力管线的构造

市政电力管线包括电源和电网两部分,其用电负荷主要包括:住宅照明、公共建筑照明、城市道路照明、电气化交通用电、给水排水设备用电及生活用电器具、标语美术照明、小型电动机用电等。

城市供电电源有发电厂和变电所两种类型。变压变电所又分为降压变电所和升压变电所,城市的变电所一般都是降压变电所,从区域电网中引进高压线,将高压转化为低压供城市的电力需要。

从电源输送电能给用户的输电线路称为电网。城市电网是城市范围内为城市供电的各级电压电网的总称,一般分为高压、中压、低压三种网络。标准的高压级别有 35kV、110kV、154kV、220kV 等;中压电网的标准电压有 3kV、6kV、10kV;低压电网的标准电压有 380V 和 220V 两种,应与用户用电器具的电压相同。

城市电网的连线方式一般有树干式、放射式和混合式三种。树干式是各用电设备共用一条供电线路,优点是导线用量少,投资低,但供电可靠性低。放射式是各用电设备均从电源以单独的线路供电,优点是供电可靠性高,但导线用量多,投资高。混合式是放射式和树干式并存的一种布置方式。城市电网沿道路一侧敷设,有导线架空敷设和电缆埋地敷设两种方式。

(1)导线架空敷设

导线架空敷设是用电杆将导线悬空架设,直接向用户供电的电力线路。一般根据电压等级分为 1kV 及以下的低压架空配电线路和 1kV 以上的高压架空配电线路两种。架空配电线路主要由基础、电杆、横担、导线、拉线、绝缘子及金具等组成。

1)基础的作用主要是防止电杆在垂直荷载、水平荷载及事故荷载的作用下,产生上拔、下压、甚至倾倒现象。

2)电杆多为锥形,用来安装横担、绝缘子和架设导线。城市中一般采用钢筋混凝土杆,在线路的特殊位置也可采用金属杆。根据电杆在线路中的作用和所处的位置,可将电杆分为直线杆、耐张杆、转角杆、终端杆、分支杆和跨越杆六种基本形式。

3)导线是输送电能的导体,应具有一定的机械强度和耐腐蚀性能,以抵抗风、雨、雪和其他荷载的作用以及空气中化学杂质的侵蚀。架空配电线路常用裸铜绞线(TJ)、裸铝绞线(LJ)、钢芯铝绞线(LGJ)和铝合金线(HLJ),低压架空配电线路也可采用绝缘导线。高压线路在电杆上为三角排列,线间水平距离为1.4m;低压线路在电杆上为水平排列,线间水平距离为 0.4m。

4)横担装在电杆的上端,用来安装绝缘子、固定开关设备及避雷器等,一般采用铁横担或陶瓷横担。陶瓷横担可同时起到横担和绝缘子的作用,因此又称为瓷横担绝缘子,它具有较高的绝缘水平,在断线时能自动转动,不致因一处断线而扩大事故范围。

(2)电缆线路

电缆线路和架空线路的作用完全相同,但与架空线路相比具有不用杆塔、占地少、整齐美观、传输性能稳定、安全可靠等优点,在城市电网中使用较多。

1)电力电缆一般由导电线芯、绝缘层及保护层三部分组成。

导电线芯用来传导电流,一般由具有高导电率的铜或铝制成。为了方便制造和应用,线芯截面分为 2.5～800mm^2 等 20 个标称等级。

绝缘层用来隔离导电线芯,使线芯间有可靠的绝缘,保证电能沿线芯传输,一般采用橡皮、聚氯乙烯、聚乙烯、交联聚乙烯等材料。10kV 及以下的电力线路一般采用塑料绝缘层,橡皮绝缘多用于 500V 及以下的电力线路中。

保护层用来使绝缘层密封不受潮,并免受外界损伤,分内护层和外护层两部分。内护层用来保护电缆的绝缘层,一般有铅套、铝套、橡套、聚氯乙烯护套和聚乙烯护套等。外护层用来保护内护层,包括错装层和外被层。

2)电缆埋地敷设有直埋敷设和电缆沟敷设两种方式。

直埋敷设施工简单、投资少、散热条件好,应优先考虑采用。电缆埋深不应小于 0.7m,上下各铺 100mm 厚的软土或砂土,上盖保护板。应敷设于冻土层下,不得在其他管道上面或下面平行敷设,电缆在沟内应波状放置,预留 1.5%的长度以免冷缩受拉。无铠装电缆引出地面时,高度 1.8m 以下部分应穿钢管或加保护罩,以免受机械损伤。电缆应与其他管道设施保持规定的距离,在腐蚀性土壤或有地电流的地段,电缆不易直接埋地,如必须埋地敷设,宜选用塑料护套电缆或防腐电缆。埋地电力电缆应设标志桩,要求与埋地电信电缆相同。

电缆沟敷设是将电缆置于沟内,一般用于不宜直埋的地段。电缆沟的盖板应高出地面 100mm,以减少地面水流入沟内。当妨碍交通和排水时,宜采用有覆盖层的电缆沟,盖板顶低于地面 30mm。电缆沟内应考虑分段排水措施,每 50m 设一集水井,沟底有不小于 0.5%的坡度坡向集水井。沟盖板一般采用钢筋混凝土板,每块重量不超过 50kg,以两人能抬起为宜。电缆沟检查井(人孔)的最大间距一般为 100m。

电缆沟进户处应设防火隔墙,在引出端、终端、中间接头和走向有变化处均应挂标示牌,注明电缆规格、型号、回路及用途,以便维修。

2. 电信管线的构造

城市通信包括邮政通信和电信通信。邮政通信主要是传送实物信息,如传递信函、包裹、汇兑、报刊等;电信通信主要是利用电来传送信息,如市话、电报、传真、电视传送、数据传送等,它不传送实物,而是传送实物的信息。

城市电信通信网络一般采用多局制,即把市话的局内机械设备、局间中继线以及用户线路网连接在一起构成多局制的市电话网,城市则划分为若干区,每区设立一个电话局，称为分局，各分局间用中继线连通。

市话通信网包括局房、机械设备、线路、用户设备。其中线路是用户与电话局之间联系的纽带，用户只有通过线路才能达到通信的目的。

电信线路包括明线和电缆两种。明线线路就是架设在电杆上的金属线对；电缆可以架空也可以埋设在地下，一般大城市的电缆都埋入地下，以免影响市容。铠装电缆可直接埋入地下，铅包电缆或光缆要穿管埋设。

电信线路不管是架空还是埋地敷设，一般应避开易使线路损伤、毁坏的地段，宜布置在人行道或慢车道上（下），尽量减少与其他管线和障碍物的交叉跨越。

对架空明线而言，电信线（弱电）与电力线（强电）应分杆架设，分别布置在道路两侧。

架空线路的拉线应符合下列规定：

(1)本地电话网线路

①线路偏转角小于 30°时，拉线与吊线的规格相同；

②线路偏转角在 30～60°时，拉线采用比吊线规格大一级的钢绞线；

③线路偏转角大于 60°时，应设顶头拉线；

④线路长杆档应设顶头拉线；

⑤顶头拉线采用比吊线规格大一级的钢绞线。

(2)长途光缆线路

①终端杆拉线应比吊线程式大一级。

②角杆拉线，角深小于 13m 时，拉线同吊线程式；角深大于 13m 时，拉线应比吊线程式大一级。

③中间杆当两侧线路负荷不同时，应设顶头拉线，拉线程式应与拉力较大一侧的吊线程式相同。

④抗风杆和防凌杆的侧面与顺向拉线均应与吊线程式相同。

⑤假终结、长杆档拉线程式与吊线程式相同。

对直埋电缆而言，一般在用户较固定、电缆条数不多、架空困难又不宜敷设管道的地段采用。直埋电缆应敷设在冰冻层下，最小埋设深度在市区内为 0.7m，在郊区为 1.2m。

为便于日后维修，直埋电缆应在适当地方埋设标志，如电缆线路附近有永久性的建筑物或构筑物，则可利用其墙角或其他特定部位作为电缆标志，测量出与直埋电缆的相关距离，标注在竣工图纸上；否则，应制作混凝土或石材的标志桩，将标志桩埋于电缆线路附近，记录标志桩到电缆路的相关距离。标志桩有长桩和短桩之分，长桩的边长为 15mm，高度为 150mm，用于土质松软地段，埋深

100mm,外露 50mm;短桩的边长为 12mm,高度为 100mm,用于一般地段,埋深 60mm,外露 40mm。标志桩一般埋于下列地点:电缆的接续点、转弯点、分支点、盘留处或与其他管线交叉处;电缆附近地形复杂,有可能被挖掘的场所;电缆穿越铁路、城市道路、电车轨道等障碍物处;直线电缆每隔 200～300m 处。

电缆管道是埋设在地面下用于穿放通信电缆的管道,一般在城市道路定型、主干电缆多的情况下采用。常用水泥管块,特殊地段(如公路、铁路、水沟、引上线)使用钢管、石棉水泥管或塑料管。

第八章　市政管道开槽施工

市政管道开槽施工中，施工降排水、沟槽开挖、地基处理及沟槽支撑的施工方法与桥梁工程明挖基础施工方法基本一致，详见本书第二篇第一章第一节的相关内容，这里不再赘述，下面仅针对管道的铺设与安装方法进行说明。

管道的铺设与安装应在沟槽施工验槽后进行，其主要任务是按照设计意图把管道定位并安装在要求的平面位置、高程上。

第一节　管道的铺设与安装

管道铺设时的基线桩及辅助基线桩、水准基点桩的测量，应在沟槽施工后按设计图纸坐标进行复核测量，对给水排水管道及附属构筑物的中心桩及各部位置进行施工放样，同时做好护桩。

一、排管、下管与稳管

1. 排管

排管应在沟槽和管材质量检查合格后进行。根据施工现场条件，将管道在沟槽堆土的另一侧沿铺设方向排成一长串称为排管。排管时，要求管道与沟槽边缘的净距不得小于 0.5m。

压力流管道排管时，对承插接口的管道，宜使承口迎着水流方向排列，这样可减小水流对接口填料的冲刷，避免接口漏水；在斜坡地区排管，以承口朝上坡为宜；同时还应满足接口环向间隙和对口间隙的要求。一般情况下，金属管道可采用 90°弯头、45°弯头、22.5°弯头、11.25°弯头进行平面转弯，如果管道弯曲角度小于 11°，应使管道自弯水平借转。当遇到地形起伏变化较大或翻越其他地下设施等情况时，应采用管道反弯借高找正作业。

重力流管道排管时，对承插接口的管道，同样宜使承口迎着水流方向排列，并满足接口环向间隙和对口间隙的要求。不管何种管口的排水管道，排管时均应扣除沿线检查井等构筑物所占的长度，以确定管道的实际用量。当施工现场条件不允许排管时，亦可以集中堆放。但管道铺设安装时需在槽内运管，施工不便。

2. 下管

按设计要求经过排管，核对管节、管件位置无误方可下管。

下管方法分为人工下管和机械下管两类。应根据管材种类、单节重量和长度以及施工现场情况选用。不管采用哪种下管方法，一般宜沿沟槽分散下管，以减少在沟槽内的运输工作量。

(1)人工下管法

1)贯绳法：适用于管径 300mm 以下的混凝土管、缸瓦管。用一端带有铁钩的绳子钩住管子一端，绳子另一端由人工徐徐放松直至将管子放入槽底。

2)压绳下管法：压绳下管法是人工下管法中最常用的一种方法。适用于中、小型管子，方法灵活，可用于分散下管。压绳下管法包括人工撬棍压绳下管法和立管压绳下管法等，如图 8-1 所示。

除上述方法外，还有塔架下管法、溜管法等。

图 8-1 压绳下管法

1-大绳；2-撬棍

(a)、(b)立管

(2)机械下管法

机械下管适用于管径大、沟槽深、工程量大且便于机械操作的地段。

机械下管速度快、施工安全，并且可以减轻工人的劳动强度，提高生产效率。因此，只要施工现场条件允许，就应尽量采用机械下管法。

机械下管时，应根据管道重量选择起重机械。常采用轮胎式起重机、履带式起重机和汽车式起重机。

下管时，起重机一般沿沟槽开行，距槽边至少应有 1m 以上的安全距离，以免槽壁坍塌。行走道路应平坦、畅通。当沟槽必须两侧堆土时，应将某一侧堆土与槽边的距离加大，以便起重机行走。

机械下管一般为单节下管，起吊或搬运管材、配件时，对于法兰盘面、非金属管材承插口工作面、金属管防腐层等，均应采取保护措施。应找好重心采用两点起吊，吊绳与管道的夹角不宜小于 45°。起吊过程中，应平吊平放，勿使管道倾斜以免发生危险。如使用轮胎式起重机，作业前应将支腿撑好，支腿距槽边要有 2m 以上的距离，必要时应在支腿下垫木板。

当采用钢管时，为了减少槽内接口的工作量，可在地面上将钢管焊接成长串，然后由数台起重机联合下管。这种方法称为长串下管法。由于多台起重机不易协调，长串下管一般不要多于3台起重机。在起吊时，管道应缓慢移动，避免摆动。应有专人统一指挥，并按有关机械安全操作规程进行。

3. 稳管

稳管是将管道按设计的高程和平面位置稳定在地基或基础上。压力流管道对高程和平面位置的要求精度可低些，一般由上游向下游进行稳管；重力流管道的高程和平面位置应严格符合设计要求，一般由下游向上游进行稳管。

稳管要借助于坡度板进行，坡度板埋设的间距，对于重力流管道一般为10m，压力流管道一般为20m。在管道纵向标高变化、管径变化、转弯、检查井、阀门井等处应埋设坡度板。坡度板距槽底的垂直距离一般不超过3m。坡度板应在人工清底前埋设牢固，不应高出地面，上面钉管线中心钉和高程板，高程板上钉高程钉，以便控制管道中心线和高程。

稳管通常包括对中和对高程两个环节。

对中作业是使管道中心线与沟槽中心线在同一平面上重合。如果中心线偏离较大，则应调整管道位置，直至符合要求为止。通常可按中心线法与边线法两种方法进行。

在沟槽上口，每隔10～15m埋设一块横跨沟槽的木板，该木板即为坡度板。变坡点、管道转向及检查井处必须设置。在坡度板上找到管道中心位置并钉中心钉，用20mm左右的铅丝拉一根通长的中心线，用垂球将中心线移至槽底，如图8-2所示。

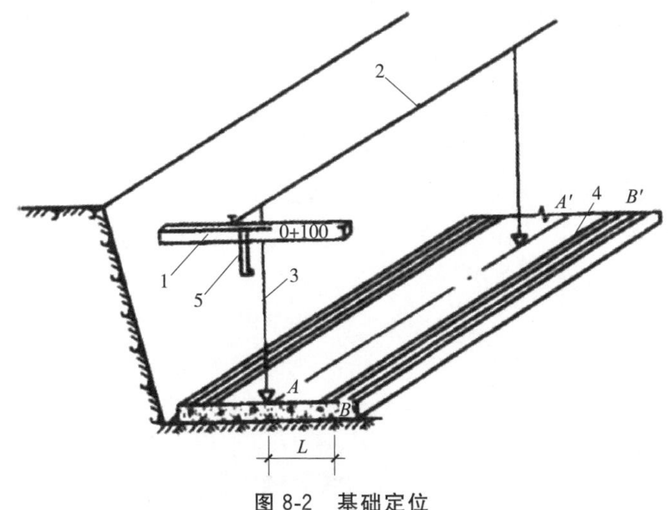

图8-2　基础定位

1-坡度板；2-中心线；3-中心垂线；4-管道基础；5-高程

中心线法是当坡度板上的中心垂线与管道水平尺中心刻度对准时，管道即为对中了，如图 8-3 所示。边线法对中就是将坡度板上的定位钉钉在管道外皮的垂直面上。操作时，只要管道向左或向右一移动，管道的外皮恰好碰到两坡度板间定位钉连线的垂线（或边桩之间的连线）即可，如图 8-4 所示。

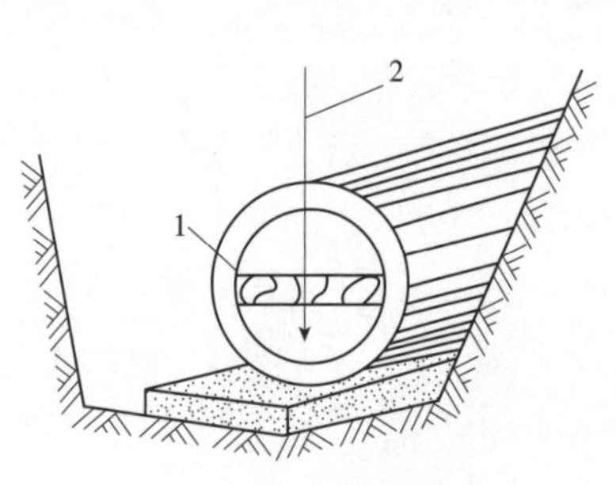

图 8-3 中心线对中法

1-水平尺；2-中心垂线

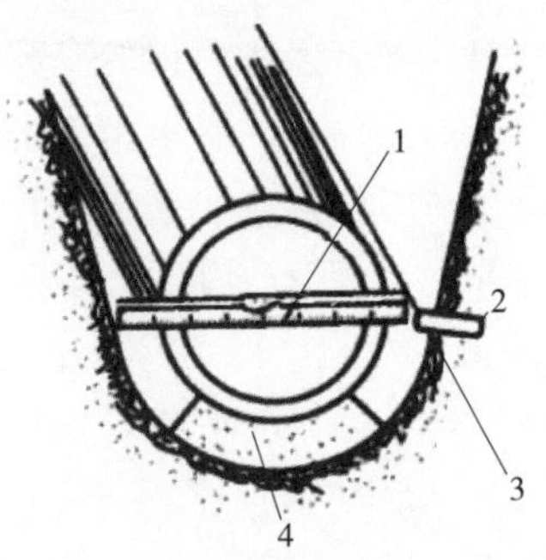

图 8-4 边线法

1-水平尺；2-边桩；3-边线；4-砂垫弧基

稳管作业应达到平、直、稳、实的要求，其管内底标高允许偏差为±10mm，管中心线允许偏差为 10mm。

胶圈接口的承插式给水铸铁管、预应力钢筋混凝土管及给水用管，稳管与接口宜同时进行。

二、管道接口

1. 给水管道接口

（1）铸铁管接口方法

铸铁管的接口形式有刚性接口、柔性接口和半柔半刚性接口三种。接口材料分为嵌缝填料和密封填料，嵌缝填料放置于承口内侧，用来保证管道的严密性，防止外层散状密封填料漏入管内，目前常用油麻、石棉绳或橡胶圈作嵌缝填料；密封填料采用石棉水泥、膨胀水泥砂浆、铅等，置于嵌缝填料外侧，用来保护嵌缝填料，同时还起密封作用。

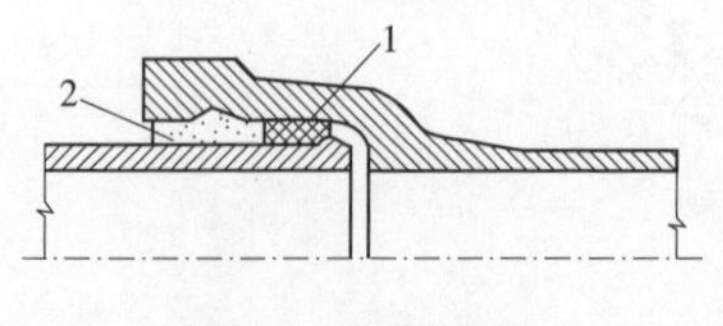

图 8-5 刚性接口

1-嵌缝材料；2-密封填料

1）刚性接口，一般由嵌缝材料和密封填料组成，嵌缝材料常用麻和橡胶圈，密封填料有石棉水泥、膨胀水泥砂浆、铅等。其组成为：麻—石棉水泥、麻—膨胀水泥砂浆、麻—铅、胶圈—石棉水泥、胶圈—膨胀水泥砂浆等。如图 8-5所示。

①麻及其填塞：麻经5%石油沥青与95%汽油混合溶液浸泡处理，干燥后即为油麻，油麻最适合作铸铁管承插口接口的嵌缝填料。麻的作用主要是防止外层散状接口填料漏入管内，如图8-6所示。

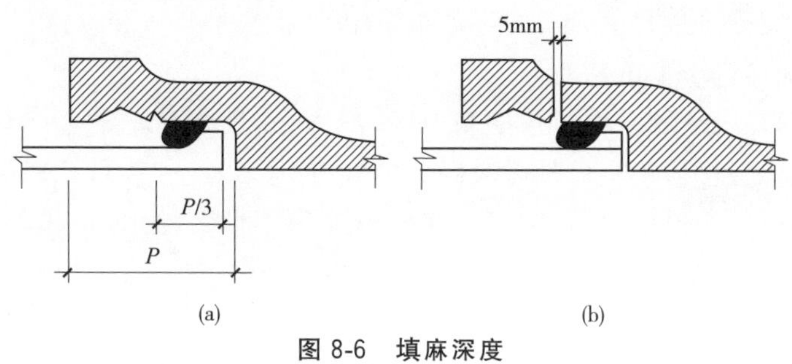

图8-6　填麻深度

(a)石棉水泥接口；(b)青铅接口

填麻前应将承口、插口刷洗干净，先用铁牙将环形间隙背匀，然后将油麻以麻辫状塞进承口与插口间的环向间隙。麻辫的直径约为缝隙宽的1.5倍，其长度比插口周长长100～150mm，以作为搭接长度。用錾子填打密实，并保持油麻洁净，不得随意填塞。

②石棉水泥及填打：石棉水泥作为接口密封填料，具有抗压强度高、材料来源广、成本低的优点。但石棉水泥接口抗弯曲能力和抗冲击能力较差，接口养护时间长，且打口劳动强度大，操作水平要求高。

石棉应采用4F级石棉绒，水泥采用32.5级以上的普通硅酸盐水泥。石棉水泥填料的重量配合比为石棉∶水泥∶水＝3∶7∶1～2。配制时，石棉绒在拌和前应晒干，并轻轻敲打，使之松散。先将称重后的石棉绒和水泥干拌，拌至石棉水泥颜色均匀一致时，再加水拌和。边加水边拌和，拌至石棉水泥能手攥成团，松手颠散且手感潮而不湿为止。加水拌和后的石棉水泥填料应在1.5h内用完，禁止水泥初凝后再填打。

接口填打合格后，及时采取措施进行养护。一般用湿泥将接口糊严，上用草袋覆盖，定时洒水养护，养护时间不得少于24h，石棉水泥接口不宜在气温低于－5℃的冬期施工。

③膨胀水泥砂浆及其填塞：膨胀水泥砂浆接口与石棉水泥接口比较，抗压强度远高于石棉水泥接口，因此是取代石棉水泥接口的理想填料。膨胀水泥填料接口刚度大，在地震烈度6度以上、土质松软、管道穿越重载车辆行驶的公路时不宜采用。

膨胀水泥砂浆应用硫铝酸盐或铝酸盐自应力水泥，与粒径为0.5～1.5mm的中砂进行拌和，其重量配合比为膨胀水泥∶砂∶水＝1∶1∶0.3。加水量的多少可根据气温酌情调整，但水灰比不宜超过0.35。

填塞膨胀水泥砂浆前，应先检查嵌缝填料位置是否正确，深度是否合适。然后将接口缝隙用清水湿润，分层填入膨胀水泥砂浆。通常以三填三捣为宜，最外一层找平，凹进承口 1～2mm。

膨胀水泥砂浆接口完成后，应立即用湿草袋覆盖，1～2h 后再定时洒水养护，养护时间以 12～24h 为宜。

④铅接口及其操作：由于铅的来源少、成本高，现在已基本上被石棉水泥或膨胀水泥所代替。但铅接口具有较好的抗振、抗弯性能，接口的地震破坏率远较石棉水泥接口低。铅接口通水性好，接口操作完毕即可通水；损坏时容易修理。施工程序为：安设灌铅卡箍→熔铅→运送铅溶液→灌铅→拆除卡箍。

灌铅的管口必须干燥，不得有水分，否则会发生事故。灌铅的卡箍要贴紧管壁和管子承口，缝隙处用黏泥封堵，以免漏铅。灌铅时，灌口距管顶约使熔化铅徐徐流入接口内，以便排出蒸汽。每个铅接口的铅熔液应不间断地一次灌满为止。

工程上一般采用油麻—铅接口。如果用胶圈作嵌缝填料，应在胶圈填塞后，再加填 1～2 圈油麻，以免灌铅时烫损胶圈。

2)半柔半刚性接口：半柔半刚性接口的嵌缝材料为胶圈，密封材料仍为石棉水泥或膨胀水泥砂浆等刚性材料。用橡胶圈代替刚性接口中的油麻即构成半柔半刚性接口。普通铸铁管承插接口用的圆形胶圈，外观不应有气孔、裂缝、重皮、老化等缺陷。胶圈的物理性能应符合现行国家标准或行业标准的要求。

胶圈直径应为承插口间隙的 1.4～1.6 倍，内环径一般为插口外径的 0.85～0.87 倍，厚度为承插口间隙的 1.35～1.45 倍。

打胶圈之前，应先清除管口杂物，并将胶圈套在插口上。打口时，将胶圈紧贴承口，在一个平面上不能成麻花形，先用錾子沿管外皮将胶圈均匀地打入承口内，开始打时，须以二点、四点、八点……在慢慢扩大的对称部位上用力锤击，胶圈要打至插口小台，吃深要均匀。不可在快打完时出现像“鼻子”形状的“闷鼻”现象，也不能出现深浅不一致及裂口现象。若某处难以打进，说明该处环向间隙太窄，应用錾子将此处撑大后再打。

胶圈填打完毕后，外层填塞石棉水泥或膨胀水泥砂浆，方法同刚性接口。

3)柔性接口：刚性接口和半柔半刚性接口的抗应变能力差，受外力作用容易造成接口漏水事故，在软弱地基地带和强震区更甚。因此，在上述地带可采用柔性接口。常用的柔性接口有：

①楔形橡胶圈接口，如图 8-7 所示，承口内壁为斜槽形，插口端部加工成坡形，安装时在承口斜槽内嵌入起密封作用的楔形橡胶圈。由于斜形槽的限制作用，橡胶圈在水压作用下与管壁压紧，具有自密性，使接口对于承插口的椭圆度、尺寸公差、插口轴向相对位移及角位移具有一定的适应性。施工程序：下管→清

理承口和胶圈→上胶圈→清理插口外表面及刷润滑剂→接口→检查。实践表明，此种接口的抗震性能良好，而且可以提高施工速度，减轻劳动强度。

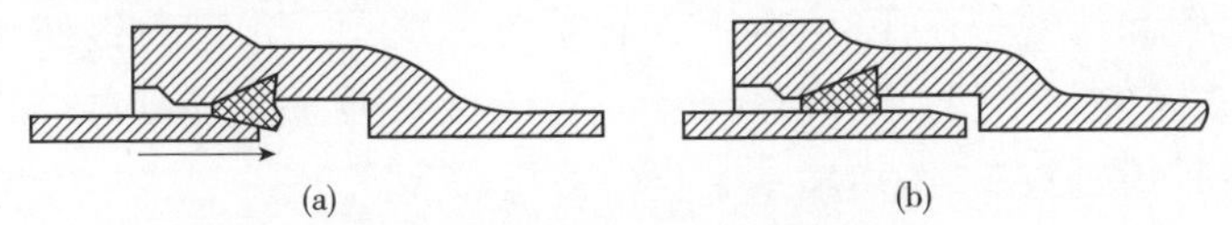

图 8-7　承插口楔形橡胶圈接口

(a)起始状态；(b)插入状态

②其他形式橡胶圈接口。为了改进施工工艺，铸铁管可采用角唇形、圆形、螺栓压盖形和中缺形胶圈接口，如图 8-8 所示。

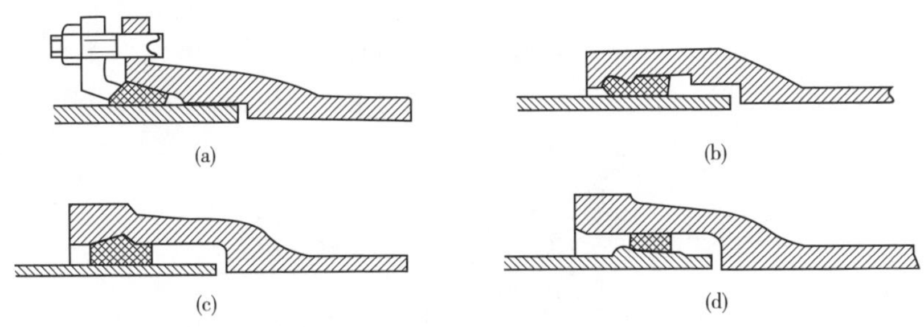

图 8-8　其他橡胶圈接口形式

(a)螺栓压盖形；(b)中缺形；(c)唇形；(d)圆形

螺栓压盖形的主要优点是抗震性能良好，安装与拆修方便，缺点是配件较多，造价较高；中缺形是插入式接口，接口仅需一个胶圈，操作简单，但承口制作尺寸要求较高；角唇形的承口可以固定安装胶圈，但胶圈耗胶量较大、造价较高；圆形则具有耗胶量小、造价低的优点，但仅适用于离心铸铁管。

(2)钢管接口方法

钢管自重轻、强度高、抗应变性能优于铸铁管、硬聚氯乙烯管及预应力钢筋混凝土管，接口方便、耐压程度高、水力条件好，但钢管的耐腐蚀能力差，必须作防腐处理。钢管主要采用焊接和法兰连接。

焊接口通常采用气焊、手工电弧焊等。

在现场多采用手工电弧焊，为提高管口的焊接强度，应根据管壁厚度采用平口(壁厚 δ 小于 6mm)、V 形(壁厚 δ=6～12mm)、X 形(壁厚 δ 大于 12mm)等焊缝。

焊缝质量要进行外观检查和内部检查。外观缺陷主要有焊缝形状不正、咬边、焊瘤弧坑、裂缝等；内部缺陷有未焊透、加渣、气孔等，通过油渗检查，一般每个管口均应检查。

由于钢管的耐腐性差，现已越来越多地被衬里(衬塑料、衬橡胶、衬玻璃钢、衬玄武石)钢管所代替。

(3)预(自)应力钢筋混凝土管接口方法

预(自)应力钢筋混凝土管是目前常用的给水管材,其耐腐蚀性优于金属管材。代替钢管和铸铁管使用,可降低工程造价。但预(自)应力钢筋混凝土管的自重大、运输及安装不便;承口椭圆度大,影响接口质量。一般在市政给水管道工程中很少采用,但在长距离输水工程中使用较多。

预(自)应力钢筋混凝土管接口形式多为承插式柔性接口,其施工程序为:排管→下管→清理管膛、管口→清理胶圈→初步对口找正→顶管接口→检查中线、高程→用探尺检查胶圈位置→锁管→部分回填→水压试验合格→全部回填。

顶管接口常用的安装方法:

1)导链(手拉葫芦)拉入法。在已安装稳固的管子上拴住钢丝绳,在待拉入管子承口处架上后背按:梁,用钢丝绳和吊链连好绷紧对正,两侧同步拉吊链,将已套好胶圈的插口经撞口后拉入承口中,注意随时校正胶圈位置。如图 8-9 所示。

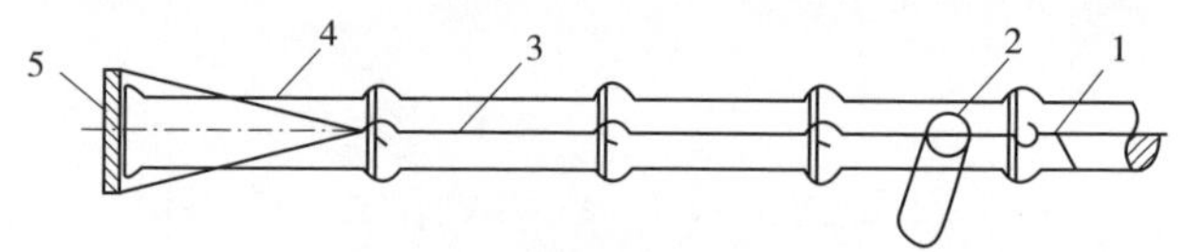

图 8-9　手拉葫芦安装法

1-后背钢丝绳;2-手拉葫芦;3-拉杆;4-待安装管;5-横铁

2)牵引机拉入法。安好后背方木、滑轮和钢丝绳,启动牵引机械或卷扬机将对好胶圈的插口拉入承口中,随拉随调整胶圈,使之较为准确。

3)多功能快速接管机安管。由北京市政设计研究院研制的 DKJ 多功能快速接管机进行管道接口作业,并具有自动对口、纠偏功能,操作简便。

此外,还有千斤顶小车拉杆法及撬杠顶进法等顶管接口的施工方法。

预(自)应力钢筋混凝土压力管采用胶圈接口时,一般不需做封口处理,但遇到对胶圈有腐蚀性的地下水或靠近树木处应进行封口处理。封口材料一般为水泥砂浆。

2. 排水管道接口

市政排水管道经常采用混凝土管和钢筋混凝土管,其接口形式有刚性、柔性和半柔半刚性三种。刚性接口施工简单,造价低廉,应用广泛,但刚性接口抗震性差,不允许管道有轴向变形。柔性接口抗变形效果好,但施工复杂,造价较高。

(1)刚性接口

目前常用的刚性接口有水泥砂浆抹带接口和钢丝网水泥砂浆抹带接口两种。

1)水泥砂浆抹带接口,如图 8-10 所示。一般在地基较好、管径较小时采用。其施工程序为:浇筑管座混凝土→勾捻管座部分管内缝→管带与管外皮及基础结合处凿毛清洗→管座上部内缝支垫托→抹带→勾捻管座以上内缝→接口养护。

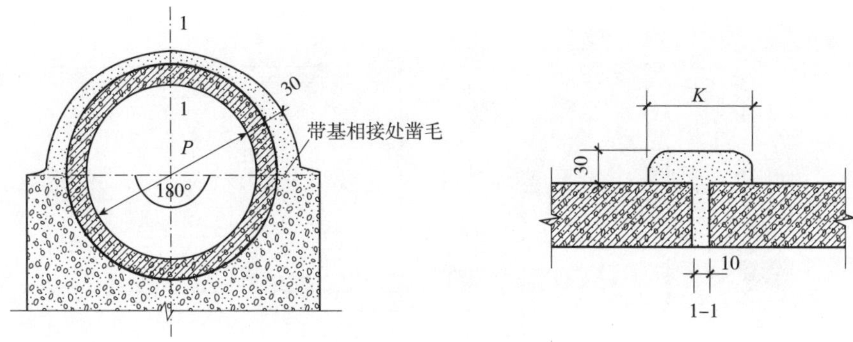

图 8-10　水泥砂浆抹带接口

水泥砂浆抹带接口的工具有浆桶、刷子、铁抹子、弧形抹子等。材料的重量配合比为水泥∶砂=1∶2.5～3,水灰比一般不大于0.5。水泥采用C42.5普通硅酸盐水泥,砂子应用2mm孔径的筛子过筛,含泥量不得大于2%。

抹带前将接口处的管外皮洗刷干净,并将抹带范围的管外壁凿毛,然后刷水泥浆一遍;抹带时,管径小于400mm的管道可一次完成;管径大于400mm的管道应分两次完成,抹第一层水泥砂浆时,应注意调整管口缝隙使其均匀,厚度约为带厚三分之一,压实表面后划成线槽,以利于与第二层结合;待第一层水泥砂浆初凝后再用弧形抹子抹第二层,由下往上推抹形成一个弧形接口,初凝后赶光压实,并将管带与基础相接的三角区用混凝土填捣密实。

抹带完成后,用湿纸覆盖管带,3～4h后洒水养护。管径大于或等于700mm时,应在管带水泥砂架终凝后进入管内勾缝。勾缝时,人在管内用水泥砂浆将内缝填实抹平,灰浆不得高出管内壁;管径小于700mm时,用装有黏土球的麻袋或其他工具在管内来回拖动,将流入管内的砂浆拉平。

2)钢丝网水泥砂浆抹带接口,如图8-11所示。由于在抹带层内埋置20号10mm×10mm方格的钢丝网,接口强度高于水泥砂浆抹带接口。施工程序为:管口凿毛清洗(管径<500mm者刷去浆皮)→浇筑管座混凝土→将钢丝网片插入管座的对口砂浆中并以抹带砂浆补充肩角→勾捻管内下部管缝→为勾上部内缝支托架→抹带(素灰、打底、安钢丝网片、抹上层、赶压、拆模等)→勾捻管内上部管缝→内外管口养护。

施工时先将管口凿毛,抹一层1∶2.5的水泥砂浆,厚度为15mm左右,待其与管壁粘牢并压实后,将两片钢丝网包拢挤入砂浆中,搭接长度不小于100mm,并用绑丝扎牢,两端插入管座混凝土中。第一层砂浆初凝后再抹第二层砂浆,并按抹带宽度和厚度的要求抹光压实。抹带完成后,立即用湿纸养护,炎热季节用湿草袋覆盖洒水养护。

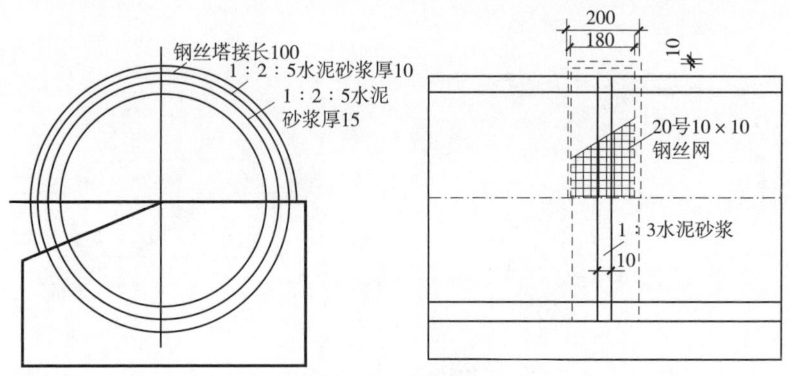

图 8-11　钢丝网水泥砂浆抹带接口

(2)半柔半刚性接口

半柔半刚性接口通常采用预制套环石棉水泥接口，适用于地基不均匀沉陷不严重地段的污水管道或雨水管道的接口。

套环为工厂预制，石棉水泥的重量配合比为水：石棉水泥=3：7。施工时，先将两管口插入套环内，然后用石棉水泥在套环内填打密实，确保不漏水。

(3)柔性接口

柔性接口相据管道端部形式，其接口形式有沥青麻布(玻璃布)柔性接口、沥青砂浆柔性接口、承插管沥青油膏柔性接口、塑料止水带接口等。

1)青麻布(玻璃布)柔性接口适用于无地下水、地基不均匀沉降不严重的平口或企口排水管道。接口时，先清刷管口，并在管口上刷冷底子油，热涂沥青，作四油三布，并用钢丝将沥青麻布或沥青玻璃布绑扎，最后捻管内缝(1：3 水泥砂浆)。

2)沥青砂浆柔性接口(图 8-12)与沥青麻布(玻璃布)柔性接口相同，但不用麻布(玻璃布)，成本降低。沥青砂浆重量配合比为石油沥青：石棉粉：砂=1：0.67：0.69。施工程序：管口凿毛及清理→管缝填塞油麻、刷冷底子油→支设灌口模具→浇灌沥青砂浆→拆模→捻内缝。

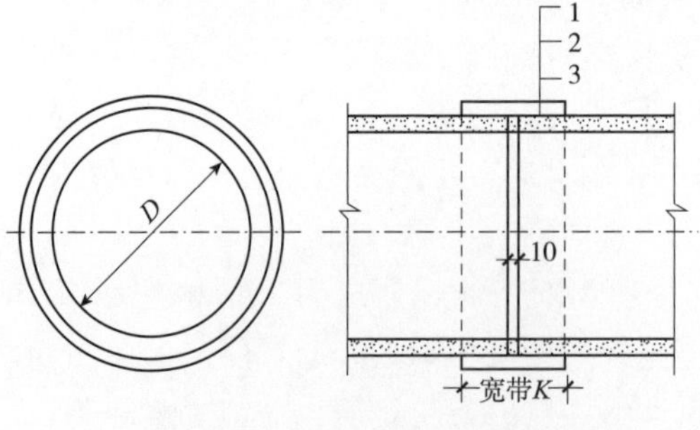

图 8-12　沥青砂浆柔性接口

1-沥青砂浆；2-石棉沥青；3-沥青砂浆

3)承插管沥青油膏接口。沥青油膏具有黏结力强、受温度影响小等特点，接口施工方便。沥青油膏可自制，也可购买成品。自制沥青油膏的重量配合比为 6 号石油沥青：重松节油：废机油：石棉灰：滑石粉=100：11.1：44.5：77.5：119。这种接口适用于承插口排水管道。

施工时，将管口刷洗干净并保持干燥，在第一根管道的承口内侧和第二根管道的插口外侧各涂刷一道冷底子油；然后将油膏捏成膏条，接口下部用膏条的粗度为接口间隙的2倍，上部用膏条的粗度与接口间隙相同；将第一根管道按设计要求稳管，并用喷灯把承口内侧的冷底子油烤热，使之发黏，同时将粗膏条也烤热发黏，垫在接口下部135°范围内，厚度高出接口间隙约5mm；将第二根管道插入第一根管道承口内并稳管；最后将细膏条填入接口上部，用錾子填捣密实，使其表面平整。

4)橡胶圈接口。对新型混凝土和钢筋混凝土排水管道，现已推广使用橡胶圈接口。一般混凝土承插管接口采用遇水膨胀胶圈；钢筋混凝土承插管接口采用“O”形橡胶圈；钢筋混凝土企口管接口采用“q”形橡胶圈；钢筋混凝土“F”形钢套环接口采用齿形止水橡胶圈。

施工时，先将承口内侧和插口外侧清洗干净，把胶圈套在插口的凹槽内，外抹中性润滑剂，起吊管子就位即可。如为企口管，应在承口断面预先用氯丁橡胶胶水粘接4块多层胶合板组成的衬垫，其厚度约为12mm，按间隔90°均匀分布。“F”形钢套环接口适用于曲线顶管或管径为2700mm、3000mm的大管道的开槽施工。

第二节　管道压力试验及严密性试验

验收压力管道时必须对管道、接口、阀门、配件、伸缩器及其他附属构筑物仔细进行外观检查，复测管道的纵断面，并按设计要求检查管道的放气和排水条件。地下管道必须在管基检查合格、管身两侧及其上部回填不小于0.5m、接口部分尚敞露时，进行初次试压。全部回填土，完成该管段各项工作后，进行末次试压。

压力管道工作压力大于或等于0.1MPa时，应进行压力管道的强度及严密性试验；当管道压力小于0.1MPa时，除设计另有规定时，应进行无压力管道严密性试验。

试压管段的长度不宜大于1km，非金属管段不宜超过500m。地下钢管或铸铁管，在冬季或缺水情况下，可用空气进行压力试验，但均须有防护措施。

一、压力流管道的水压试验

压力流管道水压试验包括强度试验(又称落压试验)和严密性试验(又称渗水量试验)。

1. 强度试验

(1)试压前管段两端要封以试压堵板，堵板应有足够的强度。

(2)试压前应设后背，可用天然土壁作试压后背，也可用已安装好的管道作试压后背。当试验压力较大时应对后身墙进行加固，后背加固方法如图8-13所示。

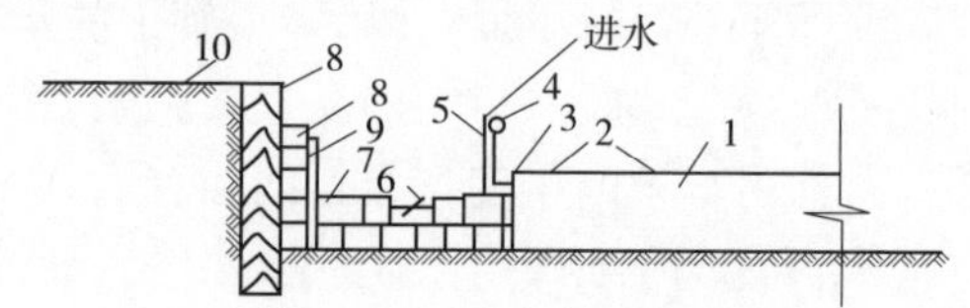

图 8-13　压力流管道强度试验后背

1-试验管段；2-短管乙；3-法兰盖堵；4-压表；
5-进水管；6-千斤顶；7-顶铁；8-方木；9-铁板；10-后坐墙

(3)试压前应排除管内空气，灌水进行浸润，试验管段满水后，应在不大于工作压力的条件下充分浸泡后再进行试压。浸泡时间应符合以下规定：铸铁管、球墨铸铁管、钢管无水泥砂浆衬里时不小于 24h；有水泥砂浆衬里时，不小于 48h。预应力、自应力混凝土管及现浇钢筋混凝土管渠，管径小于 1000mm 时，不小于 48h；管径不小于 1000mm 时，不小于 72h。化学建材管不小于 24h。

(4)确定试验压力。水压试验压力，按表 8-1 确定。

表 8-1　压力流管道强度试验压力值

管材种类	工作压力 P	试验压力
钢管	P	$P+0.5$ 且不小于 0.9
球墨铸铁管	$P\leqslant 0.5$	$2P$
	$P>0.5$	$P+0.5$
预应力混凝土管与自应力混凝土管、预应力钢筒混凝土管	$P\leqslant 0.6$	$1.5P$
	$P>0.6$	$P+0.3$
化学建材管	$P\geqslant 0.1$	$1.5P$ 且不小于 0.8
现浇钢筋混凝土管渠	$P\geqslant 0.1$	$1.5P$

(5)泡管后，在已充满水的管道上用手摇泵向管内充水，待升至试验压力后，停止加压，观察表压下降情况。如，15min 后球墨铸铁管，预(自)应力混凝土管的压力降不大于 0.03MPa，化学建材管的压力降不大于 0.02MPa 且管道及附件无损坏时，将试验压力降至工作压力，恒压 30min，进行外观检查，无漏水现象表明试验合格。试验装置如图 8-14 所示。

2. 严密性试验

检查压力流管道的严密性通常采用漏水量试验，如图 8-15 所示。方法与强度试验基本相同，按照表 8-1 确定试验压力，将试验管段压力升至试验压力后停止加压，记录表压降低 0.1MPa 所需的时间 T_1(min)，然后再重新加压至试验压力后，从放水阀放水，并记录表压下降 0.1MPa 所需的时间 T_2(min)和放出的水量 W(L)。按公式(2-1)计算渗水率：

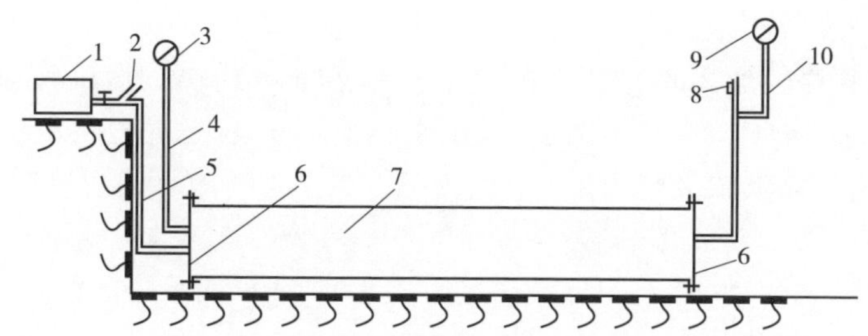

图 8-14　强度试验设备布置示意

1-手摇泵;2-进水总管;3-压力表;4-压力表连接管;5-进水管;
6-盖板;7-试验管段;8-放气管;9-压力表;10-连接管

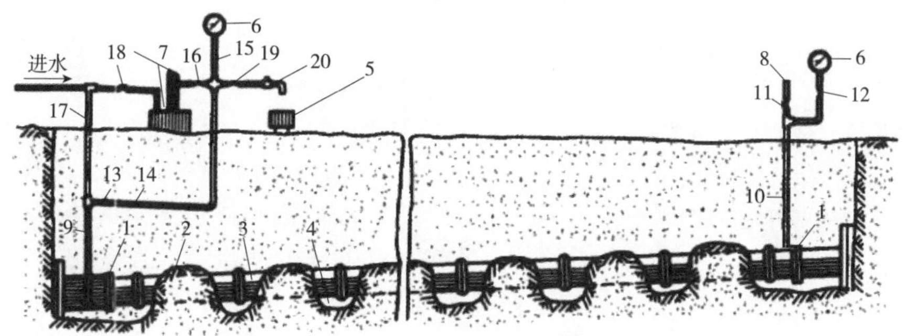

图 8-15　渗水量试验设备布置示意图

1-封闭端;2-回填土;3-试验管道;4 一工作坑;5-水筒;6-压力表;
7-手摇泵;8-放气口;9 一水管;10、13-压力表连接管;
11、12、14、15、16、17、18、19-闸门;20-龙头

$$q=\frac{W}{(T_1-T_2)\cdot L} \tag{8-1}$$

式中:q——漏水率[L/(min・km)]。

L——试验管段长度(km)。

若 q 值小于或等于《给水排水管道工程施工及验收规范》(GB50268-2008)中压力管道严密性试验允许渗水量,即认为合格。

二、重力流管道的严密性试验

污水、雨污水合流及湿陷土、膨胀土地区的雨水管道,回填土前应采用闭水法进行严密性试验。试验管段应按井距分隔,长度不宜大于 1km,带井试验。试验管段应符合:管道及检查井外观质量已验收合格;管道未回填且沟槽内无积水;全部预留孔应封堵坚固,不得渗水;管道两端堵板承载力经核算应大于水压力的合力。

闭水试验应符合：试验段上游设计水头不超过管顶内壁时，试验水头应以试验段上游管顶内壁加 2m 计；当上游设计水头超过管顶内壁时，试验水头应以上游设计水头加 2m 计；当计算出的试验水头小于 10m，但已超过上游检查井井口时，试验水头应以上游检查井井口高度为准。无压管道闭水试验装置见图 8-16。

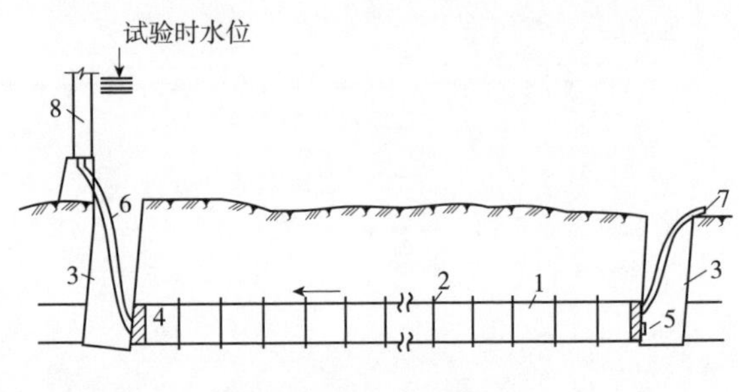

图 8-16　闭水试验示意

1-试验管段；2-接口；3-检查井；4-堵头；5-闸门；6、7-胶管；8-水筒

试验管段灌满水后浸泡时间不小于 24h。当试验水头达到规定水头时，开始计时，观测管道的渗水量，观测时间不少于 30min，期间应不断向试验管段补水，以保持试验水头恒定。实测渗水量小于或等于《给水排水管道工程施工及验收规范》(GB50268-2008)中无压力管道严密性试验允许渗水量，即认为合格。

三、给水管道的冲洗与消毒

1. 管道冲洗

管道冲洗主要是将管内杂物全部冲洗干净，使排出水的水质与自来水状态一致。在没有达到上述水质要求时，冲洗水要通过放水口，排至附近水体或排水管道。排水时应取得有关单位协助，确保安全、畅通排放。

安装放水口时，其冲洗管接口应严密，并设有闸阀、排气管和放水龙头，弯头处应进行临时加固。

冲洗时应注意：

(1)会同自来水管理部门，商定冲洗方案(如冲洗水量、冲洗时间、排水路线和安全措施等)。

(2)冲洗时应避开用水高峰，以流速不小于 1.0m/s 的冲洗水连续冲洗；

(3)冲洗时应保证排水管路畅通安全；

(4)开闸冲洗放水时，先开出水闸阀再开来水闸阀，并注意排气，派专人监护放水路线，发现情况及时处理；

(5)观察放水口水的外观，至水质外观澄清，水样浊度小于 3NTU 为止；

(6)放水后尽量同时关闭来水闸阀、出水闸阀，如做不到，可先关闭出水闸阀，但留几扣暂不关死，等来水阀关闭后，再将出水阀关闭；

(7)放水完毕，进行消毒，然后再用清洁水进行第二次冲洗，直到取样化验合格为止。

2. 管道消毒

管道消毒的目的是消灭新安装管道内的细菌，使水质不致污染。

消毒时，将漂白粉溶液注入被消毒的管段内，并将来水闸阀和出水闸阀打开少许，使清水带着漂白粉溶液流经全部管段，当从放水口中检验出高浓度的氯水时，关闭所有闸阀，浸泡管道 24h 为宜。消毒时，漂白粉溶液的氯浓度一般为 26～30mg/L，漂白粉耗用量可参照表 8-2 选用。

表 8-2 每 100m 管道消毒所需漂白粉用量

管径	100	150	200	250	300	400	500	600	800	1000
漂泊粉(kg)	0.13	0.28	0.5	0.79	1.13	2.01	3.14	4.53	8.05	12.57

注：1. 漂白粉含氯量以 25%计；

2. 漂白粉溶解率以 75%计；

3. 水中含氯浓度 30mg/L。

第三节 沟槽回填

沟槽回填是在管道铺设完成，并检验合格后进行的。回填施工包括返土、摊平、夯实、检查等施工过程。其中关键是夯实，应符合设计所规定密实度要求。沟槽回填密实度要求如图 8-17 所示。

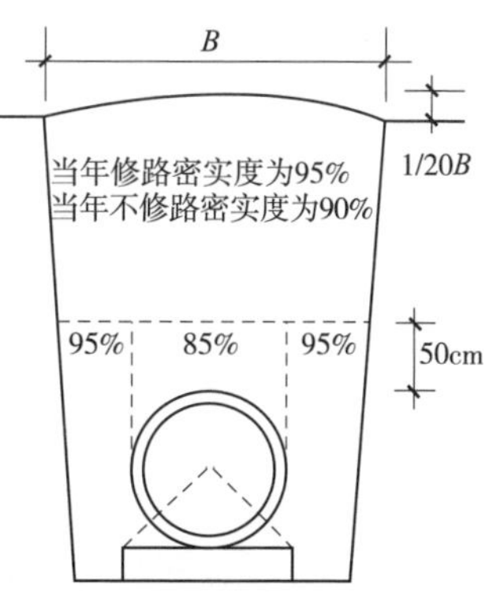

图 8-17 沟槽回填土密实度要求

沟槽回填前，管道基础混凝土强度和抹带水泥砂浆接口强度不应小于 5MPa，现浇混凝土管渠的强度达到设计规定，砖沟或管渠顶板应装好盖板。

沟槽回填土夯实通常采用人工夯实和机械夯实两种方法。管顶 50cm 以下部分返土的夯实，应采用人工轻夯，夯击力不应过大，防止损坏管壁与接口。

管顶 50cm 以上部分返土的夯实，应采用机械夯实。

常用的夯实机械有蛙式打夯机、内燃打夯机、履带式打夯机、压路机等。

返土一般用沟槽原土，槽底到管顶以上 50cm 范围内，不得含有机物、冻土以及大于 50mm 的砖、石等硬块。冬季回填时，管顶以上 50mm 范围以外可均匀掺入冻土,其数量不得超过填土总体积的15%,且冻块尺寸不得超过100mm。

沟槽回填顺序,应按沟槽排水方向由高向低分层进行。

回填应采用分层回填,分层夯实。在施工时,应建立回填制度,根据不同的夯实机具、土质、密实度要求、夯击遍数、走夯形式等确定返土厚度和夯实后厚度。回填土的含水量宜按土类和采用的压实工具控制在最佳含水量附近。

回填土的每层虚铺厚度,应按采用的压实工具和要求的压实度确定。对一般的压实工具,铺土厚度可参考表8-3的数值采用。每层的压实遍数,应按要求的压实度、压实工具、虚铺厚度和含水量,经现场试验确定。

每层土夯实后,应检测密实度。测定方法有环刀法和贯入法。

表8-3 回填土每层虚铺厚度

压实工具	虚铺厚度/cm
木夯、铁夯	≤20
蛙式夯、火力夯	20～25
压路机	20～30
振动压路机	≤40

第九章　市政管道不开槽施工

市政管道穿越铁路、公路、河流、建筑物等障碍物或在城市干道上施工而又不能中断交通以及现场条件复杂不适宜采用开槽法施工时，常采用不开槽法施工。不开槽铺设的市政管道的形状和材料，多为各种圆形预制管道，如钢管、钢筋混凝土管及其他各种合金管道和非金属管道，也可为方形、矩形和其他非圆形的预制钢筋混凝土管沟。

管道不开槽施工与开槽施工法相比，减少了施工占地面积和土方工程量，不必拆除地面上和浅埋于地下的障碍物；管道不必设置基础和管座；不影响地面交通和河道的正常通航；工程立体交叉时，不影响上部工程施工；施工不受季节影响且噪声小，有利于文明施工；降低了工程造价。因此，不开槽施工在市政管道工程施工中得到了广泛应用。

不开槽施工一般适用于非岩性土层。在岩石层、含水层施工，或遇有地下障碍物时，都需要采取相应的措施。因此，施工前应详细地勘察施工地段的水文地质条件和地下障碍物等情况，以便于操作和安全施工。

市政管道的不开槽施工，最常用的是掘进顶管法。此外，还有挤压施工、牵引施工等方法。施工前应根据管道的材料、尺寸、土层性质、管线长度、障碍物的性质和占地范围等因素，选择适宜的施工方法。

第一节　掘进顶管法

掘进顶管施工操作程序如图 9-1 所示。先在管道一端挖工作坑，再按照设计管线的位置和坡度，在工作坑底修筑基础、设置导轨，将管安放在导轨上。顶进前，在管前端挖土，后面用千斤顶将管逐节顶入，反复操作，直至顶至设计长度为止。千斤顶支承于后背，后背支承于后座墙上。

一、人工掘进顶管

人工掘进顶管又称普通顶管，是目前较为普遍的顶管方法。管前用人工挖土，设备简单，能适应不同的土质，但工效较低。

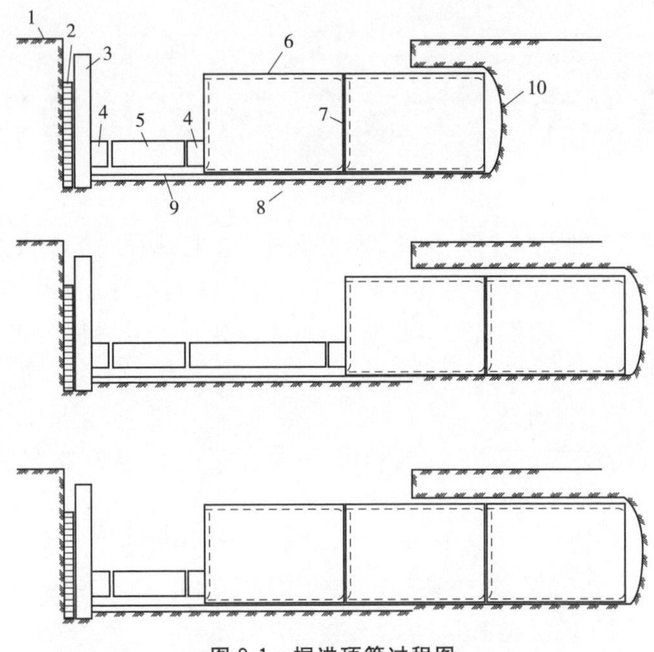

图 9-1　掘进顶管过程图

1-后座墙；2-后背；3-立铁；4-横铁；5-千斤顶；6-管节；7-内胀圈；8-基础；9-导轨；10-掘进工作面

1. 工作坑及其选择

(1)工作坑的布置

工作坑又称竖井，是掘进顶管施工的工作场所。工作坑的位置应根据地形、管道设计、地面障碍物等因素确定。其确定原则是考虑地形和土质情况，尽量选在有可利用的坑壁原状土做后背处和检查井、阀门井处；与被穿越的障碍物应有一定的安全距离且距水源和电源较近处；应便于排水、出土和运输，并具有堆放少量管材和暂时存土的场地；单向顶进时重力流管道应选在管道下游以利排水，压力流管道应选在管道上游以便及时使用。

(2)工作坑的种类

工作坑有单向坑、双向坑、转向坑、多向坑、交汇坑、接收坑之分，如图 9-2 所示。

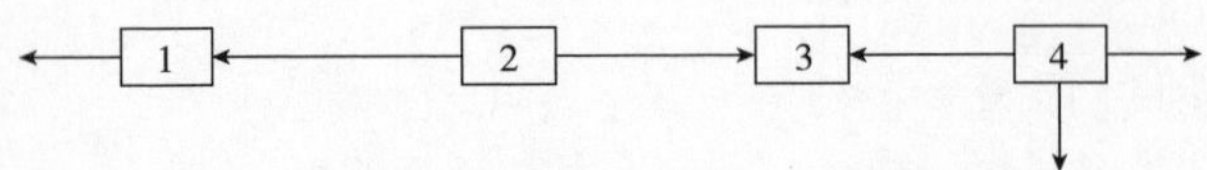

图 9-2　工作坑种类

1-单向坑；2-双向坑；3-交汇坑；4-多向坑

只向一个方向顶进管道的工作坑称为单向坑。向一个方向顶进而又不会因顶力增大而导致管端压裂或后背破坏所能达到的最大长度，称为一次顶进长度。它因管材、土质、后背和后座墙的种类及其强度、顶进技术、管道埋设深度的不同而异，单向坑的最大顶进距离为一次顶进长度。双向坑是向两个方向顶进管道的工作坑，因而可增加从一个工作坑顶进管道的有效长度。转向坑是使顶进管道改变方向的工作坑。多向坑是向多个方向顶进管道的工作坑。接收坑是不顶进管道，只用于接收管道的工作坑。若几条管道同时由一个接收坑接收，则这样的接收坑称为交汇坑。

(3)工作坑的尺寸

工作坑的尺寸是指工作坑底的平面尺寸，它与管径大小、管节长度、覆土深度、顶进形式、施工方法有关，并受土质、地下水等条件影响，还要考虑各种设备布置位置、操作空间、工期长短、垂直运输条件等多种因素。

工作坑底的长度如图 9-3 所示，其计算公式为：

$$L=a+b+c+d+e+2f+g \tag{9-1}$$

式中：L——工作坑底的长度(m)。

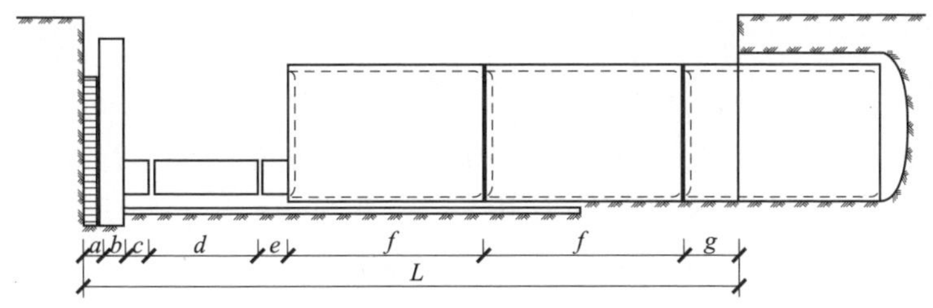

图 9-3　工作坑底的长度

a-后背宽度；b-立铁宽度；c-横铁宽度；d-千斤顶长度；

e-顺铁长度；f-单节管长度；g-已顶入管节的余长

工作坑底的长度也可以用下式估算：

$$L \approx d+2.5 \tag{9-2}$$

工作坑的底宽 W 和高度 H 如图 9-4 所示。

工作坑底的宽度计算公式为

$$W=D+2B+2b \tag{9-3}$$

式中：W——工作坑底的宽度(m)；

D——顶进管节管径(m)；

B——工作坑内稳好管节后两侧的工作空间(m)；

b——支撑材料的厚度，一般为 0.1～0.15m。

工作坑底的高度计算公式为

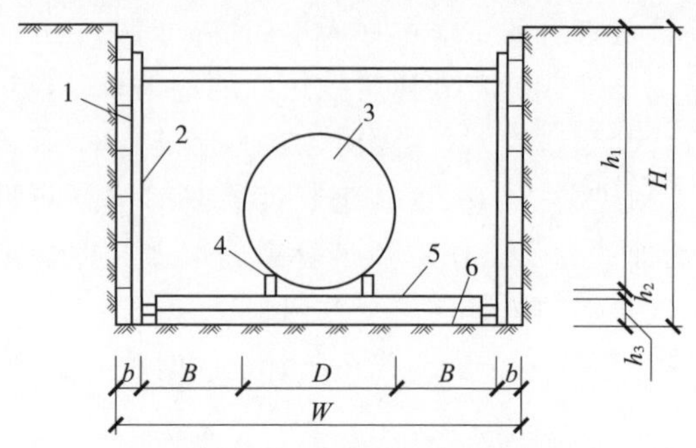

图 9-4　工作坑的底宽和高度

1-撑板；2-支撑立木；3-管节；4-导轨；5-基础；6-管节

$$H=h_1+h_2+h_3 \tag{9-4}$$

式中：H——顶进坑地面至坑底的深度(m)；

h_1——地面至管道底部外援的深度(m)；

h_2——管道外援底部至导轨底面的高度(m)；

h_3——基础及其垫层的厚度(m)。

2. 顶进设备

顶进设备主要包括千斤顶、高压油泵、顶铁、下管与运土设备等。

千斤顶是掘进顶管的主要设备，目前多采用液压千斤顶。液压千斤顶的构造形式分活塞式和柱塞式两种，其作用方式有单作用液压千斤顶和双作用液压千斤顶，如图 9-5 所示。由于单作用液压千斤顶只有一个供油孔，只能向一个方向推动活塞杆，回镐时须借助外力(或重力)在顶管施工中使用不便，所以一般顶管施工中采用双作用活塞式液压千斤顶。液压千斤顶按其驱动方式分为手压泵驱动、电泵驱动和引擎驱动三种方式，顶管施工中大多采用电泵驱动或手压泵驱动。

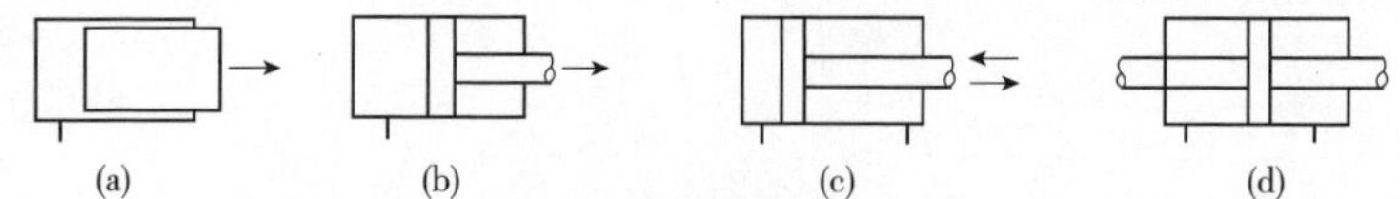

图 9-5　液压千斤顶

(a)柱塞式单作用千斤顶；(b)活塞式单作用千斤顶；

(c)活塞式单杆千斤顶；(d)活塞式双杆千斤顶

顶管施工中常用千斤顶的顶力为 2000～4000kN，冲程有 0.25m、0.5m、0.8m、1.2m、2.1m 几种。

千斤顶在工作坑内的布置与采用的个数有关，如 1 台千斤顶，其布置为单列式；如为两台千斤顶，其布置为并列式；如为多台千斤顶，宜采用环周式布置。使用两台以上的千斤顶时，应使顶力的合力作用点与管壁反作用力作用点在同一轴线上，以防止产生顶进力偶，造成顶进偏差。根据施工经验，采用人工挖土，管道上半部管壁与土壁有间隙时，千斤顶的着力点作用在管道垂直直径的 1/5～1/4 处。千斤顶的布置方式如图 9-6 所示。

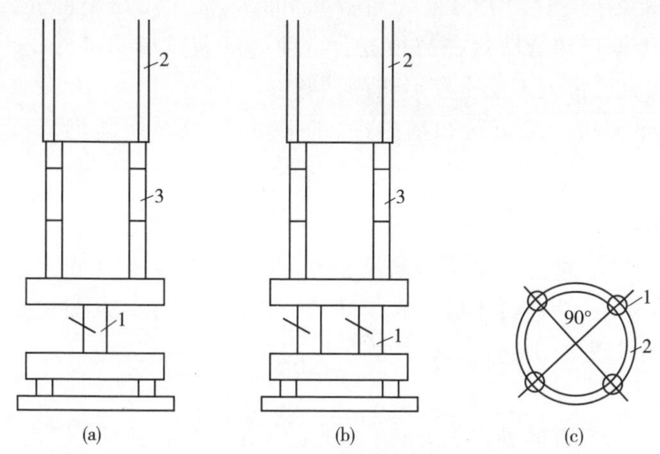

图 9-6　千斤顶布置方式

(a)单列式；(b)双列式；(c)环周式

1-千斤顶；2-管道；3-顺铁

3. 管前人工挖土与运土

(1)挖土

顶进管节的方向和高程的控制，主要取决于挖土操作。工作面上挖土不单影响顶进效率，更重要的是影响质量控制。

对工作面挖土操作的要求：根据工作面土质及地下水位高低来决定挖土的方法；必须在操作规程规定的范围内超挖；不得扰动管底地基土；及时顶进和测量，及时将管前挖出的土运出管外。人工每次掘进深度，一般等于千斤顶的行程。土质松散或有流砂时，为了保证安全和便于施工，可设管檐或工具管。施工时，先将管檐或工具管顶入土中，工人在管檐或工具管内挖土。

(2)运土

从工作面挖下来的土，通过管内水平运输和工作坑的垂直提升送至地面。除保留一部分土方用作工作坑的回填外，其余都要运走弃掉。管内水平运输可用卷扬机牵引或电动、内燃的运土小车在管内进行有轨或无轨运土，也可用带式运输机运土。土运到工作坑后，由地面装置的卷扬机、门式起重机或其他垂直运输机械吊运到工作坑外运走。

二、机械掘进顶管

管前人工挖土劳动强度大、效率低、劳动环境恶劣，管径小时工人无法进入挖土。采用机械取土掘进顶管法就可避免上述缺点。

机械取土掘进与人工取土掘进除掘进和管内运土方法不同外，其余基本相同。机械取土掘进顶管法是在被顶进管道前端安装机械钻进的挖土设备，配以机械运土，从而代替人工挖土和运土的顶管方法。

机械取土掘进一般分为切削掘进、水平钻进、纵向切削挖掘和水力掘进等方法。

1. 切削掘进

该方法的钻进设备主要由切削轮和刀齿组成。切削轮用于支承或安装切削臂，固定于主轮上，并通过主轮旋转而转动。切削轮有盘式和刀架式两种。盘式切削轮的盘面上安装刀齿，刀架式是在切削轮上安装悬臂式切削臂，刀架做成锥形。

切削掘进设备有两种安装方式，一种是将机械固定在工具管内，把工具管安装在被顶进的管道前端。工具管是壳体较长的刃脚，如图 9-7 所示，称为套筒式装置。工作时刃脚起切土作用并保护钢筋混凝土管，同时还起导向作用。

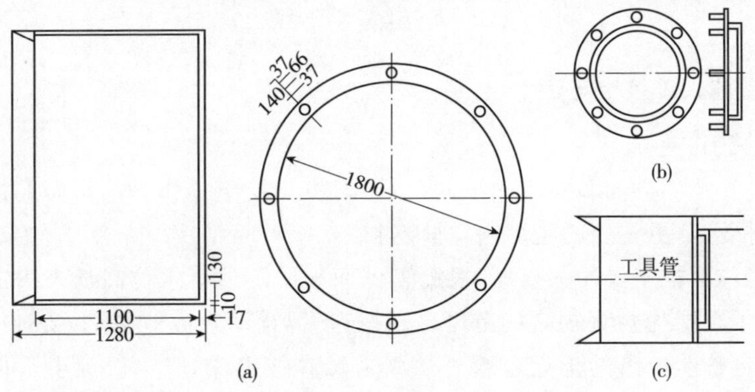

图 9-7　工具管(mm)

(a)工具管；(b)工具管与钢筋混凝土管的连接设备；(c)连接方式

另一种是将机械直接固定在被顶进的首节管内，顶进时安装，竣工后拆卸，称为装配式装置。

套筒式钻机构造简单，现场安装方便，但只适用于一机一种管径，顶进过程中遇到障碍物，只能开槽取出，否则无法顶进，如图 9-8 所示的整体水平钻机。

装配式钻机自重大，适用于土质较好的土层。在弱土层中顶进时，容易产生顶进偏差；在含水土层内顶进，土方不易从刀架上脱下，使顶进工作发生困难。

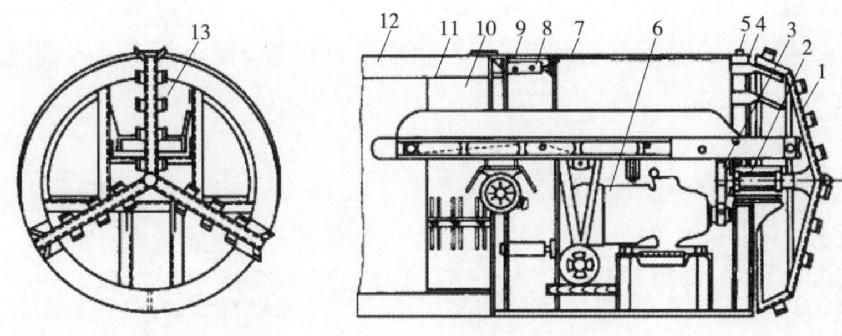

图 9-8　直径 1050mm 整体水平钻机

1-机头的刀齿架；2-轴承座；3-减速齿轮；4-刮泥板；5-偏心环；6-摆线针轮减速电机；7-机壳；8-校正千斤顶；9-校正室；10-链带输送器；11-内胀圈；12-管子；13-切削刀齿

切削掘进一般采用输送带连续运土或车辆往复循环运土。

2. 水平钻进

水平钻进一般采用螺旋掘进机。螺旋掘进机（图 9-9）主要用于管径小于 800mm 的顶管。管按设计方向和坡度放在导向架上，管前由旋转切削式钻头切土，并由螺旋输送机运土。螺旋式水平钻机安装方便，但是顶进过程中易产生较大的下沉误差。而且，误差产生后不易纠正，故适用于短距离顶进；一般最大顶进长度为 70～80m。

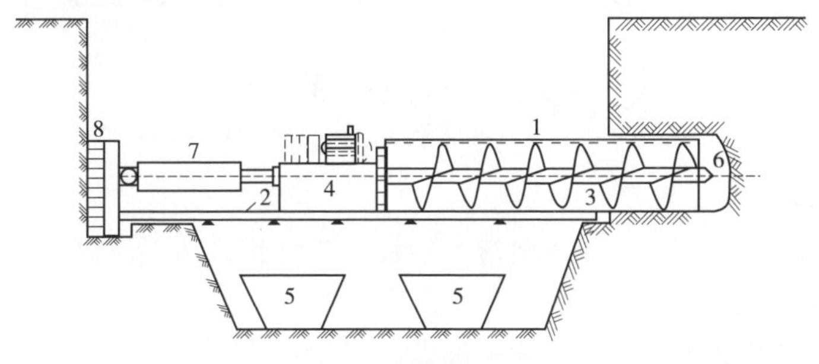

图 9-9　螺旋掘进机

1-管节；2-导轨机架；3-螺旋输送器；4-传动机构；5-土斗；6-钻头；7-千斤顶；8-后背

800mm 以下的小口径钢管顶进方法有很多种，如真空法顶进。这种方法适用于直径为 200～300mm 管在松散土层内的顶进，如松散砂土、砂黏土、淤泥土、软黏土等，顶距一般为 20～30m。

3. 纵向切削挖掘

纵向切削挖掘所用的设备称为“机械手”掘进机。特点是在任何一种工具管的外壳内，安装一台小型挖掘机，便成为一台机械挖掘式工具管。该机械挖掘式工具管的管端一般是敞开的，便于挖掘和排除障碍。挖掘臂就像一支“机械手”，可以绕竖轴转动，挖掘臂分为内外两节，可以前后伸缩，操作起来非常方便，而且开挖面无死角。挖掘下来的弃土由皮带运输机或螺旋输送机向外运输，并装上小车，运送至地面。

当施工的管道直径大于 DN1400 时，“机械手”掘进机配备的挖掘工具也可以是移动式的，在同一的底盘上，既可以安装挖掘机械（图 9-10a），又可以安装掏槽机械（图 9-10b），可以根据施工地层的不同来合理选择挖掘工具，从而得到较好的挖掘效果。

“机械手”掘进机可以应用于无地下水或水量不大能明排的土层，如黏性土、砂性土、砂砾层、杂填土。可以应用于中、大管径。顶距一般为 300～1000m。

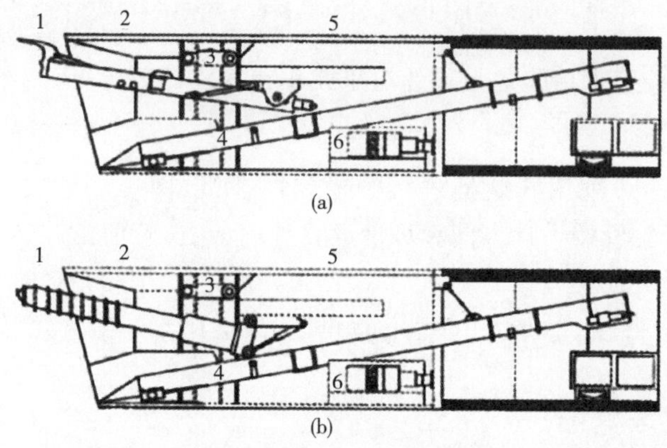

图 9-10 “机械手”掘进机

1-挖掘装置；2-工具管；3-导向油缸；4-输土装置；5-盾尾；6-电动机

4. 水力掘进

水力掘进是利用高压水枪射流将切入工具管管口的土冲碎，水和土混合成泥浆状态输送至工作坑。

水力掘进的主要设备是水力掘进机，如图 9-11 所示。

水力掘进的特点是机械化水平较高、施工进度快、工程造价低，适合于在高地下水位的弱土层、流砂层或穿越水下（河底、海底）饱和土层。

水力掘进法仅限于钢管，因钢管焊接口密封性好。另外，水力破土和水力运土时的泥浆排放有污染河道、造成淤泥沉积的问题，因而限制了其使用范围。

三、管节顶进时的连接

顶进时的管节连接，分永久性连接和临时性连接，钢管采取永久性的焊接。永久性连接顶进过程中，导致管子的整体顶进长度越长，管道位置偏移越小；但

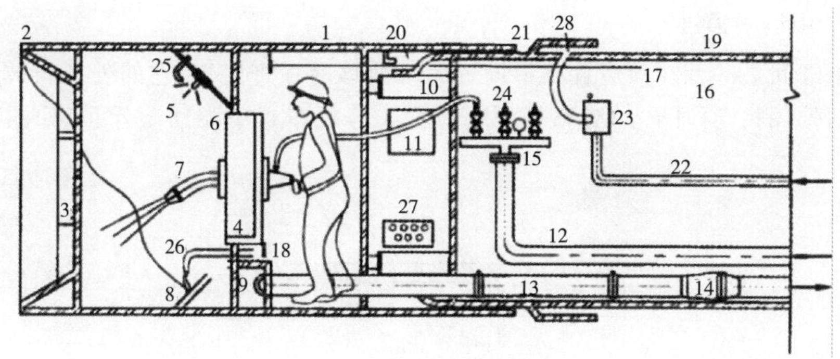

图 9-11　水力顶进机头结构

1-工具管;2-刃脚;3-隔板;4-密封门;5-灯;6-观察窗;7-水枪;8-粗栅;9-细栅;
10-校正千斤顶;11-液压泵;12-供水管;13-输浆管;14-水力吸泥机;15-分配阀;
16-激光接收靶;17-激光束;18-清理箱;19-工作管;20-止水胶带;21-止水胶圈;
22-泥浆管;23-分浆罐;24-压力表;25-冲洗喷头;26-冲刷喷头;27-信号台;28-泥浆孔

一旦产生顶进位置误差积累,校正较困难。所以,整体焊接钢管的开始顶进阶段,应随时进行测量,避免积累误差。

钢筋混凝土管采用钢板卷制的整体式内套环临时连接,在水平直径以上的套环与管壁间楔入木楔,如图 9-12 所示。两管间设置柔性材料,如油麻、油毡,以防止管端顶裂。

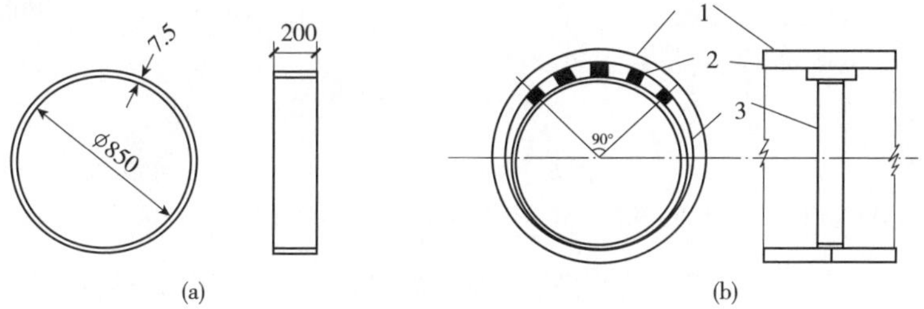

图 9-12　钢内套环临时连接

1-管子;2-木换;3-内涨圈

(a)内涨圈;(b)内涨圈支设

由于临时接口的非密封性,不能用于未降水的高地下水位的含水层内顶进,顶进工作完毕后,拆除内套环,再进行永久性接口连接。

四、延长顶进技术

在最佳施工条件下,普通顶管法的一次顶进长度为 100m 左右。当铺设长距离管线时,为了减少工作坑,提高施工进度,可采取延长顶进技术。

延长顶进技术可分为中继间顶进,泥浆套顶进和蜡覆顶进。

1. **中继间顶进**

中继间是一种在顶进管段中设置的可前移的顶进装置，它的外径与被顶进管道的外径相同，环管周对称等距或对称非等距布置中继间千斤顶，如图 9-13 所示。

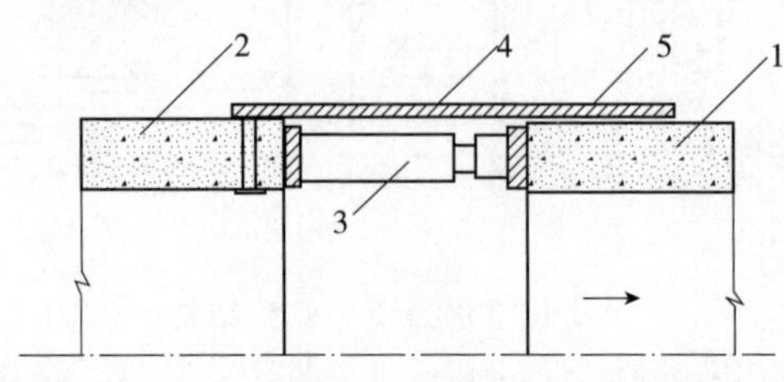

图 9-13 中继间

1-中继间前管；2-中继间后管；3-中继间千斤顶；4-中继间外套；5-密封环

采用中继间施工时，在工作坑内顶进一定长度后，即可安设中继间。中继间前面的管道用中继间千斤顶顶进，而中继间及其后面的管道由工作坑内千斤顶顶进，如此循环操作，即可增加顶进长度，如图 9-14 所示。顶进结束后，拆除中继间千斤顶，而中继间钢外套环则留在坑道内。

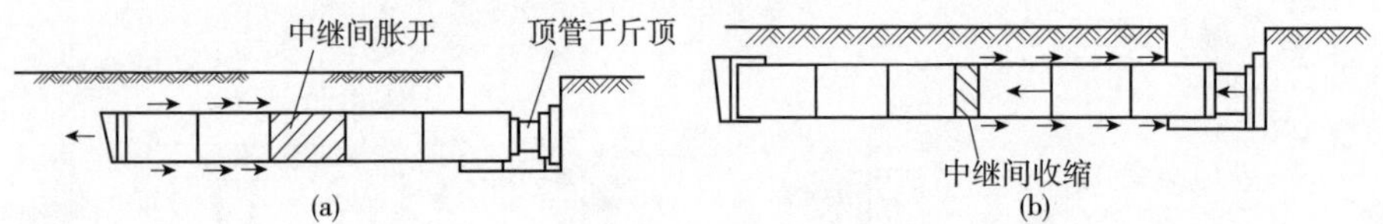

图 9-14 中继间顶进

(a)开动中继间千斤顶，关闭顶管千斤顶；(b)关闭中继间千斤顶，开动顶管千斤顶

中继间的特点是：顶力大为减少，操作更机动；可按顶力大小自由选择，分段接力顶进。但它也存在设备较复杂、加工成本高、操作不便、工效降低等不足。

2. **泥浆套顶进**

该法又称为触变泥浆法，是在管壁与坑壁间注入触变泥浆，形成泥浆套，以减小管壁与坑壁间的摩擦阻力，从而增加顶进长度。一般情况下，可比普通顶管法的顶进长度增加 2～3 倍。长距离顶管时，也可采用中继间—泥浆套联合顶进。

(1)触变泥浆的组成

触变泥浆作为顶管施工中主要的润滑材料，使用的历史较久，泥浆在输送和灌注过程中应具有良好的流动性、可泵性和一定的承载力，经过一定的固结时间，产生强度。

触变泥浆主要组成是膨润土、水和掺合剂。膨润土是粒径小于 2μm，主要矿物成分是 Si—Al—Si(硅—铝—硅)的微晶高岭土。膨润土的密度为 0.83×100～$1.13\times100\text{kg/m}^3$。

对膨润土的要求为:①膨润倍数一般要大于 6,膨润倍数越大,造浆率越大,制浆成本越低;②要有稳定的胶质价,保证泥浆有一定的稠度,不致因重力作用而使颗粒沉淀。

为提高泥浆的某些性能而需加入掺合剂。常用的掺合剂有:

1)碳酸钠可提高泥浆的稠度,但泥浆对碱的敏感性很强,加入量的多少,应事先做模拟试验确定,一般为膨润土质量的 2%～4%。

2)羟甲基纤维素能提高泥浆的稳定性,防止细土粒相互吸附而凝聚。掺入量为膨润土质量的 2%～3%。

3)腐殖酸盐是一种降低泥浆黏度和静切力的外掺剂。掺入量占膨润土质量的 1%～2%。

4)铁铬木质素磺酸盐的作用与腐殖酸盐相同。

自凝泥浆的外掺剂主要有:

1)氢氧化钙与膨润土中的二氧化硅起化学作用生成组成水泥主要成分的硅酸三钙,经过水化作用而固结,固结强度可达 0.5～0.6MPa。氢氧化钙用量为膨润土质量的 20%。

2)工业六糖是一种缓凝剂,掺入量为膨润土质量的 1%。在 20℃时,可使泥浆在 1～1.5 个月内不致凝固。

3)松香酸钠泥浆内掺入 1%膨润土质量的松香酸钠可提高泥浆的流动性。

(2)触变泥浆的拌制如图 9-15 所示

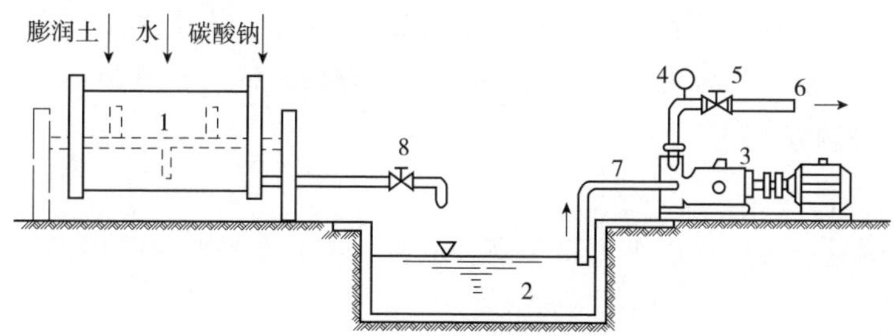

图 9-15　泥浆拌制与输送系统

1-搅拌机;2-储浆池;3-泥浆泵;4-压力表;5-阀门;6-输浆管;7-吸浆管;8-排浆阀门

1)将定量的水放入搅拌罐内,并取其中一部分水溶解碳酸钠;

2)边搅拌边将定量的膨润土徐徐加入搅拌罐内,直至搅拌均匀;

3)将溶解的碳酸钠溶液倒入搅拌罐内,再搅拌均匀,放置 12h 后即可使用。

(3)泥浆注入

为了在管外壁形成泥浆层，管前挖土直径要大于首节管节的外径，以便灌注泥浆。泥浆套的厚度由工具管的尺寸而定，一般厚度为15～20mm。第一组注浆孔要靠近顶管机的工具管，为防止灌浆后泥浆自刃脚处溢入管内，一般离刃脚4～5m处设注浆孔。为了保证整个管道周壁泥浆层均匀，实际施工中，注浆孔一般一组三个，均匀排布在管道周围。为了弥补第一组注浆孔的不足并补充流失的泥浆量，第二组注浆孔应该设置在距离15～20m处，此后每隔30～40m设置注浆孔，以保证泥浆充满管线外壁。

泥浆注入压力根据输送距离确定，一般采用0.1～0.15MPa。输浆管路采用DW50～70的钢管，每节长度与顶进管节长度相等或为顶进管长的两倍。管路采取法兰连接。

3. 蜡覆顶进

蜡覆顶进也是延长顶距技术之一。蜡覆是用喷灯在管外壁熔蜡覆盖。蜡覆既减少了管顶进中的摩擦力，又提高了管表面的平整度。该方法一般可减少20%的摩擦阻力；且设备简单，操作方便。但熔蜡散布不均匀时，会导致新的“粗糙”，减阻效果降低。

五、顶管测量和误差校正

顶管施工时，为了使管节按规定的方向前进，在顶进前要求按设计的高程和方向精确地安装导轨、修筑后背及布置顶铁。这些工作要通过测量来保证规定的精度。

在顶进过程中必须不断观测管节前进的轨迹，检查首节管是否符合设计规定的位置。当发现前端管节前进的方向或高程偏离原设计位置后，要及时采取措施迫使管节恢复原位再继续顶进。这种操作过程，称为管道校正。

1. 顶管测量

(1)普通测量

普通测量分为中心水平测量和高程测量。中心水平测量是用经纬仪测量或垂线检查。

高程测量是用水准仪在工作坑内测量。上述方法测量并不精确。由于观察所需时间长，影响施工进度，测量是定时间隔进行，易造成误差累积，目前已很少使用。

(2)激光测量

激光测量是采用激光经纬仪和激光水准仪进行顶管中心和高程测量的先进测量方法，属于目前顶管施工中广泛应用的测量方法。

激光法的可测顶距为100～200m，光束射点直径为10～20mm，基本能满足顶管测量精度的要求。

采用激光测量时，在顶进工作坑内安装激光发射器，按照管线设计的坡度和方向将发射器调整好；同时在管内装上接收靶，接收靶上刻有尺度线，当顶进管道和设计坡度一致时，激光点直射靶心，说明顶进质量良好，没有出现偏差。

2. 顶管校正

对于顶管敷设的重力流管道，中心水平允许误差在±30mm，高程误差+10mm和−20mm，超过允许误差值，就必须校正管道位置。

产生顶管误差的原因很多，分主观原因和客观原因两种。主观原因是由于施工准备工作中设备加工、安装、操作不当产生的误差。其中由于管前端坑道开挖形状不正确是管道误差产生的重要原因。客观原因是土层内土质的不同所造成的。如在坚实土体内顶进时，管节容易产生向上误差，反之在松散土层顶进时，又易出现向下误差。一般地，主观原因在事先加以重视，并采取严格的检查措施，是完全可以防止的。事先无法预知的客观原因，应在顶进前作好地质分析，多估计一些可能出现的土层变化，并准备好相应采取的措施。

(1)普通校正法

1)挖土校正。采用在不同部位增减挖土量的方法，以达到校正的目的，即管偏向一侧，则该侧少挖些土，另一侧多挖些土，顶进时管就偏向空隙大的一侧而使误差校正。这种方法消除误差的效果比较缓慢，适用于误差值不大于10mm的范围。挖土校正多用于土质较好的黏性土，或用于地下水位以上的砂土中。

2)强制校正。采用强制措施造成局部阻力，迫使管子向正确方向偏移。可支设斜撑校正，如图9-16所示。下陷的管段可用图9-17(a)所示方法校正。错口的管端可用图9-17(b)所示方法校正。

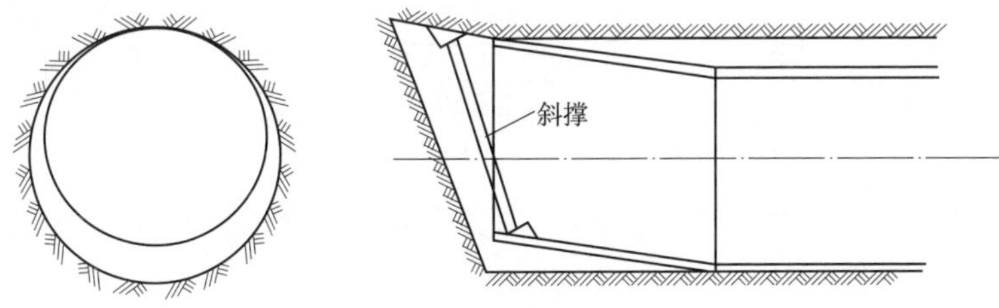

图9-16　斜撑校正

如果需要消除永久性高程误差，可采取图9-18所示方法。先在管道的弯折段和正常段之间用千斤顶顶离20～30cm距离，并用硬木撑住。前段用普通校正法将首节管校正到正确位置，后段管经过前段弯折处时，采用多挖土或卵石填高的方法把管节调整至正确位置后再顶进。

(2)工具管校正

校正工具管是顶管施工的一项专用设备。根据不同管径采用不同直径的校

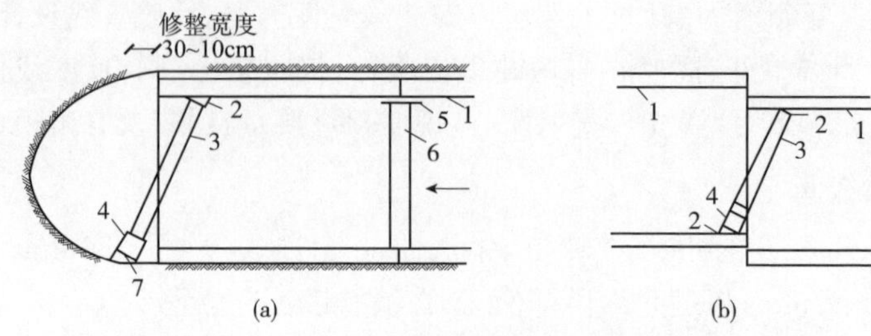

图 9-17　下陷校正与错口纠正

1-管子；2-楔子；3-支柱；4-校正千斤顶；5-木楔；6-内涨圈；7-垫板

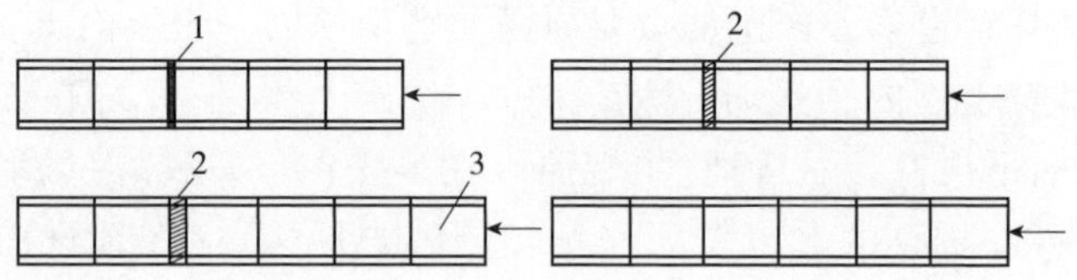

图 9-18　永久性高程误差消除方法

1-管道弯折处；2-硬木；3-新增管段

正工具管。校正工具管主要由工具管、刃脚、校正千斤顶、后管等部分组成，如图 9-19 所示。校正千斤顶按管内周向均匀布设，一端与工具管连接，另一端与后管连接。工具管与后管之间留有 10～15mm 的间隙。

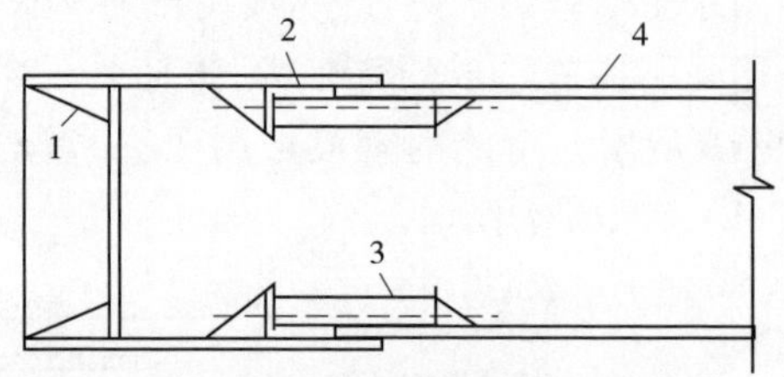

图 9-19　校正工具管设备组成

1-刃脚；2-工具管；3-校正千斤顶；4-后管

当发现首节工具管位置误差时，启动各方向千斤顶的伸缩，调整工具管刃脚的走向，从而达到校正的目的。

六、顶管接口

顶管施工中，一节管道顶完后，再将另一节管道下入工作坑，继续顶进。继续顶进前，相邻两管间要连接好，以提高管段的整体性和减少误差。

钢筋混凝土管的连接分临时连接和永久连接两种。顶进过程中，一般在工作坑内采用钢内胀圈进行临时连接。钢内胀圈是用 6～8mm 厚的钢板卷焊而成的圆环，宽度为 260～380mm，环外径比钢筋混凝土管内径小 30～40mm。接口时将钢内胀圈放在两个管节的中间，先用一组小方木插入钢内胀圈与管内壁的间隙内，将内胀圈固定。然后两个木楔为一组，反向交错地打入缝隙内，将内胀圈牢固地固定在接口处。该法安装方便，但刚性较差。为了提高刚性，可用肋板加固。为可靠地传递顶力减小局部应力防止管端压裂，并补偿管道端面的不平整度，应在两管的接口处加衬垫。衬垫一般采用麻辫或 3～4 层油毡，企口管垫于外榫处，平口管应偏于管缝外侧放置，使顶紧后的管内缝有 10～20mm 的深度，便于顶进完成后填缝，如图 9-20 所示。

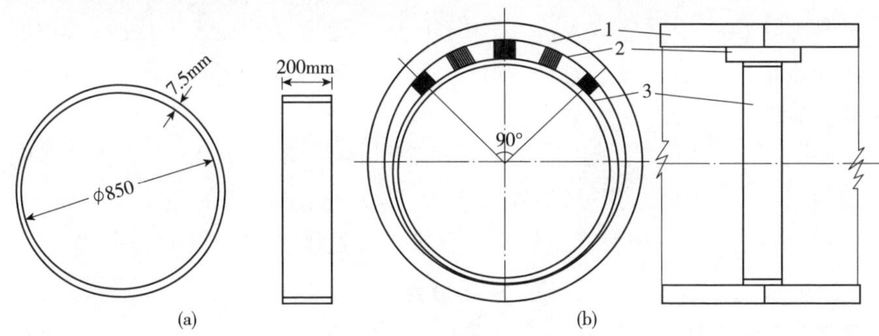

图 9-20　钢内胀圈临时连接

(a)内胀圈；(b)内胀圈支设

1-管子；2-木楔；3-内胀圈

顶进完毕，检查无误后，拆除内胀圈进行永久性内接口。常用的内接口有以下方法：

(1)平口管

先清理接缝，用清水湿润，然后填打石棉水泥或填塞膨胀水泥砂浆，填缝完毕及时养护，如图9-21所示。

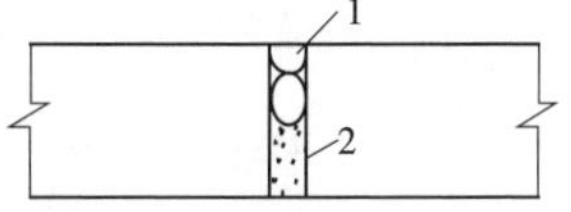

图 9-21　平口钢筋混凝土管油麻石棉水泥内接口

1-麻辫或塑料圈或绑扎绳；2-石棉水泥

(2)企口管

先清理接缝，填打 1/3 深度的油麻，然后用清水湿润缝隙，再填打石棉水泥或填塞膨胀水泥砂浆；也可填打聚氯乙烯胶泥代替油毡，如图 9-22 所示。

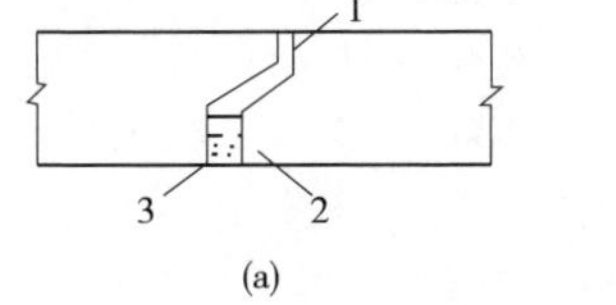

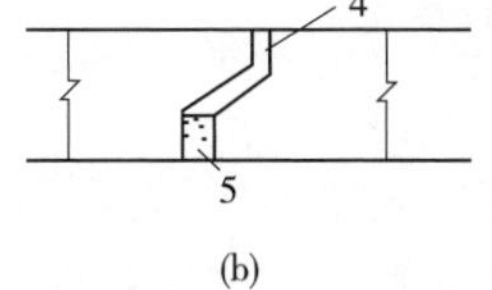

图 9-22　企口钢筋混凝土管内接口

1-油毡；2-油麻；3-石棉水泥或膨胀水泥砂浆；4-聚氯乙烯胶泥；5-膨胀水泥砂浆

第二节　挤压土顶管和管道牵引不开槽铺设

一、挤压土顶管

挤压土顶管一般分为两种：出土挤压顶管和不出土挤压顶管。

1. 不出土挤压顶管

这种方法也称为直接贯入法，是用千斤顶将管道直接顶入土层内，管周围土被挤密而不需要外运。顶进时，在管前端安装管尖，如图 9-23 所示，采用偏心管尖可减少管壁与土间的摩擦力。

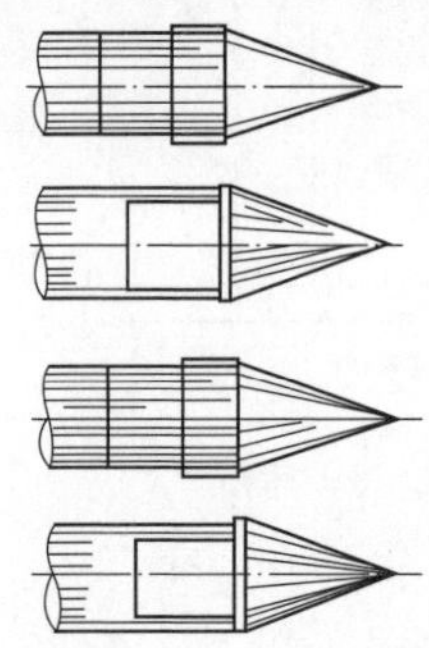

图 9-23　管尖

该法适用于管径较小（一般小于 30mm）的金属管道的顶进，如在给水管、热力管、燃气管的施工中经常采用，在大管径的非金属排水管道施工中则很少采用。

2. 出土挤压顶管

该法是在管前端安装一个挤压切土工具管，工具管由渐缩段、卸土段和校正段三部分组成，如图 9-24 所示。

顶进时土体在工具管渐缩段被压缩，然后被挤入卸土段并装入弧形运土小车，启动卷扬机将土运出管外。校正段装有 4 个可调向的油压千斤顶，用来调整管中心和高程的偏差。

这种方法避免了挖土、装土等工序，减轻了劳动强度，施工速度比人工掘进顶管提高 1～2 倍。管壁周围土层密实，不会出现超挖，有利于保证工程质量。一般用于在松散土层中顶进直径较大的管道。

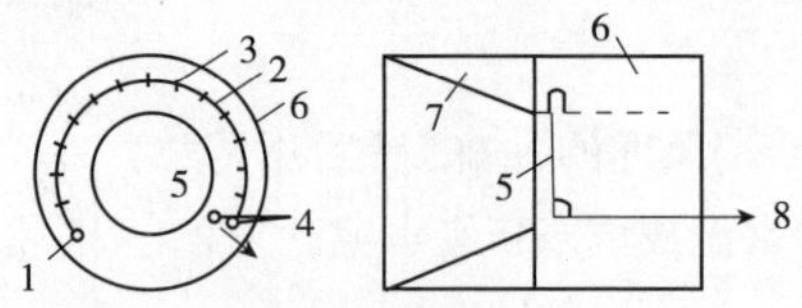

图 9-24　挤压工具管

1-钢丝绳固定点；2-钢丝绳；3-R 形卡子；

4-定滑轮；5-挤压口；6-工具管；7-刃角；8-钢丝绳与卷扬机连接

出土挤压顶管施工顺序：安管→顶进→输土→测量。

①安管与普通顶管法施工相同。

②顶进。顶进前的准备工作与普通顶管法施工基本相同，只是增加了一项斗车的固定工作。应事先将割土的钢丝绳用卡子夹好，固定在挤压口周围，将斗

车推送到挤压口的前面对好挤压口；再将斗车两侧的螺杆与工具管上的螺杆连接，插上销钉。紧固螺栓，将车身固定。将槽钢式钢轨铺至管外即可顶进。顶进时应连续顶进，直到土柱装满斗车为止。顶力中心布置在2/5D处，较一般顶管法(1/4～1/5D)稍高，以防止工具管抬头。顶进完毕，即可开动工作坑内的卷扬机，牵引钢丝绳将土柱割断装于斗车。

③输土斗车装满土后，松开紧固螺栓，拔出插销使斗车与工具管分离，再将钢丝绳挂在斗车的牵引环上，即可开动卷扬机将斗车拉到工作坑，再由地面起重设备将斗车吊至地面。

④测量采用激光测量导向，能保证上下左右的误差在10～20mm以内。

二、管道牵引施工

一般顶管施工时，管节前进是靠后背主压千斤顶的顶推；而管道牵引则是依靠前面工作坑的千斤顶。通过两个工作坑的钢索，将管节逐节拉入土内，这种不开槽的施工方法称为管道牵引。牵引设备有水平钻孔机、张拉千斤顶、钢索、锚具等。

牵引管道施工时，先在埋管段前方修建两座工作坑，在工作坑间用水平钻机钻成略大于穿过钢丝绳直径的通孔。在后方工作坑内安管、挖土、出土等操作与普通顶管法相同，但不需要后背设施。在前方工作坑内安装张拉千斤顶，通过张拉千斤顶牵引钢丝绳拉着管节前进，直到将全部管节牵引入土达到设计要求为止，如图9-25所示。

管道牵引可分为：普通牵引、贯入牵引、顶进牵引、挤压牵引。

1. 普通牵引

该法是在管前端用牵引设备将管道逐节拉入土中的施工方法。施工时，先在预铺设管线地段的两端开挖工作坑，在两工作坑间用水平钻机钻成通孔，孔径略大于穿过的钢丝绳直径，在孔内安放钢丝绳。在后方工作坑内进行安管、挖土、出土、运土等工作，操作与顶管法相同，但不需要设置后背设施。在前方工作坑内安装张拉千斤顶，用千斤顶牵引钢丝绳把管道拉向前方，不断地下管、锚固、牵引，直到将全部管道牵引入土为止，如图9-26所示。

普通牵引法适用于直径大于800mm的钢筋混凝土管、短距离穿越障碍物的钢管的敷设。在地下水位以上的黏性土、粉土、砂土中均可采用，施工误差小、质量高，是其他顶进方法所难以比拟的。

施工时千斤顶的牵引力很大，必须将钢丝绳的两端锚固后才能牵引。常用的锚具如图9-27所示，可根据牵引力大小选用。固定锚具用于后方工作坑，固定牵引钢丝绳的后端；张拉锚具用于前方工作坑的张拉千斤顶上，用以固定钢丝

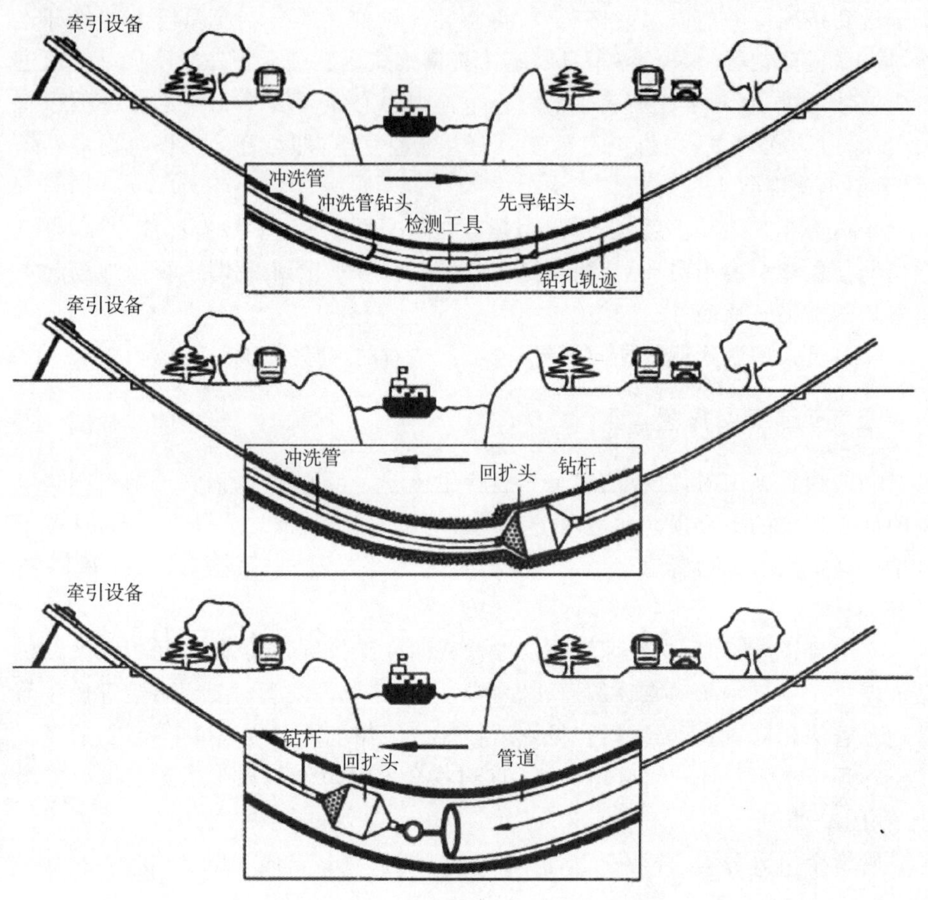

图 9-25　管道牵引施工技术示意图

绳的牵引端。

该法把后方顶进管道改为前方牵引管道，因此不需要设置后背和顶进设备，施工简便，可增加一次顶进长度，施工偏差小；但钻孔精度要求严格，钢丝绳强度及锚具质量要求高，以免发生安全和质量事故。

2. 牵引挤压法

在前面工作坑内牵引锥式刃脚，在刃脚后面不断焊接加长钢管，靠刃脚将管子周围土层挤压而不需出土。挤压牵引适用于天然含水量黏性土、粉土和砂土。管径最大不超过 400mm，管顶覆土厚度一般不小于 5 倍牵引管子外径，以免地面隆起。牵引距离不大于 40m，否则牵引力过大不安全。常用管材为钢管，接口为焊接。

牵引挤压法的工效高、误差小、设备简单、操作简易、劳动强度低，不需要挖

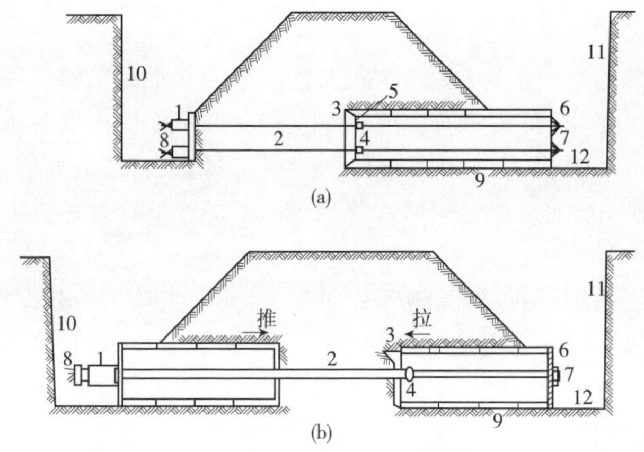

图 9-26　管道牵引铺设

(a)单向牵引;(b)相互牵引

1-张拉千斤顶;2-钢丝绳;3-刃角;4-锚具;

5-牵引板;6-紧固板;7-锥形锚;8-张拉锚;

9-牵引管节;10-前工作坑;11-后工作坑;12-导轨

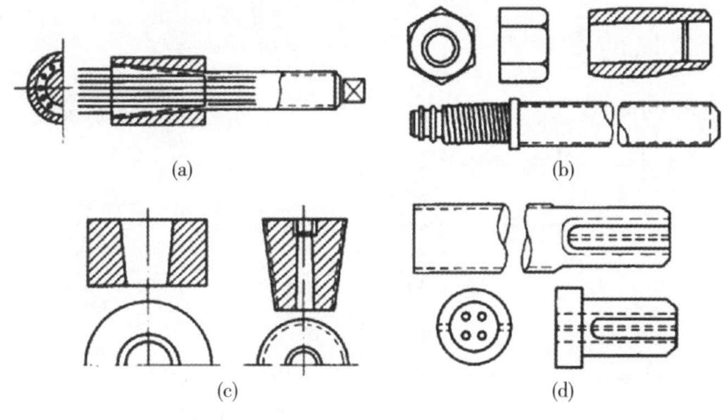

图 9-27　锚具形式

(a)锥式锚具;(b)筒式锚具;(c)钢制锥形锚具;(d)钢丝绳锚头

土、运土,用工较少。但只能牵引小口径的钢管,使用受到了一定程度的限制。

3. 牵引顶进法

牵引顶进法是在前方工作坑牵引导向的盾头,而在后方工作坑顶入管节的方法。这种方法与盾顶法相似,不同者只是盾头不是用千斤顶顶进,而是在前坑用张拉千斤顶牵引。顶进牵引适用于黏土、砂土,尤其是较坚硬的土质最适合。牵引管径不小于 800mm。主要用于钢筋混凝土管的敷设,与覆土度关系不大。顶进牵引是牵引和顶进技术的综合,它利用牵引技术保证管道敷设位置的精确度。同时减少主压千斤顶的负担,从而延长了顶进距离。

4. 牵引贯入法

该方法同普通牵引法一样，先在两工作坑间用水平钻机钻成通孔，孔径略大于穿过的钢丝绳直径，在孔内安放钢丝绳。在后方工作坑内安装盾头式工具管，在工具管后面不断焊接薄壁钢管，钢丝绳牵引工具管前行，后面的钢管也随之前行。在钢管前进的过程中，土被切入管内，待钢管全部牵引完毕后，再挖去管内的土。

牵引贯入法适用于在淤泥、饱和粉质黏土、粉土类软土中敷设钢管。管径不小于800mm，以便进入管内挖土。牵引距离一般为40～50m，最大不超过60m。由于牵引过程中管内不出土，导致牵引力增大，所需张拉千斤顶的数量多，增加了移动机具的时间，使牵引贯入法的施工速度较慢。

第三节 盾构法施工

盾构是地下掘进和衬砌的施工设备，广泛应用于铁路隧道、地下铁道、地下隧道、水下隧道、水工隧洞、城市地下综合管廊、地下给排水管沟的修建工程。

一、盾构的组成及原理

盾构为一钢制壳体，称盾构壳体，主要由三部分组成，按掘进方向：前部为切削环，中部为支承环，尾部为衬砌环，如图9-28所示。

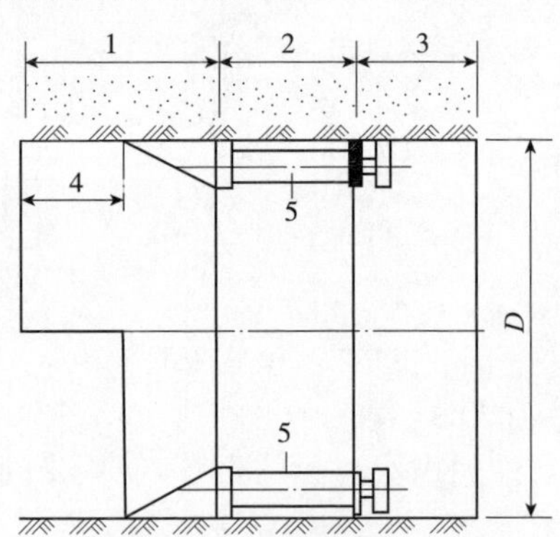

图9-28 盾构构造示意图

1-切削环；2-支撑环；3-衬砌环；4-盾檐；5-千斤顶；D-盾构直径

切削环作为保护罩，在环内安装挖土设备，或工人在切削环内挖土和出土。切削环还可对工作面起支撑作用。支承环内安装有液压千斤顶等推进机构。在衬砌环内设有衬砌机构，可进行砌块衬砌。当砌完一环砌块后，以已砌好的砌块作后背，由支承环内的千斤顶顶进盾构本身，开始下一循环的挖土和衬砌。

盾构法施工时，先在需施工地段的两端，各修建一个工作坑（又称竖井），然后将盾构从地面下放到起点工作坑中，首先借助外部千斤顶将盾构顶入土中，然后再借助盾构壳体内设置的千斤顶的推力，在地层中使盾构沿着管道的设计中心线，向管道另一端的接收坑中推进，如图 9-29 所示。同时，将盾构切下的土方外运，边出土边将砌块运进盾构内，当盾构每向前推进 1～2 环砌块的距离后，就可在盾尾衬砌环的掩护下将砌块拼成管道。在千斤顶的推进过程中，其后座力传至盾构尾部已拼装好的砌块上，继而再传至起点井的后背上。当管廊拼砌一定长度后就可作为千斤顶的后背，如此反复循环操作，即可修建任意长度的管廊（或管道）在拼装衬砌过程中，应随即在砌块外围与土层之间形成的空隙中压注足够的浆液，以防地面下沉。

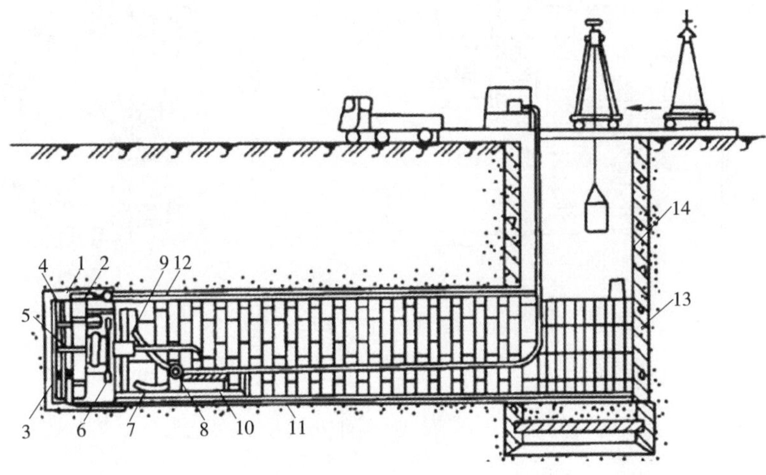

图 9-29　盾构法施工示意

1-盾构；2-盾构千斤顶；3-盾构正面网格；4-出土转盘；5-出土皮带运输机；6-管片拼装机；7-管片；8-压浆泵；9-压浆孔；10-出土机；11-由管片组成的隧道衬砌结构；12-在盾尾空隙中的压浆；13-后盾管片；14-竖片

二、盾构的分类

盾构的分类方法很多，按挖掘方式可分为：手工挖掘式、半机械式、机械式三大类；按工作面挡土方式可分为：敞开式、部分敞开式、密闭式；按气压和泥水加压方式可分为：气压式、泥水加压式、土压平衡式、加水式、高浓度泥水加压式、加泥式等。

1. 手工挖掘式盾构

图 9-30 为有衬砌机的手掘式盾构，由外壳、作业部分、顶进部分和衬砌机等组成，工人在切削环内开挖土方，衬砌机用于对水平直径以上部分进行砌块补

砌。切削环与支承环之间和支承环与衬砌环之间均有环状隔板,以固定千斤顶。这种盾构设有导向板,但当误差已经产生后,导向板会妨碍误差的纠正。

手掘盾构的优点是:盾构结构和设备位置简单,较大直径盾构的平台隔板可提高盾构的刚性,由于开挖面是开放的,操作人员可直接观察掘进过程中土质的情况,地下障碍物容易处理。容易做到在需要方向起挖,便于盾构斜偏。但是,手掘盾构的工人劳动强度大,在松散土层内施工开挖面容易坍方。含水土层内需要采用降水措施。为了防止松散土层或含水土层对施工的影响,也可采用气压人工掘进盾构。在地层条件较好的断面掘进时,手掘盾构仍被广泛采用。

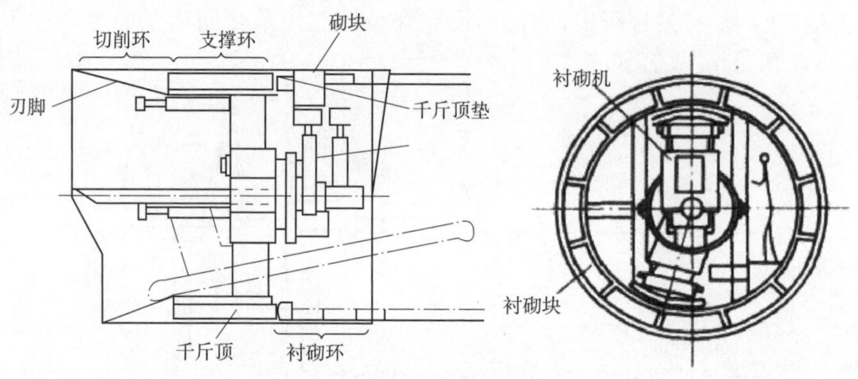

图 9-30　有衬砌机的手挖式盾构

2. 机械、半机械盾构

半机械盾构是用反铲挖土机或螺旋切削机代替人工掘进。当盾构直径大于5m 时,也可设工作平台,分层开挖。半机械化盾构的也适宜于较好土层的掘进。这种盾构的制造费较机械化盾构低得多,又可减轻工人劳动强度,如图 9-31 所示。

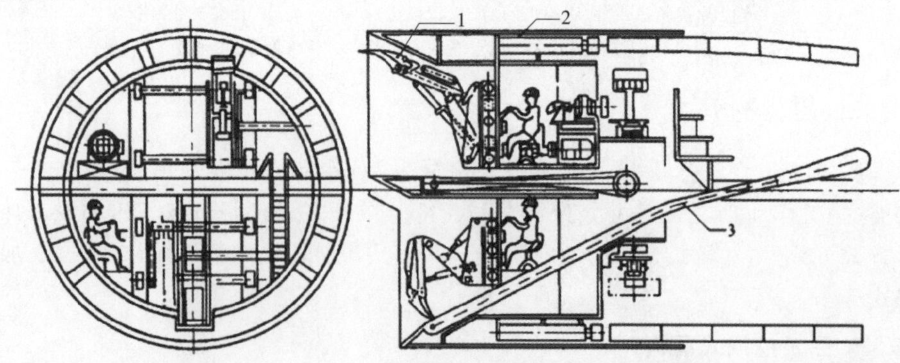

图 9-31　半机械式盾构

1-挖掘机;2-盾构千斤顶;3-皮带运输机

机械挖土装置有反向铲挖土机、螺旋切削机等。它的顶部与手工挖掘式盾构相同,装有活动前檐和前后、左右、上下均能活动的正面支撑千斤顶等。

半机械式盾构根据机械装备的不同形式,可适用于多种地层。

机械式盾构是一种采用紧贴着开挖面的旋转刀盘进行全断面开挖的盾构。它具有可连续不断地挖掘土层的功能,能一边出土、一边推进,连续作业。当地层土质稳定性好能够自立或采取辅助措施后能够自立时,可在盾构的切口部分,安装与盾构直径相适应的大刀盘,进行全断面开胸机械切削开挖,如图 9-32 所示。

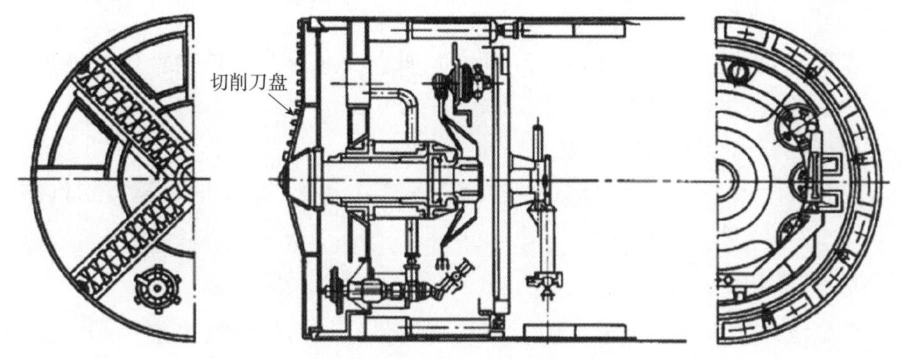

图 9-32　开胸式机械切削式盾构

机械式盾构的优点除了能改善作业环境、省力外,还能显著提高推进速度,缩短工期。但造价高,为提高工作效率而带来的后续设备多,基地面积大,在曲率半径小的情况下施工以及盾构纠偏都比较困难。因此,机械式盾构适用于长度较大的直管廊或隧道的施工。

3. 密闭式盾构

密闭式盾构又称挤压式盾构,如图 9-33 所示,是在盾构的开挖面上用钢制胸板密闭。

按工作面分有全断面密闭和非全断面密闭。全断面密闭盾构又称闭腔挤压盾构,由于采用不出土挤压土层掘进,可能导致地面隆起,因此,一般只适用于高液化黏土层掘进,如海底和深水河底淤泥层中掘进。开孔放土的非全断面密闭的局部挤压盾构,如出土控制较好,可在建筑物下掘进。但出土

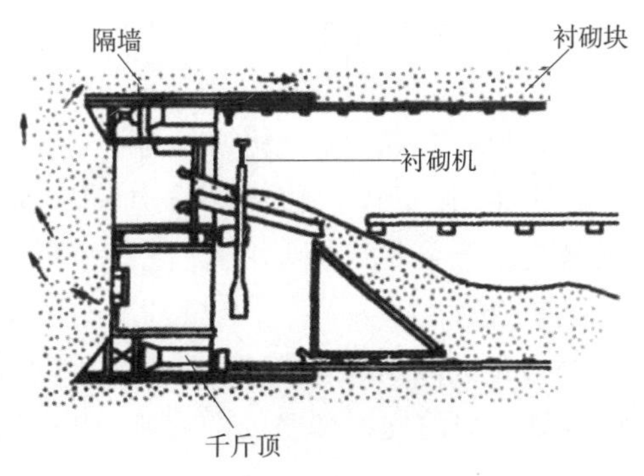

图 9-33　密闭式盾构

一般较难控制，从而导致对地层扰动和地形变化，因此，也不宜在建筑物下面或毗邻地段施工。

三、盾构施工的准备工作

为了安全、迅速、经济地进行盾构施工，在施工前应根据图纸和有关资料进行详细的勘察工作。勘察的内容主要有：用地条件的勘察、障碍物勘察、地形及地质勘察。

用地条件的勘察主要是了解施工地区的情况；工作坑、仓库、料场的占地可能性；道路条件和运输情况；水、电供应条件等。

障碍物勘察包括地上和地下障碍物的调查。地形及地质勘察包括地形、地层柱状图、土质、地下水等。

根据勘察结果，编制盾构施工方案。

盾构施工的准备工作包括：测量定线、工作坑开挖、衬砌块准备、盾构机的组装和试运转、降低地下水位和土层加固等。

1. 测量定线

测量定线有工作坑上测量和工作坑下测量。工作坑上测量包括：导线测量和水准测量、确定工作坑的中心线和地面高程，设置中心线桩和水准点。工作坑下测量是从地面基点向坑内引入中心线和水准点，测量方法和顶管工作坑的测量方法相同。

2. 工作坑开挖

工作坑一般修建在隧道（或管廊）中心线上，也可在偏离其中心线的位置上修建，然后用横向通道或斜向通道进行连接。修建时首先进行测量放线，确定工作坑的中线桩和边线桩，然后进行开挖。开挖到设计标高后，将地面水准点和中线桩引入到工作坑内。在起始位置上修建的工作坑主要进行盾构的拼装和顶进，称为盾构拼装井（或起点井）。在终点位置上修建的工作坑主要是接收、拆卸盾构并将其吊出，称为盾构拆卸井（或终点井）。若盾构推进长度很长，在隧道中段或在隧道转弯半径较小处，还应修建中间工作井，以减少土方和材料运距、便于检查和维修盾构以及盾构转向。盾构工作坑可以根据实际情况与其他竖井（如通风井、设备井等）综合考虑，设置成施工综合井，使施工更加经济合理。

盾构起点井与顶管工作坑相同，尺寸应按照盾构和顶进设备的大小确定。井内应设牢固的支撑和坚强的后背，并铺设导轨，以便正确顶进。起点井结构见图 9-34。

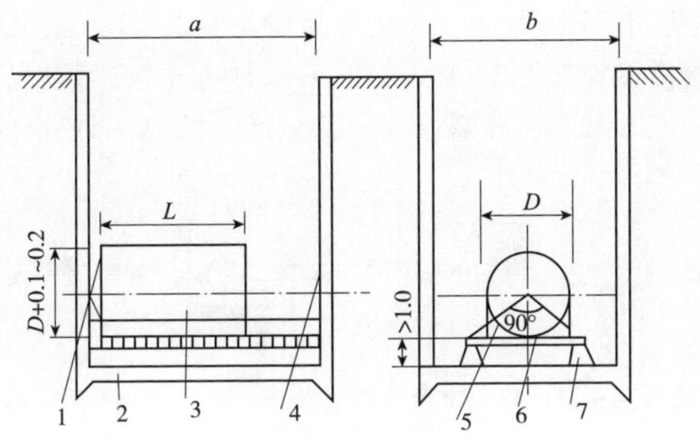

图 9-34　盾构拼装井(起点井)

1-盾构进口;2-竖井;3-盾构;4-后背;5-导轨;6-横梁;7-拼装台

D-盾构直径;*L*-盾构长度;a-拼装井长度;b-拼装井宽度

四、盾构施工要点

1. 盾构的始顶

盾构在起点井导轨上至盾构完全进入土中的这一段距离,要借助工作坑内千斤顶顶进,通常称为始顶,如图 9-35 所示,方法与顶管施工相同。

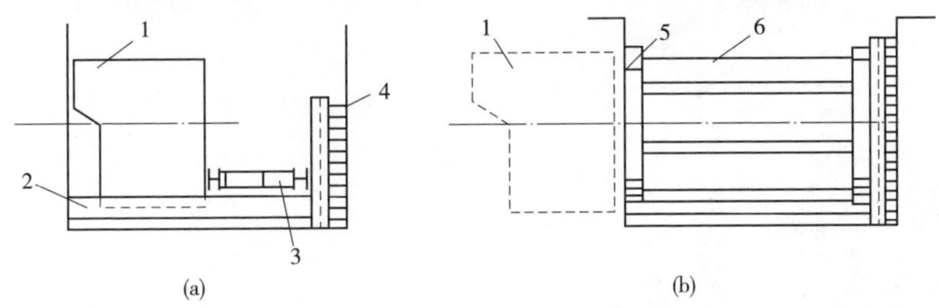

图 9-35　始顶工作坑

(a)盾构台工作坑始顶;(b)始顶段支撑结构

1-盾构;2-导轨;3-千斤顶;4-后背;5-木环;6-撑木

当盾构入土后,在起点井后背与盾构衬砌环内,各设置一个大小与衬砌环相等的木环,两木环之间用圆木支撑,以作为始顶段盾构千斤顶的临时支撑结构,如图 9-35(b)所示。一般情况下,当衬砌长度达 30～50m 以后,才能起后背作用,此时方可拆除工作坑内的临时圆木支撑。

2. 盾构掘进的挖土、出土与顶进

盾构掘进挖土是在切削环保护罩内进行,挖土应依次进行到全部挖掘面,工作面挖成锅底形,一次挖深一般等于砌块的宽度。为了保证坑道形状正确,减少与砌块间的空隙,贴进盾壳的土应由切环切下,厚度约 10～15cm。在工作面不

能直立的松散土层中掘进时，先将盾构刃脚切入工作面，然后工人在保护罩切削环内挖土。当盾构刃脚难于先切入工作面，如砂砾石层，可以先挖后顶，但必须严格控制每次掘进的纵深。局部挖掘应从顶部开始，局部挖出的工作面应支设支撑，如图 9-36 所示。

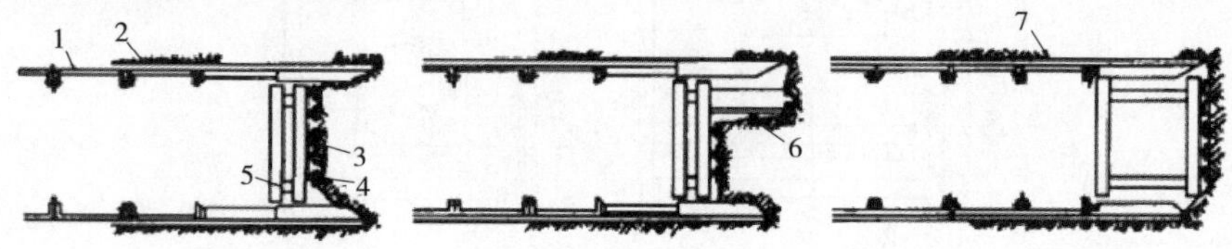

图 9-36　手挖盾构的工作面支撑

1-砌块；2-灌浆；3-立柱；4-撑板；5-支撑千斤顶；6-千斤顶；7-盾壳

盾构顶进应在砌块衬砌后立即进行。盾构顶进时，应保证工作面稳定不被破坏。顶进速度常为 50mm/min。顶进过程中一般应对工作面支撑、挤紧。顶进时，千斤顶实际最大顶力不能使砌块等后都结构遭到破坏。弯道、变坡掘进和校正误差时，应使用部分千斤顶顶进。还要防止误差和转动。当盾构穿越地段土质不匀，即使估计可能在全部千斤顶开动情况不产生误差，也应使用部分千斤顶。如盾构可能发生转动，应在顶进过程中采取偏心堆载措施。

黏性土的工作面虽然能够直立，但工作面停放时间过长，土面会向外胀鼓，造成坍方，导致地基下沉。因此，在黏性土层掘进时，也应支撑。在砂土与黏土交错层、壤土与岩石交错层等复杂地层，都应注意选定相应的挖掘方法和支撑方法。

土方由斗车或矿车运出。在隧道内铺设轨道，如图 9-37 所示。

图 9-37　盾构内运土

3. 盾构的砌块及衬砌方法

盾构顶进后，新的开挖断面应及时进行衬砌。衬砌的目的是：砌体作为盾构千斤顶的后背，承受顶力，掘进施工过程中作为支撑；盾构施工结束后作为永久性承载结构。

通常采用钢筋混凝土或预应力钢筋混凝土砌块。砌块形状有矩形、梯形、中缺形等。矩形砌块如图 9-38 所示，根据施工条件和盾构直径，确定每环的分割数。矩形砌块形状简单，容易砌筑，产生误差时容易纠正，但整体性差。梯形砌块的衬砌环的整体性较矩形砌块为好。为了提高砌块环的整体性，可采用图9-39

所示的中缺形砌块，但安装技术水平要求高，而且产生误差后不易调整。砌块的连接有平口和企口两种。企口接缝防水性好，但拼装不易。

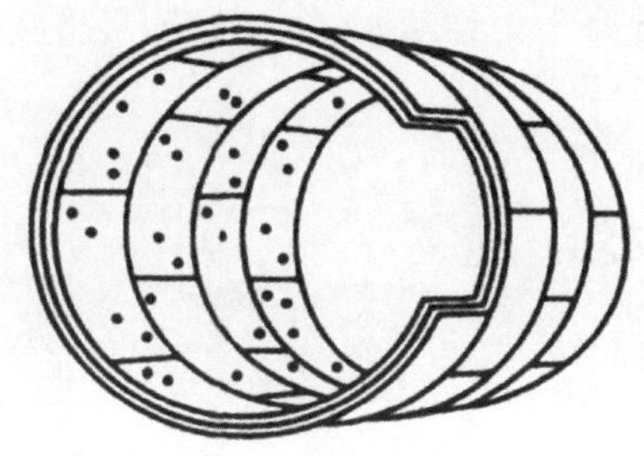

图 9-38　矩形砌块

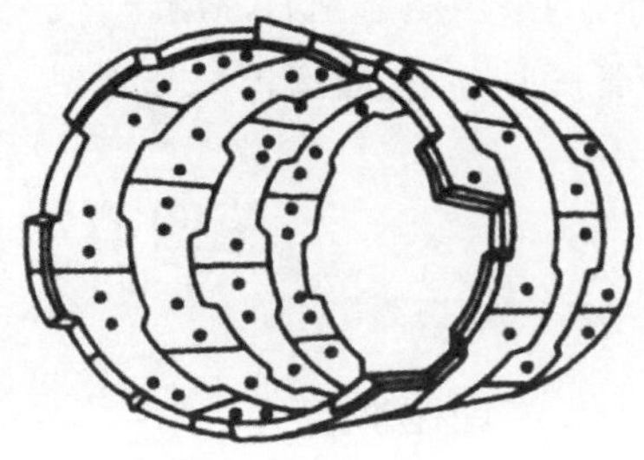

图 9-39　中缺形砌块

砌块用黏结剂连接。黏结剂要有足够的黏着力，良好的不透水性、涂抹容易，砌筑后黏接料不易流失，连接厚度不致因千斤顶顶压而过多地减薄，并且成本低廉。常用黏结剂有沥青胶或环氧胶泥等。

为了提高砌块的整圆度和强度，可采用如图 9-40 所示的彼此间有螺栓连接的砌块。螺栓不仅将一环中相邻两砌块连接，而且也将相邻两环砌块连接。为了提高单块刚性，砌块最好带肋。每环砌块的肋数不应小于盾构的千斤顶数。衬砌后还要用水泥砂浆灌入砌块外壁与土壁间留有的空隙，故一部分砌块应有灌注孔。通常，每隔 3～5 环有一灌注孔环，此环上设有 4～10 个灌注孔，灌注孔直径不小于 36mm，填灌的材料有水泥砂浆、细石混凝土、水泥净浆等。这种填充空隙的作业称为“缝隙填灌”。

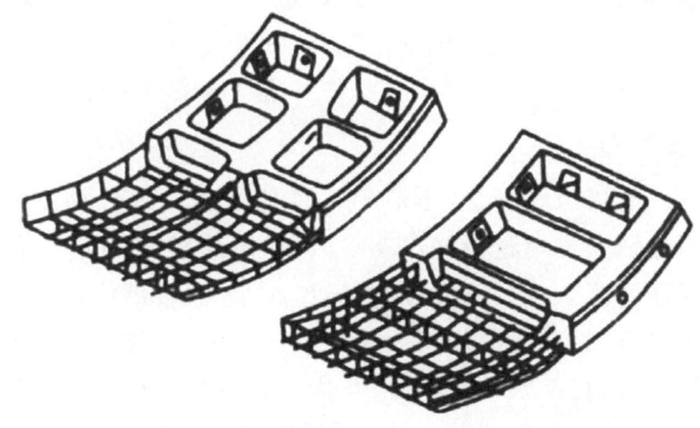

图 9-40　螺栓连接的砌体

灌浆作业应该在盾尾土方未坍以前进行。灌入顺序是自下而上，左右对称地进行，以防止砌块环周的孔隙宽度不均匀。浆料灌入量应为计算孔隙量的 130～150%。灌浆时应防止料浆漏入盾构内，为此，在盾尾与砌块外皮间应作止水。

砌块砌筑和缝隙填灌合称为盾构的一次衬砌。

二次衬砌按隧道使用要求而定，在一次衬砌质量完全合格的情况下进行。二次衬砌采用浇灌细石混凝土，或采用喷射混凝土。在给水排水工程中，当隧道作为管廊时，应在隧道内修建管架。

第四节　其他暗挖法施工

一、浅埋暗挖法

浅埋暗挖法是一种在离地表很近的地下进行各种类型地下洞室暗挖施工的方法。在明挖法、盾构法不适应的条件下，如北京长安街下的地铁修建工程，浅埋暗挖法显示了巨大的优越性。

浅埋暗挖法施工步骤是：先将钢管打入地层，然后注入水泥或化学浆液，使地层加固；开挖面土体支护是采用浅埋暗挖法的基本条件；地层加固后，进行短进尺洞体开挖；随后即作洞体初期支护；最后，完成二次支护。若遇有地下水，则增加了施工难度。采用何种方法降水和防渗成为施工关键。

浅埋暗挖法的施工需利用监控测量获得的信息进行指导，这对施工的安全与质量都是重要的。

1. 工作坑修建

施工前应先修建工作坑，工作坑的断面形状一般为矩形或正方形，其位置和尺寸根据管廊的大小和施工条件确定，方法同盾构施工。

工作坑可采用人工开挖或机械开挖，并根据具体条件进行支护。

2. 地层土体加固

在软岩地段、断层破碎带、砂土层等不良地质条件地段施工时，如围岩自稳时间短，不能保证安全地进行初次支护时，应采取措施在洞室开挖前先加固地层土体，以保证管廊洞室开挖面土体稳定，减小地面沉降，避免土体塌陷，保证管廊施工顺利进行。常用的加固方法地表注浆加固，即先在地面成孔，清孔后再注入水泥浆液或化学浆液，使地层牢固。也可采用地面砂浆锚杆、超前锚杆支护、超前小导管支护、管棚超前支护、降低地下水位或冻结法等方法进行加固。

3. 洞体开挖

洞体开挖步骤和方法，要视洞体断面尺寸大小，土质情况，确定每一循环掘进长度，一般控制在0.5～1.0m范围内。为了防止工作面土壁失稳滑坡，每一循环掘进均保留核心土，其平均高度为1.5m，长度1.5～2.0m。洞体断面大，净空高，掘进是应采用“微台阶”，台阶长度为洞高0.8倍左右，一般掌握3.0～4.0m以内。

在洞体开挖中为了确保安全，及时封闭整环钢框架，减少地表沉降。若开挖断面大，可分为上、下两个开挖台阶，每一循环掘进长度定为0.5～0.6m，下台阶每开挖0.6m，则应支护钢架整圈封闭一次。

4. 初次支护

在管廊断面洞室开挖的过程中或开挖后，要及时采取措施进行围岩的支护，以减少地表的沉降，保证施工安全。该施工措施一般称为初次支护。初次支护一般采用喷锚支护。

喷锚支护是采用铺杆和喷射混凝土支护围岩的施工措施。锚杆和喷射混凝土与围岩共同形成一个承载结构，可以有效地限制围岩变形的自由发展，调整围岩的应力分布，防止岩石土体松散坠落。它既可用做施工过程中的临时支护，也可作为永久支护。根据围岩的地质条件，可以单独采用锚杆支护或喷射混凝土支护，也可采用铺杆与喷射混凝土相结合进行支护。一般对洞室的拱部和边墙而言，采用锚杆预喷射混凝土相结合的支护方式较多。有时为了提高支护能力，可在锚杆和喷射混凝土相结合的基础上，加设单层或双层钢筋网，以提高喷层混凝土的抗拉强度和抗裂能力；特殊条件下可在锚喷加金属网的同时，在喷层内加设工字钢等型钢作为肋形支撑。

施工时，先在围岩上喷射混凝土，在其上钻孔安装锚杆，锚杆的孔位、孔径、孔深及布置形式应符合设计要求，锚杆杆体露出岩面长度，不应大于喷层的厚度。

5. 管廊主体结构施工

在初次支护的保护作用下，应及时进行管廊主体结构的施工工作，以缩短施工工期，尽早发挥工程效益。管廊主体结构可以采用拼装衬砌或现浇施工，方法与盾构法相同，不再重述。

二、盖挖法

盖挖法是由地面向下开挖土方至一定深度后修筑管廊顶板，在顶板的保护作用下进行管廊下部结构施工的作业方法。一般有盖挖顺做法和盖挖逆做法两种作业方式。

盖挖顺做法是自地表向下开挖一定深度的土方后浇筑管廊顶板，在顶板的保护下再自上而下开挖土方，达到坑底设计高程后再由下而上进行管廊主体结构施工的方法。

盖挖逆做法是自地表向下开挖一定深度的土方后浇筑顶板，在顶板的保护下再自上而下进行土方开挖和管廊主体结构施工直至底板的作业方法。盖挖逆做法可作为市区修建地下人行通道、地铁车站等工程的施工方法。其施工程序（图 9-41）概括为：开挖路面及土槽至顶板底面标高处，制作土模、两端防水，绑扎顶板钢筋，浇筑顶板混凝土，重做路面、恢复交通，开挖竖井，转入地下暗挖导洞、喷锚支护侧壁，分段浇筑 L 形墙基及侧墙，开挖核心土体，浇筑底板混凝土，装修等过程。

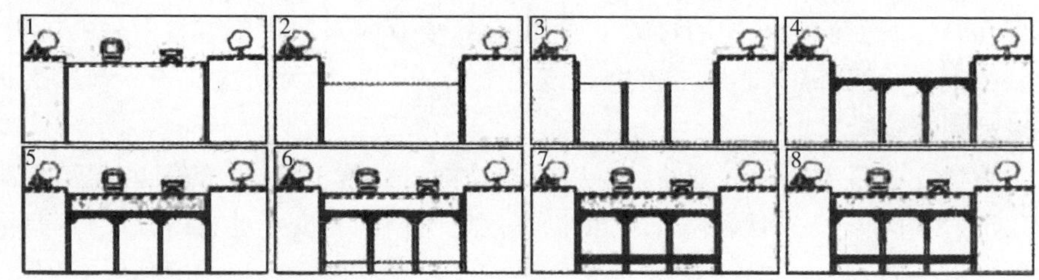

图 9-41　盖挖逆做法施工过程

1-边桩施工；2-破路面挖土；3-中间柱施工；4-顶板施工；5-路面恢复通车；
6-开挖地下空间；7-地下空间底板施工；8-地下空间侧墙施工

盖挖法施工具有围护结构变形小、基坑底部土体稳定、施工安全、基坑暴露时间短、对道路交通影响小等优点。但施工时混凝土结构的水平施工缝处理难度大，施工费用高。

三、管棚法

管棚法与盖挖逆做法主要不同点是不需要破坏路面，不影响地面交通。在管棚的保护下，可安全地进行施工。

管棚法的施工程序为：开挖工作竖井，水平钻孔，安设管棚钢管，向管内注入砂浆，按次序暗挖管棚下土体，立钢框架并喷射混凝土作为初期支护，绑扎钢筋，支设模板，浇注混凝土衬砌，拆除支撑进行装修等过程。

1. 管棚施工

管棚设置是管棚法施工的关键工序，它可分为三个步骤。

①钻机安装就位。当工作竖井挖至安装水平钻机需要深度，并完成井壁支护，即可搭设施工操作平台，安装钻机。

②钻孔插管。按井壁上标定的钻孔位置依次钻孔和插管。管棚钢管直径 ϕ115 或 ϕ113×3.5 无缝钢管。钢管表面钻孔，孔径为 10mm，孔距 200mm。

③注浆加固管棚钢管埋设完毕后，管口封上注浆堵头，再往管内注水泥浆，并充满管体。注入压力可控制在 0.05～0.10MPa。

2. 通道开挖

当通道开挖断面大，为了施工安全，可将开挖面分成几个开挖区域，每个区域又分上下两个开挖台阶。

每一开挖循环长度为0.5～0.6m，下台阶每开挖0.6m，支护钢架整体封闭一次。在开挖区域上台阶工作面时要留部分核心土，以稳定开挖面土体。下台阶工作面也应留有一定的坡度，防止滑坡。

除上述两点以外，其余各工序与盖挖逆做法基本相同。

第十章　附属构筑物施工

第一节　附属构筑物施工

一、检查井施工

检查井一般分为现浇钢筋混凝土、砖砌、石砌、混凝土或钢筋混凝土预制拼装等结构形式，以砖（或石）砌检查井居多。

1. 施工工艺

（1）砌筑检查井施工

1）检查井基础施工。在开槽时应计算好检查井的位置，挖出足够的肥槽。浇筑管道混凝土平基时，应将检查井基础宽度一次浇够，不能采用先浇筑管道平基，再加宽的办法做井基。

2）排水管道检查井内的流槽及井壁应同时进行浇筑，当采用砌块砌筑时，表面应用水泥砂浆分层压实抹光，流槽与上、下游管道接顺。

3）砌筑时管口应与井内壁平齐，必要时可伸入井内，但不宜超过 30mm。不准将截断管端放入井内；预留管的管口应封堵严密，并便于拆除。

4）检查井的井壁厚度常为 240mm，用水泥砂浆砌筑。圆形砖砌检查井采用全丁式砌筑，收口时，如四面收口则每次收进不超过 30mm；如为三面收口则每次收进不超过 50mm。矩形砖砌检查井采用一顺一丁式砌筑。检查井内的踏步应随砌随安，安装前应刷防锈漆，砌筑时用水泥砂浆埋固，在砂浆未凝固前不得踩踏。

5）检查井内壁应用原浆勾缝，有抹面要求时，内壁用水泥砂浆抹面并分层压实，外壁用水泥砂浆搓缝严实。抹面和搓缝高度应高出原地下水位以上 0.5m。

6）井盖安装前，井室最上一层砖必须是丁砖，其上用 1∶2 水泥砂浆座浆，厚度为 25mm，然后安放盖座和井盖。

7）检查井接入较大管径的混凝土管道时，应按规定砌砖券。管径大于 800mm 时砖券高度为 240mm；小于 800mm 时砖券高度为 120mm。砌砖券时应由两边向顶部合拢砌筑。

8)有闭水试验要求的检查井,应在闭水试验合格后再回填土。

9)砌筑井室应符合下列要求:

①砌筑井壁应位置准确、砂浆饱满、灰缝平整、抹平压光,不得有通缝、裂缝等现象;

②井底流槽应平顺、圆滑、无杂物;

③井圈、井盖、踏步应安装稳固,位置准确;

④砂浆标号和配合比应符合设计要求。

(2)预制检查井安装:

1)应根据设计的井位桩号和井内底标高,确定垫层顶面标高、井口标高及管内底标高等参数,作为安装的依据。

2)按设计文件核对检查井构件的类型、编号、数量及构件的重量。

垫层施工不得扰动井室地基,垫层厚度和顶面标高应符合设计规定,长度和宽度要比预制混凝土底板的长、宽各大 100mm,夯实后用水平尺校平,必要时应预留沉降量。

3)标示出预制底板、井筒等构件的吊装轴线,先用专用吊具将底板水平就位,并复核轴线及高程,底板轴线允许偏差±20mm,高程允许偏差±10mm。底板安装合格后再安装井筒,安装前应清除底板上的灰尘和杂物,并按标示的轴线进行安装。井筒安装合格后再安装盖板。

4)当底板、井筒与盖板安装就位后,再连接预埋连接件,并做好防腐。然后将边缝润湿,用 1∶2 水泥砂浆填充密实,做成 45°抹角。当检查井预制件全部就位后,用 1∶2 水泥砂浆对所有接缝进行里、外勾平缝。

5)最后将底板与井筒、井筒与盖板的拼缝,用 1∶2 水泥砂浆填满密实,抹角应光滑平整,水泥砂浆强度等级应符合设计要求。当检查井与刚性管道连接时,其环形间隙要均匀、砂浆应填满密实;与柔性管道连接时,胶圈应就位准确、压缩均匀。

(3)现浇检查井施工:

1)按设计要求确定井位,井底标高、井顶标高、预留管的位置与尺寸。

2)按要求支设模板。

3)按要求拌制并浇筑混凝土。先浇底板混凝土、再浇井壁混凝土、最后浇顶板混凝土。

4)混凝土应振捣密实,表面平整、光滑,不得有漏振、裂缝、蜂窝和麻面等缺陷;振捣完毕后进行养护,达到规定的强度后方可拆模。

5)井壁与管道连接处应预留孔洞,不得现场开凿。

6)井底基础应与管道基础同时浇筑。

2. 质量要求

检查井施工允许误差应符合表 10-1 的规定。

表 10-1 检查井施工允许误差

项目			允许偏差/mm	检验频率		检验方法
				范围	点数	
井身尺寸	长、宽		±20	每座	2	用尺量，长宽各计一点
	直径		±20	每座	2	用水准仪测量
井口高程	非路面		±20	每座	1	用水准仪测量
	路面		与道路规定一致	每座	1	用水准仪测量
井底高程	安管	$D\leqslant1000$	±10	每座	1	用水准仪测量
		$D>1000$	±15	每座	1	用水准仪测量
	顶管	$D<1500$	+10，−20	每座	1	用水准仪测量
		$D\geqslant1500$	+10，−40	每座	1	用水准仪测量
踏步安装	水平及竖直间距外露长度		±10	每座	1	用尺量，计偏差较大者
脚窝	高、宽、深		±10	每座	1	用尺量，计偏差较大者
流槽宽度			+10	每座	1	用尺量

注：表中 D 为管径(mm)。

二、雨水口施工

1. 施工工艺

雨水口一般采用砖、石砌筑施工，砌筑工艺与检查井相同，要点如下：

(1)按道路设计边线及支管位置，定出雨水口中心线桩，使雨水口的长边与道路边线重合(弯道部分除外)。

(2)根据雨水口的中心线桩挖槽，挖槽时应留出足够的肥槽，如雨水口位置有误差应以支管为准进行核对，平行于路边修正位置，并挖至设计深度。

(3)夯实槽底。有地下水时应排除并浇筑 100mm 的细石混凝土基础；为松软土时应夯筑 3∶7 灰土基础，然后砌筑井墙。

(4)砌筑井墙

1)按井墙位置挂线，先干砌一层井墙，并校对方正。一般井墙内口为 680mm×380mm 时，对角线长 779mm；内口尺寸为 680mm×410mm 时，对角线长 794mm；内口尺寸为 680mm×415mm 时，对角线长 797mm。

2)砌筑井墙。雨水口井墙厚度一般为 240mm，用 MU10 砖和 M10 水泥砂浆按一顺一丁的形式组砌，随砌随刮平缝，每砌高 300mm 应将墙外肥槽及时填土夯实。

3)砌至雨水口连接管或支管处应满卧砂浆，砌砖已包满管道时应将管口周围用砂浆抹严抹平，不能有缝隙，管顶砌半圆砖券，管口应与井墙面平齐。当雨水连接管或支管与井墙必须斜交时，允许管口进入井墙 20mm，另一侧凸出 20mm，超过此限时必须调整雨水口位置。

4）井口应与路面施工配合同时升高，当砌至设计标高后再安装雨水箅。雨水箅安装好后，应用木板或铁板盖住，以免在道路面层施工时，被压路机压坏。

5）井底用 C10 细石混凝土抹出向雨水口连接管集水的泛水坡。

（5）安装井箅。井箅内侧应与道牙或路边成一条直线，满铺砂浆，找平坐稳，井箅顶与路面平齐或稍低，但不得凸出。现浇井箅时，模板支设应牢固、尺寸准确，浇筑后应立即养护。

2. 施工注意事项

（1）位置应符合设计要求，不得歪扭；

（2）井箅与井墙应吻合；

（3）井箅与道路边线相邻边的距离应相等；

（4）内壁抹而必须平整，不得起壳裂缝；

（5）井箅必须完整无损、安装平稳；

（6）井内严禁有垃圾等杂物，井周回填土必须密实；

（7）雨水口与检查井的连接应顺直、无错口；坡度应符合设计规定。

3. 质量要求

雨水口施工允许偏差应符合表 10-2 的规定。

表 10-2　雨水口施工允许偏差

顺序	项目	允许偏差/mm	检验频率		检验方法
			范围	点数	
1	井圈与井壁吻合	10	每座	1	用尺量
2	井口高	0 −10	每座	1	与井周路面比
3	雨水口与路边线平等位置	20	每座	1	用尺量
4	井内尺寸	+20 0	每座	1	用尺量

三、阀门井施工

1. 施工工艺

阀门井一般采用砖、石砌筑施工，砌筑工艺与检查井相同，要点如下：

（1）井底施工要点：

1)用 C10 混凝土浇筑底板，下铺 150mm 厚碎石(或砾石)垫层，无论有无地下水，井底均应设置集水坑；

2)管道穿过井壁或井底，须预留 50～100mm 的环缝，用油麻填塞并捣实或用灰土填实，再用水泥砂浆抹面。

(2)井室的砌筑要点：

1)井室应在管道铺设完毕、阀门装好之后着手砌筑，阀门与井壁、井底的距离不得小于 0.25m；雨天砌筑井室，须在铺设管道时一并砌好，以防雨水汇入井室而堵塞管道。

2)井壁厚度为 240mm，通常采用 MU10 砖、M5 水泥砂浆砌筑，砌筑方法同检查井。

3)砌筑井壁内外均需用 1∶2 水泥砂浆抹面，厚 20mm，抹面高度应高于地下水最高水位 0.5m。

4)爬梯通常采用 ϕ16 钢筋制作，并防腐，水泥砂浆未达到设计强度的 75%以前，切勿脚踏爬梯。

5)井盖应轻便、牢固、型号统一、标志明显；井盖上配备提盖与撬棍槽；当室外温度小于等于−21℃时，应设置为保温井口，增设木制保温井盖板。安装方法同检查井井盖。

6)盖板顶面标高应与路面标高一致，误差不超过±50mm，当在非铺装路面上时，井口须略高于路面，但不得超过 50mm，并有 2%的坡度做护坡。

2. 施工注意事项

(1)井壁的勾缝抹面和防渗层应符合质量要求；

(2)井壁同管道连接处应严密，不得漏水；

(3)阀门的启闭杆应与井口对中。

3. 质量要求

阀门井施工允许误差应符合表 10-3 的规定。

表 10-3 阀门井施工允许误差

项目		允许偏差/mm	检验频率		检验方法
			范围	点数	
井身尺寸	长、宽	±20	每座	2	用尺量，长宽各计一点
	直径	±20	每座	2	用尺量
井盖高程	非路面	±20	每座	1	用水准仪测量
	路面	与道路规定一致	每座	1	用水准仪测量
井底高程	$D<1000$mm	±10	每座	1	用水准仪测量
	$D>1000$mm	±15	每座	1	用水准仪测量

四、支墩施工

1. 材料要求

支墩通常采用砖、石砌筑或用混凝土、钢筋混凝土现场浇筑，其材质要求如下：

(1)砖的强度等级不应低于 MU7.5；

(2)片石的强度等级不应低于 MU20；

(3)混凝土或钢筋混凝土的强度等级不应低于 C10；

(4)砌筑用水泥砂浆的强度等级不应低于 M5。

2. 支墩的施工

(1)平整夯实地基后，用 MU7.5 砖、M10 水泥砂浆进行砌筑。遇到地下水时，支墩底部应铺 100mm 厚的卵石或碎石垫层。

(2)水平支墩后背土的最小厚度不应小于墩底到设计地面深度的 3 倍。

(3)支墩与后背的原状土应紧密靠紧，若采用砖砌支墩，原状土与支墩间的缝隙，应用砂浆填实。

(4)对水平支墩，为防止管件与支墩发生不均匀沉陷，应在支墩与管件间设置沉降缝，缝间垫一层油毡。

(5)为保证弯管与支墩的整体性，向下弯管的支墩，可将管件上箍连接，钢箍用钢筋引出，与支墩浇筑在一起，钢箍的钢筋应指向弯管的弯曲中心，钢筋露在支墩外面部分，应有不小于 50mm 厚的 1∶3 水泥砂浆作保护层；向上弯管应嵌入支墩内，嵌进部分中心角不宜小于 135°。

(6)垂直向下弯管支墩内的直管段，应包玻璃布一层，缠草绳两层，再包玻璃布一层。

3. 支墩施工注意事项

(1)位置设置要准确，锚碇要牢固；

(2)支墩应修筑在密实的土基或坚固的基础上；

(3)支墩应在管道接口做完、位置固定后再修筑；

(4)支墩修筑后，应加强养护、保证支墩的质量；

(5)在管径大于 700mm 的管线上选用弯管，水平设置时，应避免使用 90°弯管，垂直设置时，应避免使用 45°弯管；

(6)支墩的尺寸一般随管道覆土厚度的增加而减小；

(7)必须在支墩达到设计强度后，才能进行管道水压试验，试压前，管顶的覆土厚度应大于 0.5m；

(8)经试压支墩符合要求后，方可分层回填土，并夯实。

第二节　阀件安装

1. 安装要求

(1)阀件安装前应检查填料是否完好，压盖螺栓是否有足够的调节余量。

(2)法兰或螺纹连接的阀件应在关闭状态下进行安装。

(3)焊接阀件与管道连接焊缝的封底宜采用氩弧焊施焊，以保证其内部平整光洁。焊接时阀件不宜关闭，以防止过热变形。

(4)阀件安装前，应按设计核对型号，并根据介质流向确定其安装方向。

(5)水平管道上的阀件，其阀杆一般应安装在上半圆范围内。

(6)阀件传动杆(伸长杆)轴线的夹角不应大于30°，有热位移的阀件，传动杆应有补偿措施。

(7)阀件的操作机构和传动装置应做必要的调整和固定，使其传动灵活，指示准确。

(8)安装铸铁、硅铁阀件时，须防止因强力连接或受力不均而引起损坏。

(9)安装高压阀件前，必须复核产品合格证。

2. 阀件安装

(1)水表的安装

1)水表设置位置应尽量与主管道靠近，以减少进水管长度，并便于抄读、安拆，必要时应考虑防冻与卫生条件。

2)注意水表安装方向，使进水方向与表上标志方向一致。旋翼式水表应水平安装，切勿垂直安装；螺翼式水表可水平、倾斜、垂直安装，但倾斜、垂直安装时，须保证水流流向自上而下。

3)为使水流稳定地流经水表，使其计量准确，表前阀门与水表之间的稳流段长度应大于或等于8～10倍管径。

4)小口径水表在水表与阀门之间应装设活接头，以便于拆卸更换水表；大口径水表前后采用伸缩节相连，或者水表两侧法兰采用双层胶垫，以便于拆卸水表。

5)大口径水表安装时应加旁通管，以便于当水表出现故障时，不影响通水。

(2)室外消火栓安装

1)安装位置通常选定在交叉路口或醒目地点，距建筑物距离不小于5m，距路边不大于2m，地下式消火栓应在地面上明显标示，并保证栓口处接管方便。

2)消火栓连接管管径应不小于100mm。

3)消火栓安装时,凡埋入土中的法兰接口均涂沥青冷底子油一道,热沥青两道,并用沥青麻布或塑料薄膜包严,以防锈蚀。

4)寒冷地区应考虑防冻措施。

(3)安全阀安装

1)安装方向应使管内水由阀盘底向上流出。

2)安装弹簧式安全阀时,应调节螺母位置,使阀板在规定的工作压力下可以自动开启。

3)安装杠杆式安全阀时,须保持杠杆水平,根据工作压力将重锤的重量与力臂调整好,并用罩盖住,以免重锤移动。

4)安全阀应垂直安装,当发现倾斜时,应予纠正。

5)在管道试运行时,应及时调校安全阀。

6)安全阀的最终调整宜在系统上进行,开启压力和回座压力应符合设计规定,当设计无规定时,其开启压力为工作压力的1.05～1.15倍,回座压力应大于工作压力的0.9倍。调整时每个安全阀的启闭试验不得少于3次。安全阀经调整后,在工作压力下不得有泄漏。

(4)排气阀安装

1)排气阀应设在管线的最高点处,一般管线隆起处均应设排气阀。

2)在长距离输水管线上,每隔50～100m应设置一个排气阀。

3)排气阀应垂直安装,不得倾斜。

4)地下管道的排气阀应安装在排气阀门井内,安装处应环境清洁,寒冷地区应采取保温措施。

5)管道施工完毕试运行时,应对排气阀进行调校。

(5)排泥阀安装

1)安装位置应有排除管内污物的场所。

2)安装时应采用与排污水流成切线方向的排泥三通。

3)安装完毕后应及时关闭排泥阀。

(6)泄水阀安装

1)泄水阀应安装在管线最低处,用来放空管道及排除管内污水,一般常与排泥管合用。

2)泄水阀放出的水,可直接排入附近水体;若条件不允许则设湿井,将水排入湿井内,再用水泵抽送到附近水体。

3)安装完毕后应及时关闭泄水阀。